普通高等教育"十一五"国家级规划教材

设施农业装备

王双喜　主编

U0218806

中国农业大学出版社
·北京·

图书在版编目(CIP)数据

设施农业装备/王双喜主编. —北京:中国农业大学出版社,2010.5(2018.6 重印)
普通高等教育"十一五"国家级规划教材
ISBN 978-7-81117-900-2

Ⅰ.①设… Ⅱ.①王… Ⅲ.①保护地栽培-设备 Ⅳ.①S62

中国版本图书馆 CIP 数据核字(2010)第 020786 号

书　名	设施农业装备			
作　者	王双喜　主编			

策划编辑	张秀环		**责任编辑**	洪重光
封面设计	郑　川		**责任校对**	王晓凤　陈　莹
出版发行	中国农业大学出版社			
社　址	北京市海淀区圆明园西路 2 号		**邮政编码**	100193
电　话	发行部 010-62818525,8625		**读者服务部**	010-62732336
	编辑部 010-62732617,2618		**出　版　部**	010-62733440
网　址	http://www.cau.edu.cn/caup			
经　销	新华书店		**e-mail**	cbsszs @ cau.edu.cn
印　刷	北京时代华都印刷有限公司			
版　次	2010 年 5 月第 1 版　　2018 年 6 月第 3 次印刷			
规　格	787×1 092　　16 开本　　19.5 印张　　478 千字			
定　价	45.00 元			

编 写 人 员

主　编　王双喜

副主编　王小琼　金心怡　李志伟

编　者　（按姓氏笔画排序）
　　　　王小琼（天津农学院）
　　　　王双喜（山西农业大学）
　　　　王德福（东北林业大学）
　　　　白义奎（沈阳农业大学）
　　　　史庆华（山东农业大学）
　　　　吴海平（山西农业大学）
　　　　张　智（西北农林科技大学）
　　　　张　静（山西农业大学）
　　　　张广华（河北农业大学）
　　　　李志伟（山西农业大学）
　　　　肖新棉（华中农业大学）
　　　　杨振超（西北农林科技大学）
　　　　金心怡（福建农林大学）
　　　　高丽红（中国农业大学）
　　　　魏　珉（山东农业大学）

主　审　陈端生（中国农业大学）

内 容 提 要

　　本书是教育部普通高等教育"十一五"国家级规划教材。该书以农业设施工程为切入点，系统论述设施农业的建造材料、技术原理、设计方法、装配工艺及应用技术等。重点论述设施结构、环境测控和生产性装备。本教材涵盖农业生物与工程类交叉学科内容，系统性强，学科面广，注重内容新颖、少而精，兼顾不同专业的需求，并提供大量实用工程设计和建造所需的资料与数据。

　　本书可作为非工程类设施农业专业本科教材，以及农业工程类及其他涉农类相关专业选修课教材，也可供从事设施农业、农业建筑、生态环境工程及其他相关专业的科研、工程技术人员和研究生参考。

前　言

　　"设施农业装备"作为非工程类设施农业专业的一门重要课程,以及农业工程和其他涉农类相关专业的选修课,是随着设施农业发展的需要而产生和发展起来的一门学科,属农业生物与工程相交产生的学科,因此在内容与范围上具有涉及广泛、综合性强的特点。

　　最近十年,我国设施农业学科和教育获得了快速的发展。为了反映近年来该领域的最新进展以及传授该领域教育方面积累的经验,编写该教材已是迫切的需要。2006 年《设施农业装备》被教育部审批为普通高等教育"十一五"国家级规划教材后,由山西农业大学、中国农业大学、西北农林科技大学、福建农林大学、天津农学院等高校在该专业领域多年从事教学和科研工作的教师组成的编写组开展和完成了这一工作。

　　本教材尽力采用科学、系统的内容和体系,反映该课程领域的最新发展水平;力求系统性与新颖性相结合,理论性与实用性相结;对有关概念、原理、方法与技术的阐述力求准确、精练;注重实施素质教育,培养学生创新能力与实践能力。

　　本教材在内容的组织上力求总体结构系统化,注重各部分衔接和体例的统一,避免了不必要的重复,内容丰富、翔实、全面、可靠,既充分论述设施栽培装备的内容,也充分顾及设施养殖装备的内容。其结构层次上主要分为四大部分,第一部分为设施农业所涉及的建造材料等方面的基础知识;第二部分为农业生产设施的基本内容,包括简易农业设施、塑料大棚、日光节能温室和连栋温室;第三部分为设施环境检测与调控装备内容;第四部分为设施生物生产装备内容,如工厂化育苗、无土栽培、养殖饲喂、水产养殖等装备。

　　为适应不同高校各自专业特色、教学计划、教学时数、教学侧重点的不同要求,教材内容较为全面。各校可根据本校的侧重方面,有选择地讲授其中部分内容。

　　本教材由山西农业大学王双喜教授任主编,天津农学院王小琼教授、福建农林大学金心怡教授和山西农业大学李志伟教授任副主编。本教材参加编写的人员有:山西农业大学王双喜(绪论),沈阳农业大学白义奎(第一章),华中农业大学肖新棉(第二章),河北农业大学张广华(第三章),福建农林大学金心怡(第四章),山西农业大学张静(第五章),山西农业大学吴海平(第六章),中国农业大学高丽红(第七章),西北农林科技大学杨振超、张智(第八章),天津农学院王小琼(第九章),东北林业大学王德福(第十章),山东农业大学魏珉、史庆华(第十一章),山西农业大学李志伟(第十二章)。

　　全书由山西农业大学王双喜教授统稿。中国农业大学陈端生教授主审,他对本书的编写提出了大量的建设性建议,在此深表谢意！农业部规划设计院周长吉研究员对本教材的编写提出了许多宝贵意见,特此致谢！在编写过程中参考了某些设施农业相关书籍、论文和其他资料,在此一并向这些作者致谢！

　　本教材是首次编写,限于编者的水平,书中难免有错误和不妥之处,欢迎读者批评指正。

编　者

2009 年 12 月

目　　录

绪　论…………………………………………………………………………（1）

第一章　设施农业建筑材料…………………………………………………（7）

　　第一节　设施农业建筑材料的分类…………………………………（7）

　　第二节　金属材料（钢材）…………………………………………（8）

　　第三节　块体材料（砖、石、砌块）………………………………（11）

　　第四节　木材…………………………………………………………（13）

　　第五节　胶凝材料（水泥、石灰）…………………………………（16）

　　第六节　砂浆和混凝土………………………………………………（24）

　　第七节　防水材料……………………………………………………（38）

　　第八节　保温材料……………………………………………………（40）

　　复习思考题……………………………………………………………（45）

　　参考文献………………………………………………………………（45）

第二章　设施农业覆盖材料…………………………………………………（46）

　　第一节　设施农业覆盖材料分类及要求……………………………（46）

　　第二节　玻璃…………………………………………………………（48）

　　第三节　塑料薄膜……………………………………………………（51）

　　第四节　塑料板材……………………………………………………（55）

　　第五节　保温、遮防及其他覆盖材料简介…………………………（58）

　　复习思考题……………………………………………………………（61）

　　参考文献………………………………………………………………（61）

第三章　简易农业设施………………………………………………………（62）

　　第一节　风障畦………………………………………………………（62）

　　第二节　阳畦…………………………………………………………（63）

　　第三节　温床…………………………………………………………（66）

　　第四节　塑料薄膜地膜覆盖…………………………………………（69）

　　第五节　小拱棚………………………………………………………（73）

　　第六节　遮阳棚及其他简易保护设施………………………………（74）

　　第七节　简易养殖设施………………………………………………（78）

　　复习思考题……………………………………………………………（80）

　　参考文献………………………………………………………………（81）

第四章　塑料大棚……………………………………………………………（82）

　　第一节　塑料拱棚概述………………………………………………（82）

第二节　塑料大棚的建造规划与设计 ………………………………………（85）
第三节　金属装配式塑料大棚的安装 …………………………………………（90）
第四节　金属装配式塑料大棚的使用与维护 …………………………………（93）
第五节　其他类型塑料大棚简介 ………………………………………………（95）
复习思考题 ……………………………………………………………………（98）
参考文献 ………………………………………………………………………（98）

第五章　日光温室 ……………………………………………………………（99）
第一节　日光温室概述 …………………………………………………………（99）
第二节　日光温室的基本结构及设计 …………………………………………（99）
第三节　日光温室的结构选型与建造 …………………………………………（102）
第四节　日光温室的热环境及其保温技术 ……………………………………（108）
第五节　日光温室生产区的规划 ………………………………………………（114）
第六节　日光温室的发展趋势 …………………………………………………（117）
复习思考题 ……………………………………………………………………（119）
参考文献 ………………………………………………………………………（120）

第六章　连栋温室 ……………………………………………………………（121）
第一节　连栋温室的分类及功能 ………………………………………………（121）
第二节　连栋温室的结构性能与设计 …………………………………………（125）
第三节　连栋温室的建筑施工 …………………………………………………（135）
第四节　连栋温室的环境调控系统及装备 ……………………………………（137）
复习思考题 ……………………………………………………………………（145）
参考文献 ………………………………………………………………………（145）

第七章　工厂化育苗系统及其配套设备 ……………………………………（146）
第一节　工厂化育苗的意义及特点 ……………………………………………（146）
第二节　工厂化穴盘育苗设施与设备 …………………………………………（147）
第三节　工厂化嫁接育苗设施与设备 …………………………………………（156）
第四节　工厂化组培育苗设施与设备 …………………………………………（160）
第五节　闭锁型育苗生产系统简介 ……………………………………………（163）
复习思考题 ……………………………………………………………………（164）
参考文献 ………………………………………………………………………（164）

第八章　温室环境检测与调控器 ……………………………………………（165）
第一节　温室环境因素及其特性简介 …………………………………………（165）
第二节　环境信息传感器与控制器综述 ………………………………………（173）
第三节　光照环境的检测与调控器 ……………………………………………（178）
第四节　温度环境的检测与调控器 ……………………………………………（181）
第五节　湿度环境的检测与调控器 ……………………………………………（188）
第六节　空气环境的检测与调控器 ……………………………………………（191）
第七节　植物根圈环境的检测与调控器 ………………………………………（193）

复习思考题……………………………………………………………(200)

参考文献……………………………………………………………(200)

第九章 设施园艺中的机械化装备…………………………………(201)

第一节 设施园艺机械化装备的要求与特点………………………(201)

第二节 耕耘机械化装备……………………………………………(202)

第三节 播种机械化装备……………………………………………(206)

第四节 移苗栽植机械化装备………………………………………(209)

第五节 节水灌溉设备………………………………………………(213)

第六节 植物保护机械和土壤消毒装备……………………………(228)

第七节 设施园艺作物收获机械……………………………………(234)

第八节 保温被(帘)卷放机构……………………………………(236)

复习思考题……………………………………………………………(239)

参考文献……………………………………………………………(240)

第十章 设施养殖中的机械化装备…………………………………(241)

第一节 设施养殖供水系统…………………………………………(241)

第二节 设施养殖喂饲系统…………………………………………(245)

第三节 设施养殖粪便收集与处理设备……………………………(252)

第四节 设施水产养殖设备…………………………………………(256)

第五节 养殖设施环境控制设备简介………………………………(258)

第六节 废弃物的资源化利用………………………………………(261)

复习思考题……………………………………………………………(262)

参考文献……………………………………………………………(263)

第十一章 植物工厂…………………………………………………(264)

第一节 植物工厂的概念和特点……………………………………(264)

第二节 植物工厂的基本结构和功能………………………………(266)

第三节 植物工厂的生产技术体系(无土栽培)……………………(270)

第四节 植物工厂的环境调控装备简介……………………………(278)

第五节 计算机在植物工厂综合管理中的应用……………………(281)

复习思考题……………………………………………………………(282)

参考文献……………………………………………………………(282)

第十二章 设施农业中的人工智能及其他新技术……………………(283)

第一节 生物生长发育模拟与仿真…………………………………(283)

第二节 生产与环境管理专家系统…………………………………(287)

第三节 综合环境的数学模拟与调控………………………………(291)

第四节 环境智能化控制系统………………………………………(293)

第五节 多位一体生态农业系统简介………………………………(296)

复习思考题……………………………………………………………(299)

参考文献……………………………………………………………(299)

绪　　论

1. 设施农业装备的基本概念

中国的农业生产正逐渐由传统农业向现代农业转变，由粗放农业向效益农业转变。设施农业是现代农业的具体体现，是高产、优质、高效农业的必然要求。进入 20 世纪 80 年代后，中国设施农业发展迅速，尤其是设施栽培的发展给农业生产带来了无限生机，已成为农业的主要支柱产业之一。

设施农业装备是随着现代设施农业发展的需要而产生和发展起来的一门学科，其主要任务是，在充分掌握农业生物生长发育和产品转化过程中生物体-设施及其装备-环境因素相互作用规律的基础上，研究如何采用经济和有效的设施模式、环境调控工程技术与生产设备，创造优于自然界的、更加适于农业生物生长发育和产品转化的环境条件，避免外界自然环境条件的不利影响，提高农业生物产品生产的效率。

设施农业装备作为一门新兴的综合性、技术性学科，是现代生物、环境、工程三方面的紧密结合，涉及生命科学中的多学科分支，并与多项非生命学科相互渗透，涵盖了建筑、材料、机械、环境、自动控制、人工智能、栽培、养殖、管理等多种学科和产业，因而科技含量高，成为当今世界各国大力发展的高新技术产业。因此，设施农业装备的发达程度，也就成为衡量一个国家或地区设施农业现代化水平的重要标志之一。

设施农业装备是一项系统性强，内容丰富，外延宽泛的生物系统工程。设施农业装备工程通过运用现代技术成果、工业生产方式、工程建设手段和系统工程管理方法将农业生物技术、农艺措施、农业生产过程和农业经营管理紧密结合，利用先进适用的技术装备，形成农业的标准化作业、专业化生产、产业化经营，为农业生物生长提供最适宜的环境条件，使农业资源得到充分利用，促进农业效益和农产品品质的提高，增强农产品的市场竞争力，保持农业的可持续发展。

设施农业装备是指在设施农业生产过程中用于生产和生产保障的各种类型的建筑设施、机械、仪器仪表、生产设备和工具等的统称。其中包括各种不同类型结构的大棚和温室；不同类型通风、加温等的环境调控设备；温、光、湿、气和水等环境因子的各种方式的检测和控制器；植物生产方面的无土栽培系统和动物生产方面的机械化饲喂系统等。因此，在设施农业中，装备是基础，是不可或缺的必备条件之一，没有装备就不称其为设施农业。所以说装备也是设施农业的特征，装备的优劣会直接影响设施农业的产品生产和效益。设施农业已经使许多国家大幅度增加了农业产量，中国就是设施农业发展最快，受惠最大的国家之一。

2. 设施农业装备分类

(1) 按设施农业装备集成的难易程度与规模分　随着设施农业的持续发展，设施农业装备已形成多种类型和集成模式，较为普遍采用的几种模式有：简易覆盖型（主要以地膜覆盖为典型代表）、简易设施型（主要包括中小拱棚）、一般设施型（如塑料大棚、日光温室等）、现代化连栋温室和工厂化农业。我国以节能日光温室和塑料大棚发展最快。简易覆盖型、简易设施型和一般设施型农业装备技术含量低，结构简单，装备集成规模较小。现代化连栋温室和工厂化农业装备是设施农业的高级发展阶段,通常是由较大面积的温室结构,完善的加热系统、降温系统、通风系统、遮阳系统、微灌系统、中心控制系统和栽培系统或养殖系统等集成的。它属于集约化高效型农业,在中国目前规模尚小,但代表设施农业及其装备的发展方向。

(2)按生产产品类型分　按生产产品类型可分为生物栽培设施装备和生物养殖设施装备两大类。

①生物栽培设施装备　目前主要应用于栽培蔬菜、花卉、瓜果和食用菌等生物生产。生产设施有各类简易设施、塑料大棚、日光温室、连栋温室等,以及配套的各种不同类型的环境调控设备。从应用于不同栽培方法来看,主要有地面栽培和无土栽培生产装备。中国目前主要采用人工、半机械化和机械化结合的生产方式,一些发达的国家采用了工厂化植物生产等先进的生产装备方式。

②生物养殖设施装备　目前主要是应用于养殖畜、禽、水产和特种动物的设施装备。生产设施有各类温室、遮阳棚舍、现代化饲养畜舍及其相应的生产配套设备等。

(3)按装备的具体功能分　按装备的具体功能或作用可分为建筑设施、环境调控设备、检测及控制器、生产设备和工具等。

①建筑设施　如各种不同类型结构的大棚、温室、遮阳棚和防虫网等,其主要特征是建立一个系统的、相对完善的、可抵御自然相应作用的维护结构。其主要作用是形成一个相对独立的、封闭的、有限的、环境可调的生物生产空间。

②环境调控设备　如各种不同类型的通风设备、加温设备、降温设备、供水或灌溉设备、调光设备、气体成分调节设备等。

③检测及控制器　如各种不同类型的温度、湿度、光照、CO_2气体浓度、土壤水分等检测器和综合环境控制器等。

④生产设备和工具　如植物栽培生产中各种不同类型的水培系统、雾培系统、基质栽培系统,栽培方法中的土地耕耘机具、播种与栽植机具和植物保护机具等,动物养殖生产中的供水系统、饲料饲喂系统、粪便清理系统等。

3. 设施农业装备的生产特性

(1)高投入、高产出,性价比优　设施农业装备是先进农业科技成果的物化和载体,是农业生产设施建设的重要组成部分,它运用现代化的工程技术及工业化生产的设备装备农业,变革了传统的农业生产方式,极大地提高了农业劳动生产率。所以,设施农业装备与传统农业装备相比,具有高投入、高产出的特点。从中国情况看,经济发达地区和大城市郊区,设施农业装备正朝着高水平、高投入、高产出的方向发展。

(2)变革传统农业的"时空观",提高资源的利用率　随着科学技术的发展,尤其是设施农业装备的不断开发和提高,促使农业逐步实现由"靠天农业"向"可控农业"的转变,从而改变了传统农业的"时空观"。国内外温室的生产产量一般比传统生产方式提高数倍以上。尤其是植物生产不但能提早上市和延长供应,而且能在反季节提供新鲜果菜。许多作物仅采用塑料薄膜地面覆盖栽培,一般比常规栽培早熟 $5\sim20$ d,增产 $20\%\sim50\%$。采用现代设施养殖,实现了畜牧饲养、水产养殖的集约化生产,产品的肉料比大幅度提高,养殖时间大幅度缩短,产量大幅度提高。如在对虾养殖中采用高位池养殖并配备必要的增氧设备,较传统的养殖方式产量提高数倍。

（3）具有工业化生产特征，抗灾害能力强　和工业产品生产相仿，设施农业装备为农业生物产品生产创造了一个相对独立的、完善的生产空间和生产系统。这种具有工业化生产特征的装备具有很强的抵御自然灾害的能力。可防风、防寒、防涝，植保方便且宜于防病虫害，浇灌方便且宜于防旱。即便是无加温设施的普通日光节能温室，在外界达−10℃的寒冷冬天，也能保证室内作物安全生长。即使室外刮八级大风，也不会影响作物生长。

（4）多领域工程技术的有机结合，科技含量高　设施栽培或养殖为高新科技的应用提供了条件。设施栽培或养殖装备不仅应用了现代工程技术，也应用了现代生物技术，是把工程技术与生物技术有机结合的现代化产品。如增施二氧化碳系统及其技术，对作物生长增产效果明显，但在大田作物中难以实现，而温室或大棚为其应用提供了可能，各地的试验证明，增施二氧化碳可提高作物产量30%～50%。又如反光膜和遮阳网的应用，可使温室增光或降温，可确保作物在外界弱光和高温下良好生长。

（5）推进农业产业化经营，提高农产品商品率和质量　农业生产商品化是现代农业的必然趋势。而要提高农产品的商品率，就必须推进农业的产业化经营，进行一定规模的专业化生产。农业产品的生产、产地加工和保鲜储运、废弃物的加工利用、种子和饲料的加工等，都是农业产业化的重要组成部分。设施农业装备及其技术在产品的产前、产中、产后起着很重要的、不可替代的生产和保障作用。设施农业对国家经济发展有着十分重要的意义，涉及每个人的生活水平和生活质量，也涉及社会的稳定、经济的繁荣等。

4.国内外设施农业装备发展概况

（1）中国设施栽培与装备的产生　早在2 000多年前，中国就有了蔬菜温室栽培。其产品当时被称为"不时之物"，故又名"不时栽培"。

明朝（1368—1644年）北京地区已有黄瓜加温温室促成早熟栽培。130多年前，济南郊区，有菜农利用草苫子作蔬菜保护栽培的风障阳畦，由于设施简陋，只能用来做秋冬和早春保护栽培韭菜、芹菜和菠菜等耐寒性蔬菜。1924年济南北园菜农使用玻璃作为阳畦的透光覆盖物，出现玻璃阳畦，大大提高了阳畦的采光性能，在冬季生产出了韭菜等蔬菜。

可见，设施装备在中国是广大农民在生产实践中发现的，有悠久历史。它在实践中不断总结、完善和提高，由原始的风障畦、火炕育苗，发展到风障小拱棚、温床，最后才发展到今天的地膜覆盖、塑料大棚、日光温室和连栋温室等。

（2）国内设施农业装备的发展　20世纪80年代以前，从全国的蔬菜供应状况来看，主要是数量不足，尤其是在北方地区，冬期淡季明显，吃菜难的问题十分突出，蔬菜生产问题主要是解决量的问题，因此地膜覆盖、简易拱棚、塑料大棚成为中国设施栽培装备的主体。

改革开放以来，随着人民生活水平的提高，对蔬菜供应的要求由数量充足转变为品质优良、种类齐全，并对新鲜的水果、特种蔬菜提出了要求，大城市对花卉的需求也在不断增长。"八五"期间，随着设施农业的不断发展，中国的设施农业装备进入了稳定发展时期，基本上摆脱了过去忽起忽落的不稳定状态，开始进入发展、提高、完善、巩固、再发展的比较成熟的阶段，由单纯追求数量转变为重视质量和效益，同时，注重市场信息和科学生产。

工厂化育苗有较大的进展。1985年北京市先后从美国及欧洲共同体引进了几套育苗机械及设备，建立了中国第一批蔬菜育苗工厂。近几年工厂化育苗越来越表现出其优越性，商品苗已日益受到广大菜农的欢迎，特别是遇到灾害较多的年份，常规的、分散的育苗常常受到毁灭性的损失，而工厂化育苗则可基本上避免自然灾害的影响。现在已有国产的工厂化育苗设备,各地正在积极推广,在已形成规模的蔬菜生产基地,许多都是由工厂化育苗车间供应商品苗。

无土栽培受到青睐。无土栽培生产的蔬菜品质好,无污染,清洁卫生。由于受到外向型经济的影响,中国南方,尤其是沿海一些城市,正在推广这一技术,生产高档蔬菜出口国外和供应一些高档宾馆。无论是水培还是基质培所需的设备,现在已经国产化,虽不如外国设备成熟,但成本低,能为生产使用者接受。

花卉设施栽培日见兴旺发达。随着人民生活水平的提高和经济交流活动的日益增多,花卉的需求量越来越大,每年的情人节、母亲节等节日和许多的重要政治、经济和文化活动都需要大量的不同种类的鲜花。因此,进行专业化生产花卉和存储的生产设施和装备获得了较快的发展。

(3)国内设施农业装备的现状　科技部为了推动工厂化农业的发展,"九五"期间创建了北京、上海、广州等五大工厂化农业示范园。到 2003 年,全国设施园艺面积就发展到了 210 多万 hm²,日光节能温室发展到 95.2 万 hm²,大型设施的比重由 31% 上升到 59%;设施蔬菜人均占有量由 0.2 kg 增至 67 kg,增长 335 倍。在科学技术研究方面,推出了如:中国农业大学研制出的"华北型塑料薄膜连栋温室";山西农业大学研制出的"WTX-系列温室综合环境自动控制系统"和"温室二氧化碳气体环境智能化调控系统"等一批具有一定智能化水平、科技含量高、自动化程度强的具有自主知识产权的科技成果和产品。到目前为止,设施农业装备已基本走出引进、消化吸收的阶段,完全实现了国产化,有的达到了国际化的出口水平。如北京京鹏环球科技有限公司和碧斯凯农业科技有限公司的产品,已走出国门,销往世界各地。

中国设施农业装备虽然有了长足的进步,但与发达国家相比,还有较大的差距,主要表现在以下几个方面:

①专业化生产规模小,总体科技水平低;

②上市水平低,抗御自然灾害的能力差;

③设备不配套,环境调控能力差,作业主要靠人力;

④盲目引进,渠道单一,缺乏规范,标准化差。

总之,我国设施农业装备的发展正面临新的形势,和其他行业一样面临着两个转变的问题,尤其是在中国加入 WTO 后,这个问题显得更加突出。所以,必须在深入调查研究的基础上对全国设施农业装备生产做出总体规划,制定规范化的管理办法和宏观管理的政策,逐步使设施农业装备生产走上规范化、标准化的轨道。在市场经济条件下,加强宏观决策,疏通信息渠道,规范管理职能,提高企业素质,实行名牌战略,加快两个转变的进程,为发展具有中国特色的设施农业创造条件。

(4)国外设施农业装备概况　近几年,世界设施农业发展迅速,各种新型材料给温室的建筑和设备的制造创造了有利条件,温室生产管理技术大大提高,温室面积和产量迅速增加。发达国家已形成成套技术、完整的设备设施和生产规范,并在向高层次、高科技和高度自动化、智能化方向发展,已基本形成完全摆脱自然的全新技术体系。世界设施农业比较发达的国家有:北美的加拿大和美国,西欧的英国、法国、荷兰、意大利和西班牙,中东的以色列、土耳其,亚洲和大洋洲的日本、韩国、澳大利亚等。这些国家地膜覆盖、塑料大棚等设施面积远不如中国大,但薄膜的质量好、机械化和自动化程度较高。尽管各个国家的发展过程、模式和水平各不一样,但可归纳为如下几点:

①资金投入与生产水平高，国家扶持的力度较大；

②设施与装备技术的发展快，已实现自动化，并向高度智能化方向快速发展；

③设施与装备的规模化、集约化、产业化、专业化水平高；

④设施与装备的集成度高，加工制作精良，生产的经济性、稳定性、可靠性强；

⑤高标准的无污染、无害化农业产品生产，促使农业设施装备向更高水平发展。

（5）中国设施农业装备的发展展望　设施农业装备的发展趋势是：在基本满足社会生产需求总量的前提下协调发展，着重增加品种、提高质量，逐步实现规范化、标准化、系列化，形成具有中国特色的装备技术和设施体系，其主要特征将是：

①按照符合国情、先进实用的技术路线，探索高新技术与装备的发展途径，以形成21世纪中国设施农业的技术体系。

②随着国民经济的快速发展和人民生活水平的提高，农民自觉要求应用新技术、新设备。因此，要求尽快提高农业设施装备水平，迫切要求提供更高的技术和完善的设施装备，以减轻劳动强度，提高经济效益。

③中国人民生活正在从温饱型向小康、富裕型过渡，已对食品提出了多品种、高品质、无公害的强烈要求，食品从温饱型向营养保健型发展已成大趋势。因此，农业设施装备发展的主要趋势是上水平、上档次。

④近几年，在山东、河北、辽宁、河南等地已经形成集中发展生产基地的趋势，生产规模不断扩大，急需设施农业技术、设施设备供应、产品运销服务的支撑。因此，设施农业装备向专业化、集约化、产业化发展也是必然的趋势。

⑤随着我国农村改革的深化和对外开放的扩大，设施农业也要与世界接轨。国外对果蔬的特殊要求增强，外向型农业对产品提出了更高的要求。市场机制的作用必然刺激我国农业设施装备向更高层次发展，以适应国内特殊要求和国际市场的需求，从而带动整个设施农业水平的提高和产业化的发展。

5. 设施农业装备课程的内容

设施农业装备是非工程类设施农业（包括设施园艺和设施养殖）专业的一门重要的专业课程；也是农业建筑、环境与能源工程专业，农业机械专业和其他各涉农专业的一门主要选修课程。

设施农业装备学是设施农业学的一门分支学科，是农业生物与工程技术相交叉产生的学科，因此在研究领域的内容范围上具有涉及广泛、综合性强，但又相对独立的特点。在农业方面相关的学科有农业气象、园艺学、作物栽培学、畜牧学以及畜禽环境卫生学等，在工程方面有工程热力学和传热学、房屋建筑学、建筑材料与结构、建筑物理、建筑设备、机电工程、自动控制与人工智能等。上述课程有一些已作为各相关专业的选修课程安排学习，在学习本课程以及今后从事本领域的工程与科研的工作中，还应不断地补充相关的知识。

本教材系统地论述了现代设施农业装备的基本原理、结构形式、设计方法及其生产性能等。除绪论外共有十二章，前两章为共性基础知识部分，充实设施农业学所涉及的工程材料知识；第三章至第六章为农业生产设施各种结构和模式的内容，包括简易设施、大棚、日光温室和连栋温室等；第七章为工厂化育苗系统及其配套设备的内容；第八章为温室环境检测与调控器等内容；第九章和第十章为设施农业生产性机械化装备内容，如设施园艺的生产装备和设施养殖的生产装备等；第十一章为植物工厂，其重点介绍无土栽培技术和设备；第十二章则简要介绍设施农业装备的发展现状和新近的研究成果等。

通过本课程的学习,要求掌握设施农业装备工程的理论基础和专门知识,进行设施结构工程设计与建造、设备的应用设计与使用、环境的检测与调控等技能的初步训练。

第一章 设施农业建筑材料

学习目标

- 熟悉各种建造材料的类别
- 掌握建造材料的基本性能
- 能够根据具体情况选择适宜的建筑材料
- 熟练运用常见材料进行设施建造

第一节 设施农业建筑材料的分类

现代设施农业的基本工程就是农业生产设施的建筑,其具有土木工程的基本属性。因而,其主体工程的建造材料和土木工程材料基本相同,是指建造各种农业生产设施、构筑物中使用的各种材料及制品的总称,它是一切设施农业工程的物质基础。

设施农业工程材料是这样一些物质,这些物质的性能使其能用于设施农业工程的结构、构件或其他产品。一般来说,优良的设施农业工程材料必须具备足够的强度,能够安全地承受设计荷载;自身的质量(表观密度)以轻为宜,以减少下部结构和地基的负荷;具有与使用环境相适应的耐久性,以便减少维修费用;用于装饰的材料,应能美化设施并产生一定的艺术效果;用于特殊部位的材料,应具有相应的特殊功能,例如,日光温室的后屋面材料要能隔热、防水;墙体材料要能隔热、蓄热等。除此之外,设施农业工程材料在生产过程中还应尽可能保证低能耗、低物耗及环境良好。

作为设施农业工程材料必须具备如下四大特点:适用(具有要求的使用功能)、耐久(具有与使用环境条件相应的耐久性)、量大(具有丰富的资源)和价廉。理想的设施农业工程材料应具有轻质、高强、防火、无毒、高效能和多功能的特点。

根据不同的出发点,设施农业材料有多种分类方法。根据其功能,可分为结构材料、围护材料、功能材料;根据材料来源,可分为天然材料及人造材料等。目前,通常根据组成物质的种类及化学成分,将设施农业工程材料分为无机材料、有机材料和复合材料三大类,各大类中又可进行更细的分类,如表 1-1 所示。

表 1-1　土木工程材料的分类

无机材料	金属材料	黑色金属 —— 钢、铁、不锈钢等
		有色金属 —— 铝、铜及其合金等
	非金属材料	天然石材 —— 沙、石及石材制品等
		烧土制品 —— 砖、瓦、玻璃、陶瓷等
		胶凝材料 —— 石灰、石膏、水泥、水玻璃等
		混凝土及硅酸盐制品 —— 混凝土、砂浆及硅酸盐制品
有机材料	植物材料	木材、竹材等
	沥青材料	石油沥青、煤沥青、沥青制品等
	高分子材料	塑料、涂料、胶粘剂、合成橡胶等
复合材料	非金属-有机复合	玻璃纤维增强塑料、聚合物水泥混凝土、沥青混合料等
	金属-非金属复合	钢筋混凝土、钢纤维混凝土等
	金属-有机复合	金属夹心板等

第二节　金属材料(钢材)

　　建筑钢材是指建筑工程中所用的各种钢材,包括钢结构用型钢、钢板和钢管,以及钢筋混凝土用钢筋和钢丝。

　　钢材的优点是材质均匀、性能可靠、强度高;具有一定的塑性、韧性,能承受较大的冲击和振动荷载;可以焊接、铆接和螺栓连接,便于装配。由各种型材组成的钢结构,安全性大,自重较轻,适用于重型工农业生产设施;也适用于大跨结构、可移动的结构,以及高耸结构与高层建筑。钢材的生产条件严格,质量均匀,性能可靠,对工程结构的安全起着决定性作用。工程中合理使用钢材,严格检验其质量,对保证工程质量具有重要意义。

　　钢材的缺点是易锈蚀,维护费用大,耐火性差。

　　钢材是重要的设施农业建筑材料之一。随着我国冶金工业的发展,为工程提供的钢材品种、规格和数量迅速增加,质量和性能稳步提高,钢材的应用将日益广泛。设施农业建筑一般为轻型钢结构,所用钢材主要有普通碳素结构钢和低合金高强度结构钢。现在,多采用轻型H型钢(焊接或轧制、变截面或等截面),C型、Z型冷弯薄壁型钢,采用高强螺栓、普通螺栓及自攻螺丝等连接件和覆盖材料的金属安装辅材等,装配组装起来形成装配式钢结构体系。

一、建筑钢材的力学性能和工艺性能

　　钢材在建筑结构中主要是承受拉、压、弯曲、冲击等外力作用,施工中还经常对钢材进行冷弯和焊接等。因此,钢材的力学性能和工艺性能既是设计和施工人员选用钢材的主要依据,也是生产钢材、控制材质的重要参数。

(一)力学性能

　　在建筑结构中,建筑钢材常受到静荷载和动荷载的作用。在承受静荷载作用时,不仅要求钢材具有一定力学强度,还要求所产生的变形不致影响结构的正常工作和安全使用;受动荷载作用时,还要求钢材具有较高的韧性。

　　拉伸作用是建筑钢材主要受力形式,所以,抗拉性能是表示钢材性质和选用钢材最重要的指标之一。

钢材受拉时,在产生应力的同时,相应地产生应变。应力和应变的关系,反映出钢材的主要力学特征。图 1-1(a)是建筑工程中常用的低碳钢受拉时的应力—应变(σ-ε)曲线,通过对低碳钢的拉伸试验,我们知道材料受拉直至破坏,经历了以下 4 个阶段:

1. 弹性阶段

在 OA 范围内,试件的应力和应变成正比关系。此阶段产生的变形是弹性变形。弹性阶段的最高点(A 点)所对应的应力(σ_p)称为弹性极限。弹性极限(σ_p)与相对应的应变(ε_P)之比,称为弹性模量($E = \sigma_p / \varepsilon_P$)。对于同一种钢材,$E$ 为常数。

2. 屈服阶段

在 AB 范围内,钢材试件 σ 与 ε 不再成正比关系,钢材在静荷载作用下发生了弹性变形和塑性变形。当应力达到 B 上点时,即使应力不再增加,塑性变形仍明显增长,钢材出现了"屈服"现象。图 1-1(a)中 B 下点对应的应力值 σ_S 被规定为屈服点(或称屈服强度)。设计时一般以 σ_S 作为强度取值的依据。

对于不出现屈服现象的硬钢,如高碳钢、预应力钢丝等,通常以产生残余应变为 0.2% 的应力值作为屈服点(记住为 $\sigma_{0.2}$),或称条件屈服点,见图 1-1(b)。

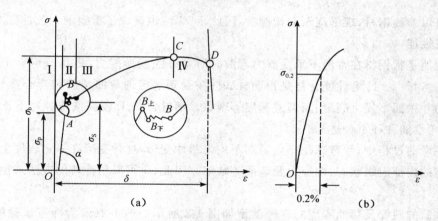

图 1-1 拉伸时 σ-ε 曲线

(a)低碳钢 (b)高碳钢

3. 强化阶段

在 BC 阶段,钢材又恢复了抵抗变形的能力,故称强化阶段。其中 C 点对应的应力值 σ_b 称为抗拉强度或强度极限。抗拉强度是钢材抗断裂破坏能力的指标。虽然在结构设计时不能利用,但却可以根据屈强比(σ_S / σ_b)来评价钢材的利用率和安全工作程度。若屈强比小,钢材在偶然超载时不会破坏,但屈强比过小,钢材的利用率低,是不经济的。适宜的屈强比应该是在保证安全使用的前提下,钢材有较高的利用率,通常情况下,屈强比在 0.60~0.75 范围内是比较合适的。

4. 颈缩阶段

过 C 点后,钢材抵抗变形的能力明显降低,并在受拉试件的某处迅速发生较大的塑性变形,出现"颈缩"现象,直至断裂。此时,可计算出钢材的伸长率。伸长率是钢材拉断后,试件标距长度的伸长量 ΔL 与原标距长 L_0 的比值,即

$$\delta = \frac{\Delta L}{L_0} = \frac{L_1 - L_0}{L_0} \times 100\%$$ (1-1)

式中：L_1 为试件拉断后标距间的长度。

由于伸长率的大小受试件标距长短的影响，因此，国家标准规定：标准拉伸试验的标距长度为 $L_0 = 10d_0$ 或 $5d_0$（d_0 是试件直径）。其伸长率相应被称为 δ_{10} 或 δ_5，对于同一种钢材 $\delta_5 > \delta_{10}$。

(二)工艺性能

1. 可焊性

焊接是采用加热或加热且加压的方法使两个分离的金属件联结在一起的方法。在焊接过程中，由于高温及焊后急剧冷却，会使焊缝及其附近区域的钢材发生组织构造的变化，产生局部变形、内应力和局部变硬变脆等，甚至在焊缝周围产生裂纹，降低了钢材质量。焊接性良好的钢材，焊缝处局部变硬脆的倾向小，没有质量显著降低的现象，所得焊接牢固可靠。钢材含碳(C)大于 0.3% 后，可焊性变差；杂质及其他元素增加，可焊接降低，特别是硫(S)能使焊缝硬脆。

焊接可以节约钢材，现已逐渐取代铆接，因此，可焊性也就成了重要的工艺性能之一。

2. 冷弯性能

冷弯性能是指钢材在常温下承受静力弯曲时所容许的变形能力，是建筑钢材工艺性能的一项重要技术指标。冷弯性能合格是指钢材试件在受到规定的弯曲角度和弯心直径条件下，弯曲试件的外拱面不发生裂缝、断裂或起层等现象。钢材含 C、P 较高或曾经过不正常冷热处理，则其冷弯性能往往不合格。

钢材在弯曲过程中，受弯部位产生局部不均匀塑性变形，这种变形在一定程度上比伸长率更能反映钢的内部组织状态、内应力及杂质等缺陷。因此，也可以用冷弯的方法来检验钢的焊接质量。

冷弯试验的装置及弯曲程度的 3 种类型如图 1-2 所示。图 1-2(a)为冷弯试验的装置，其弯心直径为 d，弯曲角度 α 分别为：60°如图 1-2(b)所示，90°如图 1-2(c)所示，180°如图 1-2(d)所示。

二、建筑钢材的选用

建筑钢材分为钢结构用钢材和钢筋混凝土用钢筋。

(一)钢结构用钢材

钢结构是用各种型钢、钢板、钢管等，经焊接、铆接或螺栓连接而成的工程结构。如连栋温室、日光温室、大棚等。其结构的特点如下：

①构件尺寸大，形状复杂，不可能对其进行整体热处理，钢材必须在供货状态下直接工作。

②构件在制作过程中，常需经冷弯、焊接等，要求钢材可焊性好，冷加工时效敏感性小。

③结构暴露于自然环境，尤其是温室结构多处于潮湿、腐蚀或高温条件下工作，要求钢材具有在所处环境下的可靠性及耐久性。

（二）建筑及温室钢结构钢材的选用

一般工程结构,主要选用普通碳素结构钢 Q235-A、Q235-B 及低合金高强度结构钢 Q345-A、Q345-B 等,有特殊要求时(如动荷载、严寒地区工程)应选用专门用途钢材。温室结构中采用的钢材主要为 Q235 沸腾钢。

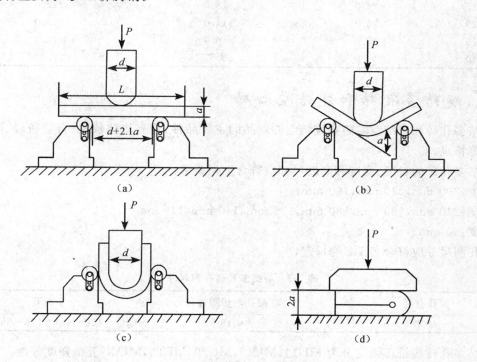

图 1-2 钢材冷弯示意图

（三）钢筋混凝土结构用钢筋

钢筋混凝土结构用钢筋主要有:热轧钢筋、冷轧带肋钢筋、冷拉热轧钢筋等。在温室主体骨架结构及普通混凝土结构中,通常采用热轧钢筋。

第三节 块体材料(砖、石、砌块)

砌体结构是指用砖、石或砌块为块体材料,用砂浆砌筑的结构。目前,在块体材料中使用最多的是以黏土为原料的烧结普通砖、烧结多孔砖和烧结空心砖、蒸压灰沙砖和蒸压粉煤灰砖、砌块石材等。国家已禁止建筑使用黏土砖,设施农业建筑用黏土砖也势必被其他材料所取代。

一、烧结普通砖

烧结普通砖是尺寸为 240 mm×115 mm×53 mm 的实心(无孔洞或空洞率小于 15%)烧结砖。

砖根据抗压强度分为 MU30,MU25,MU20,MU15,MU10 五个强度等级。烧结普通砖试样的强度应符合表 1-2 的规定。

表 1-2　烧结普通砖的强度　　　　　　　　　　　MPa

强度等级	抗压强度平均值 f	变异系数 $\delta \leqslant 0.21$	变异系数 $\delta > 0.21$
		抗压强度标准值 f_k	单块最小抗压强度 f_{min}
MU30	≥30.0	≥22.0	≥25.0
MU25	≥25.0	≥18.0	≥22.0
MU20	≥20.0	≥14.0	≥16.0
MU15	≥15.0	≥10.0	≥12.0
MU10	≥10.0	≥6.5	≥7.5

二、烧结多孔砖和烧结空心砖

烧结多孔砖和烧结空心砖是烧结空心制品的主要品种,具有块体较大、自重较轻、隔热保温性好等特点。

烧结多孔砖的长度、宽度和高度尺寸应符合下列要求:

长度:290 mm,240 mm,190 mm;

宽度:240 mm,190 mm,180 mm,175 mm,140 mm,115 mm;

高度:90 mm。

其孔洞尺寸应符合表 1-3 的规定。

表 1-3　烧结多孔砖孔洞尺寸　　　　　　　　　　　mm

圆孔直径	非圆孔内切圆直径	手抓孔
≤22	≤15	(30～40)×(75～85)

烧结多孔砖按抗压强度分为 MU10,MU15,MU20,MU25,MU30 五个强度等级。

三、蒸压灰沙砖和蒸压粉煤灰砖

蒸压灰沙砖是以石灰和沙为主要原料,经坯料制备、压制成型、蒸压养护而成的实心砖。蒸压粉煤灰砖是以粉煤灰、石灰为主要原料,掺加适量石膏和集料,经坯料制备、压制成型、高压蒸汽养护而成的实心砖。蒸压灰沙砖、蒸压粉煤灰砖的规格尺寸与烧结普通砖相同。

蒸压灰沙砖、蒸压粉煤灰砖的强度等级:MU25,MU20,MU15 和 MU10 四个强度等级。

四、砌块

砌块一般指混凝土空心砌块、加气混凝土砌块及硅酸盐实心砌块。砌块按尺寸大小可分为小型、中型和大型 3 种,我国通常把砌块高度为 180～350 mm 的称为小型砌块,高度为 360～900 mm 的称为中型砌块,高度大于 900 mm 的称为大型砌块。我国目前在承重墙体材料中使用最为普遍的是混凝土小型空心砌块,它是由普通混凝土或轻集料混凝土制成,主要规格尺寸为 390 mm×190 mm×190 mm,空心率一般为 25%～50%,一般简称为混凝土砌块或砌块。

混凝土空心砌块的强度等级是根据标准试验方法,按毛截面面积计算的极限抗压强度值来划分的。

混凝土小型空心砌块的强度等级为 MU20,MU15,MU10,MU7.5 和 MU5 五个强度等级。轻集料混凝土小型空心砌块的强度等级为 MU10，MU7.5 和 MU5 三个强度等级。非承重砌块的强度等级为 MU3.5。混凝土小型空心砌块的强度等级见表 1-4。

表 1-4　混凝土小型空心砌块的强度等级指标　　　　　　　　　MPa

强度等级	抗压强度	
	平均值不小于	单块最小值不小于
MU20	20.0	16.0
MU15	15.0	12.0
MU10	10.0	8.0
MU7.5	7.5	6.0
MU5	5.0	4.0
MU3.5	3.5	2.8

五、石材

石材按其加工后的外形规则程度，可分为料石和毛石。

①细料石：通过细加工，外表规则，叠砌面凹入深度不应大于 10 mm，截面的宽度、高度不宜小于 200 mm，且不宜小于长度的 1/4。

②半细料石：规格尺寸同上，但叠砌面凹入深度不应大于 15 mm。

③粗料石：规格尺寸同上，但叠砌面凹入深度不应大于 20 mm。

④毛料石：外形大致方正，一般不加工或仅稍加修整，高度不应小于 200 mm，叠砌面凹入深度不应大于 25 mm。

⑤毛石：形状不规则，中部厚度不应小于 200 mm。

石材的强度等级，可用边长为 70 mm 的立方体试块的抗压强度表示。抗压强度取 3 个试件破坏强度的平均值。试件也可采用表 1-5 所列边长尺寸的立方体，但应对其试验结果乘以相应的换算系数后方可作为石材的强度等级。石材的强度等级为 MU100，MU80，MU60，MU50，MU40，MU30 和 MU20 七个强度等级。

表 1-5　石材强度等级的换算系数

立方体边长/mm	200	150	100	70	50
换算系数	1.43	1.28	1.14	1	0.86

第四节　木材

木材应用于建筑，历史悠久。过去木材是重要的结构用材，而现在则主要用于室内装饰和装修。我国在木材建筑技术和木材装饰艺术上都有很高的水平和独特的风格。

木材作为建筑和装饰材料具有一系列的优点：比强度大，具有轻质高强的特点；弹性韧性好，能承受冲击和振动作用；导热慢，具有较好的隔热、保温性能；在适当的保养条件下，有较好的耐久性；纹理美观、色调温和、风格典雅，极富装饰性；易于加工，可制成各种形状的产品；绝缘性好、无毒性；木材的弹性、绝热性和暖色调的结合，给人以温暖和亲切感。

木材的主要缺点是：构造不均匀，呈各向异性；湿胀干缩大，处理不当易翘曲和开裂；天然缺陷较多，降低了材质和利用率；耐火性差，易着火燃烧；使用不当，易腐朽、虫蛀。

一、木材的普通性质

(一)化学性质

木材的化学组成有纤维素、木质素和半纤维素,这些是构成细胞壁的主要成分。此外还有脂肪、树脂、蛋白质、挥发性油以及无机化合物等。从木材化学组成来看,通常液体的浸透对木材的影响较小。木材对酸碱有一定的抵抗力。对氧化性能强的酸,则抵抗力差。对强碱,会产生变色、膨胀、软化而导致强度下降。

(二)物理性质

1. 含水率与吸湿性

木材吸附水的能力很强,因为木纤维素存在大量的羟基(—OH),是亲水性物质。其对水吸附程度与所处环境的湿度有关。木材所含水的质量占干燥木材质量的百分率,称为木材含水率。木材内部所含的水分,可以分为以下 3 种:

(1)自由水 指存在于细胞腔中和细胞的间隙之中的水。自由水影响木材的表观密度、保存性、抗腐蚀性和燃烧性。

(2)吸附水 指被吸附在细胞壁内细纤维间的水。吸附水直接影响到木材的强度和体积的胀缩。

(3)化合水 指木材化学成分中的结合水。化合水对木材的性能无大的影响。

当木材中的吸附水达到饱和,而尚无自由水时的含水率称为纤维饱和点。纤维饱和点随树种而异,一般为 $25\%\sim35\%$,平均为 30% 左右。纤维饱和点是木材物理、力学性能发生变化的转折点。

干燥的木材能从周围的空气中吸收水分,潮湿的木材能向周围释放水分,直到木材的含水率与周围空气的相对湿度达到平衡为止。此时木材的含水率称为平衡含水率。平衡含水率随周围环境的温度和相对湿度而改变,如图 1-3 所示。

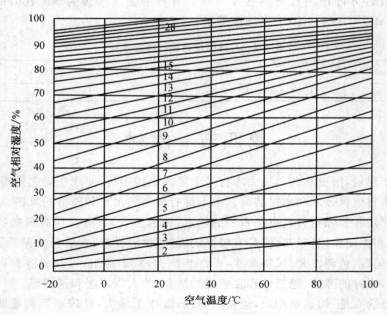

图 1-3 木材的平衡含水率/%

新伐木材含水率常在 35％以上，风干木材含水率为 15％～25％，室内干燥木材含水率常为 8％～15％。

2. 湿胀与干缩

木材具有显著的湿胀干缩特征。含水率在纤维饱和点以外（大于 30％）变化，木材的体积与尺寸均无变化，因为仅仅是自由水在发生变化。如含水率在纤维饱和点以内（小于 30％）变化，也即吸附水在发生变化。当吸附水增加，细胞壁纤维间距离增大，细胞壁厚度增加，则体积膨胀，尺寸增加。当吸附水被蒸发，细胞壁厚度减小，则体积收缩，尺寸减小。由于木材构造不均匀，各方向的胀缩也不同，同一木材弦向胀缩最大，径向其次，而顺纤维的纵向最小。如木材干燥时，弦向收缩为 6％～12％，径向收缩为 3％～6％，顺纤维纵向仅为 0.1％～0.35％。弦向最大，主要是受髓线所影响，因为髓线是由联结很弱的薄壁细胞所组成，其次是边材的含水量高于心材的含水量，故弦向较容易产生翘曲变形，如图 1-4 所示。

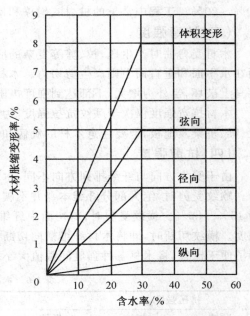

图 1-4　含水量对松木胀缩变形的影响

湿胀干缩将影响到木材的使用，湿胀会造成木材凸起，干缩会导致木结构连接处松动。如长期湿胀干缩交替作用，会使木材产生翘曲开裂。为了避免这种情况，潮湿的木材在加工或使用之前应预先进行干燥处理，使木材内的含水率与将来使用的环境湿度相适应，因此木材应预先干燥至平衡含水率后才能加工使用。

二、木材的力学性质

木材在力学性质上也具有明显的各向异性特点。木材的强度与外力性质，以及受力方向与纤维排列的方向有关。木材所受的外力主要有拉力、压力、弯曲和剪切力。当受力方向与纤维方向一致时，为顺纹受力。当受力方向垂直于纤维方向时，为横纹受力。

（一）抗拉强度

木材的抗拉强度可分为顺纹和横纹两种。顺纹抗拉强度是木材所有强度中最大的。顺纹受拉破坏，往往是木纤维未被拉断而纤维间先被撕裂。顺纹抗拉强度为顺纹抗压强度的 2～3 倍。横纹抗拉强度则很小，为顺纹抗拉强度的 2.5％～10％，因为木材纤维之间横向连接薄弱。

木材在实际使用中，很少用作受拉构件。因为构件受力时两端点只能通过横纹受压或顺纹受剪的方式传递拉力，而横纹受压和顺纹受剪的强度均较低。此外，木材的疵病和缺陷如木节、斜纹和裂缝等会严重降低其顺纹抗拉强度。

（二）抗压强度

木材抗压强度可分为顺纹抗压强度和横纹抗压强度。木材的顺纹抗压强度较高，仅次于顺纹抗拉强度和抗弯强度。顺纹受压破坏是管状细胞受压失稳的结果，而不是纤维的断裂。横纹受压，细胞腔被压扁。起初，变形与压力成正比关系，超过比例极限后，细胞壁失稳，细胞腔被压扁。所以,木材的横纹抗压强度以使用中所限制的变形量来决定,通常取其比例极限作为横纹抗压强度极限指标。木材的横纹抗压强度比例极限较低,通常只有其顺纹抗压强度的10%～20%。工程中常见的桩、柱、斜撑和桁架等均是顺纹受压,而枕木、垫板是横纹受压。

(三)抗弯强度

木材受弯曲时产生压、拉、剪等复杂的应力。在梁的上部产生顺纹压力,下部为顺纹拉力,而在水平面和垂直面上则产生剪切力。木材受弯时,上部首先达到强度极限,出现细小皱纹但不马上破坏,当外力增大,下部达到强度极限时,纤维本身及纤维间连接断裂,最后导致破坏。

木材抗弯强度仅次于顺纹抗拉强度,为顺纹抗压强度的1.5～2.0倍。工程中常用作为桁架、梁、桥梁及地板,但要注意木材的疵病和缺陷对抗弯强度影响很大。

(四)抗剪强度

由于受力方向与纤维排列方向不同,木材的抗剪强度可分为顺纹剪切、横纹剪切和横纹切断。顺纹受剪时,绝大部分纤维本身并不破坏。所以,顺纹抗剪强度很小,仅为顺纹抗压强度的15%～30%。横纹受剪时,剪切面中纤维的横向连接受破坏,横纹剪切强度低于顺纹剪切强度。横纹切断时,即将木材纤维横向切断,这种剪切强度最高,是顺纹剪切强度的4～5倍。为了便于比较,将木材各种强度间数值大小关系列于表1-6中。

表1-6　木材各强度大小关系

抗压强度		抗拉强度		抗弯强度	抗剪强度	
顺纹	横纹	顺纹	横纹		顺纹	横纹切断
1	1/10～1/3	2～3	1/20～1/3	1/3～3/2	1/7～1/3	1/2～1

注:以顺纹抗压为1。

第五节　胶凝材料(水泥、石灰)

在建筑工程中,凡是经过一系列物理、化学作用,能将散粒材料或块状材料黏结成为整体的材料,统称为胶凝材料。胶凝材料根据其化学组成可分为有机胶凝材料和无机胶凝材料两大类。有机胶凝材料是以有机高分子为主要成分,如沥青和各种树脂;无机胶凝材料是以无机化合物为主要成分,如石膏、石灰和水泥等。

无机胶凝材料按其硬化条件不同,可分为气硬性胶凝材料和水硬性胶凝材料两大类。气硬性胶凝材料是指只能在空气中凝结硬化,并能保持和继续提高强度的材料,如石膏、石灰和水玻璃等,气硬性胶凝材料的耐水性一般较差;水硬性胶凝材料是指不仅能在空气中凝结硬化,而且能更好地在水中硬化,保持并继续提高强度的材料,如水泥。

在建筑工程中,胶凝材料主要用于配制混凝土、砂浆和各种建筑材料制品,而它们的性质决定于胶凝材料的性质。本节重点介绍常用胶凝材料石灰和水泥的性质及应用。

一、石灰

石灰是建筑工程中使用较早的胶凝材料之一,属于气硬性胶凝材料,具有原材料来源广,生产工艺简单,成本低等特点。因此,石灰仍被广泛地应用于建筑工程中。

(一)石灰的生产

石灰的原材料有石灰石、白云石和石垩等,其主要化学成分为碳酸钙。经过高温(900～

1 100℃)煅烧后,生成以氧化钙为主要成分的块状生石灰:

$$CaCO_3 \rightarrow CaO + CO_2$$

在实际生产过程中,为了加速碳酸钙的分解,煅烧温度常常控制在 1 000~1 100℃。由于原材料中常含有碳酸镁,使得产品中常含有氧化镁。根据氧化镁的含量,生石灰可以分为钙质生石灰(氧化镁含量不大于 5%)和镁质生石灰(氧化镁含量大于 5%)。

在石灰生产过程中,由于石灰石的块度(石灰块的大小)和火候不均,导致石灰产品中不可避免地含有过火石灰和欠火石灰。

块状生石灰根据加工方式不同,可制成工程中常用的生石灰粉、熟石灰粉和石灰膏。

(二)石灰的熟化和硬化

1. 石灰的熟化(也称为消化)

在生石灰内加入适量的水,可熟化成以氢氧化钙为主要成分的熟石灰(又称为消石灰):

$$CaO + H_2O \rightarrow Ca(OH)_2 + 64.9 \times 10^3 \ J$$

石灰石熟化过程中会放出大量的热并伴随着体积膨胀(一般体积增大 1~2.5 倍)。根据加水量和用途不同,石灰的熟化方式有两种:

(1)石灰膏　块状生石灰在化灰池中加入过量的水(为块状生石灰体积的 3~4 倍),并不停搅拌而生成。因为生石灰熟化过程中放出大量的热,搅拌以利于热量的散失,否则内部温度较高,会使部分氢氧化钙分解为氧化钙。石灰水通过筛网流入储灰坑,经沉淀,除去上面的水垢,剩余的为石灰膏。

欠火石灰中含有未分解的碳酸钙,会降低石灰的利用率;过火石灰表面常被融化形成的玻璃釉状物包裹,熟化十分缓慢,它在石灰硬化后,才开始熟化,体积膨胀,形成放射状裂缝。为了消除过火石灰的危害,常将石灰膏在储灰坑中放置 2 周以上,这一过程称为"陈伏"。陈伏期间为防止石灰膏的碳化,应在石灰膏的表面留一层水分。

(2)熟石灰粉　在生石灰中加入适量的水(一般为生石灰质量的 60%~80%),以能充分熟化而又不过湿成团为宜。工地上常采用分层浇水,分层厚度约为 0.5 m。熟石灰在使用以前,也应有相应的"陈伏"时间。

2. 石灰的硬化

石灰浆体的硬化过程包括干燥硬化和碳化硬化两个同时进行的过程。

(1)干燥硬化　由于水分的蒸发,氢氧化钙晶体从饱和溶液中析出,晶体长大、连生和相互交错,而产生强度。干燥硬化主要是在石灰内部进行。

(2)碳化硬化　氢氧化钙与空气中的二氧化碳反应生成碳酸钙结晶,并释放出水分:

$$Ca(OH)_2 + CO_2 + nH_2O = CaCO_3 + (n+1)H_2O$$

这个反应在没有水分的条件下,无法进行;当水分过多,二氧化碳渗入量少,此时,碳化硬化仅限于表层;在孔壁充水,而孔内无水的条件下碳化最快。石灰碳化硬化后,石灰密实度进一步增加,强度进一步提高,因此,碳化层越厚,石灰强度越高。

(三)石灰的质量要求、特性与应用

1. 石灰的质量要求

(1)建筑生石灰　根据《建筑生石灰》(JC/T 479—1992)标准规定,建筑生石灰按其主要技

术指标分为优等品、一等品和合格品 3 个等级,各类型生石灰中的不同等级应满足表 1-7 的
要求。

表 1-7　建筑生石灰技术要求(JC/T 479—1992)

项　目	钙质生石灰			镁质生石灰		
	优等品	一等品	合格品	优等品	一等品	合格品
(CaO+MgO)含量(%),不小于	90	85	80	85	80	75
未熟化的残渣含量(5 mm 圆孔筛余)(%),不大于	5	10	15	5	10	15
CO_2 含量(%),不大于	5	7	9	6	8	10
产浆量(L/kg),不小于	2.8	2.3	2.0	2.8	2.3	2.0

(2)建筑生石灰粉　建筑生石灰粉是由块状生石灰磨细而成,按氧化镁含量多少可分为钙
质石灰粉和镁质石灰粉两类。根据《建筑生石灰粉》标准规定,每一种生石灰粉又分为优等品、
一等品和合格品 3 个等级。各类型生石灰粉中的不同等级应满足表 1-8 的要求。

表 1-8　建筑生石灰粉技术要求(JC/T 480—1992)

项　目		钙质生石灰粉			镁质生石灰粉		
		优等品	一等品	合格品	优等品	一等品	合格品
(CaO+MgO)含量(%),不小于		85	80	75	80	75	70
CO_2 含量(%),不大于		7	9	11	8	10	12
细度	0.90 mm 筛的筛余(%),不大于	0.2	0.5	1.5	0.2	0.5	1.5
	0.125 mm 筛的筛余(%),不大于	7.0	12.0	18.0	7.0	12.0	18.0

(3)建筑熟石灰粉　根据《建筑熟石灰粉》(JC/T 481—1992)标准规定,按氧化镁的含量
不同可分为钙质熟石灰粉(MgO<4%)、镁质熟石灰粉(24%>MgO≥4%)和白云石熟石灰粉
(30%>MgO≥24%)3 类。每一类按技术指标分为优等品、一等品和合格品 3 个等级。各类
型熟石灰粉中的不同等级应满足表 1-9 的要求。

表 1-9　建筑熟石灰粉技术要求(JC/T 481—1992)

项　目		钙质熟石灰粉			镁质熟石灰粉			白云石熟石灰粉		
		优等品	一等品	合格品	优等品	一等品	合格品	优等品	一等品	合格品
(CaO+MgO)含量(%),不小于		70	65	60	65	60	55	65	60	55
游离水(%)		0.4~2	0.4~2	0.4~2	0.4~2	0.4~2	0.4~2	0.4~2	0.4~2	0.4~2
体积安定性		合格	合格	—	合格	合格	—	合格	合格	—
细度	0.90 mm 筛的筛余(%),不大于	0	0	0.5	0	0	0.5	0	0	0.5
	0.125 mm 筛的筛余(%),不大于	3	10	15	3	10	15	3	10	15

2. 石灰的特性

(1)可塑性好　当生石灰熟化成石灰浆时,能形成极细颗粒(直径约为 1 μm)呈胶体分散
状态的氢氧化钙,表面吸附着一层厚厚的水膜。因此,具有良好的可塑性。将石灰掺入水泥砂
浆中,可显著改善其可塑性。

(2)凝结硬化慢,强度低　由于空气中二氧化碳含量低,碳化缓慢而且仅限于表层,致密的

碳化层既不利于二氧化碳渗入也不利于内部水分的蒸发。因此,石灰的凝结硬化缓慢,硬化后强度低。配合比为1:3(石灰:沙)的石灰砂浆,28 d的强度仅有0.2～0.5 MPa。

(3)耐水性差 石灰硬化缓慢,强度低。在潮湿环境条件下,未干燥硬化的石灰,由于水分无法蒸发而终止硬化。未碳化的氢氧化钙溶于水,使其强度降低甚至溃散。在石灰中,加入少量的磨细粒化高炉矿渣和粉煤灰,可提高石灰的耐水性。

(4)硬化时体积收缩大 石灰浆体在硬化过程中,游离水的大量蒸发,引起硬化石灰毛细管收缩,导致体积显著收缩,使硬化石灰体表面出现大量的无规则裂纹。因此,石灰不宜单独使用,实际工程中,应加入适量纤维状材料(如麻刀、纸筋等)或骨料(沙)来抑制石灰的收缩。

二、硅酸盐水泥

水泥是粉末状固体,它与水混合经过一系列的物理化学反应,由可塑性浆体变成坚硬的石状体,能将散粒材料黏结成为一个整体。水泥属于水硬性胶凝材料,它不仅能在空气中凝结硬化,而且能更好地在水中凝结硬化并保持强度增长。

水泥根据其水硬性成分不同可分为硅酸盐水泥、铝酸盐水泥和硫铝酸盐水泥等系列。其中硅酸盐水泥系列产量最大,应用最广。硅酸盐水泥系列按其用途不同可分为通用水泥、专用水泥和特性水泥3种。通用水泥包括硅酸盐水泥、普通硅酸盐水泥、矿渣硅酸盐水泥、火山灰质硅酸盐水泥、粉煤灰硅酸盐水泥和复合硅酸盐水泥6种。

水泥是最主要的建筑材料之一,主要用于配制混凝土和砂浆,广泛应用于建筑、水利等工程中。

(一)硅酸盐水泥的生产和矿物组成

根据《硅酸盐水泥、普通硅酸盐水泥》(GB 175—1999)标准规定,凡是由硅酸盐水泥熟料、0～5%石灰石或粒化高炉矿渣、适量石膏磨细制成的水硬性胶凝材料,称为硅酸盐水泥(波特兰水泥)。硅酸盐水泥根据其是否掺有混合材料可分为Ⅰ型硅酸盐水泥和Ⅱ型硅酸盐水泥。不掺混合材料的为Ⅰ型硅酸盐水泥,其代号为P·Ⅰ;掺有混合材料的为Ⅱ型硅酸盐水泥,其代号为P·Ⅱ。

1. 硅酸盐水泥的生产

硅酸盐水泥的主要原材料包括石灰质原材料和钙质原材料两种。石灰质原材料采用石灰石、白垩和石灰质凝灰岩,它主要提供CaO。黏土质原材料有黏土和黄土等,主要提供SiO_2、Al_2O_3和少量的Fe_2O_3,有时还需要加入少量的铁矿石以弥补Fe_2O_3的不足。为了改善煅烧条件,常常加入少量的矿化剂和晶种等。

硅酸盐水泥的生产步骤是:先将几种原材料按一定比例混合磨细制成生料;然后将生料入窑进行高温(温度为1 450℃)煅烧得熟料;在熟料中加入适量石膏(和混合材料)混合磨细即得到硅酸盐水泥,此过程简称为"两磨一烧"。在煅烧过程中,原材料分解为CaO与SiO_2、Al_2O_3、Fe_2O_3。在高温下,它们相互化合,生成了新的化合物,称为水泥熟料矿物。

2. 水泥熟料的矿物组成

硅酸盐水泥熟料的主要矿物名称、分子式、简式和含量范围如表1-10所示。

上述主要矿物成分中,前两种矿物成分总含量在70%以上,称为硅酸盐矿物,因此,称为硅酸盐水泥;后两种矿物成分总含量约为25%,称为溶剂矿物。除主要矿物成分以外,硅酸盐水泥中还含有少量游离氧化钙、游离氧化镁和碱等。

表 1-10　硅酸盐水泥熟料的主要矿物名称、分子式、简式和含量

矿物名称	分子式	简式	含量/%
硅酸三钙	$3CaO \cdot SiO_2$	C_3S	37～60
硅酸二钙	$2CaO \cdot SiO_2$	C_2S	15～37
铝酸三钙	$3CaO \cdot Al_2O_3$	C_3A	7～15
铁铝酸四钙	$4CaO \cdot Al_2O_3 \cdot Fe_2O_3$	C_4AF	10～18

(二)硅酸盐水泥的水化与凝结硬化

1.硅酸盐水泥的水化

硅酸盐水泥的性质决定于熟料矿物组成及其水化特性,由于熟料矿物成分的水化特性不同,使水泥具有许多性质。

水泥熟料矿物与水反应称为硅酸盐水泥的水化。在硅酸盐水泥的水化过程中,就目前的认识,铝酸三钙立即发生水化反应,而后是硅酸三钙和铁铝酸四钙也很快水化,硅酸二钙水化最慢,生成了水化产物,并放出热量。水泥熟料单矿物水化反应式如下:

$$2(3CaO \cdot SiO_2) + 6H_2O = 3CaO \cdot 2SiO_2 \cdot 3H_2O + 3Ca(OH)_2$$
　　　硅酸三钙　　　　　　　　水化硅酸钙　　　　　　氢氧化钙

$$2(2CaO \cdot SiO_2) + 4H_2O = 3CaO \cdot 2SiO_2 3H_2O + Ca(OH)_2$$
　　硅酸二钙

$$3CaO \cdot Al_2O_3 + 6H_2O = 3CaO \cdot Al_2O_3 \cdot 6H_2O$$
　　　铝酸三钙　　　　　　　水化铝酸三钙

$$4CaO \cdot Al_2O_3 \cdot Fe_2O_3 + 7H_2O = 3CaO \cdot Al_2O_3 \cdot 6H_2O + CaO \cdot Fe_2O_3 \cdot H_2O$$
　铁铝酸四钙　　　　　　　　　　　　　　　水化铁酸一钙

水泥熟料矿物中,硅酸三钙和硅酸二钙水化产物为水化硅酸钙和氢氧化钙。水化硅酸钙不溶于水,以胶粒析出,逐渐凝聚成凝胶体(C-S-H 凝胶);氢氧化钙在溶液中很快达到饱和,以晶体析出。铝酸三钙和铁铝酸四钙水化后生成水化铝酸三钙和水化铁酸钙。水化铁酸钙以胶粒析出,而后凝聚成凝胶;水化铝酸三钙以晶体析出,由于在硅酸盐水泥熟料中加入了适量石膏,石膏与水化铝酸三钙反应生成了高硫型的水化硫铝酸钙,以针状晶体析出,也称为钙矾石。当石膏消耗完以后,部分高硫型的水化硫铝酸钙晶体转化为低硫型的水化硫铝酸钙晶体。

硅酸盐水泥熟料四种主要矿物的水化特性各不相同,主要表现在对水泥强度、凝结硬化速度和水化热的影响上,各主要矿物成分的水化特性如表 1-11 所示。

表 1-11　各熟料矿物成分的水化特性

名称	硅酸三钙	硅酸二钙	铝酸三钙	铁铝酸四钙
凝结硬化速度	快	慢	最快	快
28 d 水化热	多	少	最多	中
强度	早期强度高	早期低、后期高	低	低

由于水泥熟料的水化特性不同,改变水泥中各矿物成分的比例,水泥的性质也随之改变。因此,在实际生产中,可以调整水泥中各矿物成分的含量,以生产出不同性质的水泥,达到满足不同环境条件下、不同结构类型混凝土的要求。如生产快硬水泥,可以提高水泥熟料中硅酸三

钙和铝酸三钙的含量，相应降低硅酸二钙和铁铝酸四钙的含量；如生产低热水泥，可适当提高水泥熟料中硅酸二钙和铁铝酸四钙的含量，相应降低硅酸三钙和铝酸三钙的含量。

由上述可以看出，再忽略一些次要成分，硅酸盐水泥水化的主要产物有水化硅酸钙和水化铁酸钙凝胶体、氢氧化钙、水化铝酸钙和水化硫铝酸钙晶体。在完全水化的水泥石中，水化硅酸钙凝胶（C-S-H 凝胶）约占 70%，氢氧化钙晶体约占 20%，高硫型水化硫铝酸钙和低硫型水化硫铝酸钙约占 7%。

2. 硅酸盐水泥的凝结硬化

水泥加水拌和后，最初形成的是可塑性浆体，随着时间的延长，水泥浆体逐渐变稠失去可塑性，称为水泥的凝结。随后，水泥浆体开始产生强度并逐渐提高，最后变成一个坚硬的石状体——水泥石，这一过程称为水泥的硬化。凝结硬化是人为划分的，实际上凝结硬化是一个连续而复杂的物理化学变化过程。

水泥的水化是从其颗粒表面开始的。水和水泥接触，首先是水泥颗粒的矿物成分溶解，然后与水发生化学反应，或水直接进入水泥颗粒内部发生水化反应，形成相应的水化产物。大多数水化产物溶解度很小，其生成速度大于扩散速度，在很短时间内，在水泥颗粒周围形成了水化产物膜层。由于水化产物较少，包有水化产物膜层的水泥颗粒仍然是分离的，因此，水泥浆体具有良好的可塑性。

随着水泥颗粒的继续水化，水化产物不断增多，水泥颗粒的包裹层不断增厚而破裂，使水泥颗粒之间的空隙逐渐缩小，带有包裹层的水泥颗粒逐渐接近，甚至相互接触，在水泥颗粒之间形成了网状结构，水泥浆体的稠度不断增大，失去可塑性，但是不具有强度，这一过程称为水泥的凝结。

水泥的水化过程继续进行，水化产物不断增多并填充水泥颗粒之间的空隙，整个结构的孔隙率降低，密实度增加，水泥浆体开始产生强度并最后发展成具有一定强度的石状体，这就是水泥的硬化过程。

水泥的水化与凝结硬化是从水泥颗粒表面开始进行的，然后逐渐深入到水泥的内核。初始的水化速度较快，水化产物增长较快，水泥石的强度提高也快。由于水化产物的增多，堆积在水泥颗粒周围，水分渗入到水泥颗粒内部速度和数量大大减小，水化速度也随之大幅度降低。但是无论时间持续多久，多数水泥颗粒内核不可能完全水化。因此，硬化的水泥石中是由水化产物（凝胶体和晶体）、未水化的水泥颗粒内核、水（自由水和吸附水）和孔隙（毛细孔和凝胶孔）组成的一种非均质体。

（三）影响水泥凝结硬化的因素

掌握影响水泥凝结硬化的因素，其目的是在水泥实际生产中调节水泥性能和在水泥混凝土工程实际中正确使用水泥。影响水泥凝结硬化的因素，除了本身的矿物成分以外，还有细度、石膏掺量、养护时间（龄期）和温度和湿度等因素。

在适当的温湿度条件下，保证水泥石强度不断增长的措施，称为养护。在实际工程中，应加强养护，以保证水泥石强度正常发展。

（四）硅酸盐水泥的技术性质与应用

根据国家标准《硅酸盐水泥、普通硅酸盐水泥》（GB 175—1999）规定，硅酸盐水泥的技术性质包括细度、凝结时间、体积安定性和强度等。

1. 细度

水泥颗粒的粗细对水泥性质有较大影响,水泥颗粒粒径一般在 0.007～0.2 mm 范围内。水泥颗粒越细,比表面积越大,水化反应速度越快,水泥石的早后期强度均高。但是消耗的粉磨能量高,使成本增加,且水泥硬化后收缩大。如果水泥颗粒过粗,不利于水泥活性的发挥。一般认为,水泥颗粒在 0.04 mm 以下活性较高,而水泥颗粒在 0.1 mm 以上时活性就很小了。

国家标准规定,水泥的细度可采用筛析法和比表面积法测定。筛析法是采用边长为 0.08 mm 的方孔筛的筛余百分数表示水泥的细度。比表面积是指单位质量水泥粉末具有的总表面积,采用勃氏透气仪测定,其原理是根据一定量空气通过一定空隙和厚度水泥层时,因受阻力而引起流速变化来测定水泥的比表面积,其单位为 m²/kg 或 cm²/g。

国家标准《硅酸盐水泥、普通硅酸盐水泥》(GB 175—1999)规定,硅酸盐水泥的细度采用比表面积法测定,其比表面积须大于 3 000 cm²/g(或 300 m²/kg)。凡是水泥细度不符合标准的为不合格品。

2. 标准稠度需水量

水泥净浆的标准稠度是指在实验过程中,试锥下沉深度为(28±2) mm 时的净浆,在拌制此种净浆时所需拌和水量称为水泥的标准稠度需水量。由于用水量对水泥的性质(如凝结时间、体积安定性等)影响较大,因此,为了使实验结果具有可比性,在测定这些性质时,应采用标准稠度净浆。硅酸盐水泥的标准稠度需水量一般为 24%～30%。

3. 凝结时间

水泥的凝结时间分为初凝时间和终凝时间。初凝时间是指从水泥加水拌和起到水泥标准稠度净浆开始失去可塑性所需时间。终凝时间是指从水泥加水拌和起,到水泥标准稠度净浆完全失去可塑性,并开始产生强度所需时间。

水泥的凝结时间在水泥混凝土工程施工中具有重要意义,施工时要求"初凝时间不宜过早,终凝时间不宜过迟"。初凝时间不宜过早,以便有足够的时间,完成混凝土搅拌、运输、浇筑和振捣等工序;终凝时间不宜过迟,混凝土浇捣完毕后,尽快硬化并达到一定强度,以利于下一步工序的进行。

国家标准规定,水泥凝结时间的测定采用标准稠度水泥净浆,在规定的温湿度条件下,用凝结时间测定仪来测定。国标《硅酸盐水泥、普通硅酸盐水泥》(GB 175—1999)规定,硅酸盐水泥初凝时间不得早于 45 min,终凝时间不得迟于 6.5 h。实际上硅酸盐水泥初凝时间为 1～3 h,终凝时间为 5～8 h。凡是初凝时间不符合标准的视为废品,而终凝时间不符合标准为不合格品。

影响水泥凝结硬化的因素较多,如水泥熟料矿物中铝酸三钙含量较高、石膏掺量不足、水泥颗粒过细、水灰比小和环境温度较高等均会使水泥的凝结硬化加快。相反,水泥熟料矿物中,硅酸二钙含量较高、水泥颗粒过粗、环境温度较低和混合材料掺量过多等均会导致凝结硬化速度减慢。在实际工程中,可掺入不同品种的外加剂来调整水泥的凝结时间。

4. 体积安定性

体积安定性是指水泥凝结硬化过程中,水泥石体积变化的均匀性。如水泥硬化中,发生不均匀的体积变化,称为体积安定性不良。体积安定性不良的水泥会使混凝土构件因膨胀而产生裂缝,降低工程质量,甚至导致严重的工程事故。

引起水泥体积安定性不良的原因是由于水泥熟料中存在过多的游离氧化钙和游离氧化镁

或者由于水泥熟料中石膏掺量过多。游离氧化钙和氧化镁均是过烧的,熟化很缓慢,在水泥硬化并产生一定强度后,才开始水化(熟化):

$$CaO + H_2O = Ca(OH)_2 \qquad MgO + H_2O = Mg(OH)_2$$

由于它们在熟化过程中,体积膨胀,引起水泥石不均匀的体积变化,使水泥石产生裂缝。

水泥熟料中石膏掺量过多,水泥硬化后,石膏还会与固态的水化铝酸钙反应生成含有结晶水的高硫型水化硫铝酸钙,体积膨胀约 1.5 倍以上,导致水泥体积安定性不良,使水泥石开裂。

对于过量的游离氧化钙引起的水泥体积安定性不良,国家标准规定采用沸煮法检验。因为沸煮法可以加速游离氧化钙的熟化,沸煮法又分为试饼法和雷氏法两种。沸煮法将标准稠度的净浆制成规定尺寸和形状的试饼,凝结后沸煮 3 h,如不开裂不翘曲定为合格,否则为不合格。雷氏法测定标准稠度水泥净浆在雷氏夹中沸煮 3 h 后的膨胀值,如两个试件膨胀值的平均值不大于 5 mm,可判断体积安定性合格。当这两种方法发生争议时,以雷氏法为准。

由于游离氧化镁比游离氧化钙熟化更为缓慢,因此,沸煮法对游离氧化镁根本无效果,一般采用压蒸法来测定游离氧化镁的体积安定性。石膏掺量过多引起水泥的体积安定性不良需要长期浸在常温水中才能发现。由此可知,游离氧化镁和石膏掺量过多引起的水泥体积安定性不良均不能快速检测,因此,国家标准规定,硅酸盐水泥熟料中氧化镁含量不得超过 5.0%,硅酸盐水泥中三氧化硫含量不得超过 3.5%,以保证水泥的体积安定性。

国家标准规定水泥体积安定性必须合格,安定性不良的水泥视为废品,不能用在工程中。

5. 强度和强度等级

水泥的强度是水泥的主要技术指标。由于硅酸盐水泥硬化过程中,其强度随着龄期而提高,在 28 d 以内强度发展较快,一般以 28 d 的抗压强度来表征硅酸盐水泥的强度等级。

目前水泥强度的测定采用《水泥胶沙强度检验方法(ISO 法)》(GB/T 17671—1999) 规定的方法。水泥与 ISO 标准沙的比为 1:3,水灰比为 0.5,按规定的方法制成 40 mm×40 mm×160 mm 条形试件,在标准温度(20±1)℃的水中养护,分别测定 3 d,28 d 的抗折与抗压强度,根据测定结果及《硅酸盐水泥、普通硅酸盐水泥》(GB 175—1999)标准,将硅酸盐水泥分为42.5,42.5R,52.5,52.5R,62.5 和 62.5R 六个强度等级。其中代号 R 属于早强型水泥。不同类型各强度等级的硅酸盐水泥各龄期强度不得低于表 1-12 规定的数值。

表 1-12　硅酸盐水泥各龄期的强度要求(GB 175—1999) MPa

强度等级	抗压强度		抗折强度	
	3 d	28 d	3 d	28 d
42.5	17.0	42.5	3.5	6.5
42.5R	22.0	42.5	4.0	6.5
52.5	23.0	52.5	4.0	7.0
52.5R	27.0	52.5	5.0	7.0
62.5	28.0	62.5	5.0	8.0
62.5R	32.0	62.6	5.5	8.0

现行水泥胶沙强度检验方法(ISO 法)与原国家标准 GB 法相比,灰沙比减小了,水灰比增大了,因此同一水泥所测的强度值要降低。大量实验统计资料表明,ISO 法所测强度值比 GB 法所测强度值平均低一个强度等级。

6. 密度和堆积密度

在混凝土配比计算和水泥储运时,需要了解水泥的密度和堆积密度等基础数据。硅酸盐水泥的密度在 3.0～3.15 g/cm³ 范围内，一般采用 3.1 g/cm³。堆积密度与其堆积紧密程度有关，可在 1 000～1 600 kg/m³ 范围内取值。

第六节　砂浆和混凝土

一、砂浆

建筑砂浆在建筑工程中，是一项用量大、用途十分广泛的建筑材料。在砖石结构中，利用砂浆可以把单块的砖、石块以及砌块胶结起来构成坚固的整体，以提高砌体的强度和稳定性。修建各种农业设施建筑物如日光温室的后墙、侧墙及附属用房，连栋温室的条形基础及围墙，其他农业性的涵洞、坝堤、边坡及生产性房屋建筑墙体的表面，都还需要用砂浆抹面以装饰地面、墙面以及修复钢筋混凝土结构的面层，使其结构具有防水、保温、隔热、吸声及装饰的功能，同时也起到了保护结构的作用和达到美观的效果。在要求较高的工程中，又常用砂浆当做镶贴各种保温材料、防水材料，耐酸碱材料等的胶黏材料。大型墙板的连接缝也常用砂浆来填充。砂浆按其所用胶凝材料主要可分为水泥砂浆、石灰砂浆和混合砂浆等，混合砂浆又分为水泥石灰砂浆、水泥黏土砂浆和水泥粉煤灰砂浆等。根据不同用途，建筑砂浆可分为砌筑砂浆、抹面砂浆、装饰砂浆及特种砂浆（如防水、耐酸、绝热、吸声及小石子砂浆）等。水利工程中所用砂浆主要是水泥砂浆。石灰砂浆和混合砂浆不适宜用于地下或水下结构的砌体。

砂浆又被称为细骨料混凝土。主要由无机胶凝材料、细骨料和水等材料按适当比例配制而成。砂浆的组成材料与混凝土的情况基本相同，差别仅限于不含有粗骨料。因此，有关混凝土的和易性、强度和耐久性等的基本性质和规律，原则上也适用于砂浆。但砂浆为薄层铺筑，且多用来砌筑多孔吸水的砖、多孔混凝土及岩石材料，这些施工工艺和工作条件的差异，对砂浆又提出了与混凝土不尽相同的技术要求。所以，合理选择使用砂浆，对保证工程质量、降低工程造价具有重要意义。

凡是用来砌筑砖、石砌体和各种混凝土砌块以及混凝土构件接缝等的砂浆称为砌筑砂浆。它的主要作用是胶结散状的块体材料，把上层块体材料所承受的荷载均匀地传递到下层块体材料。同时，它又填充块体材料之间的缝隙，增加密实性和强度，提高建筑物的保温、隔音、防潮性能，阻止空气穿透和水分渗透。

（一）胶凝材料

1. 水泥

常用的普通水泥、矿渣水泥、火山灰水泥、粉煤灰水泥和无熟料水泥等通用水泥都可用来配置砂浆。对于一些有特殊要求的工程，如修补裂缝、预制构件嵌缝等应采用膨胀水泥，装饰砂浆还可能会用到白色水泥或彩色水泥。砂浆用水泥的强度等级常选择为 32.5～42.5 MPa，配置水泥砂浆时，水泥的等级不大于 32.5 MPa，配置石灰砂浆时，水泥的等级不大于 42.5 MPa，一般来说，水泥等级为砂浆等级的 4～5 倍比较适宜。在满足砂浆强度的条件下尽可能采用低强度水泥，但严禁使用废品水泥。

2. 掺和料

由于砌砖体砂浆的标号较低，一般为 M1.0，M2.5，M5.0 和 M7.5，而水泥的标号较高。因此，较少的水泥用量就能满足砂浆的强度要求，但是配成的砂浆和易性较差，给施工带来不便。因此,为了使砂浆使用方便,常在砂浆中掺入石灰、黏土膏、粉煤灰等掺和料,可有效地改善砂浆的和易性,并能简化工序,减少环境污染,还可以降低成本、节约水泥,提高经济效益。近年来,粉末砂浆在工程中也得到了广泛应用。

3. 细骨料

沙子是砂浆中的骨料,要求坚固耐久、级配良好,细度模数为 2.3～3.0。由于砂浆层较薄,对沙子最大粒径应有所限制。对于毛石砌体所用的沙子,最大粒径应小于砂浆层厚度的 1/5～1/4,一般选择为 5 mm;对于砖砌体使用中沙为宜,粒径不得大于 2.5 mm;对于光滑的抹面及勾缝砂浆应采用细沙。毛石砌体常用小石子砂浆,其所用沙子是在普通沙中掺 20%～30%粒径为 5～10 mm 或 10～20 mm 的小石子。

为了保证砂浆的质量,尤其在配置高标号砂浆时,应当选用洁净的沙子。因此,对沙中黏土、尘屑等杂质的含量应有所限制。对于 M10 以上的砂浆用沙,其黏土尘屑杂质的含量不得超过 5%,对 M2.5 及 M5 号砂浆不得超过 10%。对要求较低的砌体所用的砂浆不得超过 15%～20%。

(二)砂浆的技术性能

1. 新拌砂浆的和易性

新拌砂浆要求具有良好的和易性。和易性好的砂浆容易在粗糙的砖石底面上铺设成均匀平整的薄层,能够和底面很好地紧密黏结,灰缝填筑饱满密实,所得砌体的强度、密实度、耐久性和整体性连接均好,不仅在运输和施工过程中不易产生分层、析水现象,方便施工操作,提高劳动生产效率,而且又能保证工程质量。新拌和的砂浆和易性包括流动性和保水性两个方面。

(1)流动性 砂浆的流动性也称稠度,是指在自重或外力作用下流动的性能。砂浆的流动性大小用"沉入度"表示。通常用砂浆稠度测定仪来测定。一般的测定方法是先将拌和好的砂浆均匀地装入标准圆锥桶,装满后刮平表面,置于稠度测定仪下,使滑杆下的锥体尖端恰好与砂浆表面接触,然后突然放松滑杆,使锥体自由下沉,然后测定锥体自砂浆表面下沉在砂浆内的深度(mm),即为沉入度,如图 1-5 所示。

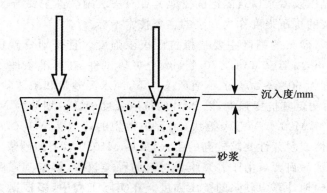

图 1-5 砂浆流动性测定

砂浆的流动性大小与砌体材料种类、水泥品种和用量、骨料形状和级配、用水量、砂浆的搅拌时间、施工方法以及气候条件等因素有关。适宜的流动性一般情况下可参考表 1-13。

表 1-13　砌筑砂浆的流动性（沉入度）　　　　　　　　　　　　mm

砌体种类	砌筑砂浆		抹面砂浆		
	干燥气候或多孔砌体	寒冷气候或密实砌体	抹灰工程	机械施工	手工操作
砖砌体	80～100	60～80	准备层	80～90	110～120
普通毛石砌体	60～70	40～50	底层	70～80	70～80
振捣毛石砌体	20～30	10～20	面层	70～80	90～100
炉渣混凝土砌块	70～90	50～70	石膏浆面层	—	90～120

（2）保水性　砂浆的保水性是指砂浆能够保存水分的能力。即搅拌好的砂浆，在运输、停放和使用过程中，砂浆中的水与胶凝材料及骨料黏结和分离的性质。

砂浆的保水性可根据泌水率的大小或用分层度来评定。泌水率是指砂浆中泌出的水分占拌和水的百分率。分层度是指砂浆拌和物中的骨料因自重下沉，水分相对产生离析而上升，造成上下稠度的差别，这种差别称为分层度。它是表示砂浆保水性好坏的技术指标。

影响砂浆保水性的因素主要与骨料的粒径和细颗粒的量有关。若用的沙颗粒较粗，则吸附水的能力较小，易于下沉而引起水上浮，分层度将会增大。若沙及用水量过多，胶凝材料与掺和料不足，材料的总表面积小，吸附水的能力较小，水分易与胶凝材料分离，砂浆的保水性差，分层度必然增大。所以，砂浆中必须有一定数量的细微颗粒才能具有所需的保水性。凡砂浆内胶凝材料充足，尤其是掺入可塑性混合材料如石灰膏浆和黏土膏浆的砂浆，其保水性都很好。

砂浆中掺入适量加气剂或增塑材料能改善砂浆的保水性和流动性。

另外，为了改善砂浆的保水性，若掺和料用量过多，也会降低砂浆的强度。因此，在满足流动性和保水性的前提下，可减少掺和料的用量。

2. 硬化砂浆的技术指标

砂浆硬化以后应具有足够的抗压强度、黏结强度、耐久性和工程所要求的其他技术指标，以满足与砖石的黏结，承受各种外力以及传递上部荷载，使砌体具有良好的整体性和耐久性。砂浆的黏结强度不仅与砂浆自身的强度大小、砖石表面的清洁和粗糙程度有关，而且还与砖石在砌筑前的润湿情况以及砂浆填筑的饱满密实程度有关。耐久性主要与水灰比的大小有关。

工程中常以砂浆的抗压强度作为砂浆的主要技术指标。

（1）强度与等级　砂浆的强度主要是指抗压极限强度。它是划分砂浆等级的主要依据。常采用边长为 70.7 mm×70.7 mm×70.7 mm 立方体试件，在标准条件［温度（20±3）℃、水泥混合砂浆相对湿度为 60%～80% 的不通风条件下，纯水泥砂浆和微沫砂浆相对湿度在 90% 以上］下养护 28 d 后测定其抗压强度，以 28 d 的抗压强度（MPa）划分为 M1.0,M2.5,M5.0, M7.5,M10.0,M15.0,M20.0 等七个等级，工程中常用的等级为 M1.0,M2.5,M5.0,M7.5 等，对特别重要的砌体或耐久性要求较高的工程，采用 M10.0 以上的砂浆。

（2）影响砂浆强度的因素　由于砂浆组成材料的种类较多，影响其强度的因素也比较多，因此，很难用公式准确地计算出砂浆的抗压强度。在实际工程中，多根据具体的组成材料，采用试配的方法经过试验来确定其抗压强度。对普通水泥配置的砂浆其抗压强度有下列两种计算公式。

①砌筑密实石材（用于不吸水底面）的砂浆：影响砂浆抗压强度的因素与混凝土相似，主要取决于水泥强度和水灰比。强度可用下式计算：

$$f_{m,o} = A f_{ce}(C/W - B) \tag{1-2}$$

式中：$f_{m,o}$ 为砂浆 28 d 抗压强度（试件用有底试模成型），MPa；f_{ce} 为水泥 28 d 抗压强度，MPa；C/W 为灰水比；A，B 为经验系数，$A=0.29$，$B=0.40$。

②砌筑普通黏土砖及其他多孔材料的砂浆（用于吸水底面）：用于多孔吸水材料的砂浆，即使原材料及灰砂比相同、砂浆用水量不同，但因砂浆具有保水性能，经过底面吸水后，保留在砂浆中的水分几乎是相同的。在此情况下，砂浆的强度主要取决于水泥强度和水泥用量，与水灰比无关，强度可用下式计算：

$$f_{m,o} = A f_{ce} Q_c / 1\,000 + B \tag{1-3}$$

式中：$f_{m,o}$ 为砂浆 28 d 抗压强度（试件用无底试模成型），MPa；f_{ce} 为水泥 28 d 抗压强度，MPa；Q_c 为每立方米砂浆中水泥的用量，kg；A，B 为经验系数，$A=3.03$，$B=-15.09$。

砂浆的强度与水泥的强度等级和养护的温度有关。它随水泥强度等级的增加和养护温度的提高而增大。因此，应保证水泥的强度质量和养护的条件。

搅拌时间的长短和使用期限会直接影响砂浆的强度。砂浆应采用砂浆搅拌机拌和，有效拌和时间不得少于 1.5 min。掺微末剂的砂浆，机拌时间还应适当延长，搅拌时间不得少于 4 min，但最多不超过 6 min，这样可以保证砂浆质量。

砂浆随拌随用，应在 4 h 时内使用完毕。砌体中禁止使用过夜砂浆，因它会严重影响砌体的强度。由试验结果知，用 M5.0 的过夜砂浆制成试件经过 28 d 标准养护，强度只达到 60%（3.0 MPa）；用 M2.5 的过夜砂浆强度也只能达到 56%（1.4 MPa）。

(三)砂浆的配合比设计

根据工程类别及砌体部位的设计要求，砂浆要满足施工所需要的稠度和强度等级，必须进行配合比设计，计算出每立方米砂浆中的水泥、石灰膏、沙及掺和料的用量及其配合的比例。应按下列步骤进行。

1.混合砂浆配合比计算

(1)确定砂浆试配强度 $f_{m,o}$　为保证砂浆具有 95% 的强度保证率，试配强度可由以下公式计算：

$$f_{m,o} = f_{m,k} - t\sigma_o = f_2 + 1.645\sigma_o \tag{1-4}$$

式中：$f_{m,o}$ 为砂浆的试配强度，MPa；$f_{m,k}$ 为砂浆设计强度标准值，MPa；f_2 为砂浆抗压强度平均值，MPa；t 为概率度，当强度保证率为 95% 时，$t=-1.645\sigma_o$；σ_o 为砂浆现场强度标准差，MPa。

砂浆现场强度标准差应通过有关资料统计得出，如无统计资料，可按表 1-14 取用。

表 1-14　不同施工水平的砂浆强度标准差

施工水平	砂浆强度等级					
	M2.5	M5	M7.5	M10	M15	M20
优良	0.50	1.00	1.50	2.00	3.00	4.00
一般	0.62	1.25	1.88	2.50	3.75	5.00
较差	0.75	1.50	2.25	3.00	4.50	6.00

(2)计算水泥用量　砂浆中的水泥用量根据下式计算：

$$Q_c = \frac{1\,000(f_{m,o} - B)}{A \cdot f_{ce}} \tag{1-5}$$

式中符号意义及量纲同前。

（3）确定掺和料用量　砂浆中的掺和料用量按下式计算：

$$Q_d = Q_a - Q_c \tag{1-6}$$

式中：Q_d 为每立方米砂浆的掺和料用量，kg；Q_a 为每立方米砂浆中胶凝材料总量，kg，一般为 300～350 kg；Q_c 为每立方米砂浆的水泥用量，kg。

为保证砂浆的流动性，所用膏状混合材料的稠度以（120±5）mm 为标准，当实际灰膏较稠时，可按表 1-15 的换算系数进行调整。

表 1-15　石灰膏不同稠度的换算系数

石灰膏稠度/mm	120	110	100	90	80	70	60	50	40	30
换算系数	1.00	0.99	0.97	0.95	0.93	0.92	0.91	0.88	0.87	0.86

（4）确定沙子用量和水用量　砂浆中的沙子用量取干燥状态（含水率小于 0.5％）沙子的堆积密度值（kg）。每立方米砂浆中的用水量，根据砂浆的稠度等要求可选用 240～310 kg。

2. 水泥砂浆配合比的选用

水泥砂浆材料用量可按表 1-16 选用。

表 1-16　每立方米水泥砂浆材料用量

强度等级	水泥用量/kg	沙子用量	用水量/kg
M2.5～M5	200～230		
M7.5～M10	220～280	1 m³ 沙子的堆积密度值	270～330
M15	280～340		
M20	340～400		

注：此表水泥强度等级为 32.5 级，大于 32.5 级水泥用量宜取下限。

3. 配合比的试配、调整与确定

砂浆经计算或选取初步配合比后，应采用实际工程使用的材料进行试拌，测定拌和物的稠度和分层度；和易性不满足要求时，应进行调整，将其确定为试配时砂浆的基准配合比。试配时至少应采用 3 个不同的配合比，其中一个为基准配合比，其他配合比的水泥用量应按基准配合比分别增加及减少 10％。在保证稠度和分层度合格的条件下，可将用水量或掺加料用量作相应调整。

对以上 3 个配合比，按《建筑砂浆基本性能试验方法》的规定拌和制作成试件，测定砂浆强度，并选定符合试配强度要求的且水泥用量低的配合比作为砂浆配合比。

4. 砂浆配合比设计实例

例：某工程用于砌砖的混合砂浆，强度等级为 M10，要求稠度为 80～100 mm。采用实际强度为 35.5 MPa 的普通硅酸盐水泥，堆积密度为 1 450 kg/m³，含水率为 3％的中沙，稠度为 100 mm 的石灰膏。施工水平一般。求该砂浆的配合比。

解：试配强度（MPa）：

$$f_{m,o} = f_{m,k} - t\sigma_o = f_2 + 1.645\sigma_o = 10 + 1.645 \times 2.5 = 14.11$$

水泥用量(kg)：

$$Q_c = \frac{1\,000(f_{m,o} - B)}{A \cdot f_{ce}} = \frac{1\,000 \times (14.11 + 15.09)}{3.03 \times 35.5} = 271.5$$

石灰膏用量(kg)：

$$Q_d = Q_a - Q_c = 300 - 271.5 = 28.5$$

查表 1-15，得稠度为 100 mm 的石灰膏换算为标准稠度 120 mm 时需乘以 0.97，则石灰膏掺和量为：

$$28.5 \times 0.97 = 27.6$$

沙用量(kg)：

$$S = 1\,450 \times (1 + 0.03) = 1\,493.5$$

取每立方米砂浆用水量为 300 kg，该砂浆的配合比为：

$$水泥：石灰：膏沙：水 = 271.5 : 27.6 : 1\,493.5 : 300$$

二、混凝土

由胶凝材料将粗、细骨料胶结而成的人造石材称为混凝土。在土木工程建筑中应用最为广泛的是以水泥为胶凝材料，以沙、石为骨料，加水拌制的混凝土，称为水泥混凝土，以下简称混凝土。

(一)混凝土的分类

混凝土品种繁多，分类方法亦各不相同，通常按表观密度的大小进行分类。

1. 重混凝土

表观密度大于 2 600 kg/m³，是用特别密实和特别重的特殊骨料配制而成的混凝土。

2. 普通混凝土

表观密度为 1 950～2 600 kg/m³，用天然的沙、石作骨料配制而成的混凝土。其中表观密度在 2 400 kg/m³ 左右的最为常用。

3. 轻混凝土

表观密度小于 1 950 kg/m³，轻混凝土多用于有保温绝热要求的部位，强度等级高的轻骨料混凝土也可用于承重结构。

混凝土按用途、性能和施工方法不同可分为：结构混凝土、装饰混凝土、水工混凝土、道路混凝土、防水混凝土、高强混凝土、预拌混凝土(商品混凝土)、泵送混凝土、喷射混凝土、碾压混凝土、灌浆混凝土等。

混凝土还可按其抗压强度(f_{cu})分为低强混凝土($f_{cu} < 30$ MPa)、中强混凝土(f_{cu} 介于 30～55 MPa 之间)、高强混凝土($f_{cu} \geq 60$ MPa)、超高强混凝土($f_{cu} \geq 100$ MPa)。

(二)混凝土的特点

混凝土是目前土木工程中应用最大众化的建筑材料，应用范围最广、用量最大。除组成混凝土的原材料来源广泛，符合就地取材和经济等原则外，在使用中还有以下几个方面的优点：

①具有较高的强度和耐久性,维修费用低;②可根据不同要求,调整其配合成分,使其具有不同的物理力学性质;③混凝土拌和物具有可塑性,可浇筑成不同形状和大小的制品或构件;④混凝土与钢筋具有良好的黏结力和相近的热膨胀系数,两者可结合在一起共同工作,制成钢筋混凝土构件和结构,利用钢筋抗拉强度的优势弥补混凝土脆性弱点,利用混凝土碱性保护钢筋不生锈,从而大大扩展了混凝土的应用范围。

混凝土的主要缺点有:①抗拉强度低;②受拉时变形能力小,易开裂;③自重大等。此外,混凝土原材料品质及混凝土配合成分的波动以及施工工艺的变动,均会影响混凝土的品质,施工过程中需要严格控制质量。

(三)工程对混凝土的基本要求

土木建筑工程中使用的混凝土,一般必须满足以下四点基本要求:①混凝土拌和物应具有与施工条件相适应的施工和易性;②混凝土在规定龄期达到设计要求的强度;③硬化后的混凝土具有与工程环境条件相适应的耐久性;④经济合理,在保证质量前提下,节约造价。

(四)普通混凝土的组成材料

普通混凝土是以水泥为胶凝材料,以沙、石为骨料加水拌和,经浇筑成型、凝结硬化形成的人造石材,其结构如图1-6所示。其中水泥和水构成水泥浆,包裹在骨料表面并填充沙的空隙形成砂浆,砂浆包裹石子颗粒并填充石子的空隙形成混凝土。在混凝土硬化前,水泥浆赋予拌和物一定的和易性,起润滑作用,使拌和物便于浇筑施工。水泥浆硬化后,则将骨料胶结成一个坚实的整体。混凝土中的沙称为细骨料(或细集料),石子称为粗骨料(或粗集料)。粗细骨料一般不与水泥发生化学反应,其作用是构成混凝土骨架,并对水泥石的变形起一定的抑制作用。

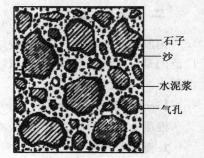

石子
沙
水泥浆
气孔

图1-6 混凝土结构

1. 水泥

水泥是最主要的建筑材料之一,主要用于配制混凝土和砂浆。水泥是粉末状固体,它与水混合经过一系列的物理化学反应,由可塑性浆体变成坚硬的石状体,能将散粒材料黏结成为一个整体。水泥属于水硬性胶凝材料,它不仅能在空气中凝结硬化,而且能更好地在水中凝结硬化并保持强度增长。

2. 细骨料

混凝土细骨料指粒径在 0.15~4.75 mm 的岩石颗粒,又称为沙。配制混凝土对沙的质量要求主要包括:颗粒级配与粗细程度、含泥量与泥块含量、有害杂质含量及物理力学性质等。

(1)颗粒级配与粗细程度 沙的颗粒级配,指不同粒径沙粒的搭配情况。当沙中含有较多的粗粒径沙,并以适当的中粒径沙及少量细粒径沙填充其空隙,则可使沙子的空隙率及表面积均较小,即构成良好的级配,达到节约水泥和提高强度的目的。

从图1-7可以看到:如果是同样粗细的沙,空隙最大,如图1-7(a)所示;两种粒径的沙搭配起来,空隙就减小了,如图1-7(b)所示;三种粒径的沙搭配,空隙就更小了,如图1-7(c)所示。由此可见,要想减小沙粒间的空隙,就必须有大小不同的颗粒搭配。

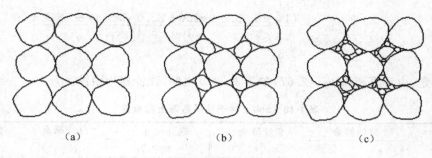

图 1-7 骨料颗粒级配

沙子的粗细程度,是指不同粒径的沙粒混合在一起后的平均粗细程度,通常有粗沙、中沙与细沙之分。混凝土用沙不宜过粗亦不宜过细,应以中沙为宜。

沙的颗粒级配和粗细程度,常用筛分法进行测定。用级配区表示沙的颗粒级配,用细度模数表示沙的粗细。筛分法是用一套孔径(净尺寸)为 4.75 mm,2.36 mm,1.18 mm,0.60 mm,0.30 mm 及 0.15 mm 的标准筛,将 500 g 的干沙试样由粗到细依次过筛,然后称得余留在各个筛上的沙的质量,并计算出各筛上的分计筛余百分率 a_1,a_2,a_3,a_4,a_5 和 a_6(各筛上的筛余量占沙样总量的百分率)及累计筛余百分率 A_1,A_2,A_3,A_4,A_5 和 A_6(各个筛和比该筛粗的所有分计筛余百分率相加)。累计筛余与分计筛余的关系见表 1-17。

表 1-17 累计筛余与分计筛余的关系

筛孔尺寸/mm	分计筛余/%	累计筛余/%
4.75	a_1	$A_1 = a_1$
2.36	a_2	$A_2 = a_1 + a_2$
1.18	a_3	$A_3 = a_1 + a_2 + a_3$
0.60	a_4	$A_4 = a_1 + a_2 + a_3 + a_4$
0.30	a_5	$A_5 = a_1 + a_2 + a_3 + a_4 + a_5$
0.15	a_6	$A_6 = a_1 + a_2 + a_3 + a_4 + a_5 + a_6$

细度模数 μ_f 用下述公式计算:

$$\mu_f = \frac{(A_2 + A_3 + A_4 + A_5 + A_6) - 5A_1}{100 - A_1} \tag{1-7}$$

细度模数(μ_f)愈大,表示沙愈粗。普通混凝土用沙的粗细程度按细度模数分为粗、中、细 3 级。μ_f 在 3.1～3.7 为粗沙;μ_f 在 2.3～3.0 为中沙;μ_f 在 1.6～2.2 为细沙。应当指出,沙的细度模数不能反映沙的级配优劣,细度模数相同的沙,其级配可以很不相同。因此,配制混凝土时,必须同时考虑沙的颗粒级配与细度模数。

例:用 500 g 烘干沙进行筛分析试验,各筛上的筛余量见表 1-18。试分析此沙样的粗细程度。

解:根据表 1-18 给定的各筛余量,计算出各筛孔的分计筛余百分率及累计筛余百分率,填入表 1-18 内。

计算细度模数:

$$\mu_f = \frac{(A_2 + A_3 + A_4 + A_5 + A_6) - 5A_1}{100 - A_1}$$

$$= \frac{(14.0+23.4+61.6+82.0+98.4)-5\times5.4}{100-5.4}$$

$$= 2.67$$

结果评定：由计算所得 $\mu_f=2.67$，在 $2.3\sim3.0$ 之间，该沙样为中沙。

表 1-18　500 g 烘干沙样各筛上筛余量

筛孔尺寸 /mm	分计筛余		累计筛余/ %	筛孔尺寸/ mm	分计筛余		累计筛余/ %
	g	%			g	%	
4.75	27	5.4	5.4	0.30	102	20.4	82.0
2.36	43	8.6	14.0	0.15	82	16.4	98.4
1.18	47	9.4	23.4	0.15 以下	8	1.6	100
0.60	191	38.2	61.6				

(2)物理性质　沙的表观密度、堆积密度、空隙应符合如下规定：表观密度 $\rho>2\,500$ kg/m^3；松散堆积密度 $\rho_0'>1\,350$ kg/m^3；空隙率 $P'<47\%$。

细骨料的颗粒形状及表面特征会影响其与水泥的黏结及混凝土拌和物的流动性。山沙的颗粒多具有棱角，表面粗糙，与水泥胶结好，拌制的混凝土强度高，但拌和物的流动性差；河沙、海沙，其颗粒呈圆形，表面光滑，与水泥胶结差，用来拌制混凝土，其强度较低，但拌和物的流动性好。

3. 粗骨料

普通混凝土常用的粗骨料有卵石和碎石。由自然分化，水流搬运和分选、堆积形成的粒径大于 4.75 mm 的岩石颗粒，称为卵石。碎石则是由天然岩石或卵石经机械破碎和筛分制成的、粒径大于 4.75 mm 的岩石颗粒。按技术要求混凝土粗骨料分为Ⅰ类、Ⅱ类和Ⅲ类。Ⅰ类宜用于强度等级大于 C60 的混凝土；Ⅱ类宜用于强度等级为 C30～C60 及有抗冻、抗渗或其他要求的混凝土；Ⅲ类宜用于强度等级小于 C30 的混凝土。质量的具体要求见国家标准《建筑用卵石、碎石》(GB/T 14685—2001)。

(1)物理特性　表观密度、堆积密度、空隙率应符合如下规定：表观密度 $\rho>2\,500$ kg/m^3，松散堆积密度 $\rho_0'>1\,350$ kg/m^3，空隙率 $P'<47\%$。

(2)强度　为了保证混凝土的强度要求，粗骨料必须具有足够的强度，可采用岩石抗压强度和压碎指标两种方法检验。在选择采石场或混凝土强度等级$\geqslant$C60 以及对质量有争议时，宜采用岩石抗压强度检验。对于工程中经常性的生产质量控制，宜采用压碎指标检验。

岩石立方体强度是将岩石制成 50 mm×50 mm×50 mm 立方体(或直径与高均为 50 mm 的圆柱体)试件，在水饱和状态下测定其抗压强度，一般要求极限抗压强度与设计要求的混凝土强度等级之比不小于 1.5，对路面混凝土不小于 2.0。火成岩试件的强度不宜低于 80 MPa，变质岩不宜低于 60 MPa，水成岩不宜低于 30 MPa。

用压碎指标表示粗骨料的强度，是将一定质量气干状态下 9.5～19.0 mm 的石子装入一定规格的圆筒内，在压力机上施加荷载到 200 kN 并稳荷 5 s，卸荷后称取试样质量(m_0)，用孔径为 2.36 mm 的筛筛除被压碎的细粒，称取试样的筛余量(m_i)。

$$\delta_a = \frac{m_0-m_i}{m_0}\times100\% \tag{1-8}$$

式中：δ_a 为压碎指标，%；m_o 为试样的质量，g；m_i 为压碎试验后筛余的试样质量，g。

压碎指标表示了石子抵抗压碎的能力，可间接地推测其相应的强度。压碎指标应符合表1-19 的规定。

表 1-19　压碎指标　　　　　　　　　　　　　　%

项目	指标		
	Ⅰ类	Ⅱ类	Ⅲ类
碎石压碎指标，<	10	20	30
卵石压碎指标，<	12	16	16

4. 混凝土拌和及养护用水

混凝土拌和及养护用水按水源可分为饮用水、地表水、地下水、海水及适当处理后的工业废水，凡可饮用的水均可用于拌制和养护混凝土。

（五）混凝土的配合比设计

混凝土配合比指混凝土中各组成材料数量之间的比例关系，通常有以下两种表示方法：一种方法是以每 1 m³ 混凝土中各材料用量表示，如：水泥 370 kg，水 210 kg，沙 670 kg，石子 1 150 kg；另一种方法是以各材料之间的质量比表示（以水泥质量为 1），将上例换算成质量比为：水泥：沙：石子：水 = 1：1.8：3.1：0.55。

混凝土配合比不仅影响混凝土的性能，而且影响工程造价，是混凝土配制工艺中最重要的项目之一。

1. 混凝土配合比设计的主要参数

混凝土配合比设计是根据混凝土性能要求，确定水泥、粗细骨料和水这 4 种基本组成材料之间的 3 个比例关系，即水灰比、沙率和单位用水量。水与水泥之间的比例关系，常用水灰比表示；沙与石子之间的比例关系，常用沙率（沙子用量占沙石总用量的百分率）表示；水泥浆与骨料之间的比例关系，常用单位用水量（1 m³ 混凝土的用水量）表示。这 3 个参数与混凝土的各项性能密切相关，其中，水灰比对混凝土的强度和耐久性起决定作用；沙率对新拌混凝土的黏聚性和保水性有很大影响；单位用水量则是影响混凝土流动性的最主要因素。在配合比设计中，只要正确地确定这 3 个参数，就能设计出经济合理的混凝土配合比。

（1）水灰比　水灰比是影响混凝土强度及耐久性最为重要的因素。水灰比较小时，混凝土的强度、密实性及耐久性较高，但耗用水泥较多，混凝土发热量也较大。因此，在满足强度及耐久性要求的前提下，应尽可能采用较大的水灰比，以节约水泥。水灰比较大时，混凝土强度较低，耐久性变差。水灰比过大，混凝土拌和物的黏聚性及保水性难以得到满足，将会影响混凝土质量并给施工造成困难。因此，对于强度及耐久性要求均较低的混凝土（如大体积内部混凝土），在确定水灰比时，还需要考虑混凝土的和易性，不宜选用过大的水灰比。

满足强度要求的水灰比，可由对工程原材料进行试验所建立的混凝土强度与水灰比关系曲线求得。也可参照经验公式初步确定，然后再进行试验校核。当混凝土强度等级小于 C60 时，根据水泥抗压强度的实测值 f_{ce}（MPa）、骨料种类及所要求的混凝土配置强度 $f_{cu,o}$（MPa），可按下式计算要求的水灰比：

$$\frac{W}{C} = \frac{\alpha_a \cdot f_{ce}}{f_{cu,o} + \alpha_a \cdot \alpha_b \cdot f_{ce}} \tag{1-9}$$

式中 α_a 与 α_b 为回归系数,对于粗骨料为碎石时,$\alpha_a = 0.46$,$\alpha_b = 0.07$。

混凝土的水灰比不仅要满足强度要求,还要满足耐久性要求。为了保证混凝土具有足够的耐久性,水灰比不得超过施工规范所规定的最大允许值,钢筋混凝土及预应力混凝土结构的混凝土最大水灰比见表1-20。满足耐久性要求的水灰比,应通过混凝土抗渗性、抗冻性等试验确定。

以上根据强度和耐久性要求所求得的两个水灰比中,应选取其中较小者,以便能同时满足强度和耐久性的要求。

表 1-20　混凝土最大水灰比和最小水泥用量

环境条件类别	最大水灰比	最小水泥用量/kg		
		素混凝土	钢筋混凝土	预应力混凝土
一	0.65	200	220	280
二	0.60	230	260	300
三	0.55	270	300	340
四	0.45	300	360	380

注:1. 素混凝土的最大水灰比可按表中所列数值增大 0.05;

2. 结构类型为薄壁或薄腹构件时,最大水灰比宜适当减小;

3. 处于三、四类环境条件又受冻严重或受冲刷严重的结构,最大水灰比应按照《水工建筑物抗冰冻设计规范》的规定执行;

4. 承受水力梯度较大的结构,最大水灰比宜适当减小。

(2)单位用水量　用水量是决定混凝土拌和物流动性的基本因素,确定混凝土单位用水量应根据施工要求的混凝土拌和物流动性和骨料的级配与最大粒径、水泥需水性及使用外加剂情况等条件决定。对于具体工程,可根据原材料情况,总结实际资料得出单位用水量经验值。当缺乏资料时,可根据混凝土坍落度要求,参照表1-21初步估计单位用水量,再按此单位用水量试拌混凝土,测定其坍落度。若坍落度不符合要求,则保持水灰比不变调整水泥浆数量,从而调整混凝土拌和物的流动性。但应指出,在试拌混凝土时,不能用单纯改变用水量的办法来调整混凝土拌和物的流动性。因单纯加大用水量会降低混凝土的强度和耐久性。

表 1-21　干硬性和塑性混凝土的用水量　　　　　　　　　　　　　kg/m³

拌和物稠度		卵石最大粒径/mm					碎石最大粒径/mm				
项目	指标	10	20	31.5	40	80	16	20	31.5	40	80
维勃稠度/s	15～20	175	160		145		180	170		155	
	10～15	180	165		150		185	175		160	
	5～10	185	170		155		190	180		165	
坍落度/mm	10～30	190	170	160	150	135	200	185	175	165	150
	30～50	200	180	170	160	140	210	195	185	175	155
	50～70	210	190	180	170	150	220	205	195	185	160
	70～90	215	195	185	175	155	230	215	205	195	175

注:1. 本表用水量系采用中沙时的平均取值,采用细沙时,每立方米混凝土用水量可增加 5～10 kg,采用粗沙则可减少 5～10 kg;

2. 掺用各种外加剂或掺和料时,用水量应相应调整;

3. 水灰比小于 0.4 或大于 0.8 的混凝土以及采用特殊成型工艺的混凝土用水量应通过试验确定;

4. 本表适用于骨料含水为干燥状态,当以饱和面干状态为基准时,用水量需减小 10～20 kg/m³。

(3)沙率(合理沙率)　沙率对混凝土和易性有影响。合理的沙率值应根据拌和物的坍落度、黏聚性和保水性等特征来确定。在保证拌和物不离析，又能很好地浇灌、捣实的条件下，应尽量选用较小的沙率，这样可节约水泥。影响合理沙率大小的因素很多，可概括如下：①石子最大粒径较大、级配较好、寝面较光滑时，合理沙率较小；②沙子细度模数较小时，混凝土拌和物的黏聚性容易得到保证，合理沙率较小；③水灰比较小或混凝土中掺有使拌和物黏聚性得到改善的掺和料（如粉煤灰、硅粉等）时，水泥浆较黏稠，混凝土黏聚性较好，则合理沙率较小；④当掺用引气剂或减水剂时，合理沙率也可适当减小；⑤设计要求的混凝土流动性较大时，混凝土合理沙率较大；反之，当混凝土流动性较小时，可用较小的沙率。

　　由于影响合理沙率的因素很多，目前尚不能用计算方法准确求得其值。对于混凝土数量比较大的工程应通过试验找到合理沙率，其方法是：预先参照经验图表估计几个沙率，拌制几组混凝土，进行和易性对比试验，从中选出合理沙率。混凝土数量比较小或无使用经验可按骨料的品种、规格及混凝土的水灰比值参照表 1-22 选用合理的数值。此表适用于坍落度小于或等于 60 mm，且等于或大于 10 mm 的混凝土。

表 1-22　混凝土的沙率　　　　　　　　　　　　　　%

水灰比	卵石最大粒径/mm					碎石最大粒径/mm				
(W/C)	10	20	40	80	150	16	20	40	80	150
0.40	26～32	25～31	24～30	24	20	30～35	29～34	27～32	28	24
0.50	30～35	29～34	28～33	25	22	33～38	32～37	30～35	29	26
0.60	33～38	32～37	31～36	27	24	36～41	35～40	33～38	31	28
0.70	36～41	35～40	34～39	29	26	39～44	38～43	36～41	33	30

注：1. 本表数值系中沙的选用沙率，对细沙或粗沙，可相应地减少或增加沙率；

2. 只用一个单粒级细粗骨料配制混凝土时，沙率应适当增大；

3. 对薄壁构件沙率取偏大值；

4. 本表中的沙率系指沙与骨料总量的质量比。

2. 普通混凝土配合比设计的方法与步骤

　　在进行混凝土配合比设计时，要正确地选择原材料品种，进行各项物理力学性能试验，检验原材料质量。主要包括：①水泥品种及等级；②沙的细度模数及级配情况；③石子的种类（卵石或碎石）、最大粒径及级配；④是否掺用外加剂及掺和料；⑤水泥的密度，沙石的视密度、堆积密度及饱和面干吸水率等。

　　配合比设计还要明确混凝土的各项技术要求。如：①混凝土的强度要求（混凝土配制强度）；②混凝土的耐久性要求，如抗渗等级、抗冻等级以及抗磨性、抗侵蚀性等；③混凝土拌和物的坍落度指标；④混凝土的其他性能要求，如低热性、变形特性指标等。

　　混凝土配合比的设计方法很多，但基本上大同小异，其主要步骤可归纳为：①利用经验公式和图表进行计算，得到"初步配合比"；②经试验室试拌调整，得出满足和易性要求的基准配合比；③检验强度及耐久性，确定出满足各项设计指标的"试验室配合比"；④最后以现场原材料实际情况修正试验室配合比从而得出"施工配合比"。

　　（1）初步配合比的计算

　　第一初步确定水灰比 W/C：根据混凝土强度及耐久性要求，参考式（1-9），并考虑水灰比最大允许值（表 1-20），初步确定水灰比。

　　第二初步估计单位用水量（m_{wo}）：根据拌和物坍落度的要求，参考表 1-21 确定。

第三初步估计含沙率(β_s)：参照表 1-22 进行估算。

第四初步计算水泥用量(m_{co})：用初步确定的水灰比及单位用水量，按下式计算：

$$m_{co} = \frac{m_{wo}}{W/C} \tag{1-10}$$

混凝土水泥用量应不少于施工规范要求的最小水泥用量（表 1-20），如果计算的水泥用量小于规定的最小水泥用量，则取规定的最小水泥用量。

第五计算粗、细骨料用量(m_{go})及(m_{so})：根据上述各参数，可按体积法或重量法进行计算。

所谓体积法是假定 1 m³ 新浇筑的混凝土内各项材料的绝对体积和所含空气的体积之和为 1 m³。则将上述初步估算出的 m_{wo}，m_{co} 及 β_s 等值代入下式即可求得 1 m³ 混凝土中各项材料用量。

$$\begin{cases} \dfrac{m_{co}}{\rho_c} + \dfrac{m_{go}}{\rho_g} + \dfrac{m_{so}}{\rho_s} + \dfrac{m_{wo}}{\rho_w} + 0.01\alpha = 1 \\[2mm] \beta_s = \dfrac{m_{so}}{m_{so} + m_{go}} \times 100\% \end{cases} \tag{1-11}$$

式中：ρ_c 为水泥密度，kg/m³，可取 2 900～3 100 kg/m³；ρ_g 为粗骨料的表观密度，kg/m³；ρ_s 为细骨料的表观密度，kg/m³；ρ_w 为水的密度，kg/m³，可取 1 000 kg/m³；α 为混凝土的含气量百分数，在不使用引气型外加剂时，α 可取为 1。

所谓重量法是在原材料质量比较稳定，新拌混凝土的表观密度接近一个固定值时，就可假定一个新浇筑好的混凝土单位体积的质量，按下式计算粗、细骨料的用量。

$$\begin{cases} m_{co} + m_{go} + m_{so} + m_{wo} = m_{cp} \\[2mm] \beta_s = \dfrac{m_{so}}{m_{so} + m_{go}} \times 100\% \end{cases} \tag{1-12}$$

式中：m_{co} 为每立方米混凝土的水泥用量，kg；m_{go} 为每立方米混凝土的粗骨料用量，kg；m_{so} 为每立方米混凝土的细骨料用量，kg；m_{wo} 为每立方米混凝土的用水量，kg；β_s 为沙率，%；m_{cp} 为每立方米混凝土拌和物的假定质量，kg，其值可取 2 350～2 450 kg。

（2）配合比的试配、调整与确定　第一试拌调整而得出供检验强度用的基准配合比。初步配合比是借助于经验公式、图表等计算得到的，或是利用经验资料查取的，因而不一定符合工程的实际情况，必须进行和易性试验（试拌），以便得出和易性恰好满足设计要求的混凝土。混凝土试拌和调整的方法如下：

按初步配合比称取拌制 0.015～0.025 m³ 混凝土所需的各项材料，按试验规程拌制混凝土，测定其坍落度，观察黏聚性及保水性。若坍落度不符合要求，或黏聚性和保水性不好时，则保持水灰比不变，调整沙率或用水量，再进行拌和试验，直至符合要求。所得配合比即为供检验强度用的基准配合比。

当拌和物的黏聚性及保水性不良，砂浆显得不足时，可适当增大沙率；反之，应适当减小沙率。

当坍落度小于设计要求时，应保持水灰比不变增加水泥浆用量；反之，则应增加沙、石子用量（保持沙率大致不变）。一般每增加 10 mm 坍落度，需增加水泥浆用量 1%～2%。

每次调整均应试拌，直到新拌混凝土的性能符合要求为止。调整好的混凝土，测定其拌和

物表观密度 $\rho_{c,t}$。根据该拌和物中各项材料实际用量(m'_c,m'_w,m'_g,m'_s)及实测的表观密度 $\rho_{c,t}$,按下式计算该混凝土的基准配合比:

$$\begin{cases} m_c = \dfrac{\rho_{c,t}}{m'_c + m'_w + m'_g + m'_s} \times m'_c \\[2ex] m_w = \dfrac{\rho_{c,t}}{m'_c + m'_w + m'_g + m'_s} \times m'_w \\[2ex] m_g = \dfrac{\rho_{c,t}}{m'_c + m'_w + m'_g + m'_s} \times m'_g \\[2ex] m_s = \dfrac{\rho_{c,t}}{m'_c + m'_w + m'_g + m'_s} \times m'_s \end{cases} \qquad (1\text{-}13)$$

第二检验强度及耐久性等,确定混凝土配合比。经试拌调整试验得出的混凝土基准配合比,其水灰比值不一定恰当,结果的强度和耐久性不一定符合要求。所以,必须进行强度和耐久性试验。一般采用三个不同的配合比,其中一个为基准配合比,另外两个配合比的水灰比,应较基准配合比分别增加及减少 0.05,但用水量应该与基准配合比相同,沙率值可增加或减少 1%。每种配合比的混凝土成型强度、抗渗、抗冻等试件,标准养护 28 d 后进行试验。在制作混凝土强度和耐久性试件时,尚应检验新拌混凝土的和易性,并测定表观密度,并以此结果作为代表这一配合比的新拌混凝土的性能。在有条件的单位可同时制作一组或几组试块,供快速检验或较早龄期时试压,以便提前定出混凝土配合比供施工使用。但以后仍必须以标准养护 28 d 的检验结果为依据调整配合比。

配合比的调整与确定是根据试验得出的混凝土强度与灰水比(C/W)的关系,用作图法或计算法求出与混凝土配制强度($f_{cu,o}$)相对应的灰水比,并按下列原则确定每立方米混凝土的材料用量:用水量(m_w)应在基准配合比的用水量的基础上,根据制作强度试件时测得的坍落度或维勃稠度进行调整确定;水泥用量(m_c)应以用水量乘以选定出来的灰水比计算确定;粗、细骨料用量(m_g 和 m_s)应在基准配合比中的粗、细骨料用量的基础上,按选定的水灰比作适当调整后确定。

混凝土配合比经试配、调整、确定后,还须根据实测的混凝土表观密度($\rho_{c,t}$)作必要的校正。其步骤是:

首先根据以上确定的各材料用量,计算混凝土的表观密度计算值($\rho_{c,c}$):

$$\rho_{c,c} = m_c + m_w + m_g + m_s \qquad (1\text{-}14)$$

然后按下式计算混凝土配合比校正系数:

$$\delta = \frac{\rho_{c,t}}{\rho_{c,c}} \qquad (1\text{-}15)$$

再将混凝土表观密度的实测值与表观密度计算值进行比较,当 $\rho_{c,t}$ 与 $\rho_{c,c}$ 之差的绝对值不超过计算值的 2% 时,混凝土的配合比不需校正,调整确定的配合比,即为确定的设计配合比。当二者之差超过 2% 时,应将配合比中每项材料用量均乘以校正系数 δ,重新获得确定的设计配合比。

对于大型混凝土工程,常对混凝土配合比进行系统试验确定配合比。即在确定初步水灰比时,就同时选取 3~5 个值,对每一水灰比,又选取 3~5 种含沙率及 3~5 种单位用水量,组成多种配合比,平行进行试验并相互校核。通过试验,绘制水灰比与单位用水量,水灰比与合理沙率,水灰比与强度、抗渗等级、抗冻等级等的关系曲线,并综合这些关系曲线最终确定配合比。

（3）施工配料单的计算　试验室确定的配合比是在室内标准条件下通过试验获得的。施工过程中,工地的沙、石材料含水状况、级配等会发生变化,气候条件、混凝土运输及结构物浇筑条件也会变化,为保证混凝土质量,应根据条件变化将试验室确定的配合比进行换算和调整,得出施工配料单(也称施工配合比)供施工应用,目的是为了准确地实现试验室配合比。

试验室确定配合比时,若以干燥状态的沙、石为基准标准,则施工时应扣除沙、石的全部含水量;若以饱和面干状态的沙、石为标准,则应扣除沙、石的表面含水量或补足其达到饱和面干状态所需吸收的含水量。同时,相应地调整沙、石用量。

如实测工地的沙、石的含水率(或表面含水率)分别为W_s及W_g,则混凝土施工配料的各项材料用量(配料单)应为：

$$
\begin{aligned}
m'_c &= m_c \\
m'_s &= m_s(1+W_s) \\
m'_g &= m_g(1+W_g) \\
m'_w &= m_w - m_s W_s - m_g W_g
\end{aligned}
\tag{1-16}
$$

第七节　防水材料

防水是设施农业建筑工程中的一个重要组成部分,是保证建筑物和构筑物不受水侵蚀,内部空间不受危害的特殊工程和专门措施。防水工程的质量,在很大程度上取决于防水材料的性能和质量。防水材料的质量和合理使用是防止建筑物浸水和渗漏的发生,确保其使用功能和使用寿命的重要环节。

一、防水材料的概念

防水材料是指应用于建筑物和构筑物中起防潮、防漏、保护建筑物和构筑物及其构件不受水侵蚀破坏作用的一类建筑材料。

防水材料的防潮作用是指防止地下水或地基中的盐分等腐蚀物质渗透到建筑构件的内部;防漏作用是指防止雨水、雪水从屋顶、墙面或混凝土构件的接缝之间渗漏到建筑构件内部,或蓄水结构内的水向外渗漏,达到建筑物、构筑物内外相互止水的目的。防水材料是各类建筑物和构筑物不可缺少的一类功能性材料,是建筑材料的一个重要组成部分。目前已广泛应用于工业与民用建筑、水利工程、市政建设、地下水工程、道路桥梁、隧道涵洞、国防军工等领域。

二、防水材料的共性要求

建筑物和构筑物的防水是依靠具有防水性能的材料来实现的,防水材料质量的优劣直接关系到防水层的耐久年限。建筑防水材料的共性要求如下:①具有良好的耐候性,对光、热、臭氧等应具有一定的承受能力;②具有抗水渗透和耐酸碱性能;③对外界温度和外力具有一定的适应性,即材料的拉伸强度要高,断裂伸长率要大,能承受温差变化以及各种外力与基层伸缩、开裂所引起的变形;④整体性好,既能保持自身的黏结性,又能与基层牢固粘接,同时在外力作用下,有较高的剥离强度,形成稳定的不透水整体。

三、防水材料的分类

防水材料从性能上一般可分为柔性防水材料和刚性防水材料两大类。柔性防水材料主要有防水卷材、防水涂料等,刚性防水材料主要有防水砂浆、防水混凝土等。依据建筑防水材料的外观形态,一般可将建筑防水材料分为防水卷材、防水涂料、防水密封材料、刚性防水和堵漏材料等四大系列。这四大类材料又根据其组成不同可划分为上百个品种,其分类情况参见图1-8。

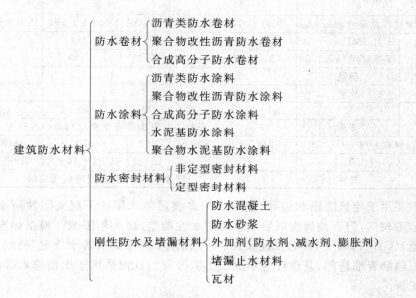

图 1-8 建筑防水材料的分类

工程中用量较多的为沥青类防水材料,同时在向高聚物改性沥青、橡胶、合成高分子防水材料方向发展。本节主要介绍石油沥青及沥青混合料。

沥青的使用方法很多,可以作为涂层涂刷,也可以配制成各种防水材料制品,按施工方法的不同分热用和冷用两种。热用是指加热沥青使其软化流动,并趁热施工;冷用是将沥青加溶剂稀释或用乳化剂乳化成液体,于常温下施工。

四、沥青基防水卷材

凡用厚纸或玻璃布、石棉布、棉麻织品等胎料浸渍石油沥青(或煤焦油沥青)制成的卷状材料,称为浸渍卷材(有胎的)。将石棉、橡胶粉等掺入沥青材料中,经碾压制成的卷状材料称为辊压卷材(无胎的)。这两种卷材通称为沥青防水卷材,是目前建筑工程中最常用的柔性防水材料。

1. 油纸及油毡

油纸是用低软化点热熔沥青浸渍原纸而制成的防水卷材,在油纸两面再涂盖高软化点沥青,撒上隔离材料则称为油毡。所用隔离材料为粉状(滑石粉)时,称粉毡,为片状(云母等)时,称片毡。

油纸和油毡均以原纸每平方米质量克数划分标号。石油沥青油纸分为 200,350 两个标号;石油沥青油毡分为 200,350,500 三个标号;煤沥青油毡分为 200,270,350 三个标号。油纸和油毡幅宽有 915 mm,1 000 mm 两种,每卷面积为 (20±0.3) m²。

石油沥青纸胎油毡的质量要求应符合 GB 326—2007 规定,其物理学性能见表 1-23。

表 1-23　石油沥青油毡的物理力学性能

指标名称　　　　标号与等级		200 号			350 号			500 号		
		合格	一等品	优等品	合格	一等品	优等品	合格	一等品	优等品
每卷质量/(g/m²)　　≥			17.5			28.5			39.5	
			20.5			31.5			42.5	
单位面积浸涂材料总量/(g/m²)≥		600	700	800	1 000	1 050	1 110	1 400	1 450	1 500
不透水性	压力/MPa　≥		0.05			0.10			0.15	
	保持时间/min　≥	15	20	30	30	45			30	
吸水率(真空法)/%≤	粉毡		1.0			1.0			1.5	
	片毡		3.0			3.0			3.0	
耐热度	℃	85±2		90±2	85±2		90±2	85±2		90±2
	要求				受热 2 h 覆盖层应无滑动和集中性气泡					
拉力(25℃时纵向)/N　　≥		240		270	340		370	440		470
柔度	℃	18±2		18±2	18±2	16±2	14±2	18±2		14±2
	要求				绕 Φ20 mm 圆棒或弯板无裂纹					

油纸主要用于建筑防潮和包装,也可用于多叠层防水层的下层或刚性防水层的隔离层。油毡适用范围较广,但石油沥青纸胎油毡的防水性能差、耐久年限低。根据标准《屋面防水工程技术规范》(GB 50207—1994)及建设部《关于治理屋面渗漏的若干规定》的规定:"屋面防水材料选用石油沥青油毡的,其设计应不少于三毡四油",且仅适用于屋面防水等级为Ⅲ级和Ⅳ级的防水工程。

应用各种油纸和油毡时应注意,石油沥青油毡(或油纸)只能用石油沥青胶粘贴,焦油煤沥青油毡则要用焦油沥青胶粘贴。油纸和油毡储运时应竖直堆放,最高不超过两层。要避免日光照射和雨水浸湿。

2. 新型有胎油毡

新型有胎油毡是以玻璃纤维布、石棉布、麻布等为胎基,用沥青浸渍涂盖而成的防水卷材。与纸胎油毡相比,其抗拉强度、耐腐蚀性、耐久性都有较大提高。适用于防水性、耐水性和防腐性要求较高的工程。

3. 沥青再生胶油毡

沥青再生胶油毡是用再生橡胶、10 号石油沥青和碳酸钙经混炼、压延而成的无胎防水卷材。它价格低廉,具有较好的弹性、抗蚀性、不透水性和低温柔韧性,并有较高的抗拉强度。适用于水工、桥梁、地下建筑物、管道等重要的防水工程和建筑物变形缝处防水。可进行单层防水施工。

第八节　保温材料

建筑结构中起保温绝热所用的材料,称为保温绝热材料。常用于建筑物的屋顶、内墙、热工设备及管道、冷藏设备、冷藏库等工程。合理使用保温绝热材料可以减少热损失，节约能源，可使房间变的夏日凉爽冬季暖和，室内温度比不采用时降低3～5℃。同时还可减少外墙厚度和屋面体系的自重，从而节约材料、降低造价。因此在建筑工程中合理采用保温绝热材料已经愈来愈受到人们的重视。

保温绝热材料国外常划分为：①按照使用温度分为耐火绝热材料、保温材料、保冷材料；②按材质分为无机材料（不易腐烂、不燃烧、成本高、有些还具有抗高温的能力）、有机材料（吸湿性大、易受潮易腐烂、高温下易分解变质或燃烧、成本低）和金属夹层材料；③按材料形状及结构分为微孔状保温绝热材料、气泡状保温绝热材料、纤维状保温绝热材料和夹层状或蜂窝状保温绝热材料等。我国划分为硬质与软质两大类。

一、热的传递方式

在任何介质中只要存在温度差，就会产生传热现象。根据传热机理的不同，热的传递方式分为3种基本形式。

（1）热传导　是由温度不同的质点（分子、原子、自由电子）在热运动中引起的热能传递过程。

（2）热对流　在流体中，由于温度不同的各部分流体之间发生相对运动，相互掺和而传递热能。

（3）热辐射　它是以电磁波来传递热能。与热传导和热对流有本质的区别。热辐射的传热特征是发射体的热能变为电磁波辐射能，被辐射体又将所接受的辐射能转换成热能。

不同的建筑结构材料具有不同的保温绝热性能。一般来说，保温绝热性能好的材料是多孔的。材料孔隙内的空气和水分对辐射和对流的影响显著。通常辐射和对流所占比例很小，在热工计算中可以不予考虑。

二、绝热材料的基本要求及影响因素

1. 绝热材料的基本要求

（1）导热能力低　材料的导热性用导热系数（λ）表示。导热系数越小，其保温性能越好。导热系数是评定材料保温绝热性能的重要指标，金属导热系数λ值最大，非金属λ次之，液体λ最小。常见材料的导热系数与比热见表1-24。

表1-24　材料的导热系数与比热

材料名称	导热系数/[W/(m·K)]	比热/[kJ/(kg·K)]
水（4℃）	0.58	4.91
密闭空气	0.023	1.00
冰	2.33	
钢、铁	58.15	0.48
混凝土	1.28～1.51	0.84
砖	0.70～0.88	0.80～0.89
木材	0.17～0.41	2.51

（2）表观密度小　保温绝热材料的表观密度在500～1 000 kg/m²。

（3）具有一定强度　一般要求强度>0.4 MPa，以满足建筑构造的施工和安装上的需要。

2. 影响绝热性能的主要因素

（1）材料的分子结构　材料的分子结构不同，其热导性能有很大的差别。结晶构造的λ最大;微晶体构造的 λ 次之;玻璃体构造的 λ 最小。为了获得导热性小的材料,可通过改变分子结构的方法。如将熔融的高炉矿渣采用不同的冷却速度,获得高炉膨胀矿渣珠玻璃体构造,形成了分子结构不同的材料,是一种较好的绝热材料。

(2)表观密度与孔隙特征　由于材料中固体物质的导热能力比空气大得多,所以,表观密度越小,λ 越小。即 λ 随孔隙率的增加而减小。材料的 λ 不仅与孔隙率有关,而且还取决于孔隙的大小和孔的特征。在孔隙率相同的条件下,孔隙尺寸越大,λ 越大。这时因为太大的孔隙不仅使辐射传热量加大,同时大孔隙内的对流传热也增多;互相连通的孔隙比封闭孔隙的导热性要高,主要是对流作用的结果。

(3)温度与湿度　材料吸湿受潮后 λ 增大,在多孔材料中最为明显。这是因为水的导热能力[$\lambda=0.58$ W/(m·K)]比孔隙内空气的导热能力[$\lambda=0.025$ W/(m·K)]大得多(20 倍左右)。如果孔隙中的水结成了冰[$\lambda=2.33$ W/(m·K)],λ 更大。

材料的 λ 随温度的升高而增大。当温度升高时,材料固体分子的热运动增强,同时材料孔隙中空气的导热和孔壁间的辐射作用也有增加。但这种影响在温度 0~50℃范围内时并不显著,只有在高温或负温下的材料,才要考虑温度的影响。

(4)热流方向　对于各向异性材料,诸如木材、玻璃纤维等,当热流平行于纤维延伸方向时,热流受到阻力较小,导热系数较大。而热流垂直于纤维延伸方向时,热流受到阻力较大,导热系数较小。例如,松木,当热流平行于木纹时,导热系数为 0.35 W/(m·K),而垂直于木纹时,导热系数为 0.17 W/(m·K)。

以上各因素中,以表观密度和湿度对材料的导热系数影响最大。因此,在测定材料的导热系数时,必须同时测定材料的表观密度。而对于湿度,多数绝热材料可取空气相对湿度为 80%~85%时材料的平衡湿度作为参考状态,应尽可能在这种条件下测定材料的导热系数。

三、绝热材料的类别

1.有机绝热材料

(1)树脂类制品　常用的树脂有聚苯乙烯、聚氯乙烯、聚氨酯和脲胺等。在合成树脂中加发泡剂等辅助材料,经加热发泡而制成泡沫塑料;在高压聚乙烯中加轻质碳酸钙及发泡剂,经加热制成轻质钙塑板;用蜂窝芯材两面粘贴面板而制成蜂窝板(蜂窝芯材用牛皮纸、玻纤布或铝片加工成六角形空腹构造,再浸渍酚醛或聚酯树脂,面板用浸渍过树脂的牛皮纸、玻纤布或未经浸渍的胶合板、纤维板、石膏板等);以聚酯薄膜为基材,经紫外线吸收剂处理并在一侧表面镀铝而制成的一种新型防热片,即窗用隔热薄膜(薄膜表面涂刷丙烯酸或溶剂型黏合剂,再贴上保护膜,使用时将保护膜撕去,即可将防热片贴在窗玻璃上)。

(2)木材类制品　木材类制品常用栓皮栎、黄菠萝的树皮,经切碎脱脂热压而成软木板;用木材下脚料刨成木丝加黏结剂(植物胶、水泥、菱苦土等)冷压制成木丝板;用木材废料经破碎、浸泡、研磨成木浆,再加热制成纤维板;用劣等马牛毛加植物纤维和糨糊制成毛毡;用木锯末拌入消石灰的松散颗粒,直接铺成或填充于楼板、屋面的夹层。

2.无机绝热材料

主要由矿物质原料制成。具有不易腐朽、不生虫、不燃烧,有些还能耐高温。制品为纤维或松散颗粒制成的毡、板、管套或通过发泡工艺制成多孔散粒料等。

（1）纤维类制品　主要有天然石棉短纤维、石棉粉及用碳酸镁（或硅藻土）胶结而成的石棉纸、毡、板等制品；有用高炉矿渣，经喷吹或离心制成的矿渣棉和多种玻璃棉制品；有玄武岩经熔化、喷吹而成的火山岩棉；有用沥青或酚醛树脂胶结而成的矿渣棉制品；有沥青或水玻璃胶结而成的各种岩棉制品；有长度＜150 mm 的玻璃短棉和直径为 1～3 µm 的超细棉制品。

（2）多孔气泡类制品　主要有用水泥、水和松香泡沫剂或用粉煤灰、石灰、石膏和泡沫剂，经搅拌、成型、养护而成的泡沫混凝土；有碎玻璃掺发泡剂，经熔化和膨胀而成的泡沫玻璃；以硅藻土和石灰为主要原料，加石棉、水玻璃，经成型、蒸压、烘干而成的微孔硅酸钙；有用硅质材料或粉煤灰或磨细沙加石灰，掺入发气剂（铝粉），经蒸压或蒸养而成的加气混凝土等制品。

（3）蜂窝及松散颗粒类制品　蜂窝及松散颗粒类制品有天然蛭石经煅烧、膨胀而成的多孔状膨胀蛭石粒料，可直接摊铺于楼板、墙壁、屋面的夹层中；用天然玻璃质火山喷出岩，经煅烧、膨胀而制得的蜂窝泡沫状膨胀珍珠岩，可以直接用于夹层中；用水玻璃、水泥、磷酸盐或沥青胶结而成的各种制品；用水玻璃或水泥作胶结剂，现浇或预制成各种保温绝热制品；另外，沥青膨胀珍珠岩具有绝热、防水的双重功能。

四、常用保温绝热材料

1. 膨胀珍珠岩保温隔热板

该保温隔热板是以膨胀珍珠岩为主要原料，配入一定的石膏、水泥等黏结剂，加水混合搅拌、压制、成型，经养护、脱膜而制成。其中，膨胀珍珠岩的原料是珍珠岩、松脂岩、黑曜岩，将这三种材料经过破碎、颗粒分级、焙烧、成品处理等工序，制成具有多孔结构的膨松粒状材料，即膨胀珍珠岩。它具有质轻、防火、保温、吸音性能好、吸湿性小、耐腐蚀等特性，并且无毒、无味，不易霉变，化学稳定性高。适宜于高层或多层办公楼、住宅及工业厂房等保温装饰。此产品施工操作方便，可切、可锯、可钻。最高使用温度 800℃，为高效能保温、保冷填充材料。其规格尺寸及性能指标见表 1-25。

表 1-25　膨胀珍珠岩保温隔热板的性能指标

项目	规格尺寸/mm	性能指标	单位
导热系数		≤0.12	W/(m·K)
密度		≤450	kg/m³
抗压强度	400×200×(40～60)	≥0.98	MPa
抗折强度	500×250×(40～60)	＞0.68	MPa
软化系数	600×300×(40～60)	＞0.50（浸水 24 h）	%
耐火极限		1.00（板厚 40 mm）	h

2. 水玻璃珍珠岩隔热板

该隔热板是以水玻璃为黏结剂，膨胀珍珠岩为骨料，按一定比例配合，经拌和、压制、成型、烘干而制成。其主要特点是内部有大量微孔（由膨胀珍珠岩的多孔和黏结剂脱水引起），具有良好的绝热性能，施工安装方便，可切、锯、钻，材质较轻。产品规格及主要物理性能见表 1-26。

表 1-26　水玻璃珍珠岩隔热板产品规格及物理性能

项目	产品规格/mm	性能指标	单位	温度/℃	导热系数/[W/(m·K)]
密度		<220	kg/m³	25	0.061 725
抗压强度		0.40	MPa	75	0.069 575
使用温度	500×250×60	0～650	℃	150	0.081 350
吸水率	500×250×80	130～180(吸水 24 h)	%	225	0.093 125
吸湿率	500×250×100	22(相对湿度 90% 24 h)	%	300	0.104 900
软化系数		0.60	%	400	0.120 600

3.玻璃棉隔热板

玻璃棉隔热板是将熔融的玻璃液,用火焰、热气流或快速旋转的离心器,制成细纤维,再以酚醛树脂为胶黏剂,经拌匀黏合、加压、烘干而制成。玻璃纤维的长度在 20～150 mm,组织结构膨松,形态类似棉絮。此产品具有质轻、隔热、耐火、耐腐蚀、防辐射等优点,适宜作墙体隔热及天花板装饰。产品规格及主要物理性能见表 1-27。

表 1-27　玻璃棉隔热板产品规格及物理性能

项目	产品规格/mm	性能指标	单位
密度	(900～1 000)×(605～900)mm×15	40～60	kg/m³
渣球含量	(900～1 000)×(605～900)mm×20	<2	%
使用温度	(900～1 000)×(605～900)mm×40	0～300	℃
黏结剂含量	(900～1 000)×(605～900)mm×50	6～8	%

根据不同的使用目的和用途,玻璃棉隔热板还可以制成防水、硬面及防辐射等多种类型的产品,方便安装。不同品种的产品其孔隙特征不同,导热系数也有差异。分散封闭的孔隙内含有大量的空气,而空气的导热系数最小,为 0.023 W/(m·K),它比水的导热系数低 25 倍;比冰的低 100 倍;比木材、钢和砖的都低得多。

4.硬质泡沫塑料隔热板

硬质泡沫塑料隔热板是由多元醇化合物聚醚树脂,或聚氨酯和多异氰酸酯加入助剂,经聚合发泡而制成的有机合成材料。它具有质量轻、绝热性能好、防腐蚀、成型工艺简单等特点。以聚氨甲酸酯为主料制成的硬质泡沫塑料隔热板性能指标见表 1-28。

表 1-28　硬质泡沫塑料隔热板的性能

项目	指标	单位
密度	<60	kg/m³
使用温度	-60～120	℃
耐火性能	可燃	
耐腐蚀性能	良好	
导热系数	[温度(278±5 K)]<0.025	W/(m·K)

5.硅酸铝纤维复合保温材料

硅酸铝纤维复合保温材料是根据保温体的不同,选用不同厚度的硅酸铝纤维毡作内保温层,岩棉作外保温层,制成的复合毡或复合套管。其优点为保温绝热效果好、投资小、节能、经济、生产安全方便,是目前开发的一种新产品,正在推广应用,深受用户欢迎。

复习思考题

1. 建造材料的分类有哪些？
2. 简述建筑钢材的加工与工艺性能。
3. 常见的设施农业结构用钢材的分类有哪些？
4. 简述不同砌块的尺寸特点及其强度等级。
5. 试述木材的力学性质。
6. 简述硅酸盐水泥的矿物组成。
7. 混凝土分为哪几类？各有哪些特性？
8. 简述普通混凝土的组成材料。
9. 简述混凝土的配合比设计。
10. 简述建筑防水材料的共性要求。
11. 简述防水材料的分类有哪些。
12. 常用保温材料有哪几种？各有什么特点？
13. 简述水泥砂浆的配合比设计。

参考文献

［1］ 宓永宁,娄宗科.土木工程材料.北京:中国农业大学出版社,2003
［2］ 湖南大学,天津大学,同济大学,等. 土木工程材料.北京:中国建筑工业出版社,2002
［3］ 陈青云.农业设施设计基础.北京:中国农业出版社,2007
［4］ 施楚贤.砌体结构.北京:中国建筑工业出版社,2003
［5］ 中华人民共和国国家标准.砌体结构设计规范(GB 50003—2001).北京:中国建筑工业出版社,2002

第二章　设施农业覆盖材料

学习目标
- 熟悉覆盖材料的分类和特性
- 掌握玻璃、塑料薄膜和塑料板材的性质和使用性能
- 能够根据农业设施的具体情况选择适宜的覆盖材料
- 熟练运用常见的覆盖材料进行设施设计和建造

第一节　设施农业覆盖材料分类及要求

　　农用覆盖材料及其应用技术是人类在同干旱、低温、霜冻和风、雨、雪等自然灾害的长期斗争中，以及在开发利用农业资源的长期实践中逐步认识和发展起来的。据载在公元 1127—1279 年的南宋时期就有人用纸作覆盖透光材料，凿地为室，加温生产花卉。玻璃问世以后，取代纸，大大改善了温室的光照条件，增强了温室效应，促进了温室的发展。20 世纪 50 年代中后期，随着塑料小拱棚覆盖栽培方式的引进，揭开了我国以塑料薄膜取代玻璃作为透明覆盖材料的棚室栽培新篇章。如今，随着现代科学技术的日益发达，各种新型的高科技含量的覆盖材料不断出现，对于防灾、减灾，挖掘农业的内在潜力，建设持续高产、优质、高效农业，促进农业增产，保障产品安全，保持社会稳定，具有十分重要的意义。

一、设施农业覆盖材料的特性要求

1. 光学性能

　　透射进入温室的光线由直射光和散射光组成，没有任何反射而直接来源于太阳的光照叫直射光，它是从太阳方向直接照射到植物表面的明亮的强光。散射光是由于大气（云层和尘埃）对直射光的散射而产生的，或是由于温室覆盖物本身具有的散射特性而产生的，是从不同方向照射到植物叶面上的太阳光线，是间接到达植物表面的直射光。在温室内，直射光可以照射到植物上层枝叶的表面，而散射光可以给下层植物枝叶提供能量。温室覆盖材料能够同时透过直射光和散射光，但是由于覆盖材料自身的物理特性，它会改变两者之间的比例，通常透过的总光量中，散射成分会增加，直射成分会减少。大部分塑料薄膜覆盖都如此，而且所有的双层覆盖材料也会增加光线中的散射成分。

　　光照是作物制造养分和生命活动不可缺少的能源条件，而覆盖材料透光性的好坏直接影响到种植作物光合产物的生成和覆盖区内温度的高低，因而描述材料透光性好坏的透光率是评价温室性能的一项最基本的指标。研究表明，波长在 760～3 000 nm 波段的光具有热效应，所以覆盖材料该波段透过率高，有利于作物的光合作用和室内增温。

2. 强度

覆盖材料是农业作物设施的围护物，常年暴露在大自然中，因此必须结实耐用，禁得起风吹、雨打、日晒、冰雹的冲击和积雪的压力，同时还应禁得起运输、安装过程中的拉伸挤压。归纳起来，覆盖材料主要受到以下几种力的作用：冲击力，如下落的冰雹、刮风引起风沙磨损；积雪对覆盖物施加的稳定而持久的横向负载；安装时受到的拉伸力；设施不光滑的骨架对覆盖材料的磨损等。当然其中有些外力，如在运输、安装时，小心操作是可以减轻甚至是可以避免的，但有些则在研制覆盖材料时必须加以考虑，必须使覆盖材料达到一定的强度，例如，对于塑料薄膜，则必须要求其有一定的纵向和横向的拉伸强度，纵向和横向的断裂伸长率（%），对硬质塑料板材也要求有一定的抗冲击强度。

3. 耐候性

覆盖材料在受到阳光照射、温度变化、风吹雨淋等外界条件的影响时，会出现褪色、变色、龟裂、粉化和强度下降等一系列老化的现象。所谓耐候性就是指阻止这种老化的性能，这关系到覆盖材料的使用寿命。覆盖材料的老化一般包括两个方面：一是覆盖材料在强光和高温作用下变脆，从而自动撕裂；二是光衰减，随覆盖材料使用时间的增长，透光率变低，以至不能满足生产的需要，失去使用价值。塑料薄膜变脆的主要原因是：薄膜受到阳光中的紫外线作用，发生氧化；薄膜被紧绷在支架上，白天支架表面的温度高，尤其是夏季晴日，常常超过 $50\sim60℃$，加速氧化的过程。塑料薄膜紧贴支架的部分先变灰，而后变棕色，最终变脆、撕裂。硬质塑料板材，由于表面的氧化作用，颜色逐渐变黄（黄化），表面出现裂缝，露出纤维（开花），甚至在裂缝中滋生微生物；此外，高温还将导致板材膨胀，而冷却时会收缩，板材面临的温差会导致其破碎。为了抑制老化进程，延长覆盖材料的使用寿命，需要在生产塑料薄膜、塑料板材等类覆盖材料时添入光稳定剂、热稳定剂、抗氧化剂和紫外线吸收剂等助剂，成为有防老化功能（或耐候性强）的覆盖材料。

4. 防雾、滴性

农业设施内经常是一种高湿环境，当温度降到露点温度以下时，就有可能在室内生成雾，或在覆盖材料的内表面上生成露。雾气弥漫或覆盖材料表面被水滴附着，将大大降低覆盖材料的透光率（可降低 $5\%\sim10\%$），也影响室内的增温，同时雾滴和露滴容易使作物的茎叶濡湿，诱导病害的发生和蔓延。为了克服这一缺点，需要在生产塑料薄膜和塑料板材时，添加防雾滴剂。这是一类表面活性剂，旨在降低表面张力，增加薄膜表面与水的亲和性。具有防露滴功能的薄膜，其表面亲水性能强，当有露滴发生时，露滴会沿着薄膜表面扩展，最后形成一薄水层，顺薄膜表面流走，防露滴性又称为无滴性或流滴性，不具备防露滴功能的薄膜，表面与水不亲和，当露滴较小时，沾着在薄膜表面，当其较大时，在重力作用下，下落到作物表面。从设施园艺生产的角度看，要求防雾滴功能持续时间长，而且防雾与防滴同步，目前我国农膜在这方面的差距比较大，不仅防雾滴的持效期短，而且往往防滴不防雾。发达国家的塑料薄膜，防雾滴持效期可达 1 年、2 年、3 年，长者达 5 年以上，基本上与防老化寿命同步。而我国的塑料薄膜防雾滴持效期一般不足 4 个月，最好的也不过 6~8 个月。

5. 保温性

农业作物的生长要求覆盖材料具有较高的保温性能，以减少冬、春能源消耗。各种覆盖材料的保温性能是不同的。如玻璃保温性能优于塑料薄膜，塑料薄膜中聚氯乙烯保温性能最好，聚乙烯最差，乙烯-醋酸乙烯介于两者之间。究其原因在于各种覆盖材料的热辐射透过率不同,热辐射透过率高的,保温性能差。因此,为了提高覆盖材料的保温性能,在生产塑料薄膜或塑料板材时,需要添加红外阻隔剂,阻挡设施内向外界失散的热辐射,保持室内温度。

以上仅列举了覆盖材料的 5 个主要性能,此外,根据不同生产的不同要求,覆盖材料还有变光性、防尘性等其他的性能,例如,聚氯乙烯因其具有静电性,表面易吸附灰尘,使透光率下降;对塑料板材还要求表面耐磨和阻燃等特性。

二、农业覆盖材料的分类

农用覆盖材料的种类很多,表 2-1 列出了几种常见覆盖材料的名称、主要用途和功能。

表 2-1 农业覆盖材料的种类及主要用途和功能

种　　类	主要用途和功能
玻璃制品类覆盖材料	
平板玻璃	温室采光、保温、耐腐蚀、使用寿命长
钢化玻璃	耐热、承重、安全
夹层玻璃	高强度、耐破坏、保温好
中空玻璃	保温、绝热、防噪声、高强度
塑料薄膜类覆盖材料	
地膜	提高地温、保水、保土、保肥、灭草、防病虫、防旱抗涝、抑盐保苗、改善近地面光热条件以及护根促长
棚室膜	透光、保温、保湿
农牧其他用膜	储存、保鲜
塑料板材类材料	
聚乙烯、聚丙烯板材	质轻、保温性好、隔音、耐腐蚀、减震性好
聚氯乙烯板材	隔音、保温、阻燃、防潮、防腐、耐磨
聚碳酸酯塑料板	高透明、高强度、物理机械性能好
保温、遮防及其他覆盖材料	
保温材料	寒冷季节增加温度
遮防材料	遮光、调温、增湿以及防暴雨、冰雹及鸟害
新型覆盖材料:转光膜	添加光转换物质,促进不同植株的不同发育

由表 2-1 可知,各种覆盖材料的材质不同、性质不同、功能也不同,其分类法也很多,但就其主要功能而言,可分为:①设施采光覆盖材料,它们是一些透明的材料,如玻璃、塑料薄膜和板材;②设施保温覆盖材料,它们是一些不透明的材料,如草帘、保温被等;③设施环境调节覆盖材料,它们是一些不透明的或半透明的材料,如遮阳网、反光膜、无纺布等。总之,无论哪种覆盖材料的选用,都应充分考虑其适应设施生物生长发育的要求。

第二节　玻璃

玻璃是塑料薄膜普及之前使用最多的温室覆盖材料,是一种在熔融时形成连续网络结构,冷却过程中黏度逐渐增大并硬化而不结晶的硅酸盐类非金属材料,呈透明状,主要成分是二氧化硅。在大多数气候寒冷的国家,玻璃仍然是常用的覆盖材料,例如,在荷兰,玻璃温室的应用非常广泛。

一、玻璃的基本特性

玻璃是以石英砂、纯碱、长石、石灰石等为主要原料，在 1 550～1 600℃高温下熔融、成型而成的固体材料。它是无机氧化物的熔融混合物，没有特定的固体组成，主要的化学成分有氧化硅、氧化铝、氧化钙和氧化钠等。普通玻璃的抗压强度较高，一般为 600～1 200 MPa，但抗拉强度只有抗压强度的 1/10 左右，玻璃在外力的冲击作用下易破碎，是典型的脆性材料。玻璃的密度为 2.6 g/cm³，洛氏硬度在 5 以上，弹性模量为 $(6～7.5) \times 10^4$ MPa，导热系数为 0.756～0.818 W/(m·K)。由于石英玻璃耐高温，热膨胀系数极小，化学稳定性好，条纹、均匀性、气泡、双折射等都比其他材料好一些，因而它即使在恶劣环境下也具有高稳定光学系数。

玻璃具有很好的透光透视性能，透光率一般在 80％以上。玻璃的化学稳定性较好，有较强的耐酸性。碱性物质虽然能够腐蚀玻璃，但由于玻璃与碱性物质的化合物在玻璃的表面形成了一层保护层，能够阻止碱性物质对玻璃的进一步腐蚀，因而玻璃仍具有一定的耐碱性。

玻璃的性能在制造的过程中，可以按照人为的需要进行加工改进，以适应不同要求设施的需要。如钢化玻璃克服了普通玻璃易碎、耐急冷急热性能弱的特点，可以用在温室大棚的采光表面，但易老化；中空玻璃则有良好的保温隔热性能，且自重比传统的围护材料要轻，可以减轻温室支架的负载，加强建筑物结构的稳定性。

二、玻璃的基本分类

不同品种玻璃的性能千变万化，决定其性质的关键因素是它的化学组成。根据其化学组成可以把玻璃分为如下几类：

1. 钠玻璃

钠玻璃又名钠钙玻璃或普通玻璃，其化学元素主要由二氧化硫、氧化钠、氧化钙组成，它的软化点较低，易于熔制。由于所含杂质多，制品多带有浅绿色。其力学性质、光学性质和化学稳定性均较差，多用于制造普通平板玻璃。

2. 钾玻璃

钾玻璃又名硬玻璃，是以氧化钾代替钠玻璃中部分氧化钠，并提高玻璃中氧化硅含量。它坚硬而有光泽，其他性质也较钠玻璃好。

3. 铝镁玻璃

铝镁玻璃是通过降低钠玻璃中碱金属和碱土金属氧化物的含量，引入氧化镁，并以氧化铝代替部分碱金属氧化物而制成的一类玻璃。它的软化点低，析晶倾向弱，力学性质、光学性质和化学稳定性都有提高。

4. 铅玻璃

铅玻璃又称铅钾玻璃、重玻璃或晶质玻璃，系由氧化铅、氧化钾和少量的氧化硅所组成。它光泽透明，质软易加工，对光的折射率和反射性能强，化学稳定性高。

5. 硼硅玻璃

硼硅玻璃又称耐热玻璃，由氧化硼、氧化钙及少量氧化镁所组成。它具有较好的光泽和透明度，较强的力学性能、耐热性能、绝缘性能和化学稳定性能。

6. 石英玻璃

石英玻璃由纯净的氧化硅组成，具有优良的力学性质、热性质、光学性能和化学稳定性，并能透过紫外线。

三、常用玻璃的介绍

1. 平板玻璃

平板玻璃又称白片玻璃或净片玻璃,是世界各国温室中最常用的玻璃,其厚度为 3 mm 和 4 mm,长 300~1 200 mm,宽 250~900 mm。

平板玻璃在 330~380 nm 的紫外区域透过率达 80%~90%,对<310 nm 的紫外线则基本不透过;在可见光波段,玻璃的透过率高达 90%,在<4 000 nm 的近红外区域玻璃的透过率仍很高,在 80% 以上;在>4 000 nm 的红外线区域,基本上不透过。

由于太阳辐射中的近中红外区辐射具有热效应,因此玻璃的增温性能强。同时,玻璃在所有覆盖材料中耐候性最强,使用寿命达 40 年。其透光率随时间变化很少,防尘、耐腐蚀性都是最好的,亲水性、保温性也很好,玻璃的线性热膨胀系数也比较小,安装后较少因热胀冷缩损坏。但玻璃质量重,要求支架粗大,不耐冲击,破损时容易伤害操作人员和作物。

2. 钢化玻璃

钢化玻璃又称强化玻璃,是将玻璃加热到近软化点温度(600~650℃)时,以迅速冷却或用化学方法强化处理所得的玻璃加工制品,它的强度是经过良好退火处理的玻璃的 3~10 倍,抗冲击性能也大大提高。钢化玻璃破碎时出现网状裂纹,或产生呈圆角状的细小碎粒,不会伤人,故又称安全玻璃。钢化玻璃的耐热冲击性能很好,最大的安全工作温度为 287.78℃,并能承受 204.44℃的温差,适合于连栋温室,但易老化。

3. 夹层玻璃

夹层玻璃是两片或多片玻璃之间夹有透明有机胶合层,经加热、加压、黏合而构成的复合玻璃制品。它具有较高的强度,受到破坏时产生辐射状或同心圆形裂纹,碎片不易脱落,且不会影响透明度和产生折光现象。夹层玻璃可用普通平板玻璃、磨光玻璃、浮法玻璃、钢化玻璃作原片,夹层材料常用的是聚乙烯醇缩丁醛(PVB)、聚氨酯(PU)、聚酯(PES)、丙烯酸酯类聚合物、聚醋酸乙烯酯及其共聚物或橡胶改性酚醛等。

4. 中空玻璃

中空玻璃是由两层或两层以上平板玻璃构成,四周用高强度、高气密性复合黏合剂将玻璃与铝合金框、橡皮条或玻璃条黏结、密封而成。两层中间充入干燥空气或惰性气体,以获得优良的绝热性能。制造中空玻璃的原片除普通玻璃片外,还可以用钢化、压花、夹丝、吸热和热反射等玻璃,来相应地提高强度、装饰性、保温性、绝热性等功能。其主要功能是保温绝热、减少噪声,所以也称绝缘玻璃。一般可节能 16.6%,噪声可从 80 dB 降至 30 dB。中空玻璃还可防止或减少内层玻璃上的结露,并保持室内的一定湿度。中空玻璃若选用不同的玻璃原片,可具有不同的性能。

近年来,国外一些厂家还开发出热射线吸收玻璃、热反射玻璃以及热敏和光敏玻璃等多功能玻璃。热射线吸收玻璃是在玻璃原料中加入铁和钾等金属氧化物,以吸收太阳光中的近红外线,由于目前此类产品大多为蓝、灰和棕色等,因此,可见光透过率比普通玻璃要低。热反射玻璃则采用双层玻璃并在两层玻璃之间填充热吸收物质以达到降低栽培环境温度的目的,但由于它也在一定程度上吸收了可见光,因此还很难在设施中应用。除此之外,国外一些厂家还开发了一些根据温度或光照强度变化而发生颜色变化的热敏和光敏玻璃,虽然在设施上也有一定的应用前景,但由于性能和价格上的原因,目前还未能在生产上应用。

第三节 塑料薄膜

塑料薄膜是继玻璃之后,在 20 世纪 50 年代逐渐兴起的一种新型覆盖材料,由于其具有质地轻、价格较低、性能优良、使用和运输方便等优点,在 20 世纪 60 年代初至 70 年代中期得到大面积应用,如今成为我国设施农业中使用面积最大的覆盖材料。

一、农用塑料薄膜的分类

按母料进行分类,目前我国使用的农用塑料薄膜主要可分为聚氯乙烯(PVC)薄膜、聚乙烯(PE)薄膜和乙烯-醋酸乙烯(EVA)多功能复合薄膜等三大类。

1. 聚氯乙烯(PVC)薄膜

聚氯乙烯(PVC)薄膜是以聚氯乙烯树脂为主原料加入适量的增塑剂(增加其柔性)制作而成。同时许多产品还添加光稳定剂、紫外线吸收剂以提高耐候性,添加表面活性剂以提高防雾效果。因此,聚氯乙烯薄膜种类繁多,功能丰富,目前已成为日本及我国等国家使用最普遍的薄膜之一。

聚氯乙烯薄膜有透明和粉色之分,加工过程大多经过了防尘和防雾滴处理,从而使冷凝水顺膜流下,防止产生滴水现象。聚氯乙烯薄膜不仅具有较好的柔性、透明度、保温性和防雾滴效果,而且一些薄膜还具有转光和强保温功能。聚氯乙烯薄膜的缺点是容易发生增塑剂的缓慢释放以及吸尘现象,使得聚氯乙烯薄膜的透光率下降迅速,缩短了它的使用年限。

2. 聚乙烯(PE)薄膜

聚乙烯(PE)薄膜是由低密度聚乙烯(LDPE)树脂或线型低密度聚乙烯(LLDPE)树脂吹制而成,除作为地膜使用外,也广泛作为外覆盖和保温多重覆盖使用。与聚氯乙烯薄膜相比,聚乙烯薄膜具有比重轻(0.95,PVC 为 1.41)、幅度大和覆盖比较容易的优点。另外,聚乙烯薄膜还具有吸尘少、无增塑剂释放等特点。使用一段时间后的透光率下降要比聚氯乙烯薄膜低。但聚乙烯薄膜对紫外线的吸收率较聚氯乙烯薄膜要高,容易引起聚合物的光氧化而加速薄膜的老化,因此,大多聚乙烯薄膜的使用寿命要比聚氯乙烯薄膜短。

3. 乙烯-醋酸乙烯(EVA)多功能复合薄膜

乙烯-醋酸乙烯(EVA)多功能复合薄膜是以乙烯-醋酸乙烯共聚物为主原料添加紫外线吸收剂、保温剂和防雾滴助剂等制造而成的多层复合薄膜。其外表层一般以 LLDPE、LDPE 或 EVA 树脂为主,添加耐候、防尘等助剂,使其具有较强的耐候性,并可阻止防雾滴剂等的渗出,在中层和内层以不同的 VA 含量的 EVA 为主并添加保温和防雾滴剂以提高其保温性能和防雾滴性能。因此,乙烯-醋酸乙烯复合膜具有质轻、使用寿命长(3~5 年)、透明度高、防雾滴剂渗出率低等特点。EVA 膜的红外线区域的透过率介于聚氯乙烯薄膜和聚乙烯薄膜之间,故保温性显著高于聚乙烯薄膜,夜间的温度一般要比普通聚乙烯薄膜高出 2~3℃,对光合有效辐射的透过率也高于聚乙烯薄膜与聚氯乙烯薄膜。因此,乙烯-醋酸乙烯复合膜既克服了聚乙烯薄膜无滴持效期短和保温性差的缺点,也克服了聚氯乙烯薄膜比重大、幅窄、易吸尘和耐候性差的缺点,具有很好的应用前景。

二、农业塑料薄膜的功能

目前农用塑料薄膜主要用于地膜、棚室膜和农牧其他用膜等。

(一)地膜

地膜即农业生产中专门用于地面覆盖的塑料薄膜,国内地膜的厚度一般为 0.008～0.02 mm。它看上去薄薄一层,但作用相当大,不仅能够提高地温、保水、保土、保肥,而且还可灭草、防病虫、防旱抗涝、抑盐保苗、改善近地面光热条件,使作物卫生清洁,对于那些刚出土的幼苗来说,还具有护根促长等作用。在我国华北、东北和西北地区,低温、少雨、干旱贫瘠、无霜期短等的自然条件限制了农业的发展,地膜覆盖对其具有很强的针对性和适用性。

我国目前应用塑料地膜栽培的作物种类主要包括:水稻、小麦、玉米等粮食作物;棉花、花生、甘蔗、甜菜等经济作物;西瓜、草莓、葡萄、黄瓜等果蔬作物;以及各种不同类型的树苗、人参等。

作物经过地膜覆盖后,由于优异的小气候条件,能够保持作物处于稳定的温度、湿度、O_2和 CO_2 浓度环境中,因而有利于光合作用的进行,加上应用适宜的薄膜可减少病虫害及杂草的发生,可使作物早熟 10～15 d,提高作物产量 10%～40%。

塑料地膜的品种多种多样,在生产地膜的过程中加入不同的颜料和助剂就会生产出不同功能的地膜,主要有如下几种:

1. 广谱地膜

广谱地膜多采用高压聚乙烯树脂吹制而成,厚度为 0.012～0.016 mm,透明度好、增温、保墒性能强,适用于各类地区、各种覆盖方式、各种栽培作物、各种茬口。每亩菜田的理论用量7～8 kg。

2. 微薄地膜

微薄地膜半透明,厚度为 0.006～0.010 mm。增温、保墒性能接近于广谱地膜。但由于厚度减薄,强度降低,而且透光性不及广谱地膜,一般宜用于地膜沟畦、高畦沟植、高垄沟植、阳坡垄沟植、平畦近地面、地膜小拱棚等覆盖栽培方式。每亩菜田用4～5 kg。

3. 黑色地膜

黑色地膜是在基础树脂中加入一定比例的炭黑吹制而成,厚度为 0.015～0.025 mm,增温性能不及广谱地膜,保墒性能优于广谱地膜。黑色地膜能阻隔阳光,使膜下杂草难以进行光合作用,无法生长,具有限草功能。宜在草害重、对增温效应要求不高的地区和季节作地面覆盖或软化栽培用。每亩菜田用量为 7.4～12.3 kg。

4. 黑色两面地膜

黑色两面地膜一面为乳白色,一面为黑色。使用时黑色面贴地,增加光反射和作物中下部功能叶片光合作用强度、降低地温、保墒、除草,适用于高温季节覆盖栽培。厚度为 0.025～0.400 mm,每亩菜田用量为 12.3～19.8 kg。

5. 银黑两面地膜

银黑两面地膜使用时银灰色面朝上。这种地膜不仅可以反射可见光,而且能反射红外线和紫外线,降温、保墒功能更强,还有很强的驱避蚜虫、预防病毒功能,对花青素和维生素 C 的合成也有一定的促进作用。适用于夏、秋季节地面覆盖栽培。厚度为 0.03～0.05 mm,每亩菜田用量为 14.8～24.7 kg。

6. 绿色地膜

绿色地膜能阻止绿色植物所必需的可见光通过,具有除草和抑制地温增加的功能,适用于夏、秋季节覆盖栽培。厚度为 0.015～0.02 mm,每亩菜田用量为 7.4～9.9 kg。

7. 微孔地膜

微孔地膜每平方米地膜上有 2 500 个以上微孔。这些微孔,夜间被地膜下表面的凝结水封闭阻止土壤与大气的气、热交换,仍具保温性能;白天吸收太阳辐射而增温,膜表凝结的水蒸发,微孔打开,土壤与大气间的气、热进行交换,避免了由于覆盖地膜而使根际二氧化碳淤积,抑制根呼吸,影响产量。这种地膜增温、保湿性能不及普通地膜,适用于温暖湿润地区应用。

8. 切口地膜

把地膜按一定规格切成带状切口称为切口地膜。这种地膜的优点是,幼苗出土后可从地膜的切口处自然长出膜外,不会发生烤苗现象,也不会造成作物根际二氧化碳淤积。但是增温、保墒性能不及普通地膜。可用于撒播、条播蔬菜的膜覆盖栽培。

9. 银灰(避蚜)地膜

蚜虫对银灰色光有很强的反趋向性,有翅蚜见到银灰光便飞走。银灰(避蚜)地膜利用蚜虫的这一习性,采用喷涂工艺在地膜表面复合一层铝箔,来驱避蚜虫,防止病毒病的发生与蔓延。这种地膜厚度一般为 0.015～0.02 mm,可用于各种夏秋蔬菜覆盖栽培。

10. 配色地膜

配色地膜是根据蔬菜作物根系的趋温性研制的特殊地膜。通常是黑白双色,栽培行用白色膜带,行间为一条黑色膜带。这样白色膜带部位增温效果好,在作物生育前期可促其早发快长,黑色膜带虽然增温效果较差,但因离作物根际较远,基本不影响蔬菜早熟,并具有除草功能。进入高温季节,可使行间地温降低,诱导根系向行间生长,能防止作物早衰。

近年来,自然降解膜的研究和生产已要求广泛的关注和重视。自然降解膜是通过微生物合成、化学合成以及利用淀粉等天然化合物制造而成,能在土壤微生物的作用下分解成二氧化碳和水等,从而减少普通地膜对环境的污染。

(二)棚室膜

目前,各类农业生产性拱棚和温室的透光覆盖材料主要是塑料薄膜,即棚室用塑料薄膜,棚室膜的厚度一般在 0.08～0.15 mm。棚室膜按所用对象不同可分为大、中棚用膜、塑料小拱棚用膜、日光温室用膜、连栋温室用膜和特殊生产设施用膜等。

棚室膜的主要品种介绍如下。

1. PE(聚乙烯)普通膜

这种膜透光性好,无增塑剂污染,尘埃附着轻,透光率下降缓慢,耐低温(脆化温度为 −70℃);比重轻(0.92),相当于 PVC 膜的 76%,同等质量的 PE 膜覆盖面积比 PVC 膜增加 24%;红外线透过率高达 87%～90%,夜间保温性能好,且价格低。缺点是透湿性差,雾滴重;不耐高温日晒,弹性差,老化快,连续使用时间通常为 4～6 个月。日光温室使用基本上每年都需要更新,覆盖大棚越夏有困难。

2. PE 长寿(防老化)膜

在 PE 膜生产原料中,按比例添加紫外线吸收剂、抗氧化剂等,以克服 PE 普通膜不耐高温日晒、易老化的缺点。目前我国生产的 PE 长寿膜厚度一般为 0.12 mm,宽度规格有 1.0 m,2.0 m,3.0 m,3.5 m 等,可连续使用 2 年以上。其他性能特点与 PE 普通膜相似。PE 长寿膜是我国北方高寒地区扣棚越冬覆盖较理想的膜,使用时应注意减少膜面积尘,以保持较好的透光性。

3. PE 双防膜

在聚乙烯树脂中加入防雾滴和防老化助剂吹制而成。使用寿命较长(1年以上),具有流滴性,其他性能同普通 PE 膜基本一致。但流滴性持效期短,均匀性较差,有效使用期也不及 PE 长寿膜。

4. PE 紫光膜

在 PE 双防膜的基础上添加紫颜色,可以将 $0.38\ \mu m$ 以下的短波光转化为 $0.76\ \mu m$ 以上的长波光。其余性能同 PE 双防膜。

5. PE 漫反射膜

在 PE 树脂中加入对太阳光透过率高、反射率低、化学性质稳定的漫反射晶核,提高棚室内散射光量,使棚室内光照度分布均匀,降低中午前后棚室内的光照和温度的峰值,防止高温伤害。同时又能随太阳高度角的降低,使阳光的透过率相对增加,从而使早晚太阳光尽量多地进入棚室,增加光照,提高温度,促进光合作用。这种薄膜保温性能较好。

6. PE 复合多功能膜

在 PE 普通膜中加入多种特异功能的助剂,使膜具有多种功能。如北京塑料研究所生产的多功能膜,集长寿、透光率高、防病、耐寒、保温为一体,在生产中使用反映效果良好。同样条件下,夜间保温性比普通 PE 膜提高 $1\sim2℃$,每亩棚室使用量比普通棚膜减少 $30\%\sim50\%$。复合多功能膜中如果再添加无滴功能的助剂,效果将更为全面突出。

7. PVC(聚氯乙烯)普通棚室膜

透光性能好,但易粘吸尘埃,且不容易清洗,污染后透光性严重下降。红外线透过率比 PE 膜低,耐高温日晒,弹性好,但延伸率低。透湿性较强,雾滴较轻;比重大,同等质量的膜覆盖面积比 PE 膜小 $20\%\sim25\%$。PVC 膜适于作夜间保温性要求高的地区和不耐湿作物设施栽培的覆盖物。

8. PVC 双防膜(无滴膜)

PVC 普通膜原料配方中按一定配比添加增塑剂、耐候剂和防雾剂,使膜的表面张力与水相同或相近,薄膜下面的凝聚水珠在膜面可形成薄层水膜,沿膜面流入棚室底部土壤,不至于聚集成露滴久留或滴落。由于无滴膜的使用,可降低棚内的空气相对湿度,减少露珠下落,可减轻某些病虫害的发生。更为值得说明的是,由于薄膜内表面没有密集的雾滴和水珠,避免了露珠对阳光的反射和吸收,增强了棚室光照,透光率比普通膜高 30% 左右。晴天升温快,每天低温、高温、弱光的时间大为减少,对设施中作物的生长发育极为有利。透光率衰减速度快,经高温强光季节后,透光率一般会下降到 50% 以下,甚至只有 30% 左右。旧膜耐热性差,易松弛,不易压紧。同时,PVC 无滴膜与其他膜相比,比重大,价格高。

9. PVC 无滴耐候防尘膜

在 PVC 双防膜生产工艺的基础上增加一道表面涂抹防尘工艺。既具有双防膜的优点,又可减少增塑剂的吸尘,透光率下降缓慢,无滴持效期较长。

10. EVA 多功能复合膜

针对 PE 多功能膜雾度大、流滴性差、流滴持效时间短等问题研制开发的高透明、高效能薄膜。其核心是用含醋酸乙烯的共聚树脂,代替部分高压聚乙烯,用有机保温剂代替无机保温剂,从而使中间层和内层的树脂具有一定的极性分子,成为防雾滴剂的良好载体,流滴性能大大改善,雾度小,透明度高,在日光温室上应用效果最好。

(三)农牧其他用膜

塑料薄膜在农牧行业的应用主要用作包装材料,除简单的用作"容器"提供包装外,塑料薄膜由于其对水、气体的阻隔性以及良好的强度等性能,在菌种的培育、粮食的保鲜储存、水果蔬菜的保鲜、饲料的氨化青贮等方面都有特殊应用,如主要有牧草青贮膜、果蔬保鲜膜和粮食保鲜膜等。

第四节　塑料板材

塑料板材是指厚度在 0.2 mm 以上的软质、硬质平面材料,具有耐腐蚀、电绝缘性能优异、易于二次加工等特点。其生产方法主要有:挤出法、压延法、层压法、浇注法。挤出法和压延法是连续生产工艺,其他方法是间歇生产工艺。这几种生产方法的特点比较列于表 2-2。

表 2-2　塑料板材生产方法的特点比较

生产方法	产品厚度/mm	适用原料	特　　点
挤出法	0.02~20	PE、PP、PVC、ABS、PS 等热塑性材料	工艺简便,设备投资低,板材冲击强度高,但厚薄均匀性较差
压延法	0.06~0.8	PVC	产量大,厚薄均匀性好,强度高,设备投资大,维修复杂
层压法	1~50	PVC 及热固性塑料	板材光洁程度好,表面平整,设备投资较大,生产效率较低
浇注法	1~200	甲基丙烯酸类塑料	板材光滑平整,透明度高,韧性好,但间歇生产,劳动强度大

生产塑料板材的主要原料有:聚乙烯(LDPEHDPE)、聚丙烯(PP)、聚苯乙烯(PS)、丙烯腈-丁二烯-苯乙烯三元共聚树脂(ABS)、酚醛树脂、丙烯酸酯类树脂等。

一、聚乙烯、聚丙烯板材

1.聚乙烯挤出板材

聚乙烯(PE)挤出板材是以 PE 树脂为原料经挤出成型工艺生产的板材,通常用聚乙烯树脂生产,生产特殊用途的板材时需添加必要的助剂,如光稳定剂、抗氧化剂、交联剂等。PE 挤出板具有无毒、表面光滑平整、耐腐蚀、电绝缘性能优异、低温性能好等特点。

2.聚丙烯挤出板材

聚丙烯(PP)挤出板材是 PP 树脂经挤出、压光、冷却、切割等工艺过程而制成的板材。PP挤出板材具有质轻、厚度均匀、表面光滑平整、耐热性好、力学强度高、优良的化学稳定性和电绝缘性、无毒等特点。

3.低密度聚乙烯高发泡钙塑板材

低密度 PE 高发泡钙塑板材是以 LDPE 和碳酸钙为主要原料,添加适量的交联剂、发泡剂等辅助材料经过发泡成型生产的容重小于 0.2 g/cm³ 的板材。该板材兼有木材的机械加工性和热塑性塑料的二次成型性,具有质轻、保温性好、隔音、耐腐蚀和优良的电绝缘性。

4. 铝塑复合板材

铝塑复合板的主要原料有铝塑合金板材、聚偏二氟乙烯树脂涂料、塑料板材（低密度聚乙烯）、聚氨酯胶黏剂，特点是光滑平整、质轻、耐磨、隔音性、隔热性、减震性均很好，施工方便，可随意锯、切、钉、弯、折，加工非常方便。

二、聚氯乙烯板材

1. 聚氯乙烯（PVC）挤出软板

PVC挤出软板是以PVC树脂为主要原料，以碳酸钙为填充剂，加上增塑剂、稳定剂、润滑剂和适量色浆，通过挤出成型方法而制得的软质PVC板材，具有较好的耐磨性、耐腐蚀性、柔韧性和弹性。

2. 聚氯乙烯挤出硬板

聚氯乙烯挤出硬板是以PVC为主要原料，加上稳定剂、润滑剂、填充材料和适量色浆，通过挤出成型的方法而制得的硬质聚氯乙烯板材，具有厚度均匀、整体性好、生产连续化、生产效率高等特点。但由于板材冷却效果较差，所以不宜生产厚度超过15 mm的板材。

3. 聚氯乙烯挤出发泡板

PVC发泡板材是由PVC树脂、稳定剂、润滑剂、增强剂、增塑剂、发泡剂等原材料，按一定比例配制，经挤出成型而成。这种板材具有木材的一些性质，可锯、刨、钉，相对密度小，是理想的塑代木材料，而且还具有隔音、保温、阻燃、防潮、防腐等优点。

4. 聚氯乙烯层压软板

聚氯乙烯层压软板是按配方将PVC树脂、碳酸钙、增塑剂、稳定剂、润滑剂等原料配合后，经压延制成一定规格的PVC软质片材，然后根据产品厚度的要求选择片材，层叠后再送入层压机中，经热压成型、冷却定型制成PVC层压软板。层压软板与挤出软板具有相似的性质，广泛用做防水、防腐材料。

5. 聚氯乙烯层压硬板

聚氯乙烯层压硬板将PVC树脂、碳酸钙、稳定剂、润滑剂等原材料配合后经压延成型制成一定规格的PVC硬质片材，然后根据产品厚度的要求叠合成若干片组成的叠合本，然后送入层压机中，经热压成型、冷却定型制成层压PVC硬板。层压硬板具有良好的耐化学腐蚀性、电绝缘性能和一定的力学强度，广泛用于工农业生产。

6. 聚氯乙烯石墨板

聚氯乙烯石墨板是以PVC为主要原料，以石墨为填料，配以稳定剂等助剂经层压成型而制成的板材。它不仅保持了PVC硬板所具有的耐化学腐蚀性和较好的物理力学强度、二次加工性能，而且改善了导热性和电性能。除了适用于普通PVC硬板的应用范围外，还适用于腐蚀性介质的热交换器等要求气导热的场合，故PVC板材的应用范围更加广泛。

7. 磷矿渣、铁泥填充聚氯乙烯板

磷矿渣填充PVC材料是利用黄磷生产中排放的废渣为填充材料，与PVC及其他助剂混合加工而成的一种热塑性填充材料。铁泥是硫酸生产排放的尾渣，是一种以氧化铁为主的工业废渣。铁泥填充PVC材料是利用铁泥为填料，与PVC及其他助剂混合加工而成。磷矿渣、铁泥填充PVC，可采用压制成型的方法生产板材。该类板材具备一般PVC硬制品的化学、物理性能，且在刚度等方面有所下降，尤其对铁泥进行适当处理（一般以碱土金属氧化物进行处

理)时,可使 PVC 的热稳定性大大提高,从而可大幅度减少稳定剂的用量。磷矿渣填充 PVC 板一般呈灰色,而铁泥填充 PVC 板呈棕褐色。

8. 聚氯乙烯波纹板

聚氯乙烯波纹板具有较高强度,耐温、耐老化性、耐腐蚀性均优,价格低廉,所以很适宜用做简易屋棚的顶盖材料以及工地、道路的临时阻隔材料。

三、聚碳酸酯塑料板

聚碳酸酯树脂(polycarbonate,PC)是分子链中含有碳酸酯的一类高分子化合物的总称,是一种无定型、无臭、无毒、高度透明的热塑性工程塑料板材,俗称"阳光板",如图 2-1 所示,在现实中应用较为广泛。

PC 板材具有优良的物理机械性能,尤其是耐冲击性优异,拉伸强度、弯曲强度、压缩强度高;蠕变性小,尺寸稳定;具有良好的耐热性和耐低温性,在较宽的温度范围内具有稳定的力学性能、尺寸稳定性、电性能和阻燃性,可在 $-60 \sim 120℃$ 下长期使用;无明显熔点,在 $220 \sim 230℃$ 呈熔融状态;由于分子链刚性大,树脂熔体黏度大;吸水率小,收缩率小,尺寸精度高,尺寸稳定性好,透气性小,属自熄性材料;对光稳定,但不耐紫外光,耐候性好;耐油、耐酸、不耐强碱、氧化性酸及胺、酮类,溶于氯化烃类和芳香族溶剂,长期在水中易引起水解和开裂;缺点是抗疲劳强度差,容易产生应力开裂,抗溶剂性差,耐磨性欠佳。

PC 的成型加工性能优良,在黏流态时,它可用注塑、挤出等方法成型加工。在玻璃化温度与熔融温度之间,PC 呈高弹态;在 $170 \sim 220℃$ 之间,可采用吹塑和辊压等方法成型加工;而在室温下,聚碳酸酯具有相当大的强迫高弹形变能力和很高的冲击韧性,因此可进行冷压、冷拉、冷辊压等冷成型加工。

PC 板材广泛应用于建筑装饰业、交通运输(公路、铁路、民航)业、广告业和农业等领域。作为农业温室覆盖材料的聚碳酸酯板产品一般分为中空板(两层或三层)和波纹板(也称浪板)两大系列,其分别如图 2-1(a)和图 2-1(b)所示。常见中空板的标准厚度为 6 mm,8 mm,10 mm,12 mm,20 mm,24 mm,常见波纹板的厚度为 $1 \sim 3$ mm,标准宽度均为 2.1 m。为满足采光需求,温室通常选用无色透明、防滴、抗老化 PC 板材。

(a)中空板   (b)波纹板

图 2-1 聚碳酸酯板材(中国温室网,2009)

第五节　保温、遮防及其他覆盖材料简介

一、保温材料

保温材料是覆盖在透明覆盖材料(如塑料大棚)外的一层保暖材料,以保证在寒冷季节的夜间温室内的温度达作物正常生长发育的要求。

1. 草帘(苫)

目前生产上使用最多的是稻草帘,其次是蒲草、谷草、蒲草加芦苇以及其他山草编制的蒲草帘。稻草帘一般宽度为 1.5～1.7 m,长度为温室采光屋面之长再加上 1.5～2 m,厚度在 4～6 cm,大经绳在 6 道以上。蒲草帘强度较大,卷放容易,常用宽度为 2.2～2.5 m。草帘的特点是保温效果好,取材方便。但草帘的编制比较费工,耐用性不太理想,一般只能使用 3 年左右。遇到雨雪吸水后重量增大,即使是平时的卷放也很费时费力。另外,草帘对塑料薄膜的损伤较大。草帘的保温效果一般为 5～6℃,但实际保温效果则因草帘厚度、疏密、干湿程度的不同而有很大差异,同时也受室内外温差及天气状况的影响。

2. 纸被

在严寒季节,为了弥补草帘保温能力不足,可以在草帘下面加盖纸被。纸被是用 4 层旧水泥袋纸或 4～6 层新的牛皮纸,缝制成和草帘大小相仿的一种保温覆盖材料,纸被弥补了草帘缝隙,显著减少缝隙散热。据沈阳地区试验,4 层牛皮纸做的纸被保温效果可达到 6.8℃,而在同样条件下一层草帘的保温能力为 10℃。近年来,纸被来源减少,而且纸被容易被雨水、雪水淋湿,寿命也短,不少地区逐步用旧塑料薄膜替代纸被,有些则将旧塑料薄膜覆盖在草帘上,既保温又防止雨雪。

除草帘和纸被外,曾经也有采用棉布(或包装用布)和棉絮(可用等外花或短绒棉)缝制而成的棉被作为保温材料,保温性能好,其保温能力在干燥高寒地区约为 10℃,高于草帘、纸被的保温能力。但棉被的造价高,一次性投资大,防水性差,保温能力尚不够高。

3. 保温被

为寻找可替代草苫的外覆盖材料,近几年有关部门做了多方面的探索,已经研制出一些价格适中、保温性能优良、适于电动卷放的保温被。一般来说,这种保温被由 3～5 层不同材料组成,由外层向内层依次为防水布、无纺布、棉毯、镀铝转光膜等,几种材料用一定工艺缝制而成。具有重量轻、保温效果好、防水、阻隔红外线辐射、使用年限长等优点。预计规模生产后,将会降低成本。这种保温被非常适于电动操作,能显著提高劳动效率,并可延长使用年限。但经常停电的地方不宜使用电动卷被。

二、遮防材料

1. 遮阳网

塑料遮阳网是由塑料丝编制、直接挤出成网及薄膜打孔而成的植物覆盖栽培用材料。它特别适用于那些要求一定温湿度条件,但又要防止夏季强烈阳光照射的作物。如在我国南方种植的某些蔬菜品种、喜好弱光的西洋参、花卉等。其主要特点是遮光、调温、增湿以及防暴雨、冰雹和鸟害,目前在我国使用较为广泛。

遮阳网的种类较多,依颜色分为黑色和银灰色,也有绿色、白色和黑白相间等品种。依遮光率分为 35%～50%,50%～65%,65%～80%,≥80% 等 4 种规格,应用最多的是 35%～65% 的黑网和 65% 的银灰网。幅宽有 90 cm,150 cm,160 cm,200 cm,220 cm 等,重 45～49 g/m²。许多厂家生产的遮阳网的密度是以一个密区(25 mm)中纬向的扁丝条数将产品编号的,如 SZW-8,表示 1 个密区有 8 条扁丝,SZW-12 则表示有 12 条扁丝,数码越大,网孔越小,遮光率越大。

2. 新型铝箔反光遮阳保温材料

由瑞典劳德维森公司研制开发的 LS 反光遮阳保温膜和长寿强化外覆盖膜,具有高效节能和遮阳降温的特点。产品性能多样化,达 50 余种。在欧美国家及日本发展很快,已在世界发展设施园艺的国家推广应用。LS 反光遮阳保温材料是经特殊设计制造的一种反光遮阳保温膜。它具有反光、遮阳、降温功能;保温节能与控制湿度功能;以及防雨、防强光、调控光照时间等多种功能。有温室内遮阳膜和温室外遮光膜等类型。

3. 防雨膜

防雨膜是在多雨的夏、秋季,扣在大棚或小棚的顶部,其四周不扣膜或扣防虫网,使作物免受雨水直接淋洗,进行夏季蔬菜和果品的避雨栽培或育苗。

4. 防虫网及病虫害忌避膜

(1)防虫网　是以高密度聚乙烯等为主原料,经挤出拉丝编织而成的 20～40 目(每 2.54 cm 长度的孔数)等规格的网纱。具有耐拉强度大,优良的抗紫外线、抗热性、耐水性、耐腐蚀、耐老化、无毒、无味等特点。由于防虫网覆盖简易,能有效地防止害虫对夏季小白菜等作物的危害,所以,在南方地区作为无(少)农药蔬菜栽培的有效措施而得到推广。

目前防虫网按目数分为 20 目、24 目、30 目、40 目,按宽度有 100 cm,120 cm,150 cm,按丝径有 0.14～0.18 mm 等数种。使用寿命约为 3～4 年,色泽有白色、银灰色等,以 20 目、24 目最为常用。

(2)病虫害忌避膜　病虫害忌避膜除通过改变紫外线透过率和改变光反射和光扩散来改变光环境外,还可通过在母料中加入或在薄膜表面粘涂杀虫剂和昆虫性激素,从而达到病虫害忌避的目的。

5. 无纺布

无纺布即不织布。无纺布的种类根据每平方米的质量,可分为薄型无纺布和厚型无纺布。

(1)薄型无纺布　通常薄型无纺布的单位面积质量为每平方米十几克到几十克,如 15 g/m²,20 g/m²,30 g/m² 和 40～50 g/m² 等。具有遮阳调光,保温防湿,且质量轻、操作简便、受污染后可用水清洗;燃烧时无毒气释放;不易黏合易保管;耐药品腐蚀和不易变形等性能。无纺布的寿命一般为 3～4 年。薄型无纺布在浮动覆盖,无土栽培中有广泛的应用。

(2)厚型无纺布　用于园艺设施外覆盖材料的厚型无纺布单位面积质量≥100 g/m²。具有防水性能。厚型无纺布的保温性能与其厚度有关。

无纺布常作为浮膜(浮动)覆盖材料使用。浮膜覆盖栽培是直接盖在田间生长中的作物上,随作物生长而顶起的一种特殊覆盖方式。浮膜覆盖栽培能防止和减轻低温、冷害和霜冻的不良影响。防风、防虫、防鸟害,防土壤板结、水土流失和防旱保湿,能有效地促进作物生长,保持产品洁净卫生、鲜嫩等作用。但各地的材料、比例和用法不一样,一般有长纤维不织布、短纤维不织布和遮阳网等组成。日本的组成是:长纤维不织布占 40%,短纤维不织布占 25%,遮阳网占 12％,其他网制品占 16％。

三、新型覆盖材料

随着科学技术的发展,透明覆盖材料的种类也越来越多。除目前普遍使用的长寿无滴膜以外,还开发了转光膜、有色膜、病虫害忌避膜等覆盖材料,需要指出的是,这类薄膜大多还处于开发研究阶段,尚未达到大面积应用水平。

转光膜是通过在聚乙烯等母料中添加光转换物质和助剂,使太阳光中的能量相对较大的紫外线转换成能量较小有利于植物光合作用的可见光。许多试验表明,转光膜还具有较普通薄膜更优越的保温性能,可提高设施中的温度。主要品种有:

1. 红光/远红光(R/FR)转换膜

R/FR 转换膜主要通过添加红光或远红光的吸收物质来改变红光和远红光的光量子比率,从而改变植株特别是茎的生长。R/FR 越小,茎节间长度越长,可利用这类薄膜在一定程度上调节植株的高度。

2. 光敏薄膜

光敏薄膜通过添加银化合物,使本来无色的薄膜在超过一定光强后变成黄色或橙色等有色薄膜,从而减轻高温强光对植物生长的危害。

3. 近红外线吸收薄膜

近红外线吸收薄膜通过在 PVC、PET、PC 和 PMMA 等薄膜中添加近红外线吸收物质,从而可以减少光照度和降低设施中的温度,但这类薄膜只适合高温季节使用,不适合冬季或寡日照地区使用。

4. 温敏薄膜

温敏薄膜利用高分子感温化合物在不同温度下的变浊原理以减少设施中的光照强度,降低设施中的温度。由于温敏薄膜是解决夏季高温替代遮阳网等材料的重要技术,因此,许多国家正在积极研究开发。

5. 光质调控薄膜

光质调控薄膜的基本构成和普通薄膜一样,为聚乙烯或醋酸乙烯聚合物,只是在合成过程中加入特定的化学色素。这种色素能选择性地吸收某一波长范围的光线,从而改变其覆盖环境下的光质。

常见的光质调控薄膜:①红外光吸收膜,该薄膜主要用于防止幼苗徒长,培育健壮幼苗。②红光吸收膜,它主要用于增加植株高度或侧枝长度,如鲜切花生产等特殊目的栽培。③热射线吸收膜,多用于夏季栽培,也有控制植株高度的效用。

6. LDPE(高压低密聚乙烯)纳米复合材料

LDPE/5102 纳米复合膜综合力学性能、红外阻隔性能、紫外阻隔性能及可见光透过性等都很好。纳米 5102 的最佳添加量为 1％。用超声波进行粉体的分散,并用硅烷偶联剂进行表面改性处理得到平均分散粒径小于 10 nm 的 IDPF 纳米复合材料。从目前国内外报道来看,聚烯烃/纳米 SiO_2 复合材料的研究集中在基础研究和应用基础研究阶段。随着研究工作的深入和性价比的调整优化,特别是高功能化将会产生重要的社会和经济效益。

7. PO(环氧丙烷)系列特殊农膜

PO 系列特殊农膜是一类膜的总称,是以 PE、EVA 优良树脂为基础原料,加入保温强化剂、防雾剂、光稳定剂、抗老化剂、爽滑剂等系列高质量适宜助剂,通过两三层共挤工艺路线生产的多层复合功能膜。使用寿命 3～5 年。

8. GRP(玻璃纤维增强塑料)膜

GRP(玻璃纤维增强塑料)膜具有良好的温热性与透光性,在弱光条件下,透光率增强,因而提高室内温度,而在强光照条件下,透光率减小,抑制室内高温的出现;另外,还具有良好的防雾、防滴性能。

复习思考题

1. 对设施农业覆盖材料特性有哪些要求? 设施农业覆盖材料如何分类?
2. 农用塑料薄膜按母料主要分为哪 3 类? 简述各类材料的优缺点。
3. 简述常用温室(大棚)塑料薄膜的种类和特点。
4. 简述地膜的作用、种类及其特点。
5. 玻璃作为覆盖材料有什么显著的特点?
6. 简述聚碳酸酯树脂板的性能和特点。
7. 简述保温和遮防材料的类型和作用。

参考文献

[1]　张福墁. 设施园艺学. 北京:中国农业大学出版社,2001

[2]　于红军,赵英. 农用塑料制品与加工. 北京:科学技术文献出版社,2003

[3]　吴培熙,王祖玉,张玉霞,等. 塑料制品生产工艺手册. 北京:化学工业出版社,2004

[4]　王淮梁. 装饰材料与构造. 合肥:合肥工业大学出版社,2004

[5]　张真和. 我国棚室覆盖材料的应用与发展. 长江蔬菜,1997(07)

[6]　王耀林,张志斌,葛红. 设施园艺工程技术. 郑州:河南科学技术出版社,2000

第三章　简易农业设施

学习目标
- 熟悉简易农业设施的分类与特性
- 掌握简易农业设施的基本结构和功能
- 能够根据农业生产的具体情况选择适宜的简易设施
- 熟练运用所学知识进行简易设施设计与建造

简易农业设施又称为轻型农业设施,它主要包括地面简易覆盖和近地面覆盖两类。多为较原始的设施类型,因具有取材容易,覆盖简单,价格低廉,经济效益较为显著等特点,目前在许多地方仍在应用。

第一节　风障畦

在栽培畦北侧设置防风屏障物的畦为风障畦,它由篱笆、披风和土背 3 部分组成。根据风障的高度又将其分为大风障畦和小风障畦。

一、大风障畦

大风障畦有完全风障和简易风障两种。完全风障是由篱笆、披风和土背 3 部分组成,篱笆高度 1.5~2.5 m,主要用竹竿、高粱秆、芦苇或玉米秸等夹制而成;披风高度 1.5 m 左右,主要用稻草、谷草、山草或旧塑料薄膜围于篱笆的中下部,起加强防风保温效果;土背用土培制而成,固定篱笆和披风,一般高出地面 20~30 cm,厚 20~30 cm,建好的风障与南侧地面保持 70°~75°为好。在设置多排风障时,风障南北间距 5~7 m,做 4~5 个栽培畦,如图 3-1 所示。

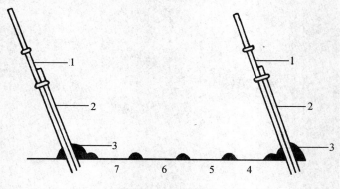

图 3-1　大风障畦
1.篱笆　2.披风　3.土背　4.并一畦　5.并二畦　6.并三畦　7.并四畦

简易风障只设置一排篱笆,高度 1.5～2.0 m,密度较稀,前后可以透视。大风障一般冬季防风范围在 10～15 m。

二、小风障

小风障结构简单,在畦北侧设置高 1 m 左右的风障,同样与南侧地面保持 75°左右。主要用谷草、玉米秸、小芦苇等材料建造。在设置多排风障时,风障南北间距 1.5～3.0 m,做 1～2个栽培畦,如图 3-2 所示。其防风效果在 1 m 左右。

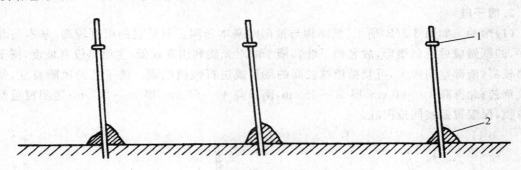

图 3-2　小风障畦
1.横腰　2.土背

三、性能及应用

风障是依靠其挡风作用来减弱风速,使风障前气流稳定,充分利用太阳热能,提高气温和地温,降低蒸发量和相对湿度,形成适宜的小气候条件。据测定,华北地区冬春季风障前的风速,比没有风障降低 50%～65%,气温提高 2～5℃,地表温度可提高 8～14℃,蒸发量减少4%～6%。在风障前面畦内覆盖地膜、麦糠、稻壳、棉籽壳、草席等,可有效地提高地温。风障畦多用在我国北方晴天多及风多的地区,主要用于蔬菜栽培,花卉用得较少。如幼苗的安全越冬,春播蔬菜提前播种,提早果菜类蔬菜定植期,以提前上市。大风障畦用于耐寒蔬菜越冬如菠菜、韭菜、小葱、青蒜苗或早春提早播种水萝卜、油菜等绿叶蔬菜。小风障配合小拱棚早春提早定植西瓜、西葫芦、黄瓜,也可提早点播早熟地芸豆等。

第二节　阳畦

阳畦又称冷床,由风障畦发展而来,将风障畦的畦埂增高,成为畦框,在畦框上覆盖塑料薄膜,并在薄膜上加盖不透明覆盖物,这样的简易保护设施即为阳畦。它是利用太阳光能来保持畦温,其保温防寒性能优于风障畦,是园艺生产上育苗设施之一,还可用于栽培各种蔬菜。按阳畦的结构分普通阳畦和改良阳畦。

一、普通阳畦

普通阳畦又分为抢阳畦、槽子畦。

1.抢阳畦

(1)结构　如图 3-3(a)所示,抢阳畦由风障、畦框、透明覆盖和保温覆盖物等 4 部分构成。

风障向南倾斜,与南侧地面呈 70°～80°夹角。风障的篱笆高 1.8～2.0 m,用料是竹竿、高粱秸、玉米秸等,披风高 1.5～1.7 m,用料是稻草、谷草、旧草苫和旧塑料薄膜等。畦框用土做成,北框比南框高而薄,上下呈楔形。北框高 40～45 cm,底宽 25～30 cm,顶宽 15～20 cm;南框高 20～30 cm,底宽 30～35 cm,顶宽 30 cm 左右;侧框厚度与南框相同。阳畦宽 1.5 m 左右,长 10～15 m,透明覆盖主要用塑料薄膜,保温覆盖用蒲席或稻草苫。

(2)特点　抢阳畦风障向南倾斜,北框比南框高,有利于增强畦内光照度,提高畦内温度。主要用于冬、春季节为露地早熟栽培育苗。

2. 槽子畦

(1)结构　如图 3-3(b)所示,其结构与抢阳畦基本相同。只是它的南框较高,基本与北框相平,四框做成后近似槽形,故名槽子畦。槽子畦对光能利用率较低,主要是没有坡度,槽子畦南墙较高,南部空间较大,可栽植植株较高的蔬菜或进行假植贮藏。槽子畦的风障直立,便于卷放草苫;北框高 40～60 cm,厚 30～35 cm,南框高 40～55 cm,厚 30～33 cm;透明覆盖是塑料薄膜,保温覆盖物同抢阳畦。

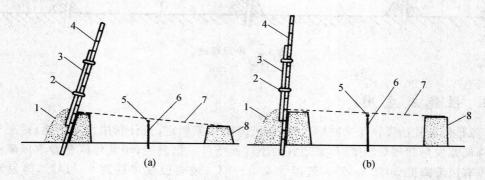

图 3-3　阳畦横断面

(a)抢阳畦　(b)槽子畦

1.土背　2.横腰　3.披风　4.篱笆　5.拉丝　6.支柱　7.薄膜　8.畦框

(2)特点　畦框增高加厚,而且南北畦框高低一致,主要用于栽培蔬菜及分苗苗床。

二、改良阳畦

1. 结构

改良阳畦由土墙(后墙、山墙)、棚架(柱、檩、坨)、透明覆盖和保温覆盖等部分构成。改良阳畦的规格和形式有多种,以下介绍两种主要类型。

(1)**竹木结构**　如图 3-4(a)所示,其后墙和山墙均为泥垛墙,后墙高 1.0～1.5 m,底厚 0.6～0.8 m,上顶厚 0.4～0.5 m,山墙厚度与后墙相同,高度与拱架外形相符;拱杆用竹片或竹竿,拱杆间距 0.6～0.8 m,棚内最高 1.4～1.6 m,南北跨度 3～4 m,棚内根据拱杆强度,南北设置 1～2 排支柱,东西立柱间距 2～3 m,立柱上设置拉杆,将拱杆绑在拉杆上。

(2)**钢竹混合结构**　如图 3-4(b)所示,其墙体与竹木结构的相同,前拱架不同于竹木结构,区别是拱杆每间隔 3 m 设一个三角钢筋拱架为加强梁,在加强梁上,东西纵向用 8 号铅丝拉 4～5 道拉丝,将竹拱杆固定在拉丝上,棚内不设立柱。

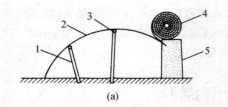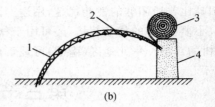

(a)   (b)

图 3-4 改良阳畦横断面

(a)竹木结构 1.立柱 2.拱杆 3.拉杆 4.草苫 5.后墙

(b)钢筋竹木结构 1.钢筋拱梁 2.拉丝(8号) 3.草苫 4.后墙

2.特点

棚体小,投资少,容易建造。不仅可以育苗,还可以进行多种蔬菜早春早熟栽培和秋延后栽培。冬季可以栽培耐寒绿叶蔬菜。

三、建造阳畦的场地

建造阳畦场地的总原则是选择地势较高、背风向阳、距栽培田较近、有充足水源的地块。

在阳畦数量少时,可以建在温室前面,这样既可利用温室防风,也便于与温室配合使用。在庭院建造阳畦可利用正房南窗外的空地。但是在阳畦面积大、数量多时,必须做好田间规划。通常的做法是:阳畦群自北向南成行排列,前排的阳畦风障与后排的阳畦风障间隔 6～7 m,风障占地约宽 1 m,阳畦占地约 2 m,畦前留空地 1 m 左右作为冬季晾晒草帘用地。阳畦群的四周要夹好围障,围障内有腰障,阳畦的方位以东西延长为好。

改良阳畦的田间布局与普通阳畦相同,但因其较高,所以改良阳畦群的间距较大,一般为棚顶高的 2.0～2.5 倍,低纬度地区为棚顶高的 2 倍,高纬度地区为 2.5 倍。此外,后棚顶宽一般不能超过棚顶高,否则会加大畦内遮阳。玻璃窗或塑料薄膜棚面与地面夹角一般小于 50°。

四、性能及应用

阳畦除具有风障效应外,由于增加了土框和覆盖物,白天可以大量吸收太阳光热,夜间可以减少热辐射,提高保温性能,由于热源来自阳光,因而阳畦内温度受季节、天气的影响大。华北地区冬季阳畦内旬平均温度只有 8～12℃,并可出现 -8～-4℃ 的低温,而春季气温回升时晴天可比露地高 10～20℃,达到 30～40℃,保持畦内较高的畦温和土温。天气晴、阴、雨、雪会直接影响畦内温度的高低。据测定华北地区 3 月份晴天阳畦内温度比阴天高 6～8℃;遇到连阴天,畦内得不到热量的补充,畦温下降更低;阳畦内昼夜温差、湿差较大,白天由于太阳辐射,使畦内温度迅速升高,夜间不断从畦内放出长波辐射,从而迅速降温,一般畦内昼夜温差可达 10～20℃;随着温度变化,畦内湿度的变化也较大,一般白天最低空气相对湿度为 30%～40%,而夜间为 80%～100%,最大相对湿度差异可达 40%～60%。阳畦的结构不同、畦框的厚度与覆盖物的种类对其性能都有很大的影响。此外,在同一阳畦内不同的部位由于接受阳光热量的不同,致使局部存在着很大的温差,一般北框和中部的温度较高,南框和西部的温度较低。

普通阳畦除主要用于蔬菜、花卉等作物育苗,还可用于蔬菜春提前、秋延后栽培及假植栽培。在华北及山东、河南、江苏等一些较温暖的地区还可用于耐寒叶菜,如芹菜、韭菜等的越冬栽培。

改良阳畦比普通阳畦的性能优越,用途广、效益高,主要用于耐寒蔬菜(如葱蒜类、甘蓝类、芹菜、油菜、小萝卜等)的越冬栽培,还可用于秋延后、春提早栽培喜温果菜,也可用于蔬菜、花卉、部分果树的育苗。华北地区(南部)可栽培草莓。

第三节　温床

温床是人为加温提高床土温度的一种栽培床,目前主要用于园艺作物的育苗。温床是在阳畦的基础上加以改进的保护地设施,它除了具有阳畦的防寒保温作用以外,还可以通过酿热加温及电热线加温等来提高地温,以补充日光增温的不足,因此是一种简单实用的园艺作物育苗设施。根据温床的加温方式分酿热温床、热水温床、电热温床等。

一、酿热温床

1. 结构与填料

酿热温床可以建在阳畦、大中拱棚和日光温室内。根据床框在地平面上的位置可分为:地下式温床(南框全在地表以下)、地上式温床(南框全在地表以上)和半地下式温床(南框内酿热物和床土部分在地表以下,其余部分在地表以上)。目前用得最多的是半地下式土框温床,如图 3-5 所示,这种温床兼顾了通风和保温两个方面。温床建造场地要求背风向阳、地面平坦、排水良好。以阳畦为基础的酿热温床主要由风障、床框、床坑、隔热保温材料、酿热材料、透明覆盖和保温覆盖几部分构成。温床的大小和深度要根据其用途而定,一般床长 10～15 m,宽 1.5～2.0 m,下部填料,坑南部深 50～55 cm,北部深 30～33 cm,中部深 25～28 cm,整个床底呈鱼脊形。

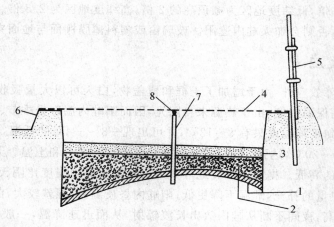

图 3-5　半地下式酿热温床横断面
1.隔热保温层　2.酿热物　3.营养土　4.透明覆盖　5.风障　6.床框　7.支柱　8.拉线

酿热物在播种前 8～10 d 填充。装料前在床底铺 4～5 cm 的干燥碎秸秆,上部覆盖薄膜作隔热保温层;然后将马粪与浸好水的秸秆(在手中一握能挤出水)、树叶等混合均匀后填入。马粪与秸秆、树叶的比例是 1∶3。酿热物分 2 次填充,每填一层酿热物泼浇一遍人粪稀,以调解碳氮比,有利发热。酿热物填充后发热前保持疏松状态,白天盖严薄膜,晚上盖蒲席,酿热物升温到 50℃ 左右时,揭开膜将酿热物踩实稍平,上盖 2 cm 厚的细土。最后填入配好的营养土

12 cm左右,将床土踩实耥平,准备播种。花卉扦插或播种用的,可铺10～15 cm厚培养土、河沙、蛭石、珍珠岩等。

由于不同物质的碳氮比、含水量及通气性不同,可将酿热物分为高热酿热物(如新鲜马粪、新鲜厩肥、各种饼肥等)和低热酿热物(如牛粪、猪粪、稻草、麦秸、枯草及有机垃圾等)两类。在我国北方地区早春培育喜温蔬菜幼苗时,由于气温低,宜采用高热酿热物作酿热材料。对于低热酿热物,一般不宜单独使用,应根据情况与高热酿热物混用。

2. 特点及性能

酿热温床易建造,成本低。在寒冷地区或寒冷季节能保持较高的床土温度,使种子顺利出土和生长。尤其适宜无条件建造电热温床的地区使用。酿热温床的性能在不同季节、不同天气情况下,以及昼夜间的温度变化基本与阳畦相同,不同之处在于增加了酿热物对温床温度所产生的影响。因为南框温度最低,酿热物填充得最厚,北框次之,中部最薄,这在一定程度上消除了阳畦不同部位的温度差异。酿热物的床温除与内外温差、酿热物的温度及厚度有关外,还与床土的厚度与导热性有关,床土越厚,传递热量越小,床温也越低。床土的导热性与土壤质地和含水量有关,一般情况下,沙土导热系数比黏土大,潮湿土比干土大。

另外,酿热温床的床温不好控制,容易出现温度上升慢(酿热物过实,透气不足,水分过多等)或温度上升快而高,但保持时间短(酿热物过于疏松),所以要不断总结经验,按要求做好各个环节的工作。主要是控制酿热物的碳氮比、含水量和填充紧实度。

3. 酿热温床的应用

主要用在早春果菜类蔬菜育苗,也可用做花卉扦插或播种,秋播草花或盆花的越冬,也有在日光温室冬季育苗中为提高地温而应用。

二、热水温床

1. 结构与建造

在日光温室或改良阳畦中选择光照好的位置,选挖床基,宽1.5 m,长度依据育苗数量而定,一般5～7 m,床基深30 cm。床底整平铺10 cm厚的干麦糠或麦秸,踏实后上盖一层塑料薄膜作隔热层。膜上铺3～5 cm厚的细土整平,在苗床两端按10～15 cm间距插木橛,露出5 cm高。从苗床一角开始,把塑料软管伸出床外60 cm固定在第一根木橛上,将塑料软管在床面上布好,塑料软管末端也要长出床外60 cm(塑料软管内径0.5～1.0 cm,外壁厚0.2 cm左右)。布好塑料软管要进行灌水试验,要求软管无破裂、不漏水,灌进的水要能从另一端流出,证明塑料管通畅。然后在软管上铺营养土,厚度12 cm左右。苗床周边床框或培制矮埂以及保温覆盖等如图3-6所示。

2. 床温调控

播种时选择晴天上午,用热水浇透营养土,待床温稳定到30℃左右时播种。当床温低于要求时,从软管进水口加热水增温,使软管内的冷水从出水口

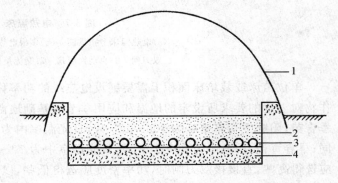

图3-6　热水温床横断面

1.拱架　2.营养土　3.通水管　4.保温层

排入水桶内,再加热反复使用,由此维持适宜的床温。最好将软管的两端与蜂窝煤炉的热水循环装置连接起来,床温低于要求时,打开炉子风门,使热水在软管中循环,保持苗床适宜温度。当床温达到要求后关闭炉子风口。

3. 特点

热水温床建造简单,不需要特殊设备,较酿热温床容易控制床土温度,适宜冬、春低温季节进行小面积播种育苗及分苗移植。

三、电热温床

1. 结构与建造

电热温床是在阳畦、小拱棚以及大棚和温室中小拱棚内的栽培床上,做成育苗用的平畦,然后在育苗床内铺设电加温线而成。电热温床如图 3-7 所示,一般床宽 1.3～1.5 cm,长度依需要而定,床底深 15～20 cm。电热线铺设时,先在床底下设隔热层,其上铺电热线,电热线上下为护线层,其上铺营养土或放置育苗营养钵。隔热层厚 8～10 cm,用料有麦糠、干锯末、麦秸等导热性差的物质,为防湿提高隔热效果,在隔热物上盖一层塑料薄膜。在隔热层上撒一些沙子或床土,经踏实平整后,再铺电热线。铺线前准备长 20～25 cm 的小木棍,按设计的线距,把小棍插到苗床两头,地上露出 6～7 cm,然后从温床的一边开始,来回往返把线挂在小木棍上,线要拉紧、平直,布线的行数最好为偶数,以便电热线的引线两头留在苗床的同一端,作为接头接上电源和控温仪。最后在电热线上面铺上床土,床土厚 5～15 cm,撒播育苗时床土厚 5 cm,分苗床培育成苗时床土厚 10 cm 左右,栽培时床土厚 10～15 cm。

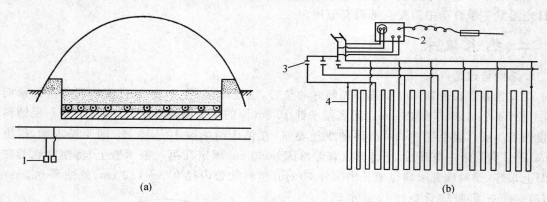

(a)   (b)

图 3-7 电热温床

(a)电热温床上扣拱棚   (b)多根电热线铺线与连接

1. 双刀闸 2. 自动控温仪 3. 交流接触器 4. 电热线

单位苗床或栽培床面积上需要铺设电热线的功率称为功率密度。功率密度的确定应根据作物对温度的要求所设定的地温和应用季节的基础地温以及设施的保温能力而决定。一般冬季育苗,阳畦中功率密度为 100～130 W,日光温室内为 100～120 W,大中棚内与阳畦基本相同;早春育苗,阳畦中为 90～100 W,日光温室中为 70～80 W。配备自动控温仪时,功率密度应选得高些,直接接双刀闸时,功率密度应选得低些,以减少开关电闸的次数。高寒地区应选得高些。

总功率是指育苗床或栽培床需要电热加温的总功率。总功率可以用功率密度乘以面积来

确定,即

$$总功率(W)=功率密度(W/m^2)×苗床或栽培床总面积(m^2)$$

电热线条数的确定可根据总功率和每根电热线的额定功率来计算。即

$$电热线条数(根)=总功率(W)÷额定功率(W/根)$$

由于电热线不能剪断,因此计算出来的电热线条数必须取整数。

布线的稀密,要根据选定功率密度而定。功率密度大、线间距小,功率密度小,线间距大。线间距一般中间稍稀,两边稍密,以使温度均匀。一般布线间距 6～10 cm。铺电热线要将全线埋入土中,布线后接通电源,经检查无误后填充营养土。为保护电热线,便于用后起线,在电热线上覆盖 3～4 cm 厚的细沙或细炉灰作为护线层。

2.注意事项

①使用电加温线时,绝不能剪短或截断使用,也严禁成圈状在空气中通电使用。

②铺线时加温线发热段不能交叠、打结,以免接触处绝缘层过热熔化,只允许在引出线上打结固定。

③在单相电路中使用电加温线时,只能并联,不能串联使用,且总功率不应超过 2 000 W,使用 10 A 以上的电度表,在三相电路中使用时应采用 Y 形接法,使每根电加温线两端电压为 220 V,禁止用 △ 形接法。

④从土中取出电加温线时禁止硬拉硬拔或用锄铲横向挖掘,以免损伤绝缘层,要擦干净保存于阴凉干燥处,防虫、鼠咬破绝缘层。

⑤旧加温线使用前应做绝缘检查,方法是将线浸入水中,引出线端接兆欧姆表,表的另一端插入水中,摇动兆欧姆表,绝缘电阻应大于 1 MΩ。

3.安装控温仪

(1)人工控温　在引出线前端装一把闸刀,专人观察管理,夜间土温低时合闸通电,白天土温高时断电保温。

(2)自动控温　采用控温仪。根据负载功率大小,正确选择连接方法和接线方法、控温仪应安装于控制盒内,置阴凉干燥安全处。控温仪使用前应核对调整零点,然后设定所需温度值,要按生产厂家说明书安装操作。

4.特点及应用

电热温床主要用于冬、春园艺作物育苗,以果菜类蔬菜育苗应用较多。床温在 25～30℃范围内可以根据幼苗生长要求随时调整,不受天气变化的影响。使育苗时间大大缩短。如阳畦培育甜椒苗需 80～100 d,用电热温床培育同样大小的秧苗,只需 60～65 d;阳畦育黄瓜苗需 50～60 d,在电热温床上仅需 40 d 左右。不仅育苗时间缩短,而且成苗率也显著提高。近年来,也有少量用于塑料大棚黄瓜、番茄的早熟生产。

第四节　塑料薄膜地膜覆盖

地膜覆盖是塑料薄膜地面覆盖的简称。地膜覆盖是一项适合我国国情,适应性广,应用量大,促进覆盖作物早熟、高产、高效的农业新技术。它是用很薄的塑料薄膜紧贴或靠近地面进行覆盖的一种栽培方式,具有提高地温或抑制地温升高、保墒,保持土壤结构疏松,降低土壤相

对湿度,防治杂草和病虫,提高肥效等多种功能。是现代农业生产中既简单又有效的增产措施之一。地膜的种类很多,应用最广的为聚乙烯地膜。

一、地膜的基本覆盖技术与保存

采用塑料地膜覆盖栽培作物对相应的田间管理有相应要求,只有将两者配合好才可收到增产的效果。地膜覆盖栽培也可以说是一种"护根栽培",对不同的作物,相配合的田间管理作业也不同,为了有效地发挥这项技术的作用,必须因地制宜地做好以下工作。

1. 整地

在充分施用有机肥的前提下,提早并连续进行翻耕、灌溉、耙地、起垄和镇压工作,有条件的地区最好进行秋季深耕。

2. 起垄

垄要高,一般做成"圆头形",也就是垄的中央略高,两边呈缓慢坡状而忌呈直角,如此,铺盖薄膜容易绷紧,薄膜与地表接触紧密。

3. 盖膜

一般先铺膜后播种,最好在无风晴天作业。要求拉紧薄膜、铺平,紧贴畦面,在两侧用土压紧,垄沟作业处不必铺覆。膜面上适当间隔处压些小土块,防止被风掀起,破坏薄膜。

4. 地膜在使用中可通过收藏进行重复使用

通常的收藏方法有以下几种:一是干袋存法,即把地膜洗净叠好,装入塑料袋,扎紧袋口,放在湿润、阴凉的地方,不要接近热源,防止阳光照射变质。二是草芯卷藏法,把洗净晒干的薄膜卷成筒状,中间加稻草作芯,以便通风透气。卷膜时最好加点滑石粉避免粘连,然后将卷好的薄膜放在仓柜等处,注意防高温、高湿和鼠害。三是水存法,洗净地膜,卷成捆或叠整齐,放入缸、池内,在地膜上压上重物,倒入清水淹浸地膜,然后加盖遮阳物。四是土存法,将地膜洗净,叠好或卷成捆,用塑料袋包装好,挖一个 80 cm 深的土坑,把地膜放入,上面覆盖 30 cm 厚土。五是窖存法,将洗净的地膜,随即带水滴叠好,装入塑料袋中,用细绳扎紧袋口,放入地窖。

二、地膜的覆盖形式

1. 平畦覆盖

如图 3-8 所示,畦宽同普通露地生产用畦相同,一般为 1.0~1.6 m,多为单畦覆盖,也可以联畦覆盖。将地膜直接覆盖在栽培畦的表面,除在保护地内进行短期临时覆盖外,无论露地或保护地内均要把地膜张紧,周边用土压牢,以提高覆膜效果。

图 3-8 平畦地膜覆盖

1. 畦埂 2. 地膜 3. 蔬菜幼苗

这种覆盖方式操作简便,易盖易揭,尤其是对播种床覆盖,地膜可多次运用,具有良好的保湿效果,土壤增温效果低于高畦,但作为长期覆盖的膜面易被泥土污染。临时性覆盖主要在冬春低温季节进行,用于各种蔬菜育苗时,覆盖播种后的床面,保湿增温,促进种子尽快出土,避免种子"戴帽"出土。也可在早春覆盖越冬蔬菜,收到早萌动生长、早上市的效果。如覆盖越冬菠菜、小葱、韭菜等。长期覆盖主要用于露地草莓、秋播大蒜、秋植洋葱等。

2. 高垄、高畦覆盖

如图 3-9 所示,施肥耕地耙碎整平后做成高垄,宽 40～50 cm,高 10～15 cm,垄面覆盖地膜。在冬春低温季节采用高畦,为避免定植水太大降低地温,可在做高畦前于高畦中央位置开沟浇水,水渗后培制高畦,畦宽 60～70 cm,高 10～15 cm,高畦间距一般为 40～70 cm。畦面上覆盖地膜,周边用土压牢。

这种覆盖方式畦面呈弧形,地膜紧贴地面,具有良好的保墒增温作用,尤其土壤增温比平畦覆盖高 1～2℃,并且膜下高温具有杀死嫩草芽,抑制杂草生长的作用。

高垄覆盖早春定植茄子、辣椒和黄瓜等,也可种植马铃薯、点播地芸豆、架芸豆和架豇豆等。冬季日光温室用高畦覆盖种植草莓,早春日光温室和塑料薄膜棚内用高畦覆盖定植茄子、辣椒、番茄和黄瓜等;露地早春用高畦覆盖定植甘蓝、莴笋、黄瓜等。

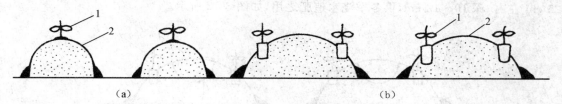

图 3-9　高垄、高畦地膜覆盖

(a)高垄覆盖　(b)高畦覆盖

1.幼苗　2.地膜

3. 高畦沟覆盖

如图 3-10 所示,在高畦上开两条沟,宽 15 cm 左右,深 15 cm 左右,拍实沟壁,在沟内按计划株距定植秧苗,苗高可斜栽,然后畦面覆盖地膜,四周用土压牢。缓苗后膜内温度高时,可在膜上用点燃的烟头烫圆孔通风,晚霜过后开孔放苗,并逐渐培土防植株倒伏。

图 3-10　高畦沟覆盖

1.地膜　2.幼苗

这种覆盖方式具有地膜覆盖与小拱棚的双重效应,不仅地温高,还可抵御晚霜及风害,比一般高畦覆盖早定植 5～10 d,使采收始期提前 1 周左右,前期产量增高。除适用于甘蓝、花椰菜、番茄、甜椒、茄子等栽苗蔬菜外,也适宜点播豆类蔬菜。

4. 沟畦覆盖

沟畦覆盖又叫改良式高畦地膜覆盖,俗称天膜。如图 3-11 所示,在施足底肥,耕地耙碎整平后,做宽 45～60 cm,深 15～20 cm 的沟畦,沟畦间距根据栽植蔬菜种类掌握在 40～60 cm。在沟畦内定植 2～3 行,高秧或搭架的蔬菜定植两行。沟畦较窄时可直接覆盖地膜,沟畦较宽时也可用竹竿插拱架后覆盖地膜,但要在膜上用压杆或压膜绳将膜固定,避免膜被风吹坏。当幼苗长至将接触地膜时,把地膜割成十字孔,将苗引出,使沟上地膜落到沟内地面上,故将此种覆盖方式称作"先盖天,后盖地"。

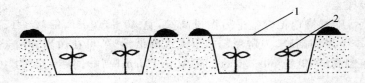

图 3-11　沟畦覆盖
1.地膜　2.幼苗

这种覆盖方式的效果比高畦沟覆盖好,适宜种植的蔬菜种类与高畦沟覆盖相同。

5.马鞍畦覆盖

此畦规格和做畦方法基本上和高畦覆盖相同,不同点是在高畦背中央设一道沟,沟宽 25 cm 左右,深 10～12 cm,供冬季浇水追肥之用,如图 3-12 所示。

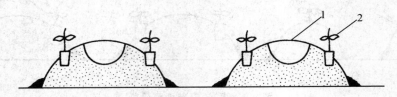

图 3-12　马鞍畦覆盖
1.地膜　2.幼苗

这种覆盖方式的特点是在膜下沟内浇水,能够减少水分向外蒸发,起到减少浇水次数和数量的作用。所以在日光温室冬季栽培黄瓜、西葫芦、厚皮甜瓜、番茄等多采用马鞍畦覆盖,尽量减少浇水,提高地温,降低室内空气湿度,减轻病害。

三、地膜覆盖的技术要求

地膜覆盖的整地、施肥、做畦、盖地膜要连续作业,不失时机,以保持土壤水分,提高地温。在整地时,要深翻细耙,打碎坷垃,保证盖膜质量。畦面要平整细碎,以便使地膜能紧贴畦面,不漏风,四周压土充分而牢固。灌水沟不可过窄,以利于灌水。做畦时要施足有机肥和化肥,增施磷、钾肥,以防因氮肥过多而造成作物徒长。同时,后期要适当追肥,以防后期作物缺肥早衰。

由于地膜覆盖后,土壤水分上移,理化性状与裸地有较大区别,在肥水管理上也要特别留意,在设施栽培条件下,通常推广膜下滴灌供水供肥。在膜下滴灌或微喷灌的条件下,畦面可稍宽、稍高;若采用沟灌,则灌水沟要稍宽。地膜覆盖虽然比露地减少灌水大约 1/3,但每次灌水量要充足,不宜小水勤浇。生产上采取何种地膜覆盖方式,应根据作物种类、栽培时期及栽培方式的不同而定。

第五节　小拱棚

塑料薄膜小拱棚是各地普遍应用的简易保护地设施,主要用于早春早熟栽培,或与大棚、温室配合搞多层覆盖,防寒保温,或用于夏季育苗时遮阳防雨培育幼苗等。

一、小拱棚结构

小拱棚的跨度一般为 1.5～3.0 m,高 1.0 m 左右,单棚面积 15～45 m²。如图 3-13 所示,它的结构简单、体形较小、负载轻、取材方便,一般多用轻型材料建成,如细竹竿、毛竹片、荆条、直径 6～8 mm 的钢筋等能弯成弓形的材料做骨架。拱杆主要用竹片或细竹竿,拱杆间距与棚宽度和应用场所有关。利用小拱棚在其他保护设施中进行多层覆盖时,2 m 左右设一道拱杆,宽度与畦宽相符;在露地单独应用,拱杆间距应小一些,并根据需要设拉杆,使其牢固避免风害。

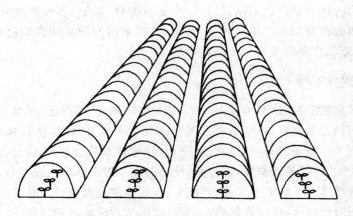

图 3-13　塑料薄膜小拱棚

二、小拱棚的性能

1. 温度

小拱棚的热源为阳光,所以棚内的气温随外界气温的变化而改变,并受薄膜特性、拱棚类型以及是否有外覆盖的影响。由于小拱棚的空间小,缓冲力弱,在没有外覆盖的条件下,温度变化较大。晴天时增温效果显著,阴、雨、雪天增温效果差。据测定,华北地区 4 月晴天时棚内最高温度可达 40℃以上,最低温度为 9℃,温差超过 30℃;阴天最高温度仅有 15℃,最低 8.5℃,温差只有 6.5℃。单层覆盖条件下,小拱棚的增温能力一般只有 3～6℃,晴天最大增温能力可达 15～20℃。在阴天、傍晚或夜间没有阳光照射时,棚内最低温度仅比露地高 1～3℃,遇寒潮极易发生霜冻。冬春用于生产的小拱棚必须加盖草苫防寒,加盖草苫的小拱棚,温度可提高 2℃以上,比露地高 4～8℃。

2. 湿度

小拱棚覆盖薄膜后,因土壤蒸发、植株蒸腾造成棚内高湿,一般棚内空气相对湿度可达 70%～100%,白天进行通风时相对湿度可保持在 40%～60%,比露地高 20%左右。棚内相对湿度的变化与棚内温度有关,当棚温升高时,相对湿度降低;棚温降低时,则相对湿度增高;白天湿度低,夜间湿度高;晴天低,阴天高。

3.光照

小拱棚的光照情况与薄膜的种类、新旧、水滴的有无、污染情况以及棚形结构等有较大的关系,并且不同部位的光量分布也不同,小拱棚南北的透光率差为7%左右。

三、小拱棚的应用

小拱棚主要用于春季叶菜、果菜和越冬蔬菜,如越冬菠菜、韭菜、甘蓝、芹菜等早熟栽培,一般比露地栽培提早上市15~20 d;小拱棚还可用于秋季延迟生产和早春育苗、花卉的春季早熟栽培、早春园艺作物的育苗和秋季蔬菜、花卉的延后栽培。

第六节　遮阳棚及其他简易保护设施

我国长江以南大面积推广遮阳网栽培,解决夏季炎热、高温、多雨影响叶菜类生长和果菜类秋季育苗等问题。据有关部门统计到20世纪末,遮阳网和防虫网面积已近8万 hm²,不仅南方广泛应用,北方近年来使用面积也不断增加。

一、塑料遮阳网

塑料遮阳网又称遮阴网、凉爽纱或寒冷纱,是一种轻量化、高强度、耐老化、柔软、便于铺卷的网状新型农用塑料覆盖材料,可以通过控制网眼大小和疏密程度,使其具有不同的遮光、通风性能。利用它覆盖作物还具有一定的防暑降温、防台风暴雨、防旱保墒和忌避病虫等功能;用来替代芦帘、秸秆等传统覆盖材料,进行夏、秋高温季节蔬菜的栽培或育苗;已成为我国南方地区克服蔬菜夏秋淡季的一种简易实用、低成本、高效益的蔬菜覆盖新技术。它使我国的蔬菜设施栽培从冬季拓展到夏季,成为我国热带、亚热带地区设施栽培的特色。

遮阳网覆盖与传统芦苇帘遮阳栽培相比,具有轻便、管理操作省工、省力的特点;而芦苇帘等传统的遮阳覆盖物比较笨重,不易贮运和铺卷,虽一次性投资低,但使用寿命短,折旧成本高;遮阳网一年内可重复使用4~6次,可连续使用3~5年,虽一次性投资较高,但年折旧成本反而低于芦苇帘,一般仅为芦苇帘的50%~70%。现已成为南方地区晴热型夏季条件下进行优质高效叶菜栽培的主要方式。

在晚秋、早春寒流侵袭时,也可将不用的遮阳网替代稻草,覆盖在作物上防冻防寒,减轻霜冻危害。

1.遮阳网的覆盖方式

(1)浮面覆盖　浮面覆盖又叫飘浮覆盖、浮动覆盖、直接覆盖等。如图 3-14 所示,它利用

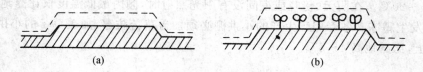

| (a) | (b) |

图 3-14　浮面覆盖

(a)播种后至出苗前　(b)定植后至成活前

遮阳网直接覆盖在露地或保护地中播种或移栽的作物植株上或畦面上,四周用土块把网固定好,防风吹翻。

(2)小平棚、小拱棚覆盖　如图 3-15 所示,于覆盖地块的四角埋设竹竿或木杆,高 1～2 m,用铁丝连接相邻和对角的两杆,拉紧后覆盖遮阳网,东西两边一直覆盖到田埂上,成为小平棚。小拱棚覆盖可用竹片、细竹竿等插成小拱棚架,覆盖遮阳网即成。一般小拱棚畦面宽 1.3 m,棚高 60 cm。

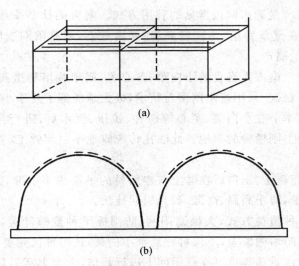

图 3-15　小平棚、小拱棚覆盖

(a)小平棚　(b)小拱棚

(3)大棚或中棚覆盖　如图 3-16 所示,通常利用镀锌钢管塑料大棚的骨架,顶上只保留天

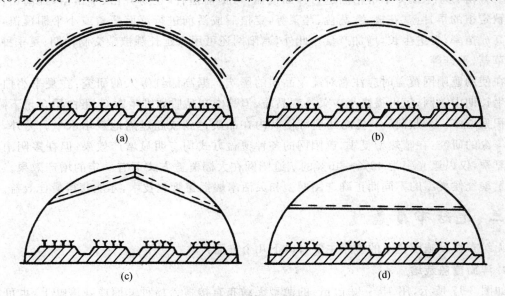

图 3-16　大棚遮阳网覆盖方式

(a)一网一膜外覆盖　(b)单层遮阳网覆盖　(c)二重幕架上覆盖　(d)大棚内利用腰杆平棚覆盖

幕薄膜,围裙幕全部拆除,在天幕上再盖遮阳网,也称一网一膜法覆盖。实际上就是防雨棚上覆盖一张遮阳网,因大棚跨度较大,在覆盖前应先将 1.6 m 宽的遮阳网拼接好后再进行覆盖。在其下进行常规或穴盘育苗或移苗假植。

2. 遮阳网的应用

(1)春、夏菜延后覆盖栽培   通常 6～7 月将收获完毕的大棚甜椒、辣椒、茄子等,经夏季遮阳网覆盖降温后,可防止早衰,延长到 8～9 月供应。

(2)夏季覆盖育苗   是遮阳网最常见的利用方式。南方的秋冬季蔬菜,如甘蓝类蔬菜、芹菜、大白菜、莴苣等都在夏季育苗,为减轻高温、暴雨危害,用遮阳网遮阳育苗,可以培育优质苗,保证秋冬菜的稳产、高产。

(3)伏菜覆盖栽培   南方人喜食的小白菜、菜心等,露地栽培易遭高温暴雨袭击而发生烂菜死苗现象,生产很不稳定,采用遮阳网覆盖技术,极大地缓解了夏季小白菜等的供应问题。

①浮面覆盖:高温季节在小白菜、菜心等播种、镇压、浇水后,进行浮面覆盖,3～4 d 齐苗后揭网,再盖另一块地上刚播种的菜地。此法比传统露地小白菜省工、省力、省水,不怕苗期遇暴雨死苗。

②小平棚或小拱棚覆盖:出苗后在畦上搭建简易的平棚或小拱棚,遮阳网盖在棚顶,根据天气阴晴凉热进行揭盖,防止高温、高湿、弱光引起徒长。

③大棚覆盖:有各种覆盖方式,大棚遮阳网、防雨棚下种夏季叶菜,操作管理比矮平棚方便。利用大棚遮阳网、防雨棚覆盖,不仅可种夏季小白菜,还可种伏芫荽、伏芹菜、伏莴苣、伏萝卜、豆瓣菜等;伏黄瓜、伏番茄等也可在遮阳网下进行栽培,大大丰富了夏季蔬菜供应的种类。

(4)秋菜覆盖保苗   秋播蔬菜甘蓝类、白菜类、根菜类、芹菜、菠菜和秋番茄、秋黄瓜、秋菜豆等在早秋播种和定植时,恰逢高温季节,播后不易出苗,定植后易死苗。如果对直播的前述作物及蒜苗、萝卜、胡萝卜等播后进行浮面覆盖,可提前播种,也易齐苗、早出苗,提高出苗率;而早秋定植的早甘蓝、花椰菜、莴苣、芹菜等,定植后成活前进行浮面覆盖或小平棚覆盖,可显著提高成苗率,促进生长,增加产量。此外,遮阳网还可用来延长辣椒杂交制种期;夏季种食用菌如草菇、平菇等。

在使用遮阳网覆盖时应注意对蔬菜品质的影响。据高丽红等人的研究:在夏季小白菜的整个生长期内盖网,虽可提高小白菜外观品质,但其内在品质如维生素 C、蛋白质含量下降,硝酸盐积累增多。采收前 5 d 揭网处理可使其内在品质达到或超过露地栽培水平。另外,据凌丽娟等人的研究:在晴热型夏季,遮阳网的各种覆盖方式均有明显增产效果;但在多阴雨的冷夏型夏季,仅以遮光率为 42%～45% 的灰遮阳网在大棚覆盖方式下有一定的增产效果。所以要因夏季气候类型的不同而正确选用网型和灵活掌握揭盖管理技术,才能获得最佳效益。

二、无纺布覆盖

无纺布在设施园艺上的应用主要有以下几个方面:

1. 浮面覆盖栽培

如图 3-17 所示,用 15～20 g/m² 的薄型无纺布直接覆盖播种畦面或栽培畦上,也可覆盖于小拱棚上,以防止不利气候环境影响,促进种子或秧苗的发芽与生长,可以达到增温、防霜冻、促进蔬菜早熟、增产的作用。

2. 用做棚室内的保温幕帘

可以提高棚室内的温度,节省加热能源。由于无纺布透气性好,不会因多重覆盖增加空气湿度。

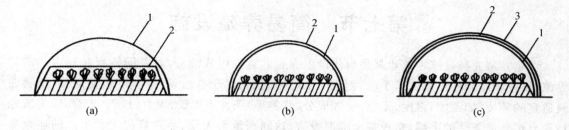

图 3-17　无纺布覆盖

(a)直接覆盖　(b)小拱棚无纺布覆盖　(c)小拱棚无纺布外覆盖

1. 小拱棚　2. 无纺布　3. 草帘

3. 夏季防雨栽培

根据作物需要遮阳的要求,选择相应密度的无纺布,可以起到防暴雨、遮阳降温、防虫防鸟的作用。

三、防虫网

具有耐拉强度大,优良的抗紫外线、抗热性、耐水性、耐腐蚀、耐老化、无毒、无味等特点。由于防虫网覆盖能简易、有效地防止害虫对夏季栽培作物的危害,所以,在南方地区作为无(少)农药蔬菜栽培的有效措施而得到推广。

1. 主要覆盖方式

(1)大棚覆盖　是最普遍的覆盖方式,由数幅网缝合覆盖在单栋或连栋大棚上,形成全封闭式覆盖。

(2)立柱式隔离网状覆盖　用高约 2 m 的水泥柱(葡萄架用)或钢管,做成隔离网室,在其内种植小白菜等叶菜,面积在 500～1 000 m² 范围内。农民称在帐子里种菜,夏天既舒适又安全。

2. 覆盖性能

(1)覆盖可以防虫　依害虫虫体大小,选择适宜的网目,一般蚜虫体长 2.3～2.6 mm,体宽 1.1～1.5 mm,小菜蛾体长 6～7 mm,展翅 12～15 mm,20～24 目即可阻隔其成虫进入网内,实现无农药栽培。

(2)覆盖可以防恶劣气候　防暴雨、冰雹冲刷土面,以免造成死苗。

(3)调节气温　顶部结合用黑色遮阳网,有遮阳降温效果。

(4)综合性能好　结合防雨棚、遮阳网进行夏、秋蔬菜的抗高温育苗。温州市蔬菜研究所在 1990 年用 25 目网纱隔离蚜虫育苗,有效控制芥菜病毒病的发生,防效达 63%～87%。一夏季可连续种植 4～5 茬(每茬 25 d),增产又增收,所以虽一次性投资较大,但经济效益显著。

(5)可周年利用　冬季可做防冻材料直接覆盖或做大棚和小棚覆盖栽培,春季和秋季覆盖也可种植多种蔬菜,实行简易有效的无(少)农药栽培。

3. 注意事项

①覆盖前土壤翻耕、晒垡、消毒,杀死土传病虫,切断传播途径。

②施足基肥,夏季生育期较短的作物一般不再追肥,但宜喷水降温。

③选用适宜网目,注意空间高度,结合遮阳网覆盖,防止网内土温、气温高于网外而造成死苗。

第七节 简易养殖设施

设施养殖业与设施种植业都是当代设施农业的重要组成部分,其共同特点是利用一定的设施、设备和综合性工程技术手段,创造一个可控制的、优于自然条件的环境,使动物、植物在最适宜的环境(如温度、湿度、光照、空气成分、营养等)条件下生长、发育、成熟、繁育,以突破地域和自然环境条件的束缚,实现最少资源投入,达到产量最大化、品质最优化和生产的连续稳定化。20世纪90年代中期以来,中国温室工程技术发展迅速,并逐步走向成熟,其大量新材料、新工艺、新技术的综合应用启示并带动了动物养殖设施的革新,出现了一批轻型、快速装配式的动物饲养建筑设施。

一、简易养鸡设施

简易鸡舍主要类型按照鸡舍与外界的关系,鸡舍主要分为开放式和有窗式两种形式。

1. 开放式鸡舍

鸡舍有全开放式和半开放式两种形式。它以自然采光,自然通风为主,节省运行能耗。鸡舍比较简易,土建施工量、耗材量较小,土建造价较低。所需管理水平不高,管理费用低。适用于夏季温度高、湿度大,冬季不太冷的我国南方地区,或作为其他地区季节性肉鸡饲养的简易鸡舍。适宜使用的地区冬季最冷月平均温度在6℃以上,夏季最热月平均温度为28℃左右。

(1)全开放式鸡舍 其两侧面下部侧墙为500～600 mm高度矮墙,其上至屋面板全部敞开,洞口采用钢丝网或尼龙塑料网等围栅围护(有的可再加双覆膜塑料纺织布或其他材质制成的卷帘),用以遮风、挡雨、保温和换气通风。

(2)半开放式鸡舍 其两侧墙局部敞开,可以下半部设墙,上半部敞开,也可以间隔地上、下敞开;有的向阳面侧墙敞开面积大,背阴面敞开面积小,一般敞开部分也都设有围栅和卷帘,如图3-18所示。

2. 有窗式鸡舍

有窗式鸡舍是在侧墙上设置有可以开闭的窗扇,屋面可设置天窗,仍以自然采光和自然通风为主。采用合理的开窗数量、大小与布置方式,可以取得较理想的采光、通风效果。利用窗体的启闭机构,既可以调节风量,开启通风换气,防止舍内温度过高,又可以关闭保温、防雨雪、抗风袭。有窗式鸡舍比敞开式较容易进行舍内环境的控制。其比开敞式鸡舍土建造价高,但管理难度差距不大。适用于冬季最冷月平均温度0℃左右,夏季最热月平均温度26～29℃的我国黄河以南,淮南长江流域的中部地区。

二、简易养猪设施

1. 开敞式猪舍

开敞式猪舍三面有墙,南面无墙而完全敞开,或只有支柱和房顶,四面无墙,用运动场的围墙或围栏隔离猪群。这种猪舍的优点是猪舍内能获得充足的阳光和新鲜的空气,同时,猪能自由地到运动场活动,有益于猪的健康。但舍内昼夜温差较大,无法进行人工环境调控,保温防寒性能差,适用范围较窄。

2. 半开敞式猪舍

半开敞式猪舍上有屋顶,东、西、北三面为满墙,南面为半截墙,高100~120 cm;或东西山墙为满墙,南、北两侧为半墙,设运动场或不设运动场。

3. 塑料大棚猪舍

我国东北和内蒙古等地,近年来在原有的半开敞式猪舍和简单棚舍上加盖农用塑料薄膜棚,形成了防风保温层,如图3-19所示,在外界气温为-24℃时,棚内温度能达到10℃左右,即使夜间棚内气温也不低于0℃,可达到有窗式猪舍的饲养效果。缺点是棚舍内湿度过高。

图3-18 半开放式塑料大棚简易鸡舍(百度,2009)

图3-19 塑料大棚猪舍(百度,2009)

三、简易养羊设施

1. 封闭式羊舍

多见于北方寒冷地区,屋顶为双坡式,跨度大,保温性能好。羊舍宽10 m,长度视养羊数量、羊场地形而定。舍内布置以双列式居多,又分为对头式和对尾式,走道分别位于中间或两侧(靠窗),地面有一定的坡度,便于清除粪便。在羊舍的一端还应建值班室和饲料间。封闭式羊舍的主体骨架为轻钢结构,屋顶覆盖材料为彩钢夹芯板,舍内环境很容易控制,为一些大型羊场所采用。

2. 半开放式羊舍

适合于较温暖地区,与封闭式羊舍相似,只是一侧墙(多为南墙)为矮墙或栅栏,如图3-20所示,上部敞开。气候潮湿地区应建栅板式羊床。

(1)开放-半开放单坡式羊舍 适合于南方炎热地区,由开放舍和半开放舍呈拐角连接而成,羊可在两舍间自由活动。舍内应建栅板式羊床。

(2)棚舍结合式羊舍 在天气较冷的地区建羊舍时,可视具体情况在半开放式羊舍外搭建塑料棚,气候温暖时羊舍可以起到防止日光暴晒和雨淋的作用,冬、春较冷时则可以加盖农用塑料薄膜,达到封闭式羊舍作用,如图3-21所示。

图 3-20　半开放式羊舍（百度，2009）

图 3-21　棚舍结合式羊舍（百度，2009）

（3）吊楼式羊舍　适于南方炎热、潮湿地区，为双坡式屋顶，栅板式羊床离地面高 2～2.5 m。夏秋季节炎热、潮湿，羊住楼上；冬春冷季，羊住楼下防寒，楼上可储存干草。

复习思考题

1. 风障畦的类型有哪些？

2. 风障畦的应用有哪些？

3. 阳畦的类型有哪些？

4. 选择建造阳畦的场地应注意哪些？

5. 改良阳畦的特点有哪些？

6. 阳畦的应用有哪些？

7. 温床的类型有哪些？

8. 酿热温床的特点有哪些？

9. 建造电热温床应注意哪些事项？

10. 电热温床的特点有哪些？

11. 地膜覆盖形式有哪些？

12. 不同的地膜覆盖形式各有何特点？

13. 地膜覆盖的技术要求有哪些？

14. 简述小拱棚的结构与性能。

15. 小拱棚在生产上有何应用？

16. 遮阳网的主要覆盖方式有哪些？

17. 遮阳网的应用有哪些？

18. 无纺布的应用有哪些？

19. 应用防虫网的注意事项有哪些？

20. 简述花卉栽培中阴棚的类型和结构。

21. 简易鸡舍特点有哪些？

22. 简易猪舍特点有哪些？

23. 简易羊舍特点有哪些？

参考文献

［1］ 王双喜.设施农业工程技术概论.北京:中国农业科学技术出版社,2002

［2］ 王双喜.设施农业技术.北京:中国社会科学出版社,2005

［3］ 张福墁.设施园艺学.北京:中国农业大学出版社,2001

［4］ 张真和.我国棚室覆盖材料的应用与发展.长江蔬菜,1997(07)

［5］ 王耀林,张志斌,葛红.设施园艺工程技术.郑州:河南科学技术出版社,2000

［6］ 陈青云.农业设施设计基础.北京:中国农业出版社,2007

［7］ 邹志荣.现代园艺设施.北京:中央广播电视大学出版社,2002

［8］ 师惠芬,张志勇.现代化蔬菜温室.上海:上海科学技术出版社,1986

［9］ 冯广和,齐飞.设施农业技术.北京:气象出版社,1997

［10］ 陈健,刘九庆.温室环境工程技术.哈尔滨:东北林业大学出版社,2002

［11］ 尚书旗,董佑福,史岩.设施栽培工程技术.北京:中国农业出版社,1999

第四章 塑料大棚

学习目标

● 理解塑料拱棚的生产原理、基本功能以及适用场合
● 掌握塑料拱棚的结构类型与功能
● 能够根据农业生产的具体情况选择适宜的拱棚形式
● 熟练进行拱棚的规划、设计、建造安装和使用维护

第一节 塑料拱棚概述

塑料拱棚既具有结构简单、建造和拆装方便,一次性投资较少等优点,又具有现代温室的棚体空间较大、作业方便、坚固耐用等特点,因此性价比较高,在生产上得到越来越普遍的应用。塑料拱棚不仅应用于蔬菜、花卉、果树、茶叶、食用菌等经济作物的种植业中,也广泛应用于禽畜、特种水产品的养殖业中。

一、塑料拱棚类型

塑料拱棚类型如图 4-1 所示。

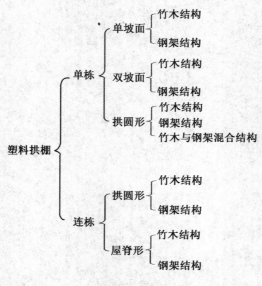

图 4-1 塑料拱棚分类

（一）按骨架材料分类

塑料拱棚按其骨架材料可分为竹木结构拱棚和钢架结构拱棚,其中钢架结构拱棚又分为钢筋结构拱棚、热镀锌钢管装配式拱棚等。

1. 竹木结构拱棚

竹木结构拱棚由立柱、拱杆、拉杆和压杆等大棚骨架及塑料薄膜、草帘等覆盖材料构成。这种塑料拱棚的特点是可就地取材,造价低,因此主要分布于小城镇及农村,广泛应用于小规模蔬菜、食用菌等种植。但缺点是棚内柱子多,遮光率高,作业不方便,且竹木易发霉腐朽,抗风雪承载性能差,使用寿命较短。

2. 钢筋结构拱棚

钢筋结构塑料拱棚的拱架是用钢筋、钢管等焊接而成的平面桁架式结构。这种结构拱棚,骨架坚固,无中柱或柱很少,棚内空间大,透光性好,使用空间较大,作业方便,但耗钢量较大（约达 7.5 kg 钢材/m³ 以上）,焊点较多,每隔 1～2 年就应涂一遍防锈漆防止骨架锈蚀。

3. 热镀锌钢管装配式拱棚

热镀锌钢管装配式拱棚于 1982 年由中国农业工程研究设计院设计定型,为国家定型产品,具有规格统一、安装简便易行、固膜方便等优点,是目前最先进的大棚结构形式,也是世界上最为广泛的一种塑料拱棚形式。

热镀锌钢管装配式塑料拱棚骨架由拱杆、纵向拉杆、端头立柱等构成。钢材大多为薄壁钢管,各钢管之间采用专用卡具连接而形成骨架整体,所有钢管件和卡具均采用热浸镀锌处理,镀层均匀,牢固防锈,钢管使用寿命可达 15 年以上,抗风雪能力较强,骨架采用工厂化生产,已形成标准、规范的 20 多种系列产品,方便运输和就地拼装,拱棚骨架的耗钢量在 3.75～4.5 kg/m²。

（二）按棚顶形状分类

塑料拱棚棚顶形状常见的有拱形塑料拱棚和三角形屋脊塑料拱棚两种。

1. 拱形塑料拱棚

（1）单栋拱形塑料拱棚　我国竹材丰富,竹材易弯曲成型,因次,传统的单栋大棚绝大多数为竹材拱形。其可就地取材,建造容易,拆装方便,成本较低,收益较快,且不受地块大小限制。随着我国钢材普及和生态保护,目前单栋拱形塑料拱棚骨架逐渐被钢架所取代。目前有竹木、钢架等形式单拱形塑料拱棚。

（2）连栋拱形塑料拱棚　我国连栋大棚的棚顶多为拱形,其连接容易,建造材料要求较低,具有较强的抗风性能和承载能力,骨架材料以镀锌钢管居多。

2. 三角形屋脊塑料拱棚

三角形屋脊塑料拱棚多见于日本,且大多为连栋大棚。屋脊形塑料拱棚坚实牢固,建造方便省材,屋顶滑雪和流水便利,斜面平直,天窗关闭严密,通风良好。但抗风和承载能力不如圆拱形塑料拱棚。

（三）按外形尺寸分类

生产上应用的塑料拱棚依据外形尺寸可分为塑料大棚、塑料中棚和塑料小棚。

1. 塑料大棚

塑料大棚一般脊高 2.5～3.5 m,宽 8.0～12.0 m,具有结构简单、建造和拆装方便、一次性投资少等优点。其与中、小棚相比,又具有坚固耐用、作业方便、保温性能好、便于环境调控等优点。

2.塑料中棚

塑料中棚高1.8 m左右,宽2～5 m,面积67～133 m²。中拱棚是介于大棚和小棚之间的一种拱棚设施,其空间小于塑料大棚,但比塑料小棚大,人可在棚内直立操作。塑料中棚常见的为拱形结构,按材料的不同分为竹片结构、钢架结构、竹片与钢架混合结构,近年也出现了镀锌钢管装配式中棚。塑料中棚的规格尺寸见表4-1。

表 4-1　塑料中棚的规格尺寸　　　　　　　　　　　　　　　　　　　　　m

棚宽	棚脊高	肩高	长度
6.0	2.0～2.3	1.1～1.5	根据地形和需求,一般在10 m以上
4.5	1.7～1.8	1.0	
3.0	1.5	0.8	

中拱棚一般可以用中等粗度的竹竿或竹片为拱架,中间设1～3排的立柱,如图4-2所示。钢筋焊接式所造成的中拱棚内部无立柱,除覆盖薄膜,有的膜上盖草帘保温或在北边搭防风障,提高防寒保温效果。

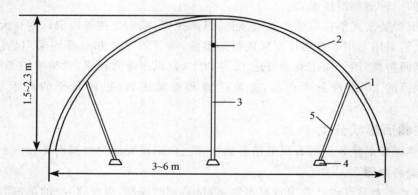

图 4-2　竹木结构的塑料中棚横断面
1.拱杆　2.薄膜　3.竹木支柱　4.底座　5.侧柱

此外,塑料拱棚主要结构类型还有水泥预制结构、竹木水泥柱混合结构、复合材料结构、钢筋焊接式无立柱结构等。

塑料拱棚的类型需根据使用季节、作物种类、投资管理、气象条件等因素进行选择。

二、塑料拱棚的性能与应用

塑料拱棚具有透光、保温、保湿、减少水分蒸发的特点,因此,在我国北方地区,塑料拱棚主要起到春提前、秋延后的保温栽培作用,一般春季可提前30～35 d,秋季能延后20～25 d。但塑料拱棚的保温性能不及温室,在我国北方地区一般不能用做越冬栽培。在我国南方地区,塑料拱棚除冬、春季节用于蔬菜、花卉的保温和越冬栽培外,还可通过更换遮阳网,用于夏秋季节的遮阳降温和防雨、防风、防雹等的设施栽培。

目前,塑料拱棚在园艺生产中应用非常普遍,至2006年,我国塑料拱棚蔬菜、花卉的栽培面积达到 75 万 hm²,占设施栽培总面积的 1/4。

第二节 塑料大棚的建造规划与设计

一、选址与布局

1. 场地选择

塑料大棚的建造场地在选择时注意考虑以下因素:

(1)地势 宜选择地形开阔、平坦无遮阳,且地面坡度<10°,坡度为北高南低的矩形地块,以保证采光和通风条件良好。

(2)局部气象条件 调查当地的主风向以及风向、风速的季节变化。对于有强风或河谷、山川等造成的风道地带,棚址宜尽量避开风口,或在主要风向有天然屏障,或建造挡风设施,以防止大风侵袭;同时又要注意避免因场地附近的障碍物遮挡而影响塑料大棚的采光与通风。

(3)土壤条件 对于以土壤作种植床的大棚,要求其土壤质地、结构和深度方面符合栽培要求;用于无土栽培的塑料大棚则可不考虑土壤条件。

(4)水源 选择靠近水源、水源丰富、水质好、pH 中性或微酸性的地方,同时要求地下水位低,排水良好。

(5)外围设施条件 棚址应交通便利、用电便利、方便管理,有机肥供应近便的地方。

(6)环境保护 空气、水源、土壤遭到污染将严重影响农产品卫生质量,因此应避开水源、空气和烟尘的污染地带。

(7)地质勘探 要求大棚地基的承载力为 50 kg/m²,以避免地基沉降、滑坡和地质塌陷等情况的发生。可在场地的某一点挖出 2 倍基础宽度的地基样本,分析地基土壤构成、下沉情况及其承载力等。

2. 塑料大棚平面布局原则

大棚平面布局主要考虑以下因素:

(1)采光 采光是大棚建设的基本要求。保证良好的采光主要是考虑大棚外部的遮挡条件和大棚间的相对位置。一般情况下,大棚间距应保证冬至的太阳光能够照射到相邻大棚外围 1 m 以上,以保证前后相邻大棚内的光照充足。

(2)通风 大棚通风口周围 3~5 m 范围内应没有影响风速变化的遮挡物或建筑物,使大棚主要通风方向尽量与夏季主导风向相一致。但要考虑大棚的抗风能力,当大棚走向与主风向平行时,抗风能力较强。

(3)大棚方位 大棚方位应根据当地的纬度来确定。一般来说,塑料大棚方位为南北走向时,光照分布是上午东部受光好,下午西部受光好,但日平均受光量基本相同,室内光照较均匀,棚内各点温差较小,被较多地应用;塑料大棚方位为东西走向时,棚内总的进光量多,但由于太阳入射角的原因,室内会形成弱光带,应视作物对光照的敏感度等慎重采用。此外,为了更多地利用清晨与黄昏的光照,大棚可南偏东或南偏西 5°左右,具体偏向应根据该地区清晨或黄昏的光照状况及作物要求而定。

(4)大棚间距 大棚间距以每栋不互相遮光和不影响通风为原则。对南北走向的大棚,其间距为檐高的 0.8~1.5 倍,纬度越高倍数越大;对于东西走向的大棚,其间距约为檐高的 3

以上。在风大的地方,为避免道路变为风口,大棚之间要错开排列。一般棚区应取长方地形,东西为长向;棚区内还应考虑布设干道,以利于运输;棚区内每栋棚成南北向平行排列,或以干道对称平行排列;棚端间距 3～3.5 m。

二、塑料大棚的构造与主要结构参数

1. 拱形塑料大棚构造

拱形塑料大棚的构造与各部位名称如图 4-3 所示。拱形塑料大棚主要由拱杆、纵横向拉杆、立柱等主要骨架部件以及卡槽、卡簧等专用连接卡具构成。

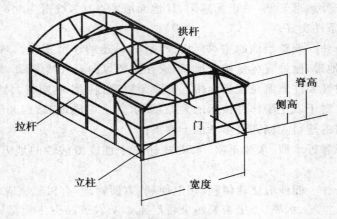

图 4-3　拱形塑料大棚骨架

（1）拱架与拱杆　一座大棚由若干个拱架组成,拱架是整个大棚骨架的主体。拱杆是构成拱架的基本零件,两拱杆互相对接构成"拱",形成所设计的棚型。

（2）纵向拉杆　纵向拉杆通过专用卡具将各个拱架连接起来,形成网状结构。纵向拉杆的数量多少,影响大棚整体刚性的好坏。规格型号产品不同,纵拉杆数量也有所不同,一般为 3～5 根。

（3）立柱　立柱用于支撑拱架,一般位于大棚的两侧面和端面,构成大棚侧墙和端墙的主体结构。通常用横向拉杆将各立柱连接起来,形成网状结构,以增强刚性。

（4）门　门一般设在大棚两端,有对开式和推拉式两种。

（5）连接卡具　为了使塑料薄膜牢固地覆盖在骨架上,GP 系列产品均采用燕尾形金属卡槽和蛇形卡簧进行固膜。为了使塑料膜固定牢靠,不致被风吹开,以及利于排水等要求,在膜上、两拱杆中间位置要用专用压膜线压紧,两端固于地锚上。

2. 屋脊形塑料大棚构造

屋脊形塑料大棚构造与各部位名称如图 4-4 所示。

（1）屋面梁　屋面梁是屋脊形大棚骨架的重要组成部分,其与立柱一起,组成了大棚主要承力系统。

（2）门窗　大棚内的温湿度调节主要靠换气窗进行。其可分为天窗、侧窗、地窗 3 种。通气时,先开天窗,需要时再开侧窗与地窗,高温高热时门窗要一齐打开。

天窗开在顶部屋面,有利于热空气外流。天窗面积越大,通风越好,但天窗面积大了增加投资,且对保温和防风害不利。南方地区炎夏时间温度偏高,天窗面积应稍大,天窗面积至少占屋面面积的 10% 以上。

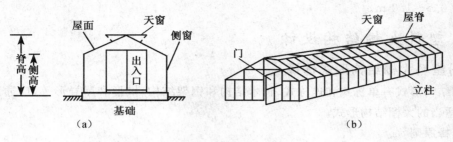

图 4-4 屋脊形大棚

(a)屋脊形大棚正面图 (b)屋脊形大棚侧视图

侧窗设置在侧墙处,可以加强棚内气流强度,与天窗构成"下进上排"的气流流动。侧窗面积一般占侧墙面积的 1/2 以上。侧窗开在侧墙的最下部即成为地窗,常在气候炎热的南方塑料大棚中采用。

大棚门除了提供人和产品出入的通道之外,也起通风换气作用。门小保温性好,但换气和出入不便。一般门的面积应占大棚一端面面积的 25% 左右,通常门宽 1.5 m,门高 1.8 m。

3. 大棚主要结构参数

(1)大棚长度 大棚长度是大棚两端面中心线之间沿大棚轴线的距离。大棚长度太短,土地利用率低,大棚造价高,但也不能太长,过长将产生以下问题:①造成通风困难;②大棚强度和稳定性下降,风雪天易受破坏;③灌水系统毛管长度过长,影响灌水的均匀性;④产品采收或管理时,跑空的距离增加。因此,一般大棚长度以 50~60 m 为宜。

(2)大棚高度 大棚高度包括脊高和檐高两种。脊高即指棚高,指大棚的最高点(脊部)到地面的垂直高度。一般来说,棚高越高,高温期换气效果越好,但加温能耗较大,费用增多,而且大棚安装、维修难度增大,因此,棚高在能够符合作物生长要求条件下以低为宜,一般棚高在 2.5~3.5 m。

檐高也称肩高,其决定于栽培作物、耕作方法、地理条件、开窗换气及人工作业等因素。如果栽培茄子、花卉等矮秆作物为主,不需太高;但要栽培黄瓜、番茄、果树等高秆作物时,就必须较高;多风地区宜低不宜高,以减少风压;降雨多的地区宜高些,以利于更多采光;寒冷区宜低些,以利于保温;温热区宜选较高值,以利于通风换气。一般塑料大棚檐高宜在 1.0~1.5 m。

(3)大棚跨度 大棚跨度也就是大棚宽度,指大棚两侧墙中心线之间和大棚轴线呈垂直的距离。大棚跨度常用的规格尺寸有 6.0 m,6.4 m,7.0 m,8.0 m,9.0 m,10.0 m,12.0 m。大棚宽度与长度成一定比例,比值在 0.1~0.4 范围。宽长比越大,强度越差,反之强度越好。

大棚跨度太大将产生以下问题:①通风困难;②拱杆负载过大,抗风能力下降;③扣棚困难,薄膜不易绷紧,经常颤动,易被风吹破。对于单栋大棚,因通风换气和采光条件好,宽度可以大些,常为 6~8 m;对于连栋大棚,由于通风换气不如单栋大棚,宽度宜小些,以 3~6 m 为佳,且连栋数以 3~5 跨为宜。

(4)坡度角 拱形大棚只要高度和宽度设计合理,屋面成自然拱形,对坡度角无严格要求。

(5)棚间距 棚间距指大棚相邻两支柱中心线之间和大棚轴线呈平行的距离。棚间距一般为 1.0~4.0 m。

（6）拱间距　拱间距指塑料大棚相邻两拱架中心线之间和大棚轴线呈平行的距离。拱间距一般为 0.5～1.0 m。

三、塑料大棚结构设计

（一）塑料大棚结构形式选择

大棚结构形式有单栋式和连栋式、竹木结构和钢架结构、拱形和屋脊形等,应通过比较分析,确定适当的大棚结构形式。

1. 选择原则

（1）结构形式与当地气候条件的适应性　最大限度地适应当地气候条件,以达到受力合理、用料经济的目的。如南方地区与北方地区、多风地区与多雪地区的大棚结构形式都应有所区别。

（2）结构形式与栽培环境要求的适应性　温暖地区的大棚结构形式应便于通风,如采用卷帘式侧窗等;寒冷地区的大棚则要求密闭性要好。

（3）结构形式与投资规模的适应性　单栋大棚适用于品种较多、管理分散、规划较小的场合;连栋大棚适用于品种较单一、管理集中、规划较大的场合。

2. 大棚结构形式特点及其应用

（1）以降温为主的大棚结构　南方地区夏季气温高,应重点考虑降温,因此,棚高宜大于3.5 m,在条件允许的情况下可配置遮阳网、卷膜开窗、湿帘降温等通风降温系统,以利于排出湿热空气。

（2）以防风暴为主的大棚结构　在沿海或多风地区,尽量选用抗风力强的大棚结构,如拱形屋面,而尽量避免采用抗风力弱的结构。

（3）以保温抗风雪为主的大棚结构　北方地区的大棚,保温是重点,抗雪是要求。宜选用拱形屋面形式。此外,可采用内外套棚的双层结构形式,覆盖材料可选择保温性良好的塑料薄膜。为便于积雪滑落,拱形大棚的屋脊宜采取尖顶形。

3. 从建造经济性选择大棚结构形式

（1）投资小、运行费用低的大棚　在北方,塑料大棚建设费用较低、运行经济,缺点是土地利用率低、冬季与夏季不宜生产、使用寿命短、操作有一定的限制等;在南方,拱形塑料大棚是一种经济的结构形式,在冬季覆盖塑料薄膜保温,夏季变成具有一定防雨能力的遮阳棚,缺点是环境控制能力差,维护较繁琐,需要的劳动力也较多。

（2）投资较大、运行费用较低的大棚　这种形式在建设期投资充足的情况下被广泛采用,例如,北方采用双层覆盖、双层充气等新型塑料大棚,南方采用双层内外遮阳网幕,可最大限度地减少运行过程中的资源消耗及管理成本。

（二）拱形大棚载荷计算

大棚使用年限一般为 10 年,在进行大棚结构设计时,应充分考虑其安全性和耐久性。因此,须计算大棚载荷。大棚载荷大小取决于大棚结构形式及外部环境条件。大棚载荷可划分为两类:①大棚本身的质量,称为“恒载”;②随季节变化的雪载和风载,称为“活载”。

1. 恒载

（1）大棚骨架结构载荷　该载荷为在屋面投影面积内垂直向下的力。骨架结构载荷可通过对已知骨架结构和材料进行准确的力学分析与计算获得。通常根据单位面积耗钢量进行估算。钢架式塑料大棚的单位面积耗钢量一般为 $7\sim10$ kg/m^2。

（2）墙体载荷 该载荷为墙体所在平面的垂直向下力，主要指墙体结构质量所产生的重力。

（3）屋面载荷 该载荷为由屋面覆盖系统在屋面投影面积内所产生的垂直向下力。主要是屋面覆盖材料的质量，如 0.2 mm 聚乙烯膜的密度为 0.2 kg/m^2，通过覆盖面积计算而得。

此外，在骨架上时间超过 90 d 以上的任何载荷（如吊篮、栽培架、无土栽培设施等）都应计入恒载。

2. 活载

（1）雪载 雪载可参考"全国基本雪压分布图"，结合项目地点气象、地形分析和全国基本雪压分布图中的等雪压线，按插值法进行确定。

（2）风载 风载指作用在大棚表面上计算用的风压，其作用方向垂直于作用表面。风载可参考"全国基本风压分布图"。沿海地区建造大棚时需要重点对风载进行校核计算。

南方大棚不同风力级别对应的风速、风压与风载荷参考值见表 4-2。

表 4-2 不同风力级别对应的风速、风压与风载荷参考值

风力级别	风速/(m/s)	风压/(kN/m^2)	风载荷/(kN/m^2)
8 级	17.2～20.7	0.185～0.268	0.017～0.172
9 级	20.8～24.4	0.270～0.372	0.024～0.238
10 级	24.5～28.4	0.375～0.504	0.032～0.323
11 级	28.5～32.6	0.508～0.664	0.038～0.384

（三）GP 系列塑料大棚结构

我国 GP 系列塑料大棚骨架均采用内外壁都经热浸镀锌处理的碳素钢管。

1. GP 系列产品的编号

根据国家标准《农用塑料棚装配式钢管骨架》（GB 4176—1984）中的规定，管棚的命名表示方法如下：

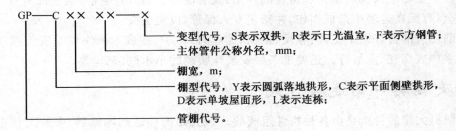

```
GP——C ×× ×× ——×
```
变型代号，S 表示双拱，R 表示日光温室，F 表示方钢管；
主体管件公称外径，mm；
棚宽，m；
棚型代号，Y 表示圆弧落地拱形，C 表示平面侧壁拱形，
D 表示单坡屋面形，L 表示连栋；
管棚代号。

2. 主要产品及规格

GP 系列以直径 22 mm，25 mm 及 32 mm 钢管为主体管件，已形成多种规格的系列产品，参见表 4-3。

表 4-3　GP 系列部分塑料大棚规格表*

型号	结构尺寸/m					结　构
	长度	跨度	高度	肩高	拱架间距	
GP-Y8-1	42	8.0	3.0	0	0.5	单拱,5 道纵梁,2 道纵卡槽
GP-Y825	42	8.0	3.0	—	0.5	单拱,5 道纵梁,2 道纵卡槽
GP-Y8.525	39	8.5	3.0	1.0	1.0	单拱,5 道纵梁,2 道纵卡槽
GP-C1025-S	66	10.0	3.0	1.0	1.0	双拱,上圆下方,7 道纵梁
GP-C1225-S	55	12.0	3.0	1.0	1.0	双拱,上圆下方,7 道纵梁,1 道立柱
GP-C625-Ⅱ	30	6.0	2.5	1.2	0.65	单拱,3 道纵梁,2 道纵卡槽
GP-C825-Ⅱ	42	8.0	3.0	1.0	0.5	单拱,5 道纵梁,2 道纵卡槽
GP-728	42	8.0	3.2	1.8	0.5	单拱,5 道纵梁,2 道纵卡槽

* 引自《设施园艺学》,张福墁主编。

四、大棚的通风

　　大棚通风有两种方式:一是自然通风,通过开启顶窗、侧窗而产生的通风效果;二是机械通风,通过通风机械产生通风效果。单栋塑料大棚的面积和空间较小,通风量不大,常采用自然通风方式。连栋塑料大棚的面积和空间较大,靠自然通风较为困难,一般需要采取强制通风。通风原理及其装备参阅连栋温室相关内容。

第三节　金属装配式塑料大棚的安装

　　金属装配式塑料大棚是工厂化生产的工业产品,成套供应给用户,由用户自行安装使用。因此,了解其结构与性能,并重视安装技术及其环节,方可达到安装性能符合要求,连接可靠,外形美观,延长寿命,提高经济效益的目的。

一、安装前准备

　　安装一栋大棚,以 6～8 人为宜,如果是建棚群,也只要以这些人为骨干,增加辅助劳力即可。技术骨干要熟悉大棚的结构和构件的作用、安装法等。正式安装前,应全面检查一下零部件是否齐全,有无在运输中造成损伤,并指定专人保管,以免丢失。

　　安装前还应准备好以下工具:卷尺、钢锯、螺丝刀、钳子、铁或木榔头以及安装棚顶登高所需的人字梯或高凳、木板等。还要准备好安装压膜线的小木桩、钢丝等。

二、大棚构件的连接方式

　　一座塑料大棚的骨架是由各种构件组成的。当大棚构件运到场地后,安装工作主要是进行构件的连接。各构件间的连接可分为钢管与钢管、钢管与卡槽、卡槽与卡槽等的连接方式。

三、安装顺序与方法

(一)整地开沟

　　基础是大棚上部荷载传向地基的承重结构,是建造塑料大棚的关键。基础设计是否合理将直接影响到大棚结构的安全和使用性能。

采用木工水平尺与四角打桩牵线方法,在选好的场址上平整地面,画线开沟。整地时沿大棚长度方向取水平或略有一定的坡度。为保证端线与侧线垂直,可用简单的"勾三股四弦五"原理进行检验,即沿端线量出 3 m,沿侧线量出 4 m,检验两点之间斜线长度是否为 5 m,否则端线与侧线之间不垂直。画好线后,开两边侧沟,侧沟深度为150~200 mm。沟底应夯实,沟底平面应与地面平行,沟侧面应调垂直,然后在沟底和外侧铺垫砖头,以防止拱杆向下和向外移动;垫砖后仍要保持平直,要特别注意两侧沟深一致。

大棚基础的构筑方法:首先按各型号尺寸挖好侧沟,再用Φ6 mm的圆钢或铅丝与各拱杆系牢,使一侧的拱杆纵向定位,连成整体;为提高镀锌钢管的防锈能力,宜将拱杆埋入地下的部分涂上沥青;然后在拱杆根部浇灌混凝土,待干后填土夯实。

(二)安装棚端

1.棚端安装要求

棚端是整栋大棚的基准,一定要达到以下要求:

(1)尺寸应准确 选择两根完全对称的拱杆装棚端,装好后应符合该型号大棚的棚端高、宽规定的尺寸。

(2)平面应平整 立柱按规定位置打入地下,使每一根都处在同一平面内。两边对称位置的立柱高度一定要一致,以保证棚端外形标准、平整。

(3)棚端与地面应垂直 要求打入地下的每根立柱都要垂直。

2.棚端安装步骤与方法

(1)安装棚端拱杆 由 3 个人进行,两人各持一根拱杆置于地平面,另一人在中间装拱杆接头。将拱杆插入接头后,两根拱杆组成的拱架经目测应在同一平面。然后,三人同时抬起拱架,将拱架两端置于基础上。

(2)安装立柱 拱杆两侧由两人扶正,从中间开始向两侧依次装立柱,按尺寸在中间立柱上套入上下门座,用圆卡箍连接立柱与拱杆,拧紧螺钉。为防止拱杆弹力使圆卡箍脱开立柱,可将立柱上端扳成喇叭口形以防滑脱。

(3)安装卡槽 由下向上依次安装卡槽。凡与拱杆、立柱接头处都要用端部有孔的卡槽;卡槽可以锯断使用,以适应各处的长短,两段卡槽相接处用卡槽接片。卡槽固定器可以从端部套入,也可以从卡槽中间任何部位套入,使卡槽与钢管构成"十"字连接。销夹楔入后应将一尾略扳弯,以防松脱。

(4)安装门横担 门横担可以在装棚端时装,也可先装门后装横担。上下门横担与门的上下处有 10 mm 重叠,覆膜后能保证密封保温良好。

(5)埋牢基础 整个棚端装好后,将基础埋牢,如一时不便埋牢,可用其他支撑物固定,最后与侧沟一起埋牢。

(三)安装棚体

棚体由中间拱杆和纵向拉杆组成。按顺序立起中间拱杆,用纵向拉杆将其连接起来,构成笼形总体。棚体安装总的要求是保持每个拱架与棚端平行,高低一致。安装棚体时要注意以下几点:

①安排好纵向拉杆,使长短错开,不许纵向拉杆的接头位于同一拱间内,或在同一拱间内仅允许有两个接头,但应与无接头的纵向拉杆间隔开。

②纵向拉杆的两端与棚端连接处应扩成喇叭口状,以防脱开。

③为保证在纵向拉杆的直线性,安装前应在两棚端间按该型规定的定位尺寸为基准。如果只装了一个棚端,或有风影响牵线,可以按尺寸在各拱杆上画线作为基准。

④各拱之间的距离应按各型标准控制一致。这不仅是要保证外形美观,也是保证棚体强度、刚度所必需的。为此,应按各型的尺寸自制若干等长的木尺,安装时各边同时控制,紧固连接件。

⑤纵向拉杆应同时从一头向另一头安装,如条件不允许,也应两侧各取一条同时安装;下方的基础也应同时安装,因为只有这样才能准确控制棚体的相关尺寸。每装一拱都应向前一拱瞄准,不要走形,否则调整困难。

(四)安装固膜卡槽

卡槽是固定薄膜用的,安装前要按照选用的薄膜幅宽与安装方法来决定卡槽的位置。如果薄膜是焊接或黏合成整张使用,卡槽就可完全按规定尺寸位置安装;为凑对薄膜幅宽,卡槽也可不按规定的尺寸位置,原则上应使薄膜安装后均匀一致。棚端上方要装一道卡槽,由一侧向另一侧安装,安装前先将卡槽沿拱杆的圆弧压弯,如遇圆弧较小处可用木榔头轻轻敲击,不可急压成弯。

(五)安装大门

大棚门可以后装也可先装。装好门框,将立柱上的下门座固紧,放入门框,套入上门座,调整位置后紧固上门座。装好后,门框应平整、对称,门转动灵活,栓上门后无晃动。

(六)安装薄膜

塑料薄膜的作用是保温、防风、防雨雪,因此要求密封、绷紧。安装薄膜有两种方法:一种是将棚体部分按总体尺寸黏合成一整张安装;另一种是按幅宽算好距离安装卡槽,在两卡槽间安装一幅薄膜,两幅薄膜在卡槽处相接。通风处棚体薄膜的宽度每边应多出 0.2~0.4 m,以便装卷膜机。

安装薄膜时应注意以下几点:

①绷紧薄膜时,要注意各个方向都要拉紧,放入卡槽内用弹簧压紧时注意让薄膜适当松一些,否则弹簧容易戳破薄膜。

②为使新膜经久耐用,可在装膜时在弹簧卡与薄膜间垫一层旧膜或防潮纸,以减少弹簧与新膜间的摩擦,防止膜被卡坏,同时被太阳晒得灼热的弹簧不会直接烫伤新膜,减少老化。

③卡入弹簧时,应将弹簧从卡槽的一端开始一节节地左右扭动卡入,不要使弹簧与卡槽口部摩擦造成薄膜破损。

棚体薄膜与棚端薄膜在棚端拱杆正上方的卡槽内重叠。弹簧在使用中不应重叠,可按需要剪断使用,剪断处应用钳子圈圆,以免挂破薄膜。

(七)安装压膜线

专用压膜线呈扁平状,分 A、B 型两种,一般地区选用 A 型,大风地区应选用 B 型,以增大拉力。专用压膜线具有不导热、不易伤膜的优点。另外,也可用 8 号铅丝作压膜线。

压膜线是与卡槽配合压紧薄膜的,在每两拱杆中间与拱杆平行拉一道压膜线,两侧端紧固于地下,其不但能压紧薄膜,还能增强整体棚的稳定性。一般在距棚两侧约 0.3 m 处沿棚轴向各固定一条 8 号镀锌铁丝,用木桩或在地下埋重物拉住,压膜线的两端扎紧在铁丝上。

第四节　金属装配式塑料大棚的使用与维护

金属装配式塑料大棚是一种较先进的栽培设施,但在使用中处于日晒、雨淋、风刮、受潮等恶劣环境下,为了延长使用年限和取得好的经济效益,应按要求,正确使用和维护,并与栽培管理紧密结合。

一、做好日常维护

1. 基础维护

大棚在使用中要注意基础的变化情况。大棚安装完,经过第一场雨后,应再次培土夯实;经过大风后应仔细观察基础有无变化,并根据实际风力大小与基础变化情况判断其抗风能力,必要时加固基础。

2. 管架维护

金属装配式塑料大棚骨架的零部件全部经过热镀锌防锈处理,抗腐蚀性强。但在使用过程中,应经常观察骨架抗蚀变化。如发现棚架零件表面泛出白点属正常情况,不必除去;如表面出现锈蚀,应及时修复,小件可换下来重新镀锌,大件可除去锈斑后涂以防锈漆保护,如情况严重时应修复;各种专用卡具如有损坏、丢失,应及时购买更换。遇有风雪天气,应对大棚进行全面检查,紧固各连接件。

3. 棚膜维护

大棚在使用中,如果薄膜松弛,在风力的作用下会上下拍打,易造成薄膜破损,因此,如发现薄膜松弛,应及时拉紧压膜线,特别注意将棚端接头处的薄膜卡紧;在长期使用中薄膜破裂也是难免的,但应注意及时修补。修补的方法可以用焊接修补,也可以用专用塑料胶贴补,还可以在一定范围再覆盖一层新膜。

4. 棚膜清洗

长期使用的大棚,薄膜会沾上灰尘,其透光率将大大降低。因此,应根据大棚污染情况,定期对大棚薄膜进行清洗,以保证棚内应有的光照。特别是越冬和早春低温的塑料大棚,此项工作尤为重要;清洗棚膜的时间应在晴天中午和下午气温较高的时段进行。清洗大棚薄膜时,可用自制的长柄软毛刷,用软管将有压力的清水喷到棚顶,分段清洗。

二、抗灾防护措施

在利用塑料大棚进行生产的过程中,遇到各种灾害性天气是不可避免的。因此,要认识各种灾害性天气的特点,因地制宜地采取有效防护措施,树立预防为主、积极抗灾的思想,是生产管理不可缺少的环节。

1. 风灾

GP系列大棚一般设计的抗风能力是8～9级,在此范围内的防风措施主要是绷紧棚膜,四周薄膜埋入土内。特别要注意的是:各部位的薄膜都不应有破裂,即使是很小的小孔也应消除,否则将被大风撕裂导致大的裂口。一旦大风进入棚内,大棚有被全部拔起的可能。因此,所有的压膜线都要压紧,必要时适当增加压膜线。当预报的风力大于棚的设计抗风能力时,应及时设置防风屏障;也可将棚的四角及中部,用绳索拴住,固定于地下;当棚内无作物或价值不大时,可揭去薄膜,减少风载保护棚架。

2. 雨灾

暴雨能在短时间内倾注大量雨水,对单栋棚,应在得到预报后,迅速检查棚顶和各处薄膜,使其绷紧并拉紧压膜线,保证雨水顺利下滑,避免发生棚顶"兜水"现象。如出现"兜水",最好及时修理或把膜重新安装好,如一时不便修理,可用平滑的物件从里面托起排水,切不可从棚内用竹竿顶膜,以免将薄膜捅破。对于棚群来说,地面排水十分重要。因此,下暴雨时应有值班人员来回巡视,疏通水道,防止形成积水而冲坏基础。

3. 雪灾

大雪覆盖使棚架承受很大的压力,如遇有风,棚顶积雪更为危险。当棚内温度在5℃以上时,雪会自动滑落,棚顶不易积雪。如果连续十几小时以上的大雪,虽然棚顶不积雪,也会因棚底处积雪逐渐升高而造成棚的塌陷。因此,在大雪天时应有值班人员来回巡视,适时组织人员刮下棚体积雪,不断清除棚底积雪。如果棚体上积雪较厚时,要注意从两侧同时清除雪载,避免造成受载不平衡导致棚体压塌;对于南方地区的雨夹雪,由于比重较大,下滑能力差,破坏力较大,更应注意清除。

4. 雹灾

大的冰雹能打穿薄膜击毁作物,对塑料大棚生产极为不利。而一般情况下,塑料大棚是无力进行防范的。如果预报确切,冰雹不很大时,事先可在棚顶覆盖草苫、麻袋等物,以减少损失。

5. 冻害

深秋时经常会突降霜冻,初春气温回升后又往往有突然的寒流侵袭。因此,要特别注意预报,及时加强棚内的保温。根据各地的情况及所种的作物,必要时可装双层薄膜保温;也可加保温幕、加小拱棚、用无纺布直接覆盖在作物上等方法保温,也可用应急加温设备临时加温。

在生产实际中,往往所遇到的不是单一的灾情,因此应有综合防灾抗灾的准备,平时注意日常维护,一旦遇到灾情立即组织防御,灾情严重时要采取果断措施抢救。

三、大棚拆迁

钢管装配式大棚的一大优点就是可以拆卸后重新安装。由于安装一次后,所有的卡具都有一定变形,不是十分必要尽量避免重复拆装。当土壤发生连作病虫害,或设施栽培区重新规划,或其他需要不得不迁棚时,可在适当季节进行。

1. 拆棚

迁棚的第一步是拆棚,切不可轻视。往往由于重视不够使零件损坏、丢失,使重新安装工作无法进行。

①拆棚人员应是会安装的人员,拆棚顺序按安装的相反顺序进行。

②正确使用工具,一件件逐步拆卸,切不可随意拆卸,以免造成零件不应有的损坏。

③拆卸下来的零件要分类放好、点数,并检验修复。

2. 修复、配齐零件

迁棚的第二步是修复、配齐零件。修复零件的工作要认真进行,否则会影响安装使用寿命。对于损坏严重、不能修复的零件,要补充配齐新件。棚的再安装应与装新棚一样,按要求组织进行。

第五节　其他类型塑料大棚简介

在设施农业中,除了金属型材料塑料大棚之外,还有竹木大棚、钢筋结构塑料大棚、钢竹混合结构塑料大棚、平顶遮阳棚、新型复合材料塑料大棚等类型,仅分别加以简单介绍。

一、竹木结构塑料大棚

竹木结构大棚以毛竹为骨架材料,将毛竹经特殊的蒸煮烘烤、脱水、防腐、防蛀等一系列工艺精制处理后,使之坚韧度等性能达到与钢质相当的程度。竹木结构大棚分为悬梁吊柱式和江南型竹木拱棚两种。

1.悬梁吊柱式竹木拱棚

悬梁吊柱式竹木拱棚,如图 4-5 所示,一般宽 8~12 m,高 2.2~2.6 m,长 40~60 m,面积 333~667 m²。悬梁吊柱式竹木大棚由立柱、拱杆、拉杆、吊柱、棚膜、压膜线、地锚等构成。

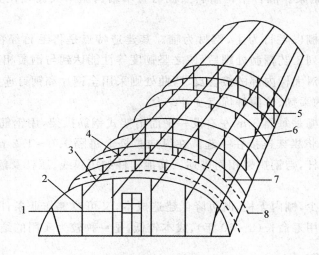

图 4-5　悬梁吊柱式竹木拱棚

1.门　2.立柱　3.横向拉杆　4.吊柱　5.棚膜　6.拱杆　7.压膜线　8.地锚

2.江南型竹木拱棚

江南型竹木拱棚结构简单,建造方便,江南一带盛产竹子,可以就地取材建造。竹木拱棚一般宽 4~5 m,高 1.8~2.0 m,长 30~50 m,棚内一般不设立柱,棚架由拱杆、拉杆等组成。

二、钢筋结构塑料大棚

钢筋结构塑料大棚的拱体为桁架式,上弦用 Φ 16 mm 钢筋或 Φ 15 mm 钢管,下弦用 Φ 12 mm 钢筋,纵拉杆用 Φ 9~12 mm 钢筋。纵向各拱架间用拉杆或斜交式拉杆连接固定形成整体。拱架上覆盖薄膜,拉紧后用压膜线或 8 号铅丝压膜,两端固定在地锚上。钢筋结构塑料大棚有平面拱架和三角形拱架两种结构形式,常采用平面拱架形式,如图 4-6 所示,这种大棚通常跨度 8~12 m,棚高 2.6~3.0 m,长 30~60 m,拱间距 1~1.2 m,面积约 667 m²。

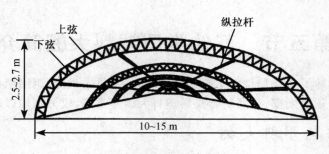

图 4-6　钢筋平面拱架大棚

三、钢竹混合结构塑料大棚

钢竹混合结构塑料大棚的棚型基本与竹木结构塑料大棚相同,使用的材料除竹木外还有钢材、水泥构件等材料。一般拱杆和拉杆多采用竹木材料,立柱采用水泥构件;也有的用钢材做主架、竹木材料做副架。混合结构塑料大棚与竹木结构塑料大棚相比更坚固,抗风雪能力更强。

钢竹混合结构大棚以毛竹为主,钢材为辅。其建造特点是将毛竹经特殊的蒸煮烘烤、脱水、防腐、防蛀等一系列工艺精制处理后,使之坚韧度等性能达到与钢质相当的程度,作为大棚框架主体架构材料。对大棚内部的接合点、弯曲处则采用全钢片和钢钉连接铆合,由此将钢材的牢固、坚韧与竹质的柔韧、价廉等优点互补结合。

钢竹混合结构大棚是每隔 3 m 左右设一平面桁架式钢筋拱架,用钢筋或钢管作为纵向拉杆,每隔约 2 m 一道,将拱架连接在一起。在纵向拉杆上每隔 1.0～1.2 m 焊一短的立柱,在短立柱顶上架设竹拱杆,与钢拱架相间排列。其他构件如压膜线、压杆及门窗等均与竹木或钢筋结构大棚相同。

这种大棚用钢量少,棚内无柱,既可降低建造成本,又可改善作业条件,避免支柱的遮光,且承重力强、牢固、使用寿命长(8～10 年)、成本较低,是一种较为实用的结构。

四、平顶遮阳棚

平顶遮阳棚是遮阳栽培的专用设施,其使用方便,效益显著,一次性投资低于塑料大棚。在我国夏秋时期较长,强光、高温的南方地区(包括长江中下游和华南地区),其应用较多、较理想的遮阳栽培专用设施。

平顶遮阳棚由悬索式骨架和遮阳网拉幕系统构成。根据当地的气候情况和所栽培作物对光照的要求,选择适当规格、遮阳率合适的遮阳网;手动拉幕或电动拉幕系统,以快捷、方便的闭合或开启遮阳网。

1. 遮阳棚结构

平顶遮阳棚的结构比较简单,由基柱、立柱、钢索构成框架,由遮阳网、托膜线、压膜线和拉幕系统组成,如图 4-7 所示。

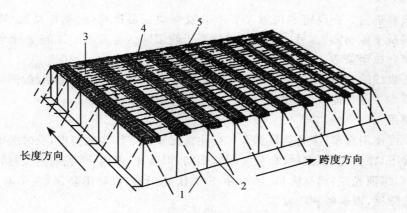

图 4-7　平顶遮阳棚
1.立柱　2.钢索　3.托膜线　4.压膜线　5.遮阳网

（1）基柱　用于支撑棚架质量。基柱深 300～600 mm（据地下水位、冻土层等因素确定），用 Φ 54 mm×3.5 mm 镀锌钢管外面浇注 200 mm×200 mm 混凝土，上端露出长 10 mm 的钢管，其端部打孔，用于与立柱连接时紧固螺钉。

（2）立柱　立柱为遮阳棚的支柱，采用 Φ 60 mm×3 mm 的热镀锌钢管，一端打孔，用于与基柱的连接。

（3）钢索　用于固定和调直立柱，保持立柱垂直于地面。钢索用 Φ 4.5 mm×7 m 的热镀锌钢绞线。

（4）遮阳网　用于遮阳，控制光照度。根据当地的光照条件和种植作物的要求，选用适宜遮光率的遮阳网。

（5）托膜线与压膜线　用于固定遮阳网。选用 14 号或 15 号不锈钢丝或 PE 塑料线作为托膜线和压膜线。

（6）拉幕系统　用于启闭遮阳网的开闭。根据使用要求，选用专用的手动拉幕系统或电动拉幕系统。

2.遮阳棚的主要参数

遮阳棚的最小单元尺寸常见为长×宽＝7 m×6 m，一般以 4 个最小单元连成一体，长×宽＝28 m×24 m，中间设有立柱。也可以更大范围连片，其遮阳效果更佳。高度为 2～4 m，视栽培对象确定。托膜线间距一般为 0.5～0.6 m，压膜线间距为 1～1.2 m。

3.安装顺序和方法

①画线确定立柱的位置。注意使棚的四角成直角（各角的两边线垂直），各立柱位置尺寸要准确。

②在确定的立柱位置上挖坑、埋柱基，然后套上立柱，并用螺钉拧紧。立柱首先从四角开始逐步安装，每根立柱都应与地面垂直和高度一致，并使相对应的每排立柱在同一垂直平面内。为此，可采用牵线和使用经纬仪，必须确保立柱的安装质量。

③在纵横各排立柱的顶端安装钢索，并用紧线器拉紧钢索，使各排的钢索张紧度保持一致。

④沿着遮阳棚长度方向，按设定的间距牵拉托膜线，并用紧线器拉紧。

⑤顺着托膜线方向铺设遮阳网，将其一端系牢于钢索上，另一端与 Φ 21 mm 的钢管固定。

⑥安装拉幕机构。在设定的位置安装手动或电动拉幕机构(包括电动机、导向滑轮等)。拉幕线的一端系于传动轴上,另一端穿过滑轮系于遮阳网活动端 Φ 21 mm 的钢管上。装好后应使遮阳网闭合拉动灵活。

⑦沿着托膜线的方向,按设定的间距,在遮阳网上安装压膜线。压膜线的两端固定于钢索上。注意压膜线不可省掉,以防在大风时形成的负压把遮阳网吹掉。

4.正确使用

平顶遮阳棚使用简单,主要是根据天气变化情况及栽培作物的要求,及时关闭或开启遮阳网。一般情况下,在强光、高温时段,应关闭遮阳网,以遮光、降温;早晚或阴天时,光照不足,应开启遮阳网,以保证光照;遇有大风、暴雨时,应关闭遮阳网,以防雨防风;在早春和晚秋时,晚上可以关闭遮阳网,以保暖和防霜冻。

在日常使用中,应经常观察遮阳棚有无变化,如柱基塌陷、立柱歪斜等,要及时扶正,填土夯实;各种拉线松动,要及时系牢、拉紧;遮阳网破损,要及时修补或更换。

复习思考题

1.简述塑料拱棚的分类。
2.简述塑料拱棚的性能与应用。
3.塑料大棚的建造场地在选择时应考虑哪些因素?
4.简述大棚平面布局应考虑的因素。
5.拱形塑料大棚的主要构成有哪些部分?
6.简述塑料大棚结构形式的选择原则。
7.简述塑料大棚的主要结构参数。
8.大棚的载荷可划分为哪两类?为什么?
9.简述钢管装配式塑料大棚的安装顺序与方法。
10.简述竹木结构塑料大棚的分类。

参考文献

[1]　赵鸿钧.塑料大棚.2 版.北京:科学出版社,1984
[2]　周长吉,杨振声,冯广和.现代温室工程.北京:化学工业出版社,2003
[3]　张福墁.设施园艺学.北京:中国农业大学出版社,2001
[4]　陈青云,李成华,陈贵林,等.农业设施学.北京:中国农业大学出版社,2001
[5]　王耀林,张志斌,葛红.设施园艺工程技术.郑州:河南科学技术出版社,2000
[6]　[美]J J 哈南,Q D 霍得,K L 戈德斯贝里.现代温室.北京:科学出版社,1984

第五章 日光温室

学习目标
- 理解日光温室的概念及其性能和特点
- 掌握日光温室的结构类型、建造技术及保温技术
- 能够运用日光温室的知识指导生产
- 熟练运用所学知识进行日光温室结构设计

第一节 日光温室概述

日光温室是我国特有的一种温室类型,即不加温温室,是 20 世纪 80 年代在中国北方地区迅速发展起来的一种作物栽培设施,旨在缓解北方冬季蔬菜供需矛盾。由于日光温室建造和运行成本低,适合中国社会经济的需要,因此成为中国园艺设施的主体。其温室内热源主要靠太阳辐射,仅在一年中最寒冷的季节或遭遇连阴、风、雪等灾害性天气时才辅助以人工加热,因而又称高效节能日光温室。由于日光温室结构合理,能最大限度地利用太阳能,同时利用新型保温覆盖材料进行多层覆盖,蓄热保温,加之选用耐低温、耐弱光蔬菜等良种及配套栽培技术措施。因此,在我国北纬 34°～43°的广大地区已成功地进行了喜温果菜类的不加温栽培生产,取得了良好的经济效益和社会效益。目前,日光温室正在我国南北各地迅速发展,已成为最主要的农业设施类型,越来越多地受到设施园艺工作者和生产者的注目。

节能日光温室具有如下优点:

①日光温室在普通温室的基础上改进了高跨比,采取了合理的采光角度,大大提高了透光性能,从而保证温室内得到充足的太阳辐射。同时,日光温室内各处温度较为均衡。

②日光温室在保证采光性能优良的前提下,通过合理的温室结构及加强内外保温覆盖,减少热量损失,提高保温效能。因此,日光温室在冬春季不需加温或仅在阴雪等恶劣气候下短时加温,就可正常生产。

③由于日光温室温光效能好,便于使用先进的综合栽培技术,因此能创造适合蔬菜生长发育的最佳环境,具有较强的抗逆能力,病害少,植株生长健壮,能提早成熟,采收期长,不仅前期产量高,而且能大大提高总产量,收益较普通温室提高 65%～80%。

第二节 日光温室的基本结构及设计

一、日光温室光照设计指标

日光温室,顾名思义,主要以太阳光作为能源,几乎不加温或很少加温就可以进行冬季蔬

菜生产。因此,太阳辐射往往成为日光温室的关键性限制因子,能否充分利用太阳辐射,关系到温室生产的成败。日光温室中的太阳辐射对作物具有双重作用:一方面太阳辐射是维持日光温室温度或保持热量平衡的最重要的能量来源;另一方面,太阳辐射又是作物进行光合作用的唯一光源。在实际生产中,通过使用保温性能良好的围护结构材料或采用二(多)层覆盖解决保温问题,已有相当多的经验和可行性措施。但从技术和经济的角度看,解决日光温室中光照不足比解决温室低温要困难。首先,不论何种作物在其生长过程中对光照水平都有一定要求,如果达不到这种水平,就会出现减产甚至绝收;其次,如果对温室进行人工补光,则需要更多的设备和条件,这在实际生产中往往很难做到。因此,采光是日光温室设计和建造过程中应首先考虑的问题。

　　根据作物对光照强度要求的不同,在生物学上将作物分为强光性作物、中光性作物和弱光性作物。温室常用蔬菜栽培品种的光照类型,以及所需光照度如表5-1所示。从表中5-1可见,温室生产作物不同,对光照要求差异很大。因此,温室设计首先应该明确生产的对象。这样设计的温室才具有针对性,也更实用。

表 5-1　蔬菜作物的需光特性和温室生产要求光照度

类型	作物种类	温室生产要求光照度
强光性蔬菜	西瓜、甜瓜、番茄、茄子、甜椒	≥4 万 lx
中光性蔬菜	豌豆、菜豆、芹菜	1 万～4 万 lx
弱光性蔬菜	姜、莴苣、茼蒿	<1 万 lx

　　作为温室生产者,当然希望自己的温室能生产所有品种的作物或尽可能多品种的蔬菜,也就是说,作为温室设计的第一考虑应该按强光性作物为对象进行设计,这样,温室生产者在管理和茬口安排上选择的余地就比较宽,温室的适应能力也就比较强。

　　强光性作物一般光补偿点都在 2 000～4 000 lx,而光饱和点多在 4 万 lx 以上,如黄瓜光饱和点为 5 万 lx,在 2 万 lx 以下生育迟缓,1 万 lx 以下停止发育,适宜光照为 4 万～6 万 lx。而对光照比较敏感的番茄,其光饱和点在 6 万 lx 以上,一般光照要求在 3 万～4 万 lx,低于 1万 lx 光合作用呈直线下降,产生花器异常,开花结果不良,出现徒长并造成落花、落果等现象。显然,在冬季日光温室中要达到上述作物的适宜光照度是较困难的,但一般只要能保证 2 万 lx以上的光照,番茄的光合速率达到光饱和点时光合速率的 80%,这样,强光性作物可进行安全生产。大量研究表明,温室作物在适宜光照范围内(强光性作物在 2 万～4 万 lx 之间)提高1%的光照强度,将会带来 1%的产量回报。由此,也看出光照的重要性。

　　满足光照度,只能说明作物能够进行光合作用,但光合产物的多少,还要看光合作用进行的时间长短。也就是说,光照度和光照时间是一对彼此关联的参数。对强光性作物的研究表明,在光照时间小于 4 h 时,瓜果类蔬菜经常会出现化瓜、落花现象。为保证安全生产,温室采光必须保证 4 h 以上。为保证强光性作物一定的产量,日光温室采光设计时,至少应达到大于光补偿点 4 000 lx,6 h 累计平均光照度不低于 2 万 lx,以保证日光温室强光性蔬菜生育全过程的正常生产。如果当地太阳能资源不能满足上述指标,日光温室冬季生产应考虑种植中光性或弱光性蔬菜,或冬季光照最弱季节停止生产,待春季光照充足时再定植生产一些强光性蔬菜。

二、日光温室总体结构参数的确定

对于给定的地理位置和初步确定的温室整体尺寸,首先判断冬至日到达温室地面光量是否满足光照设计指标。如果冬至日光照超过设计光照指标,则加大温室跨度或降低温室脊高直到冬至日光照接近设计的光照指标;如果冬至日光照不能满足设计光照指标,则缩短跨度或提高脊高,直至最小跨度或最大脊高;如果还不能满足要求,则推迟生产时间,直到满足设计光照指标。

1. 日光温室几何尺寸

日光温室主体建造参数主要指温室跨度 B、温室脊高 H、温室后墙高度 h、后坡仰角 α 和长度 L,如图 5-1 所示。温室跨度是温室后墙内侧至前屋面骨架基础内侧的距离,一般为 6～10 m;温室脊高是基准地面至屋脊骨架上侧的距离,一般为 2.8～3.5 m;后墙高度为基准地面至后坡与后墙内侧交线的距离,一般取 1.8～2.3 m,也有矮后墙温室的后墙高度在 1 m 以下,但这种温室后走道操作空间太小,使用者越来越少;后坡仰角为后坡内侧斜面与水平面夹角,一般在 30°～45°之间;温室长度指两山墙内侧净距离;温室面积 A 为温室跨度 B 与温室长度 L 的乘积。

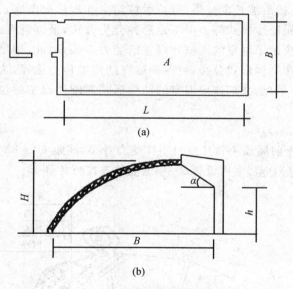

图 5-1 日光温室几何尺寸定义

(a)平面图 (b)剖面图

2. 温室整体尺寸的初步确定

初步确定温室整体尺寸可参考表 5-2。对北纬 40°以北地区,温室跨度一般在 7 m 以下;北纬 35°～40°地区,跨度一般用 7～9 m;北纬 35°以南地区,跨度可选 8 m 以上,但不宜大于 12 m。

表 5-2　日光温室标准型规格尺寸选配表

跨度/m	脊高/m						
	2.4	2.6	2.8	3	3.2	3.4	3.6
5.5	＊	＊	＊				
6				＊			
6.5		＊		＊			
7				＊	＊		
8				＊	＊		
9					＊	＊	
10						＊	＊

第三节　日光温室的结构选型与建造

一、日光温室的分类

日光温室的分类方法有多种形式,有按墙体材料分类的,也有按结构形式分类的,还有按前屋面、后屋面形状和尺寸分类的。按墙体材料来分类,主要有干打垒土夯实土温室、砖石结构温室、复合结构温室;按后坡长度分类,有长后坡温室和短后坡温室;按前屋面形状分,有二折式、三折式、圆拱式、抛物线拱式等。但不论哪种分类方法,最终都要落实到其结构形式上,因为,温室的结构形式决定了温室的用材和温室的受力方式,因此,用结构形式来分类可概括各种温室类型,而且按照结构形式分类,可明确温室结构的传力途径,为进一步设计温室构件的截面尺寸打下基础。为此,我们按照温室的结构形式来阐述温室的主要形式以及温室选型中应注意的问题。

1. 竹木结构

如图 5-2 所示,透光前屋面用竹片或竹竿作受力骨架,间距 60～80 m,后屋面梁和室内柱用圆木,由于竹片承载能力差,室内设置 3～4 道立柱支撑竹片骨架。

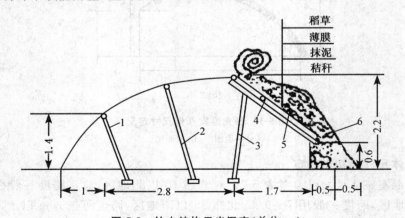

图 5-2　竹木结构日光温室(单位:m)
1.前柱　2.二柱　3.中柱　4.桴　5.檩　6.培土

这种结构温室由于造价比较便宜,常配套干打垒、土坯等墙体材料,在农村可就地取材。但由于室内多柱,遮光严重,操作不便,也不便于设置室内二道幕,且结构不牢固,一般寿命在

3 年以下。

2. 钢木结构

透光前屋面用钢筋或钢管焊成桁架结构作为承力骨架、后屋面与竹木结构相，如图 5-3 所示。为了节省钢材，对前屋面承重结构的做法有多种形式：①两桁架间距 3 m 左右，中间设 3 道竹片骨架；②桁架和钢管骨架间隔设置。3.3 m 为一个开间，中间设钢管骨架，钢管骨架与桁架间再用竹片骨架数道。这种结构由于前后屋面未做成整体结构，因而仍需要设置后柱，以承受主要来自后屋面的荷载。

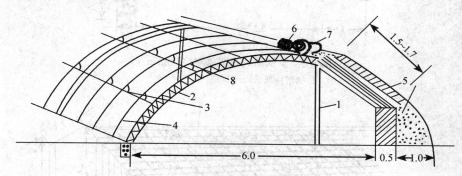

图 5-3　钢木结构日光温室（单位：m）
1. 中柱　2. 钢架　3. 横向拉杆　4. 拱杆　5. 后墙、后坡　6. 纸被　7. 草苫　8. 吊柱

3. 钢—钢筋混凝土结构

如图 5-4 所示，透光前屋面用钢筋桁架，用一根钢筋混凝土弯柱承载后屋面荷载，后屋面钢筋混凝土骨架承重段成直线，室内不设立柱。

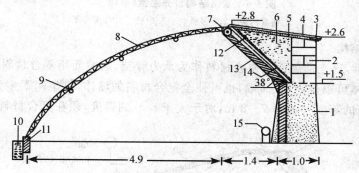

图 5-4　钢—钢筋混凝土结构温室（单位：m）
1. 土墙　2. 土坯墙　3. 红砖挑檐　4. 草泥　5. 细土　6. 碎草　7. 木梁　8. 桁架
9. 横拉杆　10. 防寒沟　11. 基础　12. 苇帘　13. 弯柱　14. 木檩　15. 烟道

4. 全钢结构

前屋面和后屋面承重骨架做成整体式钢筋（管）桁架结构，后屋面承重段或成直线，或成曲线，室内无柱，典型代表为鞍山Ⅱ型，其如图 5-5 所示。

5. 悬索结构

又称琴弦式结构。前屋面受力骨架或采用钢筋桁架，或采用钢筋混凝土，或多柱竹片结构，但在骨架上表面垂直方向上设钢筋或钢丝拉索，构成空间悬索结构，如图 5-6 所示。这种结构出自辽宁瓦房店，后来在辽宁、山东、宁夏、河南、河北、新疆等地区有大量推广。

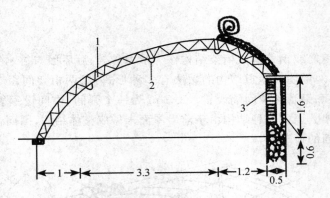

图 5-5　全钢结构日光温室（单位：m）
1.钢结构架　2.纵拉杆　3.空心墙

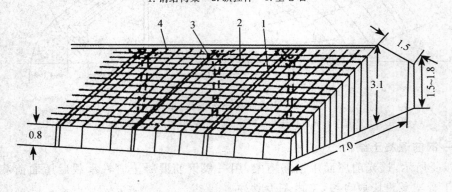

图 5-6　悬索结构日光温室（单位：m）
1.钢管桁架　2.8号铁丝　3.中柱　4.竹竿骨架

6.复合材料结构

如图 5-7 所示，透光前屋面用复合材料作为承力骨架，后屋面用复合材料表面强化处理的聚苯保温板。墙体可以是土墙、砖墙，也可使全复合材料的墙体，拱架间距多为 1 m，均为无支柱结构，这种温室的跨度一般为 7～8 m，对于大于 8 m 的跨度，须在复合材料结构件中配加钢

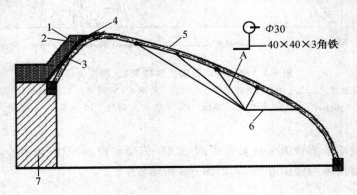

图 5-7　复合材料日光节能温室
1.水泥抹面　2.保温层　3.高强度复合板　4.聚苯填充物　5.复合材料拱架
6.包塑钢丝绳　7.后墙（包括侧墙可以是砖砌或土墙）

筋、塑料或尼龙带才能达到大跨度无支柱温室需求的抗力。

7. 大跨度无支柱整体式金属桁架结构日光温室

前屋面和后屋面采光承重拱架做成整体式金属桁架结构，前屋面采光承重段为抛物流线形，后屋面成直线形，跨度可达 10 m 以上，室内无支柱，后屋面角＞40°，前屋面角＞60°。墙体多为砖混结构，该结构的典型代表如图 5-8 所示。由于其良好的温室性能，较长的使用寿命，现在北方地区应用较普遍。

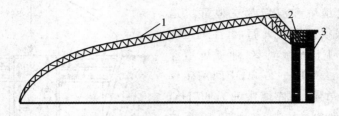

图 5-8　大跨度无支柱日光温室
1.钢结构架　2.复合结构后屋面　3.砖混保温墙

8. 半棚式塑料暖棚

如图 5-9 所示，半棚式塑料暖棚跨度 6～7 m，脊高 3 m，后墙高 1.6～1.8 m。后屋顶每隔 3 m 左右设一立柱和桁。在东山墙设进气孔，后屋顶设排气孔，进气孔距离地面高 2.0～2.5 m，屋顶排气孔用砖砌成或用铁皮筒，上面加风帽。

这种结构采光量足，保温性能好，有利通风换气和操作，主要适用北方家畜越冬饲养。前坡采光角一般为 40°～60°，通常根据地区和饲养畜禽种类而定。前面护栏高度也应根据畜禽而定，最好采用向内倾斜安置护栏，这样有利于增大有效饲养面积。

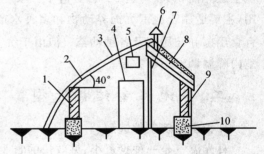

图 5-9　半棚式塑料暖棚结构
1.护栏　2.棚架　3.薄膜　4.门　5.进气孔
6.排气孔　7.支柱　8.后屋顶
9.后墙　10.房基

9. 笼养家禽日光温室

如图 5-10 所示，跨度 8～9 m，脊高 3.2～3.5 m，后墙为空心墙 0.8～1 m，后墙顶部设排气孔，

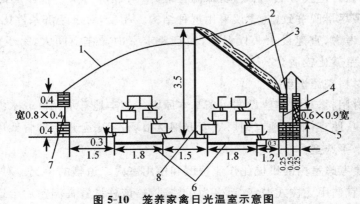

图 5-10　笼养家禽日光温室示意图
1.薄膜　2.百叶窗　3.覆盖物　4,7.两扇木门　5.窗(冬天堵死)　6.粪沟　8.立柱

东山墙设进气孔和门,室顶部设 50 cm 高的一排换气窗,距后墙 3.2～3.5 m 设立柱和栀,在栀上均匀设置两排檩,顶上用整捆秋秸作毡,抹两遍灰泥,铺上高粱壳或细稻麦壳,用混有麦秸的泥浆抹严密。

这种结构有利于采光保温,操作方便,可利于增加禽类饲养量。秋、夏、春要适当开窗,以增加通风量。

10. 坑道式温室

坑道式温室就是坑和温室都在地下坑道内,地面用竹片做成拱形塑料大棚,可在坑道内两边作堆料坑,堆料上面做温室,地下坑道深 1 m,宽 2.0～2.2 m,长 10～20 m,中间用砖砌成高 60～70 cm 的单墙,两座墙中间为 60 cm,可作人行道。单墙两边是坑池,各宽 70 cm。坑道两边打好木桩,固定拱形支架,覆盖薄膜,高度 0.8 m,如图 5-11 所示。

该结构简化了地下砖墙,地下保温性能好,地上透光面积大(可达 82%)。适于一家一户应用,主要适用于地下坑饲养动物和多种水产,培

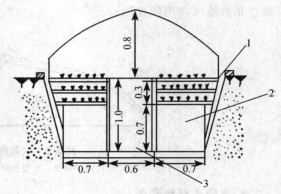

图 5-11　坑道式温室侧面结构图
1. 通气孔　2. 料坑　3. 人行道

育食用菌和药用菌及各种幼苗。但由于坑室比较大,室内层数不多,利用率不高,占地面积大,室内降温调温不够方便。

二、日光温室结构选型

1. 根据经济条件选型

日光温室是一种投资小、见效快的农业生产设施。尽管如此,在广大的农村推广,仍应将投资放在第一位考虑,尤其是家庭生产温室或个人承包温室,更应讲究投资效益。如果劳动力资源便宜,而且劳动力比较丰富,可采用简易的日光温室,如土坯或干打垒结构、竹片、钢丝骨架、多柱支撑。在这种温室中,由于多柱的影响,作业不太方便,机具难以进入,室内保温难度较大,不易密封严密。但投资低,见效快,保温性能好,对经济力量不很丰厚的地区或农户,要利用日光温室实现尽早脱贫致富,建议采用这种结构。相反,对于经济条件比较丰裕的地区和农户,从长远观点考虑,宜建设永久性温室,而且要求室内操作空间大,易于机械化作业。这样,无柱式日光温室就比较适合。

2. 根据当地材料来源选型

因地制宜选材用料,是温室建设的一条基本原则。如本地有水泥厂或水泥构件厂,采用水泥骨架可能会方便、便宜;如本地有钢厂或废旧钢材市场,考虑全钢结构骨架可能比较经济。

3. 根据作业水平选型

作业水平主要考虑室内的机械化作业程度和使用室内二道幕的情况。对机械化作业水平要求较高的温室,宜选用无柱式温室,至多为单柱温室,该柱设置在温室后走道上,对温室栽培区的作业几乎不受影响。

三、日光温室主体结构的建造

1.场地选择

日光温室要选择背风向阳、光照充足、土层深厚、排灌良好处，并且水、电、路"三通"。温室要坐北向南，正南偏西5°，或偏东5°，视当地具体情况而定。最大不超过10°，前后温室间的距离一般为前温室脊高的2.7倍。

2.温室后墙的建造

（1）竹木结构墙体的建造　竹木结构日光温室，可因陋就简，就地取材。

日光温室应在定植越冬茬蔬菜前建成。一般雨季过后即可筑墙，墙体厚度一般应超过当地平均冻土层厚50 cm。按照统一规划的墙体位置线夯土墙或草泥垛墙。

草泥垛墙，要使碎草和土掺均匀。含水量适宜，一层一层地垛，不能一段一段地垛。夯土墙要求土壤干湿适度，叠压或衔接，不能垂直靠接，要用力夯实才能坚固耐用。有条件的可用推土机堆墙，用履带车压实，然后用挖掘机将多余的土挖走。土墙后坡要留护坡，防止雨水将墙体破坏。温室内地面最好采用半地下式，下挖60 cm左右，有利于提高保温性能，但要注意排水，地下水位高的地区要谨慎采用。筑完墙体后即可立后屋面骨架。

（2）钢架结构墙体的建造　由于钢架结构的日光温室使用寿命长，对墙体的要求也高，因此建钢架结构的温室其墙体应该是砖石结构的。砌筑前要先打好基础。在北纬42°以南地区，基础可砌30～50 cm砖石，在砖石上砌墙。在北纬43°以北地区，基础可挖深0.6～0.8 m，下垫干沙0.3 m厚，这样可以防止由于冻融循环而引起墙身开裂。

传统温室墙体采用土筑或实心砖墙，要想增加保温性能，单纯采用增加墙厚的方法不经济。保温墙体有以下几种。

①带有空气间层的空心墙体：墙内侧采用24 cm砖墙砂泥砌筑，墙外侧采用12 cm砖墙砂泥砌筑，外皮抹20 mm厚麦秸泥，中间设70 mm厚空气间层。这样把热容量大的结构材料放在室内高温一侧，因其蓄热能力强，表面温度波动小。这种墙体能保证温室结构的需要，保温性能好，节省建材，适于华北地区选用。

②空斗墙体：将一横砖加一竖砖的37 cm墙体，竖砖向外拉一砖空，宽度增加12 cm，即为50 cm墙体。砌墙时每隔1 m将空隙连起来，使两层皮的墙成为一体就牢固了。

③设有保温材料的组合墙体：这是一种采用砖体墙加保温材料的组合墙体，用PS（聚苯乙烯）板做保温材料，PS板的厚度可据当地情况确定，一般50～200 mm厚。PS板最好设置在砖墙的外侧，并施以相应的保护措施，也可夹于砖墙的内部，具体结构视当地情况而定。其保温效果比普通砖墙明显提高，特别对北纬43°以北地区节约能源，减少运行费用，降低成本具有重要意义。

④普通砖、石墙外侧培土：在普通砖、石墙后侧培土1.0～1.2 m，或做成斜面护坡，作为保温层，保温效果好，也经济。

3.后屋面的建造

（1）竹木结构后屋面的建造　后屋面用竹木做骨架时，一般由中柱、柁、檩组成。3 m开间，每间由1根中柱、1架柁、3～4道檩组成。用预制的钢筋水泥柱做骨架时，可由立柱和柁组成。立柱埋入土中50 cm深，向北倾斜5°，基部垫柱脚石，埋紧捣实，中柱支撑柁头，柁尾担在后墙上，柁头超出中柱40 cm。在柁上东西用8号铁丝拉紧，上下间隔20 cm左右。在骨架上用高粱秸、玉米秸或芦苇等铺垫,上面抹 3～5 cm 厚的草泥,草泥上再铺 10～20 cm 厚碎草、谷壳等,上面再抹一层草泥,然后再铺玉米秸或稻草。

(2)钢架结构后屋面的建造　温室后屋面质量的好坏直接影响到保温性能,各地可根据本地的实际情况和自然条件,选择适宜的后屋面类型。

①在温室后屋面内侧采用 5～10 cm 厚钢筋混凝土预制板,外侧加 20～40 cm 厚草泥。

②在温室的后屋面内侧安放 2～3 cm 厚木板,然后放一层 5～10 cm 厚草苫,上部放 20～30 cm 厚炉渣,再用 5 cm 厚水泥砂浆封顶。

③在后屋面内侧先架设钢拱架,上铺 25 cm 硬木板和一层油毡,用 200 mm 厚聚苯乙烯板做保温层,再铺一层油毡防水层,最后用 40 mm 泥砂浆抹至后墙挑檐。

4.前屋面的建造

(1)竹木结构　无论前屋面是一斜一立式还是半圆拱式,其结构基本相同,不同之处是前屋面有无弧度。

根据温室跨度大小,以 2 m 的间距设立柱,位置与后屋面的椽子一致。立柱的地下部分一般为 50 cm,地上部分的高度根据屋面形状确定。在立柱上固定小头粗 10 cm 的竹竿,一端固定在椽子上,另一端固定在前立柱上,东西立柱方向上间隔 60 cm 设一道拱杆。前屋面在东西方向间隔 20 cm 拉一道 8 号铁丝,两端固定在山墙外的坠石吊环上。拱杆与脊檩、横梁交接处用细铁丝拧紧或用塑料绳绑牢。

(2)钢架结构　前屋面的施工主要是固定钢梁。把钢梁的上端焊接到后墙或后屋面顶部预埋的焊接点上固定住,下端焊接到地桩上或预埋的钢管、钢筋上。钢梁之间要用钢筋或钢管拉杆连成一个整体。

第四节　日光温室的热环境及其保温技术

一、日光温室热环境调控原理

1.热环境特点

(1)温差大　日光温室在白天有日光照射的条件下,一般温度为 25～28℃,在 11～14 时不放风的情况下,可以达到 32～38℃,天气晴好,可高达 45℃以上。即使是草帘覆盖,一般夜间气温也只有 8～10℃,如遇低温天气,夜间温度会更低。

(2)低温频繁　日光温室的主要生产季节在冬季,尤其在 12 月至第二年 1 月,自然气温很低,若保温条件不好,室内气温很容易降到 5℃以下,往往给作物造成冷害或冻害。同时,夜间或阴天温室的热量主要靠土壤和墙体储存热量的释放,如遇连阴天气,白天无太阳光照射时,室内气温得不到补偿,更容易造成严重的冻害。

2.热环境调控的原理

日光温室热环境形成的能量来自于太阳辐射。太阳辐射可透过薄膜进入室内,被土壤、墙体和空气吸收转化为热能,使温度升高。温室内土壤也不断向外辐射能量,而且温度越高向外辐射能量越多,但地面辐射属红外热辐射。塑料薄膜能让短波辐射进入,但对地面长波辐射有一定的阻挡能力,在温室内形成了辐射能量的积累,使室内气温升高,这种现象称为"温室效应"。对流是温室内外热量传导的一种重要方式,密封温室,抑制对流,可以减少热量外传。传导是热量外传的另一种方法,多层覆盖能在一定程度上减少热量外传。

二、日光温室保温设计依据

1. 日光温室室内设计温度

日光温室室内设计温度主要取决于种植作物对温度的要求,表5-3给出了日光温室主要种植蔬菜品种适宜生长的温度要求。由表5-3可见,在冬季生产,日光温室中最低温度条件很难达到喜温果菜的适宜生长温度,也就是说,在日光温室中要充分发挥作物的生产能力,达到高产、稳产是难以实现的。但通过合理茬口安排,将蔬菜的结果期安排在低温季节,由于大部分蔬菜结果期对低温区温度要求都较低,如表5-4所示,日光温室的冬季室内设计温度可适当降低。一般对种植喜温果菜的温室,冬季室内设计温度最好不低于12℃。一般黄瓜生产温室允许最低温度在8℃,但持续时间不得超过1 h;番茄生产温室允许最低温度在10℃,持续时间也不宜超过1 h。对于种植耐寒作物的温室,室内设计温度可允许到0℃,一般为5℃,短暂的−1℃对芹菜也是允许的。

表 5-3　不同蔬菜对温度的要求　　　　　　　　　　　　　　　　　　℃

蔬菜	白天气温			夜间气温			白天地温		
	最高	最适	最低	最高	最适	最低	最高	最适	最低
黄瓜	32	27	16	23	18	12	30	23	15
番茄	30	28	15	20	14	10	27	20	15
甜椒	32	28	18	25	18	13	30	25	16
芹菜	25	22	8	18	15	5	25	18	10
韭菜	28	20	5	15	13	3	25	18	10

表 5-4　温室蔬菜不同生长期的温度要求　　　　　　　　　　　　　℃

蔬菜	生长期	适温	最高温度		最低温度
			白天	夜间	
黄瓜	幼苗期	22+3	23	22	15
	伸蔓期	24+4	33	22	15
	结果期	26+4	35	24	12
冬瓜	幼苗期	24+4	38	22	18
	伸蔓期	25+4	33	24	18
	结果期	26+4	35	24	15
番茄、甜椒	幼苗期	18+3	36	18	10
	初果期	22+3	28	20	10
	盛果期	22+4	30	22	10
菜豆	结果初	20+3	28	20	15
	结果期	22+4	30	22	12

除空气温度外,日光温室的土壤温度对作物的生长也是十分重要的。表5-5列出了几种温室生产蔬菜正常生长的根区环境要求。由表5-5可见,一般根毛生长温度总比根系生长温度要高。事实上,根毛是吸收营养和水分最活跃的部位,作物通过根区吸收的营养主要来自于根毛,为此,温室土壤温度必须首先满足根毛正常生长发育的温度要求。设计上一般对喜温果菜要求地温应高于10℃,最好在12～14℃;对耐寒作物,地温也不宜低于5℃,最好在6～8℃;

对特殊耐寒作物,如菠菜,其地温要求可根据作物实际需要采纳,一般可在上述要求的基础上降低 2～3℃。

表 5-5　主要蔬菜根系生长要求温度　　　　　　　　　　℃

蔬菜名称	根系生长温度			根毛生长温度	
	最低	最适	最高	最低	最高
黄瓜	8	25	38	12	38
番茄	6	24	36	8	36
南瓜	8	30	38	12	38
甜椒	8	28	38	10	36
芹菜	6	22	36	6	32
菠菜	0	22	34	4	34

2. 日光温室室外设计温度

日光温室的室外设计温度指近年最低温度天气的温度平均值。它是日光温室设计时是否要采取人为加温措施的依据。一般取近 20 年的气象数据作统计,如果当地没有长期气象统计数据,也可采用近 10 年的统计数据。为方便起见,表 5-6 给出了我国北方地区主要城市的统计数据,对于其他地区可咨询当地气象部门或参考周围附近地区的气象资料,但对于一些局域性气候带应根据实际情况确定气象参数。

表 5-6　日光温室室外设计温度　　　　　　　　　　℃

地名	温度	地名	温度
哈尔滨	−29	北京	−12
吉林	−29	石家庄	−12
沈阳	−21	天津	−11
锦州	−17	济南	−10
乌鲁木齐	−26	连云港	−7
克拉玛依	−24	青岛	−9
兰州	−13	徐州	−8
银川	−18	郑州	−7
西安	−8	洛阳	−8
呼和浩特	−21	太原	−14

日光温室是一种被动式太阳能温室,其室内温度主要靠保温来保证,一般可维持室内外温差 20～25℃。因此,在设计日光温室时,应根据当地的气候条件考虑是否配置加温系统。对种植喜温果菜的温室,当室外设计温度超过−15℃时,应考虑临时加温措施,在室外温度超过−20℃时,应设计永久加温系统。对种植耐寒性作物的温室,上述要求可降低 5℃。

3. 热工设计要求

日光温室的保温主要靠墙体和后屋面,要求其热工设计使之形成温室白天的蓄热体和夜间的放热体,为此,温室的设计必须有一定的热惰性,也就是要有足够的储热能力。日光温室的墙体及后屋面一般都用重体材料,所以,在满足保温热阻的情况下,一般均能满足热惰性的要求。

由于对日光温室的热性能研究尚不完善,全国还没有统一的权威性文件规定其设计热阻,

表 5-7 给出的围护结构低限热阻是参照相关标准和几年来的实践经验提出的,仅供参考。

表 5-7 日光温室维护结构低限热阻

室外设计温度/℃	低限热阻 $R_{min}/(m^2 \cdot K/W)$	
	后墙、山墙	后屋面
−4	1.1	1.4
−12	1.4	1.4
−21	1.4	2.1
−26	2.1	2.8
−32	2.8	3.5

三、日光温室主体结构的保温

日光温室主体结构的保温主要指日光温室后墙和后屋面的保温。在日光温室主体结构尺寸确定之后,建造日光温室首先所关注的问题就是温室的墙体和后屋面选择什么材料,以及如何确定材料的合理厚度。常用保温材料见表 5-8。

表 5-8 日光温室常用保温材料

材料名称	干容重/(kg/m³)	导热系数/[W/(m·K)]
重砂浆砌筑黏土砖砌体	1 800	0.81
夯实黏土	2 000	1.16
夯实黏土	1 800	0.93
加草黏土	1 600	0.76
加草黏土	1 400	0.58
土坯墙	1 600	0.7
锅炉炉渣	1 000	0.29
膨胀蛭石	300	0.14
膨胀蛭石	200	0.1
膨胀珍珠岩	100	0.07
膨胀珍珠岩	80	0.058
干土	1 500	0.23
稻草	150	0.09
切碎稻草填充物	100	0.047
芦苇		0.14
干草	100	0.047
聚乙烯泡沫塑料	100	0.047
加气、泡沫混凝土	700	0.22
加气、泡沫混凝土	500	0.19

根据结构的低限热阻,日光温室墙体和屋面的最小厚度可按下式计算:

各层保温材料的厚度(m)=推荐最小热阻($m^2 \cdot K/W$)×对应各层保温材料的导热系数[W/(m·K)]的和。

四、日光温室前屋面保温

1. 日光温室前屋面保温材料及其保温性能

日光温室前屋面保温材料主要用在温室的夜间保温,日出后收起,日落时放下,为此,要求保温材料必须为柔性材料。生产上应用最早、最广泛的主要是草帘。一则它可就地取材,利用了农产品的下脚料;二则它价格便宜,保温性能好,所以,草帘成了日光温室主要的前屋面保温材料。但随着日光温室的大面积发展,草帘的供应越来越困难,而且草帘本身也确实存在着自身难以克服的缺点:收放帘的时间长、劳动强度大、难以实现机械化作业;遇水后其导热系数激增,几乎失去了其保温效果,且自身重量成倍增加,给温室骨架造成很大压力;在多风地区或遇风条件下,由于本身的孔隙较多,如不与其他密致材料配合使用,其单独使用的保温性能有限。所以,探索使用新的覆盖材料的研究和试验一直是日光温室研发的主要内容之一。此外,探索和研究新的结构形式也在不断前进,近两年已推出保温被内置式日光温室,有效地提高了其保温性能。

纸被是最早与草帘配合使用的保温材料。纸被的来源主要是旧水泥袋,现在也发展到直接从造纸厂订购,但后者的成本比前者要高得多。使用纸被主要是铺在草帘下面防止草帘划破塑料薄膜,并在草帘与塑料膜之间形成一层致密的保温层,使温室的保温性能得到进一步提高。据测定,在严寒冬季,用4~6层旧水泥袋纸被与5 cm厚草帘配合使用,可使温室室内温度比单独使用草帘提高7~8℃。但纸被与草帘一样,在被雨、雪浸湿时,保温性能下降,而且极易损坏。如果在缝制纸被时,表面加一层草帘或一些芦苇,制成像草帘状,则保温效果同样,又不易被损坏。

棉被是棉区或非农区首先使用的保温材料,其保温效果要比草帘好。一般在缝制棉被时要在外侧用一层防水材料,以防淋湿棉絮。标准棉被一般每平方米用棉花2 kg,厚度3~4 cm,宽约4 m,长比前屋面采光面弧长长出0.5 m,以便密封。日光温室常用前坡面外覆盖保温材料的主要规格及用量见表5-9。

表 5-9 　日光温室常用前坡面外覆盖保温材料规格及用量

名称	规格			667 m² 用量/条	备注
	长度/m	宽度/m	质量/kg		
稻草帘	8~10	1.0~1.5	40	65~100	
蒲草帘	8~10	1.4~1.6	50	70~80	
纸被	8~10	1.0~1.1		50~100	四层牛皮纸
棉被	5~8	2~4	10	30~40	
不织布	10	1.1	100 g/m²	100	代替纸被
不织布	10	1.1	100 g/m²	200	代替草毡

对新型前屋面保温材料的研制和开发主要侧重于对便于机械化作业、价格便宜、重量轻、耐老化、防水等指标上,在保温性能上,一般要求能达到或接近草帘的性能即可。目前广泛试验用于替代草帘的柔性保温材料有以聚乙烯发泡材料为芯、涤纶布为面,采用双面黏合的高强度复合保温被;由镀铝膜和微孔泡沫塑料等制成的复合保温被;有利用聚乙烯膜做表层材料,采用非缝合、非胶粘一次成型工艺,与毛毡或棉毡直接压制制成的复合保温被等。经过近年的研究和应用,上述材料的性能基本满足日光温室的需要。目前,一些新的材料还在试验与开发中。

2.日光温室前坡面保温材料厚度的确定

日光温室前坡面保温材料厚度的选择,原则上要求与温室后墙和后坡的保温性能相匹配,这样,温室在各个方向的散热能够保持一致,室内温度才能均匀。一般前坡面保温材料的热阻远不及墙体保温材料热阻,致使透过前坡面的夜间温室散热量仍占温室总散热的绝大多数。为了尽可能缩小温室内的温差,要求温室前坡面夜间覆盖保温材料的热阻应能达到墙体总热阻的 2/3 以上。

五、其他保温措施

1. 双层或多层膜保温

日光温室前坡面采用双层透明塑料膜覆盖,虽然要降低温室的透光率约 10%,但可以显著地提高温室白天的保温效果。日光温室白天采光,通常都是单层塑料膜覆盖,由于单层塑料膜本身的热阻很小,致使白天进入温室的热量绝大多数又通过前屋面散失。据测定,晴朗天气,前屋面白天散失的热量占温室总散热量的 80% 左右,而采用固定式双层覆盖膜,可以节能 40%,最多可节能 55%。在冬季光照充足的地区,采用双层膜覆盖对日光温室的保温有非常积极的作用。对于冬季光照较弱的地区,为避免采用固定式双层膜引起温室透光率下降而危及到作物的正常光合作用,影响作物的正常开花和坐果时,可将内层覆盖膜设计为活动式,白天采光时段收起内层覆盖膜,用单层膜充分采光,在采光时段以外的时间,打开内层膜,形成双层覆盖,同样也能起到很好的保温效果。

此外,在温室内设活动式保温幕或挂帘,同样也具有一定的保温效果。表 5-10 为几种不同保温材料在室内采用不同保温方式时温室的节能效果。

表 5-10 日光温室多层覆盖的保温效果

覆盖形式	保温效果/℃
单层膜日光温室	4～6
双层膜日光温室	8～10
日光温室内扣小拱棚	3～5
日光温室内扣小拱棚＋草毡	8～10
日光温室内设不织布二道幕	3～5

2. 设置防寒沟

沿日光温室南侧墙基设防寒沟对有效降低温室地面向外传热有很大的作用,而在日光温室的其他三面墙,即后墙和山墙的墙角设防寒沟意义不大,因为这三面墙本身厚度较大,从温室室内向室外传热的路径本来就很长,一般深入地面的基础就已经起到了防寒沟的作用,除非日光温室的三面围护墙采用轻型结构,基础保温较差时,才在三面围护墙的墙角设防寒沟。

防寒沟一般宽 20～40 cm,深 40～60 cm,用砖墙或其他防水材料围护,内填麦秸、稻草、玉米秆、稻谷壳、锯末、炉渣、珍珠岩等隔热材料,踩实,至地平面后封好沟口,可有效地截断温室地面向外的散热。这种防寒沟一般可使室内南侧 1 m 范围内 5 cm 深处的地温平均提高 2～4℃。有的防寒沟中间不填任何填充物,而以空气隔热。这种方法虽然也有一定的隔热效果,但总的来讲,隔热效果不及有填充物的防寒沟。

内置防寒沟常会由于沟壁防水不好,而将隔热材料浸湿,从而使隔热材料的隔热效果急剧下降。一种简单的办法是用不透水的隔热材料,如聚苯板,将其直接贴在温室的基础墙内侧。这种方法既省去了做防寒沟的土建工程,又不用做防水处理,而且由于聚苯板导热系数小,3～5 cm 厚足可以达到上述防寒沟的保温效果,所以其占用温室地面积大大缩小,造价也不太贵,是一种较好的防寒保温措施。

为提高温室地面利用率,大多将防寒沟设在温室的基础墙外侧。这种方法一般可将防寒沟做得更宽些。但这种防寒措施要求防寒沟高出地面,以防室外水流进入防寒沟,此外,防寒沟上要加盖能够承力的盖板,以便室外运输车辆或操作人员顺利通行。

室外防寒沟的另一种方法是将麦草或稻草铺在靠近温室的道路上,由于麦草(稻草)的保温效果好,使日光温室通过地面的传热量显著降低,同样也起到了防寒沟的作用。这种方法在遇到下雪天时,要及时清理积雪,防止积雪融化渗入保温层,降低保温效果,必要时应彻底清洁、并换干麦草(稻草)。

3.风障

日光温室的风障一般设置在温室北墙。用成捆的秫秸、麦草等制成,可有效防止北风的侵袭,而且贴在温室北墙;实际上又起到了温室北墙保温的作用。

第五节　日光温室生产区的规划

一、建设场地的选择

节能型日光温室在场地选择上不论是个人庭院经营还是在田间兴建,都要对周围环境进行充分考虑。庭院温室由于受建设场地的限制,各方面的影响因素可能难以周全考虑,但无论如何必须保证温室的必要采光,为此,要注意温室不受树木、建筑物遮阳,此外要靠近水源,有电源供应。

对大规模温室群,规划建设中要充分考虑如何利用好环境条件的有利方面,并避免一些不利因素的影响。建设场地最好选择避风向阳、地势平坦、排灌方便、土质肥沃、便于管理、便于运输、病虫害少、无污染的地块。

1.地势、地形

大规模温室群建设场地应选择在地形开阔、地势较高、受光充足的地块。地块面积要考虑未来发展和扩建。在农村宜将温室建在村南或村东,不宜与住宅区混建。全部生产基地最好规划成南北较长的格局,这样对防风更有利。坡向以北高南低较好,坡度最好在2%以上。在山区建设最好建在阳坡。温室区北侧有山冈、林带为屏障更为理想。为了保温和减少风沙袭击,场地选择中还要注意避开河谷、山川等造成风道和雷区、电线等天灾地段。

2.土壤条件

日光温室生产区要求土地周年使用,为此,土壤一般要求有良好的物理性状,如土质疏松、吸热能力强,透水性好,富含腐殖质,土壤酸碱度中性略偏酸,保肥能力强,地下水位低,土壤盐碱含量少,病虫害少。一般要求为壤土或沙壤土,最好在3～5年内未种过瓜果、茄果类蔬菜以减少病虫害发生。

3.交通运输

交通运输方便,距离居民点和公路干线不要太远,这样不仅便于管理、运输,而且方便组织人员实施对各种灾害性天气采取措施。为了使物料和产品运输方便,应有专用交通道路直通温室生产区,通向温室区的主干道宽度最小应达到6 m,以便两辆卡车能并排通过,或错车、超车。

4. 水电供应

温室区内应有充足的水源和可靠电源。供水水质好,冬季水温高(最好是深井水),不含有害元素。

日光温室的用电设备主要为灌溉设备和照明设备。温室灌溉、照明常用220 V电压,但现代温室中采用了电动机械式卷膜机构,其卷膜电机有用220 V电压的,也有用380 V电压的。此外,有的温室使用了电热线加温,有的温室临时加温炉也需要电力供应。有的温室雇用外地民工管理,他们甚至把家也设在了田间。温室规划时要充分考虑这些用电负荷,以确保温室用电的可靠性和安全性。

5. 其他

温室群位置要避免处在有污染工业区的下风向,以减少对薄膜的污染和积尘。此外,温室群位置最好能靠近有大量有机肥料供应的场所,如养鸡场、养猪场、养牛场等,因为日光温室需要大量的有机肥,一般每亩日光温室种植黄瓜或番茄每年需要有机肥10~15 t。

二、温室区的布局

1. 温室朝向

为保证日光温室的充分采光,一般温室布局均为坐北朝南,但对高纬度(北纬40°以北)地区和晨雾大、气温低的地区,冬季日光温室不等日出即揭帘受光,这样,方位可适当偏西,以便更多地利用下午的弱光。相反,对那些冬季并不寒冷,且大雾不多的地区,温室方位可适当偏东,以充分利用上午的弱光,提高光合效率。因为上午的光质比较好,上午作物的光合作用能力也比下午强,尽早"抢阳"更有利于光合物质的形成和积累。偏离角应根据当地的地理纬度和揭帘时间来确定,一般偏离角在南偏西或南偏东5°左右,最多不超过10°。此外,温室方位的确定还应考虑当地冬季主导风向,避免强风吹袭前屋面。

2. 温室间距

温室群中每栋温室前后间距的确定应以前栋温室不影响后栋温室采光为原则。丘陵地区可采用阶梯式建造,以缩短温室间距;平原地区也应保证种植季节上午10时的阳光能照射到温室的前沿。也就是说,温室在光照最弱的时候至少要保证4 h以上的连续有效光照。

两栋温室前后间距离是以冬至时前排温室产生的阴影不影响后排采光为标准计算的。纬度越高地区,前后排距离越大,不同地区都可由下述公式算出。当温室处于正南正北方向时,同时温室后坡仰角小于当地冬至太阳高度角,用以下公式计算(单位:m):

$$前后温室距离 = \frac{温室后墙高}{当地冬至中午太阳高度正切值} + 0.5$$

在温室后坡仰角大于当地冬至太阳高度角时,用以下公式计算:

$$前后温室距离 = \frac{温室中脊高 + 0.5}{当地冬至中午太阳高度角正切值} - (后坡投影 + 后墙高)$$

此处后坡投影是指后墙里边到中脊间的地面水平距离。

两栋温室东西间距离一般留4~6 m,作为南北通道。

根据上述原则,不同纬度地区在不同温室屋脊高度下的温室间距列于表5-11。如果某些作物对光照时间要求更高,如至少要保证5 h或6 h的光照时间,冬至日光照可能无法满足要求,说明这些作物除非人工补光不可能越冬生产,对这些作物的栽培就要越过冬季光照时间最短的时间后再定植。对这些栽培作物的温室,其温室之间的间距也可依照上述方法根据实际生产要求确定。

表 5-11 保证作物冬至日光照最少 4 h 的温室间距

地理纬度(N)	温室屋脊高度/m							
	2.5	2.6	2.7	2.8	2.9	3.0	3.1	3.2
30°	3.79	3.94	4.10	4.25	4.40	4.55	4.70	4.85
31°	3.94	4.1	4.26	4.41	4.57	4.73	4.89	5.04
32°	4.1	4.26	4.42	4.59	4.75	4.92	5.08	5.24
33°	4.26	4.43	4.6	4.77	4.94	5.11	5.28	5.46
34°	4.44	4.62	4.79	4.97	5.15	5.33	5.5	5.68
35°	4.62	4.81	4.99	5.18	5.36	5.55	5.73	5.92
36°	4.82	5.02	5.21	5.4	5.6	5.79	5.98	6.17
37°	5.04	5.24	5.44	5.64	5.84	6.04	6.25	6.45
38°	5.26	5.48	5.69	5.9	6.11	6.32	6.53	6.74
39°	5.21	5.73	5.95	6.17	6.39	6.62	6.84	7.06
40°	5.78	6.01	6.24	6.47	6.7	6.93	7.17	7.40
41°	6.07	6.31	6.55	6.8	7.04	7.28	7.52	7.77
42°	6.38	6.64	6.89	7.15	7.4	7.66	7.91	8.17
43°	6.72	6.99	7.26	7.53	7.8	8.07	8.34	8.61

3. 温室长度

为操作方便和经济利用土地和设备,一般要求温室的长度设计在 50～60 m 之内。通常温室的长度依据温室面积确定,多以半亩(333 m²)地为单位。也有以 1 亩(667 m²)地为单位的,这种温室长度往往在 90～100 m。为操作方便,对长度超过 60 m 以上的温室,要求在中部设操作间(或在温室中部开门)或在温室两头设置操作间。

4. 温室操作间

温室操作间设在温室端墙的门口,一方面起到存放生产工具和生产原料的作用,另一方面主要还是为防止冷风直接侵入温室,起到温室缓冲门斗的作用,其在温室外观上还起到装饰的效果。对温室操作间用途的不同,其设计尺寸也有较大差异。如果采用钢筋混凝土屋面板作操作间屋面,则其设计尺寸应符合建筑设计模数,一般为 3 的倍数,如 3.0 m,3.3 m,3.6 m,3.9 m,4.2 m,4.5 m 等,或者是 4 的倍数,如 4.0 m,4.4 m,4.8 m,5.2 m 等。最小操作间尺寸为 3.0 m×2.7 m,一般为 3.0 m×3.6 m,如果操作间与管理人员,乃至家庭的卧室合并在一起,则操作间的设计已远远超出了温室本身的需要,在这种情况下,操作间的设计尺寸可根据生产者的要求和意图设计。

三、日光温室规划示例

大型日光温室群应规划为若干小区,每个小区成一独立的体系,安排不同生产品种。所有公共设施,如机井、水塔、仓库、料场及管理服务部门的办公室等应集中设置、集中管理。每个小区之间应有交通道路,互相有机地结合在一起。图 5-12 是小区日光温室的几种布置方式。图中,操作间轴线尺寸按 3 m×3 m 考虑,道路按 3 m 设计时,图 5-12(c)方案比图 5-12(a)方案节约道路用地一半,比图5-12(b)方案节约道路用地2/3。实际规划中也可以将几种布置方案组合排列,在获得合理交通路线的前提下,最大限度地提高土地利用率。

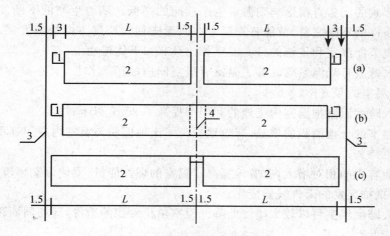

图5-12　日光温室平面布局的示例(单位:m)

1.温室操作间　2.日光温室　3.道路轴线　4.温室伸缩缝

第六节　日光温室的发展趋势

一、日光温室结构的发展方向

日光温室是我国特有的作物栽培设施,其建造和运行成本低,合乎我国国情,适合中国经济发展的需要,而且伴随着能源的短缺,日光温室将成为今后我国大面积温室园艺产业发展的必然选择。但由于对日光温室光温性能和结构强度设计等方面的研究还不成熟,大量农民建造日光温室缺乏科学的理论指导,导致日光温室在生产应用中事故频发。如2004年12月18~19日,沈阳市一场降雪,造成该市1 545个温室和大棚受损;2005年2月沈阳市郊区某林果实验场日光温室在卷帘过程中突然倒塌,造成1人死亡;北京地区2007年春的大雪,造成某些乡镇50%的日光温室坍塌。除结构破坏的事故外,日光温室由于室内温度管理不慎而造成的生产受损甚至绝收的事故也屡有发生。所以,优化结构形式与设计,规范建造技术与工艺,已经成为推进日光温室不断发展的必然。

1.结构优化原则

日光温室结构优化首先应该满足可靠性准则,即安全性、适用性和耐久性。

(1)安全性　温室结构能够承受正常施工、正常使用时可能出现的各种荷载,不发生在荷载作用下超过材料强度极限或结构丧失稳定性的情况。

(2)适用性　温室结构在正常使用荷载作用下具有良好的工作性能,如不发生影响正常使用的过大变形等。

(3)耐久性　温室结构在正常使用和正常维护条件下,在规定的使用期限内具有足够的耐久性,不发生因腐蚀等因素而影响结构使用寿命。

日光温室结构优化的内容是确定合理的几何尺寸,使其在特定建设条件下能满足种植作物生长的温光要求,同时在满足结构安全性准则的基础上达到结构用材最省。

2.结构形式的变化

温室结构形式的优劣直接影响到温室生产性能的高低。随着生产的不断发展、经济的不断提高和生产条件的不断完善,节能日光温室在向无支柱大跨度方向快速发展。这是因为无支柱大跨度日光节能温室和传统的日光温室相比具有如下优越性:

①无支柱大跨度日光温室既改善了温室有限空间内的可操作性,且在减少支柱遮光率的条件下,提高了温室的采光率;

②无支柱大跨度温室把温室内土地的利用率提高了 25% 以上;

③大跨度温室的土地面积的增长,有效地提高了土地面积与温室内空间容积的比值,使温室的保温时间更持久;

④温室空间容积的相对增大,有效地提高了温室的惯性能量,促使温室环境状况变化相对更平稳,有利于抵抗突发的天气气候变化;

⑤无支柱大跨度温室可以较大幅度的降低温室单位面积的造价,即相同面积大小温室,大跨度温室造价较低。

3.建造材料的变化趋势

随着材料科学的不断发展,日光温室的建造用材也在发生不断的变化,目前,砌墙的黏土砖正在用煤灰粉砖、泡沫砖等取代;除竹木拱架结构、金属拱架结构和竹木金属混合结构外,复合材料的拱架结构温室发展也很快。复合材料不但可用来制作温室的拱架,也可用来制作温室的墙体和工作间,尤其是山西农业大学与太原市卓里公司联合研制开发的复合材料拱架,由于内部设有金属、塑料或尼龙加强筋,所以承载能力高,安全性、可靠性得到了大幅度的提高。

复合材料作为温室拱架结构的主要优势是:

①耐久性较长,是目前耐久性最长的材料之一;

②和金属材料比,价格较经济;

③安装较简单;

④热稳定性好、无滴、对覆盖膜的破坏作用小。

二、温室生产产品结构的发展趋势

随着日光温室发展速度的加快、面积的扩大,温室种植蔬菜的比较效益逐渐下降,为了获取较好的效益,温室的生产内容向下述方向以较快的速度发展。

1.果树栽培

果树温室栽培不仅可以为人们提供新鲜、优质、反季节、无公害的果品,而且以其产量高、品质优、淡季供果售价高等优点给经营者带来了高额的收入。果树设施栽培缓解了果树淡旺季供求的矛盾,弥补了储藏保鲜技术的某些不足,满足了人们对新鲜果品周年适时供应的需要,所以近几年发展较快,适宜温室果树栽培的方法主要分如下两类:

(1)反季节果树栽培 桃、杏、樱桃、鲜枣、葡萄、草莓、树莓、李子等都适宜在温室里进行栽培,以达到提前或推迟上市的目的,如葡萄可比露地提前 2~4 个月,桃、李子、杏等均可提前 1~3 个月,有的桃子也可推迟上市 2~4 个月等。

(2)果树的异地化温室栽培 也称南果北种或北果南种。这类树种如香蕉、柑橘、荔枝、芒果、菠萝等,目的是通过温室栽培让不同生态区域的人们都能适时吃上最新鲜的当地产的各种原来吃不上的水果。

和蔬菜种植比较,温室果树种植有如下几点需要注意:

①由于果树树冠较高大,又需要充足的光照和通风,所以温室结构要满足这些要求,其高宽比例和蔬菜温室差别较大;

②和蔬菜种植栽培管理比较,相对较省功、省力、省水,且效益较好;

③和蔬菜不同,果树具有休眠的生理特点和要求,所以其栽培管理技术要求较高,假如关键时期管理跟不上,有可能造成减产甚至是绝收。

2. 设施养殖

随着蔬菜温室生产的日益发展,人们发现利用温室进行养殖,无论从基础建设成本投入、缩短基建周期,还是从减少生产运营成本及加快生产速度等方面讲,温室养殖都具有明显的比较优势,故而温室养殖近几年来发展速度也很快。适宜温室养殖的动物品种很多,如畜禽类的牛、羊、猪、鸡,水产中的各种温、热带鱼、虾、龟等,再如药用虫类的蝎、蚯蚓及飞禽中的鸽、雀等,进行温室养殖应注意以下几点:

①动物养殖和蔬菜种植差异非常大,严格地讲,种植蔬菜的温室是不能进行养殖的,也就是说养殖温室的结构有其相应的特殊性;

②为了提高养殖温室的利用率,对于那些身体体积较小的动物,最好采用立体养殖方式;

③为了减少动物饮用水和饲料的浪费及杜绝水和饲料的污染,应尽可能采用科学的饲槽、饮水器、粪便收集和处理等设备(详见第十章);

④在进行养殖温室建造时,地面的设计一定要考虑到以后的清粪方便,如一面坡水泥地面或微拱形地面等。

3. 循环式温室生产模式

随着人们对温室生产性能认识的不断提高,人们在追求最大化效益的过程中发现,如果把种养温室的结构进行优化重组,就可达到多元化的、循环式温室生产模式,实现生态型的复式生产,以充分利用温室的较高投资和性能,赢得最大投入产出比,目前倡导的多元化温室生产模式有:

①人住—养殖—蔬菜种植—沼气,四位一体生态庭院农业结构形式;

②养殖—食用菌栽培—蔬菜种植—沼气,四位一体复式生态结构形式;

③水产养殖—蔬菜栽培—动物养殖多生态链循环结构形式;

④观赏花卉—水产养殖—鸟类养殖,复合结构形式等。

当然生产模式结构多元化链接的越多,要求综合管理的技术也越高,谨希望有条件的地方根据具体情况逐步发展。

复习思考题

1. 日光温室的布局应该考虑哪些方面的要求?

2. 简述日光温室总体参数的确定。

3. 日光温室主要包括哪些类型? 各有什么特点?

4. 日光温室建造的步骤有哪些?

5. 简述日光温室的发展趋势。

6. 如何提高日光温室的保温性能？

7. 如何提高日光温室的采光性能？

8. 简述不同功能日光温室的结构与特点。

参考文献

[1] 王双喜. 设施农业工程技术概论. 北京：中国农业科学技术出版社，2002

[2] 新疆维吾尔自治区农业技术推广总站. 日光节能温室结构设计及建设技术. 新疆农机化，2005，5：44-45

[3] 罗黎晨. 日光温室的环境特点及调控技术. 蔬菜栽培，2007，1：25-26

[4] 孙洁，耿增鹏，史海峰，等. 日光温室环境的综合调控管理. 山西农业科学，2008，36(7)：55-60

[5] 刘建，周长吉. 日光温室结构优化的研究进展与发展方向. 内蒙古农业大学学报，2007，28(3)：264-268

[6] 刘淑云，谷卫刚，王风云，等. 日光温室环境调控关键技术研究. 农业网络信息，2008，10：17-19

[7] 李天来. 我国日光温室产业发展现状与前景. 沈阳农业大学学报：自然科学版，2005，36(2)：131-138

[8] 李善军，张衍林，艾平，等. 温室环境自动控制技术研究应用现状及发展趋势. 温室园艺，2008，2：20-21

[9] 中央农业广播电视学校. 日光温室的建造与施工. 农民科技培训，2002，10：18-19

[10] 张成研，田苗苗，等. 全钢架高效日光节能温室建造技术. 农村科技，2008，4：15

[11] 杨盛平. 二代日光温室的环境调控技术. 武山蔬菜信息导报，2008，3

第六章　连栋温室

学习目标

● 了解连栋温室的类型与功能
● 熟悉连栋温室相关术语、规格和结构
● 熟练连栋温室的设计与建造
● 掌握连栋温室的常用环境控制配套设备性能及其应用

大型现代化连栋温室是现代农业的标志和重要组成部分,也是工厂化农业不可或缺的、高档次的农业设施。现代化连栋温室主要是指大型、可自动化调控的,生物生存环境基本不受自然气候影响的,能全天候进行生物生产的连接屋面温室。

大型连栋温室是近十多年迅速发展的一种现代农业设施,它具有覆盖面积大,土地及空间利用率高,生产和环境调控设施较为齐全,环境调节和控制能力强,采光、保温、降温、增除湿效果佳,室内温度变化平缓,而且土地温差小,内墙周边低温带面积小,通风效果好,抗风雪等灾害能力强,便于操作,使用寿命长等特性,已成为现代温室发展的方向之一。

第一节　连栋温室的分类及功能

近年来,随着社会的发展和科技的进步,我国现代化温室建设规模和发展速度举世瞩目,现代化连栋温室已成为我国现代农业不可缺少的重要设施之一。为了适应不同生产条件和不同农业生物的生产繁育需求,连栋温室也就形成了多种类型和规格。

一、根据用途和使用功能分类

根据用途和使用功能连栋温室可以分为生产用温室(包括种植温室和养殖温室)、科研教学温室、检验检疫温室、生态餐厅、花卉展厅温室、植物观赏园温室等。

1. 种植温室

种植温室可分为花卉种植温室、蔬菜种植温室、林木育苗温室等。花卉种植温室用于进行各种盆花和切花的种植生产。蔬菜种植温室用于进行各种蔬菜的种植生产。目前蔬菜种植正逐渐向高级阶段发展,即采用温室高效栽培技术和方法培养出高标准的绿色蔬菜。林木育苗温室用于进行各种林木的繁殖和培育生产。

2. 养殖温室

养殖温室是利用现代化温室可调节"小气候环境"的特点,因势利导地创造适宜于畜禽生长的环境,从而达到投资少,收益高的目的。温室的外观及覆盖材料和花卉种植类温室基本一样,可根据具体养殖品种对光照、温度的需求,选择不同类型的温室结构及覆盖材料。

3.科研教学温室

科研教学温室是大专院校、科研机构进行植物组织培养、育种、脱毒等试验、生产的温室类型,单元面积较小,温湿度、光照、CO_2等指标要求严格,内部隔间多,可对各单元的环境分别控制。

4.检验检疫温室

检验检疫温室是为隔离试种对象提供相应的光照、水分、温度、湿度、压力等可控环境条件的一种安全温室。主要用于对可能潜伏危险病虫害的种子、苗木及其他繁殖材料进行隔离试种、繁育及各种检疫试验,并对出口植物进行检疫消毒。同时也可用于植物遗传基因研究等科研领域及一些对环境要求极为苛刻的植物的种植。

5.生态餐厅

生态餐厅是近几年出现的一种温室使用模式,它依托领先的温室制造技术,综合运用建筑学、园林学、设施园艺学、生物科技等相关学科知识,把大自然丰富多彩的生态景观"微缩化"和"艺术化",它以绿色景观植物为主,蔬、果、花、草、药、菌为辅的植物配置格局,配以假山、叠水的园林景观,或大或小,或园林或生态,为消费者营造了一个小桥流水、鸟语花香、翠色环绕的饮食环境,赋予传统餐厅健康、休闲的新概念。

6.花卉展厅温室

花卉展厅温室主要用于花卉展览和花卉交易。温室功能既要保证花卉的正常生长,又具有一定的观光效应。花卉展厅一般选用高档温室,主要采用PC板温室和玻璃温室,这个类型的温室内部空间广阔,立柱高度高,室内气候宜人。

7.植物观赏温室

植物观赏温室一般体型高大,多以观赏植物的种植为主,它揽天下奇花异草、珍稀树木,展现千奇百态、丰富多彩的植物景观。植物观赏温室的整体艺术性、观赏性和参与性较强,是集观光、旅游、科普、文化等活动于一体的活动空间。温室的建造形式比其他建筑更具有灵活性,人们完全可以根据地形、植物高矮、植物的生长、光照习性及人们的主观愿望,建造不同风格和多候性的温室,并赋予温室建筑景观化、园林化、生态化的艺术美感。

检验检疫温室、生态餐厅、花卉展厅温室、植物观赏温室及进行商品批发或零售的温室属于商业性温室。

二、根据室内温度分类

根据室内温度可分为高温温室、中温温室、低温温室和冷室。

1.高温温室

高温温室(热温室)是指室内温度一般保持在18～30℃的温室,主要用于栽培热带种类的植物,也可用于植物的冬季促成栽培。

2.中温温室

中温温室(暖温室)是指室内温度一般保持在12～20℃的温室,主要用于栽培热带高原、亚热带种类的植物,亦可供一、二年生草本花卉进行播种使用。

3.低温温室

低温温室(冷温室)是指室内温度一般保持在7～16℃的温室,主要用于栽培原产亚热带和大部分暖温带的常绿植物越冬使用,亦可用于储存不耐寒的球根及扦插月季等。专供亚热带、暖温带种类栽培之用。

4. 冷室

冷室是指室内温度保持在 0～5℃ 的温室,主要用于亚热带、暖温带种类的植物越冬,还可储存水生植物的宿根和其他耐寒力强的宿根和球根。

三、根据钢骨架构件的连接方式分类

根据钢骨架构件的连接方式可分为装配式温室、焊接式温室。

1. 装配式温室

装配式温室是先制作出温室所需的各种钢骨架构件,将构件运到温室建造现场后,再用专用的连接件,将各构件连接装配成为温室骨架。钢骨架构件的连接通常包括焊接、螺栓连接、铆接、卡具连接等方式。铆接费料费工,在温室、塑料大棚这样的轻型结构中采用较少。螺栓连接的优点是装拆方便,安装时不需要特殊设备,操作简便,是装配式温室建筑的主要连接方式。卡具连接已成为大型温室构件联结的主要形式,其特点是装配方便,不损伤钢管表面,拆卸容易,联结坚固。承插连接和楔连接的联结牢固性稍差,不能承受较大的荷载。如遇大风、大雪袭击时,应及时检查防止松脱而引起骨架损坏。

2. 焊接式温室

焊接式温室是将制作好的构件运到温室建造现场后,再用焊接的方式将各构件连接成为温室骨架。焊接是现代钢结构的联结方法之一,优点是不削弱焊件的截面,构造简单,制造加工简便,便于机械化、自动化作业,可以工厂化生产也可以现场施工。焊接的不足在于焊口附近的构件表面防护层会遭到破损,需在焊后进行专门的防腐处理。

四、根据屋面形式分类

根据屋面造型可分为拱圆形温室、人字形温室和锯齿形温室等。

1. 拱圆形温室

圆拱屋面温室,如图 6-1 所示,是最常见的类型,其构造简单,受力合理,用材少,施工方便,常用于以单层或双层塑料薄膜为屋面透光覆盖材料的温室,也可用于单层塑料波纹板材为屋面透光覆盖材料的温室。

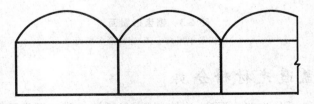

图 6-1　圆拱屋面

2. 人字形温室

人字形温室如图 6-2 所示,有双坡单屋面和双坡多屋面之分。双坡单屋面,如图 6-2(a)所示,温室造型源于传统民居,屋面呈人字形跨在每排立柱之间,每跨为一个屋面。屋面具有适当的坡度,以利雨雪滑落。这种温室采光好,室内光照比较均匀,结构高大,风荷载对结构影响较大,而且对加热负载的需求也较大。它比较适合于以透光板材(玻璃、多层中空塑料结构板材)为屋面透光覆盖材料的温室。双坡多屋面,如图 6-2(b)所示,温室是一种小屋面双坡面温室,是用得最广泛的一种玻璃温室的结构。由于使用较小屋面(每个屋面宽为 3～4 m),每跨由 2～4 个小屋面组合起来,温室的总高度却得到了限制,从而减少了风荷载对结构的影响,也减少了热负荷需求。但它仍具有最佳的采光效果,这一点对高纬度、日照短的地区特别重要。

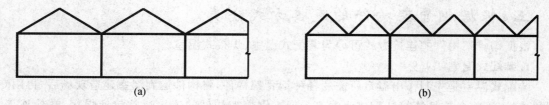

图 6-2　人字形屋面

(a)双坡单屋面　(b)双坡多屋面

3. 锯齿形温室

锯齿形温室,如图 6-3 所示,又有锯齿形单屋面和锯齿形多屋面之分。锯齿形单屋面,如图 6-3(a)所示,温室每跨具有一个部分圆拱形屋面和一个垂直通风窗共同组成屋顶。两屋顶之间用天沟连接以便排泄屋面雨水。这种结构的垂直通风窗,可采取卷膜式、充气式、翻转式和推拉式等多种方式,与侧墙通风窗有较大高差,有利于自然通风。设计时要注意使垂直通风窗避开冬季寒风的迎风面,也要使之位于当地高温季节主导风向的下风向,以便利用自然风力产生负压通风。同时天沟应具有足够的泄水能力,防止泄水不及时,溢出到温室内。锯齿形多屋面,如图 6-3(b)所示,温室是锯齿形单屋面温室的改进形式。其目的是增加屋面坡度,改善雪的滑落效果,并增大垂直通风窗的面积,以利于自然通风。同时也使温室建筑物的高度限制在适当范围之内。它比较适合于跨度较大的,薄膜覆盖的自然通风温室。

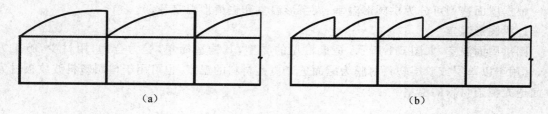

图 6-3　锯齿形屋面

(a)锯齿形单屋面　(b)锯齿形多屋面

五、根据覆盖透光材料分类

根据覆盖透光材料可分为玻璃温室、连栋塑料(包括塑料膜和聚碳酸酯板)温室。

1. 玻璃温室

玻璃温室以玻璃为采光材料,是各种设施中使用寿命最长的一种形式,适合于不同地区和各种气候条件下使用。我国从荷兰引进的温室均为玻璃温室。玻璃温室的玻璃分普通透明平板玻璃、钢化玻璃和吸热玻璃等。

2. 连栋塑料温室

连栋塑料温室是近十几年出现并得到迅速发展的一种温室形式。与玻璃温室相比,其重量轻,骨架材料用量少,结构件遮光率小,造价低,使用寿命长,环境调控能力基本上可以达到玻璃温室的水平,所以,其用户接受能力在全世界范围内远远高出玻璃温室,几乎成了现代温室发展的主流。连栋塑料温室根据覆盖层数的不同可分为单层覆盖温室和双层覆盖温室,根据塑料材型的不同可分为卷材塑膜温室和片材塑料温室。

第二节 连栋温室的结构性能与设计

一、建筑规划

连栋温室是一种大中型的永久性保护地设施,其一次性投资、生产运行费用和能源消耗等都远高于露地和简易设施的生产栽培,因此,建造温室之前,必须进行周密的规划、研究和论证,确保结构的安全、科学、经济、合理。避免造成人、财、物的巨大浪费,特别是能源消耗。

(一)场地的选择

选择温室的建设地点,需要考虑气候、地形、地质、土壤,以及水、暖、电、交通运输等条件。

1.气候条件

气候条件主要包括气温、光照、风、雪、冰雹与空气质量等,是影响温室安全与经济性的重要因素。

(1)气温 应根据拟建温室地域的气温变化情况,估算冬季加温和夏季降温所需的能源消耗。没有地域气温及其变化情况的资料时,可针对该地域所处的纬度、海拔高度,结合其周围的海洋、山川、森林等对气温有重要影响的因素进行综合分析和评价。

(2)光照 光照度、光照时数和光照变化情况直接影响温室内植物的光合作用及室内温度状况。地理位置、空气质量、季节等因素直接影响光照,温室建造地点的光照条件应满足农业生物的光照需求为宜。

(3)风 拟建温室选址时必须考虑风速、风向以及风带的分布。对于主要用于冬季生产的温室或寒冷地区的温室,应选择背风向阳的地带建造;全年生产的温室还应注意利用夏季的主导风向进行自然通风换气;避免在强风口或强风地带建造温室,以利于温室结构的安全和保证使用寿命;避免在冬季寒风地带建造温室,以利于冬季的保温节能。在我国北方连栋温室建造地宜选在北面有天然或人工屏障的地方,而其他三面屏障应与温室保持一定的距离,以免影响光照。

(4)雪 连栋温室是一种轻型建筑结构,且屋面排雪非常困难,而雪压是其主要外来荷载,应避免在积雪多的地域建造,以防连栋温室的过载垮塌。

(5)冰雹 冰雹的撞击很容易使温室透光覆盖材料(玻璃和塑料)遭到破坏,因此要根据气象资料和局部地区调查研究确定冰雹的可能危害性,从而避免将温室建造在可能造成雹情危害的地区。

(6)空气质量 来自城市和工矿企业的大气污染物,如臭氧、过氯乙酰硝酸酯类以及二氧化硫、二氧化氮、氟化氢、乙烯、氨、汞蒸汽等会对植物的生长造成严重危害;烟尘、粉尘以及尘土飘落在温室上,会严重减少透入温室的光照量;寒冷天,火力发电厂上空的水汽云雾会造成局部的遮光。因此,在有大气污染的城镇、工矿附近建造温室时,宜选择上风向以及空气流通良好的地带,尽量避开大气污染地域。

2. 地形与地质条件

连栋温室的占地面积较大,平坦的地形便于节省造价和便于管理,同时,温室内坡度过大会影响室内温度分布的均匀性,过小的地面坡度又会使温室的排水不畅,一般认为地面应有不大于1‰的坡度为宜。要尽量避免在向北面倾斜的斜坡上建造多个温室,以免造成南北向的朝夕遮光和加大占地面积。

要注意连栋温室建造不宜在地下水位太高的地区,对于建造连栋玻璃温室的地址,有必要进行地质调查和勘探,避免因局部软弱带、不同承载能力地基等原因导致不均匀沉降,确保温室安全。

3. 土壤条件

对于进行有土栽培的温室,由于室内要长期高密度种植,因此对地面土壤要进行选择。沙质土壤储藏阳离子的能力较差,养分含量低,但养分输送快;黏质土壤则相反。现代温室的作物高密度种植需要精确而又迅速地达到施肥效果,因而选用沙质土壤比较适宜。土壤的物理性质包括土壤的团粒结构、渗透排水能力、土壤吸水力以及土壤透气性等都与温室建造后的经济效益密切相关,因此要选择土壤改良费用较低而产量较高的土壤。值得注意的是,排水性能不好的土壤比肥力不足的土壤更难以改良。

4. 水、电及交通

(1)水 水量和水质是温室选址时必须考虑的因素。虽然室内的地面蒸发和作物的叶面蒸腾比露地要小得多,但温室主要是利用人工灌水,还有水培、供热、降温等都要用水,因此水量、水质都必须得到保证,特别是对大型连栋温室,这一点更为重要。要避免将温室置于污染水源的下游,同时,要有排灌方便的水利设施。

(2)电 对于大型连栋温室而言,电力是必备条件之一,特别是有采暖、降温、人工光照、营养液循环系统的温室,应有可靠、稳定的电源,以保证不间断供电。在有条件的地方,可以准备两路供电或自备发电设施,供临时应急使用。为了节约能源,减少建设投资,降低生产开支,有条件时应尽量选择有工厂余热或地热的地区建造温室,以充分利用这些热能。

(3)交通 为了使温室产品能方便及时地运到消费地,确保产品的新鲜,减少生产、保鲜和管理费用,温室应选择在交通便利的地方,但应避开主干道,以防道路尘土污染覆盖材料。

(二)场地的规划

1. 建筑组成及布局

在进行总体布置时,应优先考虑种植区的连栋温室,使其处于场地的采光、通风等的最佳位置,还应尽量将温室种植区安排在宜于种植和肥沃土壤地带。

连栋温室四周要考虑雨季排水问题,一般在温室侧窗周围设明沟,沟深35 cm,宽40 cm。雨水经玻璃屋面通过天沟,排入明沟中,然后再流入排水干渠内。

大型温室企业必须有相应的辅助设施,才能保证其正常、安全生产。这些辅助设施主要有水暖电设施、控制室、加工室、保鲜室、消毒室、仓库以及办公休息室等。

辅助设施的仓库、锅炉房、水塔等应建在温室群的北面,以免遮阳;烟囱应布置在其主导风向的下方,以免大量烟尘飘落于覆盖材料上,影响采光;加工、保鲜室及仓库等既要保证与种植区的联系,又要便于交通运输。可将阴影区安排成道路、管线通路,以最大限度地提高土地利用率。

2. 建筑物间距

为减少占地、提高土地利用率，各建筑相邻的间距不宜过大，但必须保证在最不利情况下，各栋温室不会前后左右遮阳为前提。一般以冬至日中午 12 时或其前后一个时间段，温室南侧建筑的阴影不影响温室采光为计算标准。纬度越高，冬至日的太阳高度角就越小，阴影就越长，间距就越大。在降雪区域，相邻温室之间，至少要留有 3.0 m 的距离，防止滑落的雪堆积过高，损坏侧墙覆盖材料。

3. 温室的朝向

所谓温室的朝向就是指温室屋脊的走向，也就是天沟的走向，主要有东-西和南-北两种走向。温室的朝向通常与温室的建筑造价无关，但同温室形成光照环境的优劣以及总的经济效益等有密切的关系。

对玻璃温室的研究表明，高纬度地区，冬季和春季用的玻璃（直射光为主）温室所吸收的太阳辐射量，东-西走向温室优于南-北走向温室。而低纬度地区，其他季节用玻璃温室，则采用南-北走向较好。注意东-西走向连栋温室的日平均透光率较南-北方位的高，但室内光照不够均匀，屋架、天沟、管线会形成相对固定的阴影；南-北方位温室的日平均透光率较小，但早晚透光率高于东-西走向的，又无固定阴影带，光照比较均匀。一般来说，我国大部分地区，温室的朝向宜取南北走向，使温室内各部位的采光比较均匀。若限于条件，必须取东西走向，因天沟和骨架构件的遮阳作用，使某些局部位置长时间处在阴影下，得不到充足的光照，从而影响作物正常生长发育的现象，应以妥善布置室内走廊和栽培床，或适当采取局部人工补光措施，使作物栽培区得到足够的光照。

二、建筑设计

（一）建筑规格与型号

连栋温室的总体尺寸应根据建造地的实际情况，并参照《连栋温室结构》（JB/T 10288—2001）规定进行选择和确定，而引进温室，不同国家有不同的系列。就总体而言，塑料温室的跨度要比玻璃温室大，高度与玻璃温室相当。

1. 型号

连栋温室的型号表示与意义如下：

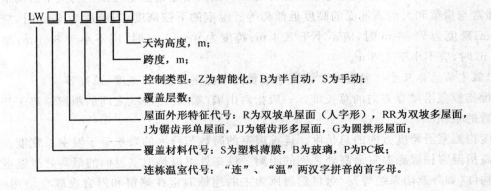

LW □ □ □ □ □ □ □

— 天沟高度，m；
— 跨度，m；
— 控制类型：Z 为智能化，B 为半自动，S 为手动；
— 覆盖层数；
— 屋面外形特征代号：R 为双坡单屋面（人字形），RR 为双坡多屋面，J 为锯齿形单屋面，JJ 为锯齿形多屋面，G 为圆拱形屋面；
— 覆盖材料代号：S 为塑料薄膜，B 为玻璃，P 为 PC 板；
— 连栋温室代号："连"、"温"两汉字拼音的首字母。

2. 尺寸规格

采用单元尺寸、总体尺寸两种方法描述温室的建筑尺寸,如图 6-4 所示。

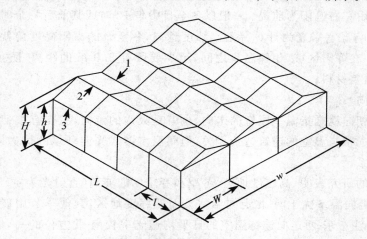

图 6-4　连栋温室建筑规格示意
1.天沟　2.脊　3.檐
H.脊高　*h*.檐高　*L*.长度　*l*.开间　*W*.宽度　*w*.跨度

(1)温室的单元尺寸　温室的单元尺寸主要包括跨度、开间、檐高、脊高等。

跨度指温室内相邻两柱之间,垂直于屋脊方向的中心距离。对于单屋面温室即为相邻天沟中心线之间的距离。温室的跨度按下述数值选择:6.0 m,6.5 m,7.0 m,7.5 m,8.0 m,8.5 m,9.0 m,9.5 m,10.0 m,12.0 m,15.0 m。而引进温室的跨度规格尺寸为 6.0 m,6.4 m,7.0 m,8.0 m,9.0 m,9.6 m,10.8 m,12.8 m。

温室开间,也称"间距",指相邻两柱之间,平行于屋脊方向的中心距离。温室开间按以下数值选择:2.0 m,3.0 m,4.0 m,5.0 m,6.0 m,特殊用途温室不受此限。

脊高是指温室在封闭状态时,最高点与室内地平面之间的距离。即温室柱底到温室屋架最高点之间的距离。通常为檐高与屋盖高度的总和。温室屋脊高度一般控制在 3.3～6.0 m 范围内,特殊用途温室不受此限制。

檐高指温室柱底到温室屋架与柱轴线交点之间的距离。温室檐高的规格尺寸有 3.0 m,3.5 m,4.0 m,4.5 m。檐高近似等于下弦高度。下弦高度是指温室屋面主构架下沿离地面的高度,通常与横梁和天沟离地面的高度近似相等。温室的下弦高度:当跨度为 6 m 时,应不小于 1.8 m;跨度为 7～8 m 时,应不小于 2.4 m;跨度为 9～10 m 时,应不小于 3.0 m;跨度为 12～15 m 时,应不小于 3.6 m。

(2)温室的总体尺寸　温室的总体尺寸主要包括温室的长度、宽度、总高等。

长度指温室沿屋脊方向的总长度。一般指两山墙(端墙)中心线之间的距离。等于开间距与开间数的乘积。

宽度指温室沿跨度方向的总长度。连栋温室的跨数与跨度的乘积等于温室总宽度。

总高指温室柱底到温室最高处之间的距离。最高处可以是温室屋面的最高处或温室屋面外其他构件(如外遮阳系统等)。对自然通风为主的连栋温室在侧窗和屋脊窗联合使用时,温室最大宽度宜限制在 50 m 以内,最好在 30 m 左右,单体建筑面积宜在 1 000～3 000 m² ;对以机械通风为主的连栋温室,温室最大宽度可扩大到 60 m,最好限制在 50 m 左右,单体建筑面积在 3 000~5 000 m²,这样,能够充分发挥风机的作用。

为便于操作,温室的长度最好限制在 100 m 以内(一般是开间的倍数)。温室长度的确定主要看地势、地形和机械设备的操作距离,对于过长温室可考虑将温室分为两个操作区。

除据地理环境、生产规模、技术和管理要求,以及能源、资金条件决定温室的平面尺寸之外,就温室本身而言,需考虑温室的通风换气、散热降温、物流运输等条件。建议每座温室的建筑面积,华南地区不大于 5 000 m²,其他地区不大于 10 000 m²。对于装有湿帘-风机降温系统的温室,为减少温室内的温差,长度或宽度应不大于 40~60 m。否则,温室内必须采取强制空气循环措施。对于更大的温室,应采取有效的措施以保证温室的加热、通风降温和物流运输等方面的性能。

(二)平、剖面设计

1. 平面单元的划分

为了适应植物栽培、繁殖、生产、试验、展览等对环境、设备、管理等方面的不同要求,在平面设计时应进行合理的单元划分。如根据植物生态学类型,可把生态习性相同植物分为一个单元;根据植物的地理分布,把同一原产地的植物分为一个单元;根据经济用途,把用途相近的经济作物分为一个单元;根据植物种类,把具有相同特性的植物分为一个单元等。

单元划分之后,生产、试验温室要根据其栽培所需的不同条件进行单元内的平面布置以及配上不同的设施和设备;陈列、展览温室除上述工作外,还要根据它们不同的株高、株形、花期、花色在平面和空间作科学和艺术的布置。

2. 平面和空间的布置与利用

花费了高昂投资形成的适宜环境,应高度重视平面面积和剖面空间的利用,如果按露地沟渠畦灌的传统布置方式,因地埂较宽而密、田边地角与空间不加利用,必然造成极大的浪费。据统计我国现有大型温室的平面利用率大多不足 60%,空间利用率更低。

平面和空间的利用率与温室采用的栽培方式有关。有的外国企业为了充分利用温室平面,采用活动式栽培床,以减少走道的面积,提高平面利用率。他们把长条形平面高位种植床的台面板上装上可来回摇动的曲柄机构,摇动手柄可使台面分开、合拢,以便留出通道让机器或人通过,这样可以提高 20% 左右的平面利用率,使其达到 86%~90%,经济价值非常显著。室内空间的利用对提高土地利用率和环境、设备、能量利用率有很重要的意义。可采用立体的多层栽培床布置形式,阶梯式、层叠式或空中悬挂式布置,将喜阴作物布置在下层,喜光植物置于上层,或在下层采用人工补光,这样栽培床面积与建筑面积之比可高达 200%,甚至更高。当然这种布置形式并非所有温室都是可行的,要经过充分的论证和经济比较后作出设计。

3. 剖面设计

(1)室内地坪高程 为使各种机械和管理人员出入方便和节省工程量,大型连栋、生产性温室常将室内地坪与室外地坪定为相同高程。为防止室外雨水或积水倒灌入室内,室内地坪应略高于室外地坪。

(2)跨度 温室的跨度与温室的结构形式、结构安全、平面布置、适宜的作物栽植行距等有直接的关系。选定时应在保证结构安全的条件下,求得建筑造价最低。

(3)檐高 檐高首先应满足使用要求,对采用机器耕作或运输的温室应保证其安全通行高度,如高度较大,在侧墙开门会加大总高时,可考虑在山墙开门的方案。另外,还应考虑室内栽培的作物高矮以及空间布置情况等因素,从通风和促进植物的光合作用角度来讲,檐高些较为有利;但从造价、节省材料和能源,以及温室的结构安全的角度来看,则低些较为有利。选用时应以满足使用为条件,尽量降低檐高为原则。

(4)屋面坡度 双坡屋面的坡度,以屋顶坡面与地平面的夹角表示。坡度的选择同其结构受力、太阳辐射透过能力及保温性能等有关。温室作为轻型结构建筑,其所承受的风雪荷载的大小是决定温室结构构件断面大小和安全性的主要因素。无论是单坡或双坡屋面的玻璃或玻璃钢屋面温室,雪荷载的大小与屋面坡度角 θ 的大小成反比,且当 $\theta \geqslant 50° \sim 60°$ 时,雪会全部自由滑落,雪压为零。对于风载,迎风面当 $\theta < 30°$ 时,风对温室屋面产生向上的吸力;当 $\theta = 30°$ 左右时,迎风屋面风压为零;当 $\theta > 30°$ 时则产生内向的压力。因此,在设计时,如当地以雪压为主,则可采用较大的 θ 角,如以风压为主,则应采用 $\theta \leqslant 30°$ 为宜。一般南方为不积雪地区,为节省屋面材料,降低温室成本,建议选取 20°,其他地区选取 25°。

(5)连跨数和开间数 温室的连跨数和开间数主要应根据现场土地的宽度和长度来确定。

总之,连栋温室的平、剖面设计,可参照《连栋温室结构》(JB/T 10288—2001)规定进行单元和总体尺寸的选择和确定,在满足使用功能的前提下,要对其采光、保温、通风等进行综合分析,拟出方案,进行比较,选用最优方案。

三、构造设计

(一)主体(骨架)构造

温室是将透光和保温材料覆盖并固结于骨架上形成的具有封闭、透光和保温性能的农业设施。

骨架是温室内支持屋面并承受各种荷载的建筑结构。连栋温室的骨架是由轻型材料(目前主要以轻钢型材为主)制成的各种构件、并连接成多个单元、再组合在一起的几何不变体。它支撑覆盖材料、运转设施和一切安装在它上面的附属设备,是承受温室自重和其他荷载的载体。骨架结构的主要受力构件必须进行受力计算,以保证其有足够的强度、刚度和稳定性。连栋温室骨架主要构件在正常使用条件下,从交付使用之日起,寿命至少要保证使用 15 年。由于玻璃和塑料的性能有显著差异,因此二者用于建造温室时的具体结构也不尽相同。

1. 玻璃温室构造

连栋玻璃温室主要由基础、立柱、天沟、屋架、梁(屋面梁、次梁、横梁、纵梁)、檩、椽、支撑杆等骨架构件和墙(侧墙、山墙、隔墙、幕墙)、门窗(门、侧窗、天窗)、屋面等围护构件组成,如图6-5所示。

骨架构件中,基础是承受温室下沉、上拔、倾翻等荷载的建筑物底脚。常用钢筋混凝土浇筑或用砖砌成。立柱是温室中直立的起支撑作用的构件,多用型钢制成,天沟是屋面与屋面连接处的排水沟,常用冷轧镀锌钢板制成。屋架(上弦,屋面梁)是将屋面撑成脊形的结构称为屋架。温室除了拱形屋顶,单坡屋顶之外,多用三角形屋架。欧美式小型温室的屋架是承受檩条的斜材(上弦,屋面梁)。柱子之间,屋架与屋架之间,需要架设平行的横梁,通过檩条承担屋面的荷载,这部分部件叫做次梁。横梁(下弦)是位于立柱顶端,与地面平行、与立柱和天沟垂直的长条形构件,它承受垂直或斜方向的荷载。纵梁是位于立柱顶端,与地面平行、与立柱和横梁垂直的长条形构件,承受垂直或斜方向的荷载。檩条(檩或桁条)是架在屋架或山墙上面,用来支持椽子或屋面的长条形构件。位于屋脊处的檩条称为脊檩,屋檐处的称为檐檩。椽子是放在檩上,架着屋面覆盖材料的条形构件。斜撑是倾斜地支撑于垂直的或平行的杆件之间的长条形杆件,用以加强温室骨架整体结构的刚性。剪刀撑是用在柱子间、对角线上的斜拉杆,作用是防止构架受水平荷载引起菱形变形。设在屋顶上屋架与屋架间的斜杆称为水平支撑。

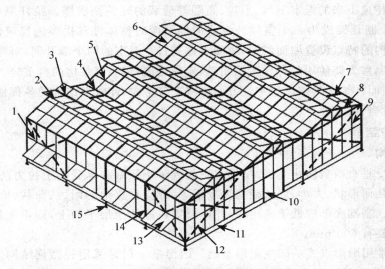

图 6-5 连栋玻璃温室构造示意图

1.侧墙 2.天窗 3.脊檩 4.天沟 5.檩 6.椽 7.次梁 8.屋架 9.端墙
10.门 11.幕墙 12.剪刀撑 13.侧窗 14.立柱 15.基础

2. 塑料温室构造

连栋塑料薄膜温室的形式很多,构造差异也很大,这里仅以当前采用较广泛的、热浸镀锌钢管装配式骨架为例介绍。连栋塑料温室是由主体骨架和其外围护结构组成,骨架主要包括基础、立柱、拱架、拱杆、拉杆、支撑杆等构件,如图 6-6 所示。一般都用热浸镀锌钢管作为主体承力构件,工厂化生产,现场安装。

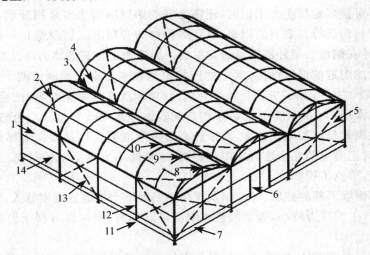

图 6-6 连栋塑料温室构造示意图

1.侧墙 2.斜撑 3.天沟 4.卷膜天窗 5.端墙 6.门 7.幕墙 8.拱架
9.拱杆 10.拉杆 11.基础 12.立柱 13.剪刀撑 14.卷膜侧窗

连栋塑料温室的屋架由拱架和拱杆构成。拱架是拱形的用以支持屋面覆盖物，承受风、雪等荷载的桁架结构。拱杆是塑料薄膜温室的骨架，决定大棚的形状和空间构成，还对面膜起支撑的作用。立柱起支撑拱杆和屋面的作用，柱大多用圆管或方管，纵横成直线网状排列。基础是承受由立柱传递下来的温室下沉、上拔、倾翻等荷载的建筑物底脚。拉杆纵向连接拱架、拱杆和立柱，使大棚骨架成为一个整体。为了增加屋面的整体性和拱架的稳定性，设置屋面支撑。结合拱结构的特点设置屋面斜撑，屋面支撑布置在温室的两个端开间，每跨布置两根。

连栋塑料温室骨架使用的材料比较简单，容易建造，但温室结构的自重轻，对风、雪荷载的抵抗能力弱，因而在结构的整体稳定性方面要有充分考虑，使骨架结构的各部件构成一个稳定整体，选料要适当，施工要严格。

（二）围护结构

1.基础结构

基础是承受垂直荷载防止下沉，承受水平荷载防止倾翻和承受向上拉力防止拔起的重要构件。基础的几何形状、大小、底面距地表深度等，都应根据地的耐力、荷载、地下水位和冻土层深度等确定。基础底部应低于冻土层，并应设置在原状土层平面上，而不能设在填充土上，最小深度至少要有 600 mm。

连栋温室常用墩形点式基础或条形基础。因温室一般是采用轻型钢结构，基础传给地基的力较小，所以常采用墩形点式独立基础（梯形混凝土方墩或矩形混凝土方墩）就足够承受这些荷载。但对于地基承载力极低或地基各部位承载力差别较大的温室，为防止因不均匀沉陷引起的破坏，也可采用条形基础。

基础最常用的材料为钢筋混凝土。柱脚常高出地面 0.25～0.30 m，以防止连接件的锈蚀，常在柱墩内预埋锚固螺栓或锚固钢板，在安装时与柱脚用螺栓连接或焊接。螺栓的多少和尺寸大小以及焊缝的多少，应根据结构设计提出的采用刚节点或铰节点的要求，由结构设计来确定。基础的设计方法与其他建筑的基础设计相同。

2.墙体

为使温室尽可能多地接受太阳辐射，连栋温室的四周围墙也多采用玻璃、塑料膜、塑料板等透光材料。材料的选择与温室的用途、温室的侧窗的开启方式以及造价等因素有关。无论是何种材料，都是在侧墙骨架外部覆盖透光材料。通常为了提高侧墙的保温性能，尤其是侧墙下部与土壤接触的附近的保温性能，大型的连栋温室在东西南三面侧墙的下部设置了 600～900 mm 高的幕墙，它的作用一方面是承受外墙面（玻璃或其他覆盖材料）的重量，另一方面是为了封闭墙脚。常用 240 mm 厚水泥砂浆砌砖加表面抹水泥砂浆做法。为防止冬季雨雪水、冷凝水引起的对砌砖幕墙的冻融破坏，要求较高时可用混凝土作幕墙。上部仍为钢骨架外覆盖透光材料，有时把温室的北墙建造成中空砖墙，这样既不影响温室的采光，又使得温室的保温性能得以改善，节省了投资。

东西南三面侧墙下部的砖墙、柱基础及现浇钢筋混凝土构造柱刚度较大，使得温室边柱的长度得以减少，产生的应力较小，侧墙的整体刚度得以提高，同时也有利于温室结构承受水平荷载。

北墙采用双层中空墙体，内部填塞保温和蓄热性能较好的材料，墙体的两层之间采用组砌的方法，同时在湿帘洞口的两侧及天沟处设置钢筋混凝土构造柱，在湿帘窗洞的上下及北墙的弧顶各设一道圈梁，这样构造柱和圈梁共同保证墙体的整体性，也增加了北墙的承载能力。

3. 屋顶

（1）屋脊 温室屋脊是构造较为复杂的一个地方，必须考虑好中檩、屋架、天窗等的连接固定，还应处理好此处的分水防漏，在中檩上加盖防漏帽是一种常用方法。

（2）屋架与檩椽连接 为了使温室的结构整齐一致，现代温室多采用在工厂预制构件后，再进行现场安装。连栋温室骨架的连接结构件应采用专用扣件、专用螺栓和标准螺栓。所有连接件的设计和选用必须满足使用强度要求。表面应进行热镀锌处理，镀锌层厚度不得小于 0.01 mm。

（3）天沟 连栋温室栋间须设排水天沟，其功能除了排除雨、雪水外，还可增大整个温室的纵向刚度，还兼作为上人维修的过道。一般采用 2 mm 以上厚的薄钢板冷弯镀锌而成，其断面尺寸按所担负的排雨水量的大小，用水力计算确定，其纵向坡度一般采用 1/300～1/500，天沟宽度必须考虑单人行走放脚和安放检修活梯的地方。排水方式可采用天沟、中柱、室内排水沟的内排水系统，或两端落水管的外排方式。

4. 门窗

（1）门 门是为了操作人员和设备进出而设置的，门的大小要考虑作业方便，太小不利于进出；太大不利于保温。专门用于操作人员进出的门，高度不低于 1.8 m，宽度不小于 1.2 m。设备进出门的高度一般不低于 2.2 m，宽度应比所通过的最大设备的宽度大 0.4 m 以上。为了保温和开关方便，常采用铝合金或薄壁方管门框的平推拉门。玻璃与门框用橡胶密封条固定以防止振动，可采用上承式吊导轨或下承式导轨、滚动或滑动启闭，以减轻开闭力。

（2）窗 分天窗和侧窗，常用上悬式铝合金窗体。铝合金窗框轻而密封性好，且不易锈蚀。侧窗也有镀锌薄壁管材、玻璃钢、镀铝硬质塑料等作窗框的。窗芯采用玻璃钢比玻璃轻，但其耐久性较差。小型温室常用手动启闭，而大型温室常用机械化、自动启闭。塑料薄膜温室顶部可设出气天窗，两侧设进气侧窗，常采用卷膜方式启闭。

5. 透光覆盖材料

除了承受多种载荷外，温室结构的主要作用就是固定透光覆盖材料。透光覆盖材料及其特性是整栋温室中最重要的部件之一。理想的透光覆盖材料应是透光性能强、保温和隔热性能好、坚固耐用、方便安装且价格低廉。目前温室使用的透光覆盖材料主要有玻璃、塑料薄膜和塑料板材。

（1）玻璃 玻璃是塑料薄膜普及之前使用最多的透光覆盖材料。玻璃具有透光好、耐老化、使用寿命长（20 年以上）、耐候性好、耐腐蚀、不易积尘和容易排凝结水等优良性能，常被用作高档温室的透光覆盖材料。

（2）塑料薄膜 目前国内外用于连栋温室的透光覆盖塑料薄膜材料主要有 PE（聚乙烯）、PVC（聚氯乙烯）、EVA（乙酸-醋酸乙烯共聚物）和 PEP（PE＋EVA＋PE 3 层共挤）薄膜，厚度为 0.08～0.2 mm。连栋温室用塑料薄膜的使用寿命必须达到 3 年。薄膜纵向和横向抗拉强度均不得小于 16 MPa，纵向和横向直角撕裂强度不低于 60 kr/m，纵向和横向断裂伸长率应达到 300％以上。

在寒冷地区，为了提高温室的保温性能，可使用双层薄膜覆盖，层间充气，形成空气隔热层。空气层的平均厚度应达到 100 mm 左右。单层薄膜和双层薄膜的内层膜应采用无滴膜。带有表面活化剂的膜面应朝内，以减少水蒸气在内表面凝结成水珠。因为水滴会影响膜的透光，并对作物造成危害。也可使用多层构架支撑多层薄膜覆盖，以获得较为满意的保温效果。

（3）塑料板材　用于连栋温室的透光覆盖塑料板材主要有 FRP（玻璃纤维增强聚酯）板、FRA（玻璃纤维增强丙烯树脂）板、PMMA（丙烯树脂）板和 PC（聚碳酸酯）板等。由于 PC 板具有良好的透光性、耐老化性等优点，目前，普遍应用的是 PC 板。

6. 覆盖材料的固定与密封

玻璃或塑料板材是通过镶嵌构件固定在骨架上并采用密封件密封。温室镶嵌材料多采用铝合金型材，密封件采用橡胶或塑料条，某些温室采用 PVC 型材密封。

镶嵌构件是主要用于覆盖物的支撑和固定，包括主体部分、支撑部分和镶嵌部分，有多种截面形状和式样对玻璃或塑料板材进行镶嵌。设计要考虑其强度、刚度、安装适应性、互换性、加工工艺性能等多方面因素。密封件是玻璃和塑料板材温室覆盖系统的重要组成部分，通过密封件与镶嵌构件的配合可使玻璃或塑料板材得以紧固和密封。除良好的密封性能外，密封件的设计要着重考虑所用材料的材质，特别是抗老化性能和安装的适宜性，避免因过早老化或因安装不便而对温室性能产生不良影响。

塑料薄膜通常是用由卡槽和卡簧组成的固膜构件将薄膜固定在温室骨架上。卡槽是用硬质材料（薄钢板、铝、塑料等）制成的槽状物，嵌入卡簧，用来固定塑料薄膜，形成温室透光覆盖层。卡簧是用弹性钢丝弯曲成型的弹簧，在卡槽铺上塑料薄膜后，将它嵌入槽内，可固定薄膜。为防止薄膜随风煽动而撕裂，可采用压膜线压紧薄膜。压膜线应采用柔韧性好，抗拉强度高，耐腐蚀性强，抗老化性能优良的材料。

四、结构设计

作用在温室结构上的外力统称荷载。荷载大小是结构设计的基本依据，取值过大则结构粗大，浪费材料，还增加阴影，影响作物生育；取值过小经不起风雪袭击，而发生损坏倒塌，对生产和人身安全造成严重结果。因此，确定设计荷载是一项慎重周密的工作，确定荷载的基本方法是调查研究和必要的数理统计，经过整理，分析归纳，确定一个合理的取值。

根据来源的不同，荷载有自然荷载（风载、雪载、地震力等）和人为荷载（堆物、吊重、检修荷载等）。根据变化情况的不同，荷载有恒载（永久性荷载）、活载（可变性荷载）和偶然荷载。恒载是指作用在结构上长期不变的荷载。如温室结构的自重，覆盖材料的自重，内部安装的附属设备的自重，悬吊在结构上的作物自重等。活载是指作用在结构上可变的荷载。如积雪荷载，风荷载等。偶然荷载是指在结构使用期间不一定出现，一旦出现，其值很大且持续时间很短的荷载。例如爆炸力、地震力和撞击力等。根据作用方位的不同，荷载有垂直荷载、水平荷载、集中荷载和分布荷载。垂直荷载是指垂直作用在结构上的荷载。如恒载、雪载。水平荷载是指水平作用在结构上的荷载。如风载、地震力。集中荷载是指当横向荷载在梁上的分布范围远小于梁的长度时，便可简化为作用于一点的集中力。分布荷载是指沿梁的全部或部分长度连续分布的横向荷载。

因为多数温室的结构重量较小，要特别注意防止由于风而产生的上拔力，温室的基础应牢固，必要时可加设拉线。

温室结构的设计荷载，应满足《温室结构设计荷载》（GB/T 18622—2002）、《建筑结构荷载规范》（GB50009—2001）的有关规定。温室结构和构件在承受最不利的可能的设计荷载组合时，构件中产生的应力不得超过所用材料的许用应力，不发生倒塌、倾翻和掀顶等恶性事故。

第三节　连栋温室的建筑施工

一、基础施工

连栋温室的基础是将温室结构所承受的各种作用力传递到地基上的结构组成部分。地基是直接分布在建筑物下面承受压力的土层。地基的选择和基础的合理处置，对温室使用寿命的长短和安全有着重要意义。

基础施工的基本规定与要求是施工单位应具备相应的专业资质，并建有完善的质量保证体系和质量检验制度。地基基础工程施工前，必须具备建筑场地的工程地质勘察报告、地基与基础的施工图纸及合理的施工方案。地基与基础工程所使用的材料、制品等的品种、规格、强度应符合设计要求。施工轴线定位点和水准基点，经复合后，应妥善保护，并定期复测。每个工序都要按规程施工、检测和验收，出现异常情况应采取妥善合理的应对措施处置，并要记录在案，形成文件资料。室外平均气温连续 5 d 低于 5℃时，基础工程应采取冬季施工措施。

基础之间的安装尺寸及水平面上的准确性将影响温室上部结构总体装配过程的简易程度和装配速度。

在安置基础时，非常重要的一点是沿天沟方向要有 1‰～2‰ 的坡度，对天沟较长的温室，在地平上设置基础的坡度为从中间向两端方向逐渐降低；而在垂直天沟方向，其坡度应尽可能为 0‰，最大坡度不应超过 2‰。

基础的施工细则应按温室设计具体要求，并参照《温室地基基础设计、施工与验收技术规范 NY/T 1145—2006》《连栋温室结构 JB/T 10288—2001》等相关的技术文件进行。

二、地脚幕墙施工

连栋温室的墙壁通常由地脚处的低矮幕墙和其上部由透光材料构筑的侧墙和端墙（山墙）组成。

地脚幕墙一般用普通黏土砖砌筑。室外地平以上用混合砂浆，地平以下和承担屋架的砖柱部分要用高标号水泥砂浆砌筑。厚度可根据各地区冬季的寒冷程度决定，一般不应小于 37 cm。墙内外和上表面用水泥砂浆抹平，这样可以有效防止墙体的过早侵蚀。

在纬度较高的严寒地区建筑温室，为了提高墙壁的保温性能，外面的墙壁，可用厚空心墙或在外侧增设保温层。

在土质碱性较重的地方建筑温室，为了保护墙壁的坚固耐久，而不致受碱腐蚀过早的损害，应在灰土上先铺一层油毡，砌砖至室内地平到室外地平处，也应各铺油毡一层。在室内地平到室外地平的一段墙壁，建成后外部填土以前，最好在墙面上先刷一层沥青防碱，以延长墙壁的寿命。

幕墙也可用石材建筑。石墙的厚度一般应不小于 40 cm，砌筑时应用标号较高的水泥砂浆。并于内外两面用水泥砂浆抹缝。

三、柱子的安装

柱子是支承屋架（或骨架）结构荷载的主要结构之一，温室的柱子从其设立的部位来分，一般有边柱和中柱之分。连栋温室一般采用圆管、方管、工字钢、槽钢等型材,预制好后在建筑现场进行安装。柱子与基础预埋件常采用焊接或螺栓连接。安装柱子前,应先进行下述准备工作。

为确保安装质量和后续安装工作的顺利进行,确保柱子的正确安装,首先要进行欲装柱子的制造质量和尺寸的相关检测,检测合格后方可用于安装。其次,就是要进行柱基检查,包括定位轴线、柱间距、柱基中心线、柱基螺栓、柱基标高等检测,检测合格后方可进行柱子的安装。

采用与构件重量相应的安装施工机具(吊车、人字抱杆、手拉葫芦等),将柱子安装就位后需及时进行临时固定,临时固定可采用管式支撑,同时要采用经纬仪、线锤、钢卷尺等测量仪器和丈量仪器等进行柱子位置的校正,无误后初步紧固地脚连接。

四、屋架的安装

温室的屋架是承重(包括顶部的自身重量及外界风压、雪压等全部的压力)并保持外形的重要结构。它与一股房屋的屋架要求不同,为了坚固耐久,减少对植物的遮光,外形美观,因此,屋架各个构件的截面不宜太大,必须选用优质材料制作。在每个结构平面(例如侧墙、端墙、每排立柱和屋面等)内,为防止平行四边形变形,必须加装适当的斜支撑或拉索。

钢屋架的侧向刚度较差,安装时要特别注意,必要时需采取临时加固措施,以免发生弯曲变形。

所有骨架构件安装完成后,应逐一检查各构件的安装连接点的紧固情况,确保各连接达到规定的紧固力矩。若采用焊接,也须确保每个焊接处的牢靠。

检测安装无误后,方可拆除安装时使用的临时加固件。

连栋温室骨架安装后,整体结构应紧凑、整齐。各立柱在纵横两个方向的垂直度误差不大于 30 mm,横梁的直线度误差不大于 50 mm,垂直吊杆相对位置度误差不大于 50 mm。

五、门窗及天沟的安装

1. 门窗

温室的门窗关闭时,要求严密;开启时要方便自如。安装前,应首先检测门窗框架有无变形走样,是否平整方正,无误后方可进行安装。安装后也必须确保平整方正无变形,且必须保证门转轴线和门面纵轴线的铅垂。侧窗和顶窗常采用沿水平轴线开启的方式,因此必须保证转轴线的水平,窗扇开启自如,开后排列齐整。卷轴式侧窗和顶窗的需使窗的上下沿与卷轴线平行。安装完成后应注意检测安装构件牢固和接缝密封状况,确保其应有效果。

2. 天沟

天沟用镀锌钢板压制成型,接头部位的接缝和铆钉孔或螺钉孔均需涂密封胶,不得有滴漏现象。天沟宜逆排水方向自下而上采取复瓦状顺序排列,并在安装后应形成 1/500～1/300 的出水坡度,以确保排水的顺畅。

六、覆盖材料的安装

1. 防虫网

为防止昆虫飞入飞出传播病疫或影响植物人工授粉,必须加设防虫网。防虫网应装在门窗的里面。安装时网面应松紧适宜,网面过松易出现煽动,太紧易造成网面破裂。网的周边应压贴严实。

2. 玻璃和塑料板材

玻璃和塑料板材的镶嵌,应使用密封胶条或采取其他密封措施,不得漏水。温室玻璃安装基本上与一般建筑相同。但为了不过多的遮光,温室玻璃窗应少加或不加横条。屋顶玻璃窗框应尽量使用整块,拼装玻璃尽量安置在侧墙或端墙,并采取对缝安装,接缝处用透明玻璃胶粘剂填缝。

3. 塑料薄膜

塑料薄膜需纵横方向张紧拉平后固定于卡槽内。在设计风荷载作用下,薄膜不得从卡槽的任何位置脱出。覆盖薄膜上不得有任何裂缝、划痕和孔洞。万一由于施工不慎出现长度 5 cm 以下的裂缝和划痕,或 1 cm² 以下的孔洞,每 300 m² 表面积不得多于 1 处,而且一定要用粘补胶带修补好。不得有任何漏风漏雨的缝隙存在。

4. 卷膜风窗

采用卷膜通风窗时,卷膜位于固定膜的外侧,两端各与固定膜有不小于 0.3 m 的重叠,两端必须设限位和压膜机构,卷膜轴与温室的固定部分要贴紧,防止煽动。

第四节　连栋温室的环境调控系统及装备

一、概述

现代化连栋温室不仅建筑规模较大,而且具有较为齐全完备的环境调控系统及其装备。包括通风、加热、保温、降温、遮阳、补光、灌溉、施肥、防虫网、栽培装置及控制等系统。

通风系统是为降低室内空气温度,调节室内空气湿度,或获得必要的二氧化碳浓度,所采取的环境调节技术设施体系。

加热系统是用供热的方法提高温室内空气、床土、地板、营养液和基质温度的工程技术设施体系。

保温系统是用于保存温室内热量,尽可能减少热量外传而造成的室内总热损失,使温室内保持适宜温度所采取的技术设施体系。

降温系统是为了避免温室高温对农业生物造成危害所采取的降低室内温度的工程技术措施。农业生物生长发育离不开热能,但温度过高和过低都不行,生物只有在适宜温度下,才能正常生长发育,并保证其优良品质。通风有一定的降温作用,但室外气温较高时,仅靠通风无法达到所需的降温幅度。现代化温室配备有较为完善的降温系统,能根据作物需要,对温室温度进行有效调控。

遮阳系统是用于阻隔或遮挡过强阳光,减少太阳辐射,降低作物栽培区温度或光照而采用的技术措施。常用遮阳材料有塑料薄膜网、缀铝箔遮阳网等。后者在夜间和寒冷季节可兼作保温幕。安装在屋面之上的是外遮阳网,安装在屋面以下的是内遮阳网。遮阳网应能按需要展开和收拢。

补光系统是指当温室中自然光照不足以满足植物生长需要时,采取人为补充光照措施所需的技术装备与设施。温室补光有自然反射光补光和人工电光源补光两大类。

灌溉系统是用来将符合质量标准的水,适时适量地输送到作物所需部位,以满足作物对水分的需求。现代化温室的重要标志之一是采用现代节约用水的方式灌溉,保证作物高产优质的用水需求,在现代化温室中节水的滴灌、微喷灌等灌溉系统,通过自动化控制,适时适量满足作物对水分的要求。

施肥系统是指能将肥料释放到作物所需部位的装置体系。肥料是作物生长发育的营养。施肥是将肥料施于土壤或植物,以提供养分、保持和提高土壤肥力的农业技术措施。在现代化温室中,施肥系统与灌溉系统的有机结合,为作物提供精确的用肥或无土栽培营养液,可自控调节施肥浓度、pH 值、EC 值等。还可采用 CO_2 发生器,适时增加温室内的二氧化碳浓度,满足植物光合作用对二氧化碳的需要。

防虫网是阻挡害虫侵入温室的网状设施。常用网孔大小为 20～50 目,可按害虫种类进行选择。

栽培装置是指温室栽培时,与栽培模式相适应的配套设施和器具的总称。现代化温室不仅可在室内地面土壤中栽培作物,还可在专门的配套设施和装置中进行立体栽培和无土栽培。不仅使温室空间得到了有效利用,而且可大幅提高温室产量和效益。

控制系统是现代化温室的必备系统之一。现代化温室设有控制器、温室内外传感器、气象站等仪器设备,可实现温室内温度、湿度,以及灌溉系统、施肥系统、pH/EC、通风系统、遮阳降温系统、保温系统、CO_2 补充系统、光照系统等的计算机全自动或智能控制。

二、通风系统及其装备

温室是一个半封闭系统,其覆盖和维护结构限制了室内空气与室外大气间的气体交换,易造成高温、高湿、有害气体浓度高、CO_2 浓度低等不适于作物生育的恶劣环境,为了维持温室作物的正常空气环境,必须进行充分的通风换气。

(一)有关通风的基本名词术语

通风系统　进行温室内外空气交换所采取的环境调节技术设施系统。

自然通风　利用温室内外温差与风力作用造成室内外空气压差,而进行室内外空气交换的技术措施。

温室自然通风系统　为实现自然通风而在温室中设置的由屋顶窗或侧窗等通风口组成的系统。

强制通风(机械通风)　利用风机运转造成室内外空气压差的通风措施。

温室风机通风系统　为实现风机通风而在温室中设置的由通风机、通风管道、风口等组成的系统。

通风量　单位时间内进入室内或从室内排出的空气量。

换气次数　单位时间室内空气的更换次数,按通风量与室内容积的比值计算。

通风率　单位室内地面面积的通风量,按通风量与温室地面面积的比值计算。

必要通风量　考虑作物在不同生育时期正常生育需要,为使室内空气温度、湿度、CO_2 浓度维持在某一水平或排出有害气体所必需的通风量。

设计通风量　通风系统设计时采用的通风能力,即预计系统运行能够达到的通风量。

中和面　沿建筑物某一标高处,余压为零的水平面,也称中和界。在该水平面上,室内某一点的空气压力与室外未受扰动的空气压力相等。

（二）温室通风的目的和通风方式

温室通风的目的：排除室内余热，使温室内的环境温度保持在适于植物生长的范围内；排除室内水分，使温室内的环境湿度保持在适于植物生长的范围内；调节室内空气成分，排走有害气体，提高温室空气中 CO_2 的含量，使作物生长环境良好。

一般进行通风时，温室内的温度、湿度和空气成分均要发生不同程度的变化。在不同季节温室通风的目的和作用有所不同。夏秋季节通风主要是进行降温，靠空气流动带走大量的余热，因此需要最大的通风量。冬季通风主要是调节温室的湿度和气体成分。但冬季通风的同时也要带走大量的热量，为节约能源，仅维持最低的通风量即可。

温室通风的主要方式：根据通风系统工作动力的不同，温室通风可分为自然通风和机械通风两种。

（1）自然通风　是借助自然的"风压"或"热压"促使空气流动。这种通风方式基本上不消耗或很少消耗动力能源，是温室基本通风方式，主要靠在温室的适当部位设置窗户（天窗、侧窗等）方式来进行，并可以通过调节窗户的开度来调节通风量。自然通风虽然不需要动力，但往往受自然条件的限制，作用范围有限。

（2）机械通风　是依靠风机产生的风压强制空气流动。机械通风可以根据实际需要，来确定风机动力的大小。而且可以通过管道在任何需要的地点送风或排风，便于通风量的调节和控制。但是风机需要一定的投资和维护费用，而且要占据一定的建筑面积和空间。按通风系统的特征机械通风还可分为进气通风和排气通风。

（三）自然通风原理

自然通风不需提供专门的通风动力和能源，温室大部分时间依靠自然通风调节室内环境，设备简单，运行管理费用较低。因此，它是温室广泛采用的一种通风方式。尤其对于具有大天窗的连栋温室，只要窗户设置合理，其通风及经济效果更佳。

1. 自然通风原理

自然通风有热压通风和风压通风两种形式。热压通风是依靠温室中及温室内外空气的密度差，密度较小的热空气向上运动，密度较大的冷空气向下运动，实现温室室内外空气的交换。风压通风是依靠室外空气的运动在温室围护结构表面形成正压或负压，带动温室内空气运动，实现室内外空气的交换。

决定热压通风量大小的主要因素有室内外温差、温室通风口高差、通风口面积和通风口孔口阻力。一般温室内空气温度总是高于温室外空气温度，所以空气的运动总是室内空气上升，室外空气下降，对于屋面和侧墙都具有通风口的联合通风系统来说，室内空气将自然地通过屋面通风口向外排出，室外空气通过侧墙通风口进入温室。这种通风系统，通风总量最大。有的温室只开设屋面通风窗或侧墙通风窗，这样，冷热空气的交换都集中在一个通风口进行。对于只有一个（一类）通风口的温室，侧墙通风口的通风效果总是好于屋面通风口。但对固定式屋面垂直通风口（如锯齿形温室、屋脊窗温室等），其通风效率要高于同样通风面积的侧墙通风口。对于大面积连栋温室，一般屋面通风口面积总和远大于侧墙通风口面积，所以，屋面通风一般占有主导地位。对于温室总宽度小于 30 m 的温室，一般侧墙通风在整个温室通风中占有较大的比重。

风压通风量的大小主要取决于室外风速的大小、风向和通风口面积。垂直于温室侧墙方向的风，对温室迎风侧墙和温室第一跨迎风面屋面将形成正压，对温室其他围护表面均形成负压;垂直于温室山墙方向的风,除迎风山墙面为正压外,其余各面均为负压。一般正压面的风压要高出负压面的风压约一倍。实际运行中垂直于某个侧面的风向一般很少出现,大部分风向都与温室形成一定角度。一般不论哪个方向的风,对屋面的风压影响都不大,主要影响在于侧墙,也就是说,在温室侧墙通风口布置时,要充分考虑当地的主导风向。温室的主要通风降温季节为晚春到中秋,所以,温室侧墙通风口设计要尽量正对上述季节的主导风向。

2. 自然通风窗的设置

通风窗是进行自然通风的必要设施,其设置应满足通风效率高,启闭灵活,气流均匀,关闭严密,以及坚固耐用等要求。通常温室的通风窗有天窗、侧窗及其二者组合等形式。

不论热压通风,还是风压通风,通风口的设置必须符合空气的流动规律。对热压通风,要求屋面通风口尽量设在屋面的最高处,并与侧墙通风口相结合,形成大高差,避免强迫热空气向下运动。从这点考虑,屋脊通风窗的设置是最合理的,而天沟通风窗的通风效果将是最差的。有的温室仅设屋面通风口,不设侧墙通风口,这种设计的效果自然是不理想的。由于塑料温室一般密封都较严,靠温室的缝隙渗透来补充风压通风是远远不够的,往往使温室内空气形成负压状态,抵消了风压造成的屋面负压,结果使通风总量大大降低。

天窗是设置在屋面的通风窗,主要用于排除室内的高温高湿空气。天窗的启闭方向,应与高温季节常有的风向一致,以免受风力倒灌影响通风效率。设在屋脊两侧的天窗,每一侧都应能单独启闭,以备风向不同时选择使用,对于较长的天窗,应分为几个单元独立启闭,以便进行区域控制。

侧窗是设置在侧墙或端墙下部的通风窗,有悬臂式、卷绕式和推拉式等。侧窗的主要功用是进气。热压造成的内外压差与天窗和侧窗间的垂直距离成正比。因此,侧窗应尽量设于较低的部位。

(四)机械通风(强制通风)及其通风系统的设置

连栋温室虽然大部分时间依赖自然通风来调节环境,而在炎热的夏季气温较高,尤其室外温度超过33℃以上的天气,单靠自然通风往往难以满足温室降温要求,采用机械通风并配合其他措施进行降温是生产中常用的手段和措施。机械通风是利用风机作为动力来实现室内外强制性通风换气的。它虽然消耗一定的动力能源,设备和运行费用较高,但通风效果比较可靠。因此,现代化大型连栋温室多设置有机械通风装置。机械通风的理论降温极限为室内空气温度等于室外空气温度。因为此时的温室内外温差为零,通风量为无穷大,在实际应用中是不可能的,由于机械设备和植物生理上的原因,一般温室的通风强度为每分钟换气0.75~1.5次,能够控制温室内外的温差在5℃内。

1. 机械通风的设施组成与类型

强制通风是利用风机驱动进行室内外空气的交换。强制通风设施主要由风机、进气口、风道或导风管等组成。按内外压差的不同,强制通风可分为正压或负压两种。正压通风是风机由室外吸气向室内吹气,造成内外压差为正压;负压通风是风机由室内向室外抽气,造成内外压差为负值。通常利用整个栽培间做通风道时采用负压通风,而用导风管送风时则用正压通风。

2. 机械通风设施的布置

根据风机装置位置与通风设施组成不同,温室强制通风的布置形式包括山墙面通风,侧墙面通风和导风管通风等几种。

（1）山墙面通风　风机设在山墙面上的通风为山墙面通风，一般温室长度小于 30 m 时，可在一面山墙面上设置风机，另一山墙面设进气孔，作物行间及上层空间为空气通道，阻力较小。对于长度大于 30 m 的大型单栋温室，可在两山墙面上设置风机，在两侧面设置进气孔。两侧进气孔面积，应以山墙面到中间逐渐增大，以使室内气流均匀。

风机应尽可能设在下风侧高处。当不得已而设在上风侧时，则以尽可能接近地面处为宜。

（2）侧面通风　进深过长的单栋温室，可以考虑在下风侧设置风机，上风侧设置进气孔的侧面通风，因气流方向与作物行间直交，阻力增大，风量计算时应适当估计这一损失。

（3）屋面通风　屋面通风的风机设于屋顶，侧面设置进气孔。这种通风方式便于排出上升的高温高湿空气，受外风影响也较小，但风机遮光严重。

（4）导风管通风　导风管通风包括正压与负压两种。其主要特点是室外冷空气不是集中进入室内，而是通过如聚乙烯圆管道上的许多小孔均匀进入室内，这种方式虽然阻力稍大，但冬季通风量小，时间也较短，无论是正压型或负压型，由于风机安装位置不同都可保证风管内的压力高于室内空气压力而鼓起。导风管常安装于屋顶部，进入的冷空气不直接与作物接触，这对于冬季降温，补充 CO_2 及排除有害气体等具有特殊的意义。

导风管表面通风小孔的总面积与导风管断面积之比叫做开孔比，应控制在 1 左右。通风小孔直径与间距应保证均匀输入空气及管道内外压差在 19.6 Pa（2 mm 水柱）为宜。

3. 开窗装置

（1）齿条开窗装置　玻璃和塑料温室均可用齿条开窗装置启闭，采用电机驱动，也可人力手动，但用的很少。机动的启闭方式方便快捷，但需要电机和电耗开支，使用成本较高。人力手动仅需人工，不需依赖电能。

齿条开窗装置所用的电机主要有两种形式。一种为普通电机，220 V 或 380 V；另一种为管道电机，220～240 V。管道电机由于体积小、重量轻、遮光少、变速比小，尤其适用于塑料温室的开窗。

（2）卷膜开窗　卷膜开窗装置主要用在塑料温室的侧墙开窗和屋顶卷膜开窗。卷膜开窗是将覆盖膜卷在卷管上，一般卷管采用钢管，通过转动卷管，将覆盖膜卷起或放下。卷膜开窗装置的驱动可采用手动，也可以机动，传动方式有软轴传动和直接传动两种。一般屋顶卷膜多用电机通过软轴驱动卷管，侧墙卷膜用手动直接传动方式，但侧墙用机动卷膜的也不少。对卷膜器的基本要求是在通长方向上卷膜轴不能有太大的变形，卷膜器在卷起过程中要能自锁，不致在重力作用下自动将卷起的幕膜打开。当反方向操作打开卷膜时，解除锁定，即可使卷膜器顺利反转。

除此，目前应用的开窗装置还有轨道推杆式、摆臂推杆式等。

（五）温室通风的设计计算

温室通风的设计与计算可依照《温室通风设计规范》（NY/T 1451—2007）进行。

三、降温系统及其装备

炎热高温的夏季，室外气温超过 30℃时，温室内部温度可达 40℃以上。如果仅靠通风，温室内温度仍在 35℃以上，温室内仍不能进行正常生产，因此必须采用其他的降温方法来降低温室内温度。目前生产上应用的降温方法主要有遮阳、蒸发降温和通风降温等。

(一)遮阳降温

1.遮阳降温的原理

遮阳降温的原理是利用不透光或透光率低的材料遮住阳光,阻止多余的太阳辐射能进入温室,既保证作物能够正常生长,又降低温室内的能量聚集,降低温室的温度。由于遮阳材料不同和安装方式的差异,一般可降低温室温度 3～10℃。遮阳方法有室内遮阳和室外遮阳。遮阳材料有苇帘、黑色遮阳网、银色遮阳网、缀铝条遮阳网和镀铝膜遮阳网等。

2.室外遮阳系统

室外遮阳系统是在温室骨架外安装遮阳骨架,将遮阳网安装在骨架上,遮阳网可以用钢缆-滑轮机构、齿轮齿条机构或卷轴机构驱动,自由开闭。驱动装置可以手动或电动,使用者可以根据需要进行手动、电动或与计算机自动控制。室外遮阳的优点是:降温效果好,直接将太阳能阻隔在温室外,各种遮阳网降温效果差别不大,都可以使用。缺点是:室外遮阳骨架需要耗费一定的钢材;室外气候恶劣时,风、雨、冰雹等灾害天气时有出现,对遮阳网的强度要求高。各种驱动设备在露天使用,要求设备对环境的适应能力强,机械性能优良。

3.室内遮阳系统

室内遮阳系统是将遮阳网安装在温室内。在温室骨架上拉接一些金属或塑料的网线作为支托系统,将遮阳网安装在支撑系统上,整个系统简单轻巧,不用另行制作金属骨架,因此节省材料,降低造价。室内遮阳网因使用频繁,其驱动系统和外遮阳系统相同,一般采用电动控制,或电动加手动控制,在临时停电时可以手动启闭。

室内遮阳是在阳光进入温室后进行遮挡,这时遮阳网要反射一部分阳光,因为反射光波长不变,则这部分能量又回到室外,另外的一部分太阳辐射被遮阳网吸收,升高遮阳网本身的温度,然后再传给温室内的空气,升高温室的温度。这样温室内遮阳虽然能够降低温室地面的温度,但与同样遮光率的室外遮阳相比,仍然有一部分太阳辐射进入温室,升高温室的温度。室内遮阳的效果主要取决于遮阳网反射阳光的能力,不同材料制成的遮阳网使用效果差别很大,以缀铝条的遮阳网效果最好。

室内遮阳系统一般还与室内保温幕帘系统共设,夏天使用遮阳网,降低室温,到秋冬天将遮阳网换成保温幕,夜间使用,可以节约能耗。

(二)蒸发降温

蒸发降温是利用空气的不饱和性和水的蒸发潜热来降温,当空气中所含水分没有达到饱和时,水会蒸发变成水蒸气进入空气中,同时吸收空气中的热量,降低空气的温度,提高空气的湿度。而温室中植物生长需要比较高的湿度,一般温室内湿度在 85%～90%时,不会对植物生长造成不利影响。蒸发降温过程中必须保证温室内外空气流动,将温室内高温、高湿的气体排出温室并补充新鲜空气,因此必须采用强制通风的方法,如果采用自然通风的方法,会造成温室高温高湿,对植物产生不利影响。目前采用的蒸发降温方法主要有湿帘-风机降温和喷雾降温。

(三)屋顶喷淋降温系统

屋面喷淋降温是将水均匀地喷洒在玻璃温室的屋面上,来降低温室的温度。其原理是:当水在玻璃温室屋面上流动时,水与温室屋面的玻璃换热,将温室内的热量带走,因为水的导热系数远大于空气的导热系数,所以水与玻璃的换热强度远大于空气与玻璃的换热强度。另外当水膜厚度大于 0.2 mm 时,太阳辐射的能量全部被水膜吸收并带走。这一点又相当于遮阳。

屋顶喷淋系统由水泵、管道、喷头组成,系统简单、价格低廉。但需要有温度较低的水源,屋面喷淋系统的降温效果与水温及水在屋面上的流动情况有关,如果水在屋面上分布均匀时降温效果可达 6～8℃,否则降温效果不好。屋面喷淋降温的缺点是:耗费大量的水;水在屋面上结垢,影响玻璃的透光率;清洗复杂。屋顶喷淋降温的玻璃温室目前在国内应用不多。

(四)屋面喷白

屋面喷白是玻璃温室特有的降温方法,属于遮阳降温的一种,它是在夏天将白色涂料喷在温室的玻璃维护结构上,阻止太阳辐射进入温室。其遮阳率最高可达 85％,可以通过人工喷涂的疏密来调节其遮光率,到冬天再将其清洗掉。屋面喷白的优点是不需要制造支撑系统,因此造价低、施工方便。缺点是不能调节控制,一个夏天都是如此,对作物生长有影响。

一般温室环境调控常采用多种方法组合:如采用室内遮阳与冬季保温的组合;强制通风与蒸发冷却方式的组合;遮阳与湿帘-风机的组合等。

四、加温系统及其装备

(一)加温采暖的方式

根据热媒不同温室采暖分为热水式采暖、热风式加温和电加温。

1. 热水式采暖

热水式采暖系统由热水锅炉、供热管道和散热设备 3 个基本部分组成。热水采暖系统的工作过程为:用锅炉将水加热,然后用水泵加压,热水通过供热管道供给在温室内均匀安装的与温室采暖热负荷相适应的散热器,热水通过散热器来加热温室内的空气,提高温室的温度,冷却了的热水回到锅炉再加热后重复上一个循环。

热水采暖系统运行稳定可靠,是玻璃温室目前最常用的采暖方式,其优点是温室内温度稳定、均匀,系统热惰性大,温室采暖系统发生紧急故障,临时停止供暖时,两小时不会对作物造成大的影响。其缺点是系统复杂,设备多,造价高,设备一次性投资较大。热水采暖的锅炉和供热管道基本采用目前通用的工业产品。热水采暖系统采用的散热器种类目前很多。有光管散热器、铸铁散热器、铸铁圆翼散热器、热浸镀锌钢制圆翼散热器,其中热浸镀锌钢制圆翼散热器为温室专用的散热器,具有使用寿命长、散热面积大的优点,在玻璃温室中应用比较广泛。

2. 热风式加温

热风式加温系统由热源、空气换热器、风机和送风管道组成。热风加温系统的工作过程为:由热源提供的热量加热空气换热器,用风机强迫温室内的部分空气流过空气换热器,空气被加热后进入温室进行流动,其他空气又流经空气换热器,这样不断循环就加热了整个温室。热风加热系统的热源可以是燃油、燃气、燃煤装置或电加热器,也可以是热水或蒸汽;热源不同,热风加温安装形式也不一样。蒸汽、电热或热水式加温系统的空气换热器安装在温室内与风机配合直接提供热风。燃油、燃气式的加热装置安装在温室内,燃烧后的烟气排放到室外大气中,如果烟气中不含有害成分,可直接排放至温室内。燃煤热风炉一般体积较大,使用中也比较脏,一般都安装在温室外面。为了使热风在温室内均匀分布,由通风机将热空气送入通风管。通风管由开孔的聚乙烯薄膜或布制成,沿温室长度布置,通风管重量轻,布置灵活且易于安装。

热风加温系统的优点是：温度分布比较均匀，热惰性小，易于实现温度调节，设备投资少。缺点是：运行费用和耗电量要高于热水采暖系统，当温室较长时，风机一侧送风压力不够，可能送不到另一端，造成温度分布不均匀。

3.电加温

电加温系统在热风供暖系统中提了一点，另外还有一种较常见的电加热方式，是将电热线埋在地下，用来提高地温。此方法在没有其他加温设备的南方温室中应用较多，主要是为温室育苗用。

电能是最清洁、方便的能源，但电能是二次能源，本身比较贵，我国又是缺电的国家，因此只能作为一种临时加温措施应急使用。

（二）供热热源和采暖系统的选择

采暖方式和采暖设备选择的问题是一个涉及温室投资、运行成本、生产经济效益的问题。在温室规划阶段就必须解决好。

温室的热源不论是热风炉还是热水炉，从燃烧方式上分为燃油式、燃气式、燃煤式3种。其中燃气式的设备装置最简单，造价最低，但在气源上没有保证，不可强求。燃油式的设备也比较简单，操作容易，自动化控制程度高，现有一些小型的燃油锅炉，完全实现电脑控制，设定好温度后，全部操作由电脑完成。燃油式设备造价也比较低，占地面积比较小。土建投资也低。但燃油设备的运行费用比较高，相同的热值比燃煤费用高3倍。燃煤式的设备最复杂，操作比较复杂，需要锅炉工人责任心强，精心操作。燃煤式设备费用最高，因为占地面积大，土建费用比较高，但设备运行费用是3种设备中最低的。

从温室的加热系统来讲，热水式的性能好，造价高，运行费用低，热风式的性能一般，造价低，运行费用高。

温室的加热系统选择要从基建投资、运行成本、生产技术水平、操作管理简单、设备可靠性等方面考虑。一般在南方地区，采暖时间短，热负荷低，采用燃油式的设备比较好，加温方式采用热水或热风方式都可以，最好采用热风式。在北方地区冬季加温时间长，采用燃煤热水锅炉比较保险，虽然一次投资比较大，但可以节约运行费用，长期计算还是合适的。

（三）温室的节能

温室的热量散失主要通过以下途径：①通过玻璃等围护结构传导散热；②向天空的辐射散热；③通风散热；④空气渗透散热；⑤地中传热。

其中第②项耗热量很小，可忽略不计。第①项占总的散热损失的 $70\%\sim80\%$。第③、④项合计占总的散热损失的 $10\%\sim20\%$，第⑤项占总的散热损失的 $5\%\sim10\%$。

温室节能就是要减少温室的散热量。玻璃温室的散热量主要是围护结构散热引起的，减少温室热损失的有效办法是装设保温幕，保温幕可以有效地降低夜间的热损耗。在满足作物光照的前提下，最好安装双层透光材料，双层透光材料与单层透光材料比较，其耗热量减少 50%，而透光率仅减少 $10\%\sim20\%$。较好的方法是其中一层是可收放的，采光时收起，便不会影响透光率；保温时候放下以实现保温。另外采用防寒沟，填上保温材料减少地中传热量也十分有效。

复习思考题

1. 简述连栋温室的类型及特点。
2. 规划与建造连栋温室需要注意哪些方面?
3. 连栋温室的建筑施工分为哪几个步骤?
4. 简述连栋温室环境调控系统的基本组成。
5. 简述连栋温室加温、降温系统及其装备。
6. 简述通风的基本概念、目的、方式及原理。

参考文献

[1] 吴德让. 农业建筑学. 北京:中国农业出版社,1994

[2] 邹志荣. 现代园艺设施. 北京:中央广播电视大学出版社,2002

[3] 师惠芬,张志勇. 现代化蔬菜温室. 上海:上海科学技术出版社,1986

[4] 冯广和,齐飞. 设施农业技术. 北京:气象出版社,1997

[5] 陈健,刘九庆. 温室环境工程技术. 哈尔滨:东北林业大学出版社,2002

[6] 尚书旗,董佑福,史岩. 设施栽培工程技术. 北京:中国农业出版社,1999

[7] 马承伟,苗香雯. 农业生物环境工程. 北京:中国农业出版社,2005

[8] 中国机械工业联合会. JB/T 10292—2001 温室工程术语. 北京:机械科学研究院,2001

[9] 中国机械工业联合会. JB/T 10288—2001 连栋温室结构. 北京:机械科学研究院,2001

[10] 中国机械工业联合会. JB/T 10297—2001 温室加热系统设计规范. 北京:机械科学研究院,2001

[11] 中国机械工业联合会. JB/T 10294—2001 湿帘降温装置. 北京:机械科学研究院,2001

[12] 中华人民共和国农业部. NY/T 1451—2007 温室通风降温设计规范. 北京:中国农业出版社,2007

[13] 国家质量监督检验检疫总局. GB/T 18622—2002 温室结构设计荷载. 北京:中国标准出版社,2002

[14] 中华人民共和国农业部. NY/T 1145—2006 温室地基基础设计、施工与验收技术规范. 北京:中国农业出版社,2007

[15] 中华人民共和国农业部. NY/T 1420—2007 温室工程质量验收通则. 北京:中国农业出版社,2007

第七章 工厂化育苗系统及其配套设备

第一节 工厂化育苗的意义及特点

1. 工厂化育苗的意义

工厂化育苗是在人工控制的最佳环境条件下,充分利用自然资源,采用科学化、标准化的技术措施,运用机械化、自动化手段,使作物秧苗生产达到快速、优质、高效、成批而又稳定的一种育苗方式。工厂化育苗的意义如下:

①采用科学的管理和环境控制,提高秧苗质量。工厂化育苗通过采用精准环境控制、施肥灌溉等先进技术,可实现种苗的标准化生产,育出的幼苗整齐一致。采用一次成苗技术,幼苗根系发达并与基质紧密黏着,定植时不伤根系,容易成活,缓苗快,秧苗的素质和商品性都得到提高。

②节约种子,降低育苗风险和生产成本。工厂化育苗采用精量播种技术,育苗实现1穴1粒,可节省种子用量;完善先进的育苗设施与环境控制设备,降低了育苗风险;规模化高效育苗体系降低了育苗的成本。

③有利于优良品种的推广,提高作物的质量和产量,同时节省劳力,减轻劳动强度。

④有利于实现种苗的规模化、集约化和商品化生产。工厂化育苗多采用轻型基质进行育苗,成苗后幼苗质量轻,适合长距离运输,对于实现种苗的集约化生产、规模化经营十分有利。

⑤推动传统农业走向现代农业。工厂化育苗技术的普及推动了农业生产方式的变革,使育苗由传统的"千家万户"转变为专业育苗公司生产,推动我国育苗技术和育苗方式的革新,实现由传统农业向现代农业的转变。

2. 工厂化育苗的特点

工厂化育苗是育苗技术发展到现代的最高层次,其特点为:

(1)育苗设施现代化,设备智能化 实现育苗工厂化,完善先进的育苗设施、设备是必要的"硬件"条件。例如,在设施育苗中,必须有保温、采光良好的保护设施及经济而有效的加温设备及控温系统,否则,温度管理指标体系再科学,也无法实现。

（2）生产技术标准化，工艺流程化　育苗工厂化的重要特征之一是技术标准化，不实行标准化生产，就不可能成批地生产出符合产品规格的作物秧苗，而要实行标准化生产，一方面要制定出科学的指标；另一方面要具备保证指标实现的工艺流程及相应条件。而育苗各技术环节指标体系的建立是基于各种育苗作物生长发育规律及生理生态研究的基础上，是工厂化育苗的"软件"部分。

（3）生产管理科学化　工厂化育苗的效果要求具有标准化技术实施的设施与设备，否则，好的"软件"只能是一纸空文；相反，设施与设备的先进性必须符合工厂化育苗技术指标，只有"硬件"与"软件"协调，才能获得最佳育苗效果；同时还需要建立起包括秧苗产销在内的现代化企业管理体制，因此，工厂化育苗必须建立科学化的管理体系。

3. 工厂化育苗的范畴

育苗的方式有很多种，但能够实现工厂化育苗的，目前只有穴盘育苗、嫁接育苗和组培育苗，而其他一些传统育苗方式如扦插育苗，压条育苗等还难以实现机械化和标准化生产，因此本书工厂化育苗仅涉及上述3种育苗方式。

第二节　工厂化穴盘育苗设施与设备

一、穴盘育苗的工艺流程

工厂化穴盘育苗的工艺流程如图7-1所示。

二、穴盘育苗设施

1. 育苗温室

随着育苗规模的扩大以及商品苗产业的发展，育苗设施逐渐趋于大型化。目前，国外大型育苗公司通常采用带隔断的连栋温室进行商品苗生产。隔断后形成的各区间的温度、湿度、光照等环境条件可以分别设定，以适应幼苗不同发育时期的需要。在我国，部分发达地区也采用了自动化程度较高的连栋温室。大型连栋温室空间大，土地利用率高，透光率好，便于安装环境控制设备，实现环境因子的自动控制，也适宜机械化作业，多用于周年规模化育苗，但存在投资大、保温性差、能耗高、日常运行费用高等缺点。因此，塑料拱棚、节能高效日光温室等设施仍占有很大的比例。

2. 播种车间

播种车间是进行播种操作的主要场所，通常也作为成品种苗包装、运输的场所。播种车间一般由播种设备、催芽室、种苗温室控制室等组成，很多育苗工厂将温室的灌溉设备和水罐也安排在播种车间内。

播种车间内的主要设备是播种流水线，或者用于播种的机械设施。在播种车间的设计中，要根据育苗工厂的生产规模、播种流水线尺寸等合理确定播种车间的面积和高度，而且要注意空间使用中的分区，使基质搅拌、播种、催芽、包装、搬运等操作互不影响，有足够空间进行操作。播种车间也可以与包装车间连为一体，便于种苗的搬运，提高播种车间的空间利用率。

播种车间一般与育苗温室相连接，但不能影响温室的采光。播种车间目前多以轻型结构钢和彩色轻质钢板建造，可实现大跨度结构，提高空间利用率。此外，播种车间应该安装给排水设备。大门的高度应在 2.5 m 以上，便于运输车辆进出。

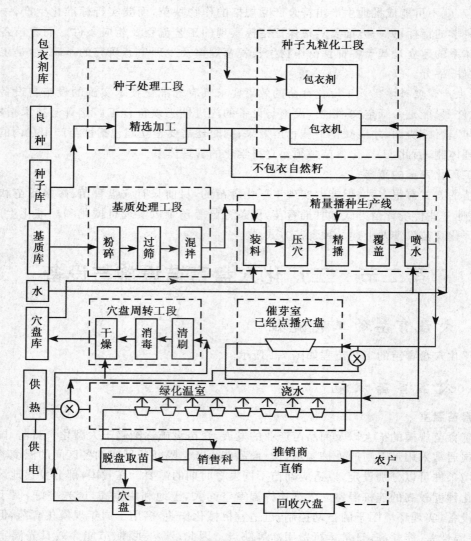

图 7-1 工厂化穴盘育苗的工艺流程（周长吉，曾干，1996）

3. 催芽室

种子播种后进入催芽室，如图 7-2 所示，催芽室需要提供种子发芽适宜的温度、湿度和氧气等条件，有些种子在发芽过程中还需要光照。

催芽室多以密闭性、保温隔热性能良好的材料建造，常用材料为彩钢板。为方便不同种类、批次的种子催芽，催芽室的设计为小单元的多室配置，每个单元以 20 m² 为宜，一般应设置 3 套以上。催芽室中苗盘采用垂直多层码放，因而室内的高度应在 4 m 以上。

催芽室设计的主要技术指标：温度和相对湿度可控和调节，相对湿度 75%～90%；温度 20～35℃；气流均匀度 95% 以上。主要配备有加温系统、加湿系统、风机与新风回风系统、补光系统以及微电脑自动控制器等；由铝合金散流器、调节阀、送风管、加湿段、加热段、风机段、混合段、回风口、控制箱等组成。

（1）加湿系统 催芽室应保持较高的湿度，以保证种子萌发过程中的水分条件，如催芽室湿度过低，会加快穴盘中基质水分的散失，导致种子吸胀困难，影响发芽率和发芽势。催芽室的加湿可以选用离心式加湿器，制热器采用不锈钢电极棒。在空气相对湿度为 55％ 时，如催芽室内相对湿度加至 90％，20 m² 的催芽室加湿量为 2.5 kg/h 左右。

图 7-2 催芽室内外景

（2）加温系统 种子萌发一般需较高温度，温度过低不仅降低种子发芽速度，而且影响种苗质量，冬春季育苗时，加温系统尤为关键。一间 20 m² 的催芽室，当室内温度由 5℃ 升至 35℃ 时，采用不锈钢热片式管道加温器，功率 6 000 W，制热量 8 932 W，即可满足生产需要。

（3）新风回风系统 种子发芽的一个重要条件是有充足的氧气，由于催芽室相对密闭，如不进行新鲜空气的补充和室内废气的排放，催芽室内的二氧化碳浓度将逐渐增加，氧气浓度逐渐下降，而且一些有害气体也会逐渐积累，严重影响种子萌发。新风回风系统用于调节新风、回风比率，为催芽室补充新风和排出废气。所设计的系统可为全新风调节或者内部循环风调节。

催芽室的操作方式为：系统正常工作的温度、湿度达到设定范围时，系统自动停止工作，风机延时自动停止；温度、湿度偏离设定范围时，系统自动开启并工作。湿度进入设定范围时，加湿器自动停止工作；加热器继续工作，风机继续工作。如风机、加湿器、加热器、新风回风混合段等任何段发生故障，报警提示，系统自动关闭。

4. 控制室

工厂化育苗过程中对温室环境的温度、光照、空气湿度和水分、营养液灌溉实行有效的监控和调节，是保证种苗质量的关键。育苗温室的环境控制由传感器、计算机、电源、配电柜和监测控制软件等组成，对加温、保温、降温排湿、补光和微灌系统实施准确而有效的控制。控制室一般具有育苗环境控制和决策、数据采集处理、图像分析与处理等功能。

三、穴盘育苗的关键设备

穴盘育苗的设备包括育苗温室环境控制设备和育苗生产设备两大部分。育苗温室环境控制设备为种苗培育提供适宜的生长环境，由加温系统、降温系统、二氧化碳补充系统、补光系统等组成；育苗生产设备主要指种苗工厂化生产所必需的，包括种子处理设备、精量播种设备、基质消毒设备、灌溉和施肥设备以及种苗贮运设备等。

（一）育苗温室环境控制设备

1. 温度控制设备

目前常见温度控制设备主要为热风炉、热水管道加温系统和风机-湿帘降温系统。风机-湿帘降温系统主要用于盛夏季节，室外处于30℃以上高温时降温效果尤为显著。

2. 二氧化碳补充系统

温室是相对封闭的环境，白天CO_2浓度低于室外，为增强温室园艺作物的光合作用，需补充CO_2。为了控制CO_2浓度，需在温室内安装CO_2气体传感器等设备，育苗温室最佳CO_2浓度为$400\sim600~\mu L/L$。

3. 补光系统

为满足幼苗生长期间对光照的需求，尤其是在冬季及早春，自然光照较弱，阴天多雨的气候条件下，为了满足幼苗对光照的需求，促进幼苗健壮、快速生长，育苗温室一般需配置人工补光系统。研究表明，当温室苗床上日光照总量小于$100~W/m^2$，或有效日照时数不足$4.5~h/d$时，就应进行人工补光。

（二）育苗生产设备

1. 种子处理设备

种子处理设备是指育苗前，根据农艺和机械播种的要求，采用生物、化学、物理和机械的方法处理种子的设备。常用的种子处理设备包括种子拌药机、种子表面处理机械和种子包衣机，以及用γ射线、高频电流、红外线、紫外线、超声波等物理方法处理种子的设备。广义的种子处理设备还包括种子清选机械和种子干燥设备。

种子包衣是种子加工处理的一项专门技术，它是用利于种子萌芽的药料及对种子无副作用的辅助填料，经过充分混拌后，均匀地包裹在种子的表面，使种子成为外表为圆球形的丸粒，其粒径增大，重量增加。种子包衣后，便于精量播种，节省劳力和种子，同时又为种子萌芽生长创造更有利的条件。使用丸粒种子播种能促进苗齐苗壮，应用最多的为蔬菜种子。有些蔬菜种子粒径大小差异较大，形态不规则，且表面粗糙，给机械播种带来困难，经包衣后，有利于播种。种子包衣加工的关键技术是选择适宜的黏结剂和包衣材料。

种子包衣处理的关键设备是种子包衣机械。国内外常用的机械化包衣有两种方法——旋滚法和漂浮法，以前者使用较多。图7-3为一旋转滚筒型种子包衣机，其自动化程度较高。种子加工时在沿滚筒（与水平有一定倾斜角）滚动的过程中，在前、后段两次被喷上黏结胶剂，而在中段，粉料则被撒布在种子表面，种子在不断地翻滚中形成丸粒。为形成一定直径的种球丸，此加工过程要重复2～3遍。后经干燥得到最终产品。

（1）种子包衣机的基本结构　图7-4所示为5BY-5型种子包衣机，是一种应用最广的喷雾滚筒式包衣机械。它主要由机架、喂入计量系统、滚筒、排料装袋机构、供气系统、供液系统和电气系统等部分组成。

①机架：机架用于安装各个部件，由型钢和板材制成。

②搅拌滚筒：搅拌滚筒由不锈钢板制成，通过前后滚道架在四组托轮上，在滚筒内壁上焊有搅拌板和导向板，排料端设有自动清理螺旋板。为防止搅拌滚筒向前移动，在后滚道的前侧面设有挡轮，搅拌滚筒由电机驱动转动。搅拌滚筒主要包括进料盘、滚筒、喷头、搅拌轴、进出料口、托轮、挡轮、三角带、轮圈等部分。进料盘的上方安装有喷头，喷头安装在搅拌滚筒的上方，用于喷洒药剂。下方与输料管相接，药液和种子由此进入搅拌滚筒。其排料端紧接出料装

袋机构。机架上的搅拌滚筒角度旋钮用于调节搅拌滚筒与水平面的夹角。

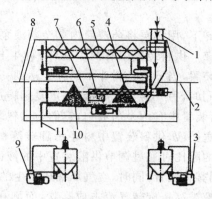

图7-3 旋转滚筒型包衣机

1.种子入口 2.前喷嘴 3.黏结剂及药液泵 4.黏结剂喷嘴 5.粉料搅拌器 6.粉料逸洒装置
7.包衣滚筒 8.后喷嘴 9.表面包膜泵 10.种子表面膜喷嘴 11.丸衣种子出口

③排料装袋机构:该机构主要由箱体和下料装袋机构组成。下料装袋机构有两个出料接口,两接口之间有一换向板,可实现交替装袋。箱体设有活门,工作时严禁打开。

④药液计量部分:采用摇臂式药液供液装置,种子计量部分与药液供液装置相连,同步运行,保证种子与药液的比例一致。

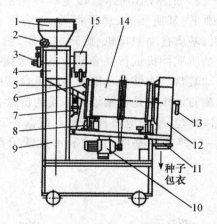

图7-4 5BY-5型种子包衣机

1.喂料斗 2.控制手轮 3.喂料闸门 4.配料箱 5.输料管 6.喷头 7.调压阀 8.托轮 9.控制箱
10.减速机 11.出料口 12.出料箱 13.出料活门 14.搅拌滚筒 15.药液箱

⑤种子计量部分:在喂料斗的下方,装有翻料斗式种子供料装置,用于分批计量种子。

⑥供液系统:主要由不锈钢制成的药液筒、滤筐、液泵、电动机、流量调节阀、输液管及喷头组成。药液筒内的种衣剂需不断进行搅拌,均匀的药液通过液泵、流量调节阀、输液管进入药液箱,多余的药液通过溢流管回流到药液筒中,并起回液搅拌作用。

⑦电气系统:该系统的控制集中在配电箱上,电源线接在配电箱的输入端,然后通过四组控制电路,分别把电源输送到相关系统。

⑧供气系统:供气系统的气源由配套的空气压缩机提供。压缩空气进入喷头之前,需经过

调压阀的调整，一般压力调整为 0.4 MPa 为宜；调压阀一端用夹布胶管与喷头相连，另一端与空气压缩机排气阀门相连。

作业结束后，可将上液管卸下，用液泵将药液筒内剩余药液泵入原包装容器内。

（2）种子包衣机的工作原理　供料装置中有两个料斗，料斗上装有活门，并可以摆动。工作时，种子由进料斗流入供料装置，当下落到料斗中的种子达到一定重量时，料斗自动翻转，种子通过活门下落到搅拌槽中；同时，另一料斗开始接料，重复翻转过程，其翻转的快慢与生产率大小和摆动的摆幅有关。供液装置中有两个药液勺，它们与供料装置的料斗同步摆动，药液拌种时，药液桶向供液装置内输送药液，供料装置中料斗每翻转落料一次，供液装置中的药液勺也翻转倒药一次，液剂与种子的配比可通过调节供液装置中的液面高度和药勺的大小来控制。倒入接液斗的药液从胶管流到雾化装置，同时，空气压缩机产生的压缩空气经调压阀流入雾化装置并形成高速旋转气流，药液被高速旋转气流击成雾状，而洒在搅拌槽中翻动着的种子上。搅拌轴上有搅龙片、翻板和搅拌片，它使种子翻转并向前推进，翻转的种子和雾状的药液能充分均匀地接触并搅拌，这样，种子与药液均匀混合后由出料口排出。

当种子需拌入粉药时，开启粉药箱下的振动给料机，就能定量地把粉药送入搅拌槽中，粉药撒在翻转的种子上经搅拌能均匀地混合。当较光滑的种子要拌粉药时，也可以粉、液（水）剂同时使用，通过调节振动给料机的电流大小和出口插板开度来控制粉药与种子的配比。

2. 精量播种设备

穴盘育苗的精量播种生产线，如图 7-5 所示。该生产线包括基质筛选、基质混拌、基质提升进料装箱、穴盘装料、基质刷平、基质压穴、精量播种、穴盘覆土、基质刷平、喷水等工艺流程。主要设备包括基质混拌机、基质自动装盘机、旋转加压刷、精量播种机、基质覆盖机、自动洒水装置等。其功能分别为：基质混拌机进行复合基质的混合搅拌，使各基质成分混合均匀，制成理想的复合基质；基质自动装盘机能够自动准确地将复合基质装填到苗盘各孔穴中，并将多余基质自动返回加料斗中；旋转加压刷是在装填完基质的苗盘各孔穴内基质表面适当加压，以使表面平整；精量播种机可以高速、准确地将种子播入苗盘各穴孔中；基质覆盖机是在播种好种子的穴盘上面均匀覆盖一定厚度的基质；自动洒水机能给苗盘各孔穴内均匀喷洒适量水分。

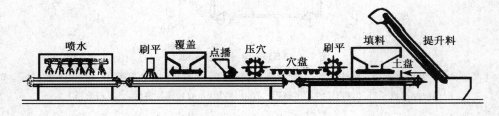

喷水　　刷平　覆盖　点播　压穴　　穴盘　　刷平　　填料　提升料

图 7-5　穴盘育苗精量播种生产线

精量播种设备的整套流水线一般都按功能划分成几套（台）设备，各设备可组合成整个流水线，也可单独运行。整个播种系统由计算机控制，可对流水线的传动速度、播种速度、喷水量等进行自动调节，设备之间的协调一般通过传送带的同步来保证，每小时可播种 1 000～1 200 盘。

精量播种机是精量播种流水线的核心部分，下述是几种常用精量播种机类型，生产中可根据需要选配。

(1)全自动真空吸附式播种机　能将充填基质、刮平、压坑、点种、盖种、喷水整个生产线全部实现自动化。配有线性运动式播种棒,可调节的振荡器和真空控制器及供选用的九套针头。可精播任何类型的小种子,包括眼睛识别困难的、较小的、稀奇种子。播种速度为200盘/h(以288孔穴盘为标准),使用动力为110 V或220 V。

(2)齿盘转动式播种机　由一组受光电系统控制的凹齿圆盘组成,播种前根据苗盘孔隙数目和种子粒径来选换齿盘。作业时,当控制播种器的光电板被传送带上行走过来的苗盘遮挡时,磁力开关自动打开,于是位于种子箱内的齿盘定向转动,此时齿盘上的每个凹齿从种子箱内舀上一粒种子。苗盘的纵向行数与凹齿圆盘的片数相等,苗盘在传送带上行走速度与圆盘的转速保持同步,圆盘上凹齿间距与苗盘的孔距相等,保证种子准确落入苗盘孔穴里。苗盘离去后,磁力开关关闭,齿盘停止转动,等待下一个苗盘出现。如美国文图尔公司和我国研制的ZXB-360和ZXB-400型播种机。

(3)小型针式播种机　特点是体积小、重量轻、可折叠,移动方便、操作简单;从选种到振动调节,从真空控制到针式清洁器的使用均为气压驱动,播种速度为每秒一排,速度快,精度高;适用苗盘的高度不超过11.4 cm,宽度不超过43 cm的各类穴盘均可使用,适用各类小粒种子,如番茄、甜瓜等。

图7-6　针式播种机

针式播种机发展较早、应用范围广、播种精度高,单粒播种精度最高可达99%,根据驱动方式的不同,针式播种机播种速度为100～200盘/h。采用不同孔径吸针,可实现对尺寸极小种子如秋海棠种子(65 000粒/g,用0.1 mm吸针)直至大粒种子如南瓜种子(10粒/g,用1.15 mm吸针)的精量播种。图7-6为针式自动播种机,主要由机架、种盒、种盒振动器、吸针、摆臂驱动装置、气泵、气体管路和调压阀等部分组成。

该机在工作时,首先将种子放入种盒内,气体振动器按播种工作周期振动种盒,使种盒内种子处于"沸腾"状态,便于吸针单粒吸种;摆臂气缸通过固定在机架上的摆臂凸轮,实现吸针前摆吸种和吸针后摆投种作业。摆臂凸轮驱动吸针前摆时,吸针气路与真空发生器相连,吸针内外产生压力差,实现吸针在种盒内吸种,吸种完毕后,摆臂凸轮驱动吸针后摆,此时切断真空发生器气路,吸针内外压差消失,吸针吸附的种子在重力作用下经落种导管滑落到穴盘穴内,气泵对吸针加正压,清洗吸针,完成一次播种作业。

图7-7所示为日本的洋马YVMP130型精量播种生产线采用的真空针式播种装置。真空

针式播种装置主要由真空气泵、针式吸嘴 1、落种导管 2 和种盒 3 等部分组成。

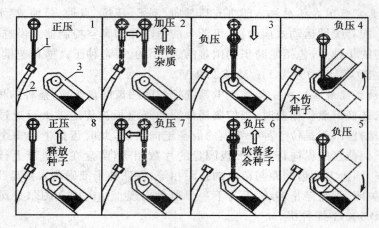

图 7-7　针式播种装置工作原理示意图

如图 7-7 所示,其工作时,针式吸嘴 1 从落种导管 2 正上方平移到种盒 3 上方,在此过程中,吸嘴内部处于正压状态,随着压力进一步增加,吸嘴内的杂物被清除,为下次播种作业做准备;随后在气泵的作用下,吸嘴内部转为负压状态,吸嘴向下移到种盒内的种子上方,振动种盒使盒内种子达到沸腾状态,这样有利于种子的吸附,通过吸嘴内外压差吸附种子,然后,吸嘴向上运动,离开种盒并平移到落种导管上方,这时在气泵的作用下,吸嘴内部的压力从负压状态转为正压状态,种子在吸嘴正压和重力作用下沿落种导管落入穴盘穴内,完成一次播种过程。由于靠气力吸种,在播种过程中不损伤种子,且对中小粒种子适应性较强。针式吸嘴孔径有 0.1 mm,0.3 mm,0.4 mm 等型号,根据蔬菜种子尺寸和形状的不同进行更换。

3. 育苗灌溉设备

育苗面积小时,可以采用喷壶或连接水龙头的喷头进行人工灌溉。在规模化育苗中,常采用移动式喷灌机供应水分,这样不仅省工省时、灌水均匀,而且可以和肥料泵联用,实现灌溉施肥一体化作业。

4. 育苗环境及基质处理设备

(1)基质搅拌设备　基质搅拌是穴盘育苗作业中的一个重要环节,直接影响基质填充和播种等作业质量以及后期秧苗的生长发育。穴盘育苗基质通常由 2~3 种基质材料构成,如沙子、煤渣、草炭、蛭石和土壤等。基质搅拌的目的是使各种具有不同特性的基质材料均匀地混合在一起,最终使搅拌好的基质具有均匀良好的持水性、透气性、颗粒性、压实度、透水性等性能。

基质搅拌机具有不同的分类方法,根据搅拌轴的数目可分为单轴、双轴和多轴(三轴以上),一般以单轴和双轴搅拌形式居多;依据搅拌轴的布置方式不同,可分为立式和卧式;根据搅拌叶片形状不同,可分为螺条式、螺带式和桨叶式等。

(2)环境和基质消毒设备　保持清洁卫生的育苗环境,使用无病原菌和虫(卵)的育苗基质,是确保幼苗健康生长、提高育苗效益的关键措施。为此,在育苗实践中,除人工去除杂草、育苗用具的化学消毒(福尔马林、来苏儿溶液等)、防虫网阻断害虫的侵入外,还要利用适当的设备,对育苗环境和基质进行消毒。常见的消毒设备有:

①手推式雾扇：以往多采用手持式喷雾器进行药剂喷洒，随着育苗的规模化，一些先进的药剂喷洒设备也被逐渐用于育苗。手推式雾扇采用离心式雾扇，防阻塞效果好，雾粒微小达 5～10 μm，不仅可用于育苗温室的杀菌消毒，还可用于夏季温室喷雾降温。与此类似，还有手推式喷雾车，它可以垂直喷射和水平喷射，在育苗中多采用水平喷射，可以用于苗期叶面施肥及杀菌消毒。

②硫黄熏蒸器：与药剂喷施相比，采用硫黄熏蒸器进行杀菌消毒处理，具有省工省力、药残少、不增加温室湿度的特点，因此，常为育苗生产所用。一般每亩地的温室悬挂 5～6 个，即每 120 m² 安放 1 个，在防疫期每天熏蒸 2～3 h，通常在晚上 8～9 时开始熏蒸，熏蒸时密闭温室，以求达到最佳熏蒸效果。在病发期，每天可熏蒸 8～10 h。硫黄熏蒸对蔬菜幼苗白粉病、灰霉病、黑斑病等真菌病害防治效果都较好。

③蒸汽消毒机：目前，穴盘育苗一般均采用物理、化学和生物学性状优良的轻型基质，已很少采用土壤基质，因此，基质的病虫害侵染几率大大降低。但是，基质运输、贮备、混合过程也会造成病菌和害虫的侵染。为了彻底杀灭基质中病原菌和虫(卵)，常常需要采取基质消毒措施。蒸汽消毒机是国内外穴盘育苗最常用的消毒设备，其杀菌灭虫效果好，无公害和化学残留，对操作者也安全。蒸汽消毒机利用燃油产生高温水蒸气，经输送管道通入基质(堆)中部，基质表面用隔热帆布或厚塑料布覆盖，确保高温持续一定时间。蒸汽消毒机除可以对育苗基质杀菌消毒外，还可以用于苗床以及育苗器具杀菌消毒。如胖龙温室工程有限公司销售的 Sioux 蒸汽发生器，是一种燃油式锅炉，每小时蒸汽输出量为 91 kg，从开始启动到达到消毒要求只需要 30 min 左右，最高输出温度可达 121℃。针对不同病原菌所需蒸汽温度和消毒时间不同，如表 7-1 所示。

表 7-1　Sioux 蒸汽发生器消毒指南

类型	蒸汽温度/℃	消毒时间/min	类型	蒸汽温度/℃	消毒时间/min
杂草	70～80	15	寄生虫	55	15
昆虫及螨类	60～71	20	茎腐病(丝核菌)	52	30
多数细菌	60	10	褐腐病(盘核菌)	40	5
尖镰孢菌	57	30	腐霉菌	46	40
灰霉菌	55	15			

5. 种苗贮运设备

种苗的包装和运输是种苗生产过程的最后一道程序，对种苗生产企业来说非常重要，如包装和运输方法不当，可能造成较大损失。

种苗的包装设计包括包装材料的选择、包装设计和装潢、包装技术标准等。种苗包装设计应根据苗的大小、育苗盘规格、运输距离的长短、运输条件等确定包装规格尺寸、包装装潢和包装技术，包装标志必须注明种苗种类、品种、苗龄、叶片数、装箱容量、生产单位，每个穴盘在进入包装箱之前应该仔细检查标签是否完整、正确。

包装箱多为多层包装纸箱，一般可放置 4～6 个穴盘，采用纸板分层叠加，内隔层纸板经防潮处理，可避免因潮湿造成穴盘挤压。包装箱应注意在箱外标注"种苗专用箱"、"向上放置"等标记，并设置种苗标签粘贴处，注明品种、数量、规格等。

种苗的运输设备包括封闭式保温车、种苗搬运车辆、运输防护架等；根据运输距离的长短、运输条件等选择运输方式;种苗运输过程中,经过包装的秧苗放在运输防护架上,这样不仅装卸方便,而且能保证在运输过程中,秧苗处于适宜的环境中,减少运输对苗的危害和损失。运输车辆尽可能使用冷藏车,运输途中温度尽量接近目的地的自然温度,冬季 5~10℃,不得高于 15℃;空气相对湿度保持在 70%~75%;其他季节的运输温度 15~20℃,不得高于 25℃;空气相对湿度保持 70%~75%。

第三节　工厂化嫁接育苗设施与设备

一、嫁接的目的和作用

将一植物体的芽或枝连接到另一植物体的适当部位,使两者愈合生长形成一个新植物体的技术称为嫁接。嫁接用的芽或枝称为接穗,承受接穗的植物体称为砧木。一般的嫁接植株由砧木和接穗两部分组成,有些在砧穗之间还有中间砧。通常情况下,砧木构成嫁接植物体的地下部分,接穗构成地上部分,前者为后者提供水分和矿质营养,后者为前者提供光合同化产物。利用嫁接方法培育植物苗木的技术即嫁接育苗,在园艺植物生产中广泛应用。园艺植物嫁接育苗的目的和意义主要体现在以下几个方面。

(1)无性繁殖,保持品种的优良性状　嫁接是一种无性繁殖手段。嫁接时,接穗一般取自遗传性稳定的栽培品种的成龄植株,嫁接后其遗传组成没有改变,仍表现出母本的性状,整齐稳定。

(2)减少病虫危害,增强植株抗病虫能力　利用砧木的抗性可减少土壤病原菌、害虫对植物体的侵染和危害。在欧洲,葡萄以前主要靠扦插繁殖,容易受根瘤蚜危害,在根部产生根瘤,严重影响根系的吸收功能而造成减产,甚至死亡。后来,利用抗根瘤蚜的美洲葡萄为砧木嫁接解决了这一问题。减轻和避免土传病害,克服连作障碍是蔬菜嫁接栽培的主要目的。

(3)提高接穗抗逆性,增强环境适应能力　多数砧木来自野生或半野生植物,抗逆性强。利用这些砧木嫁接可以提高接穗的抗逆性和环境适应能力,表现出耐寒、耐热、耐盐、耐旱、耐湿(涝)、耐瘠薄等特点,并能扩大品种的栽培区域。

(4)促进生长发育,实现早熟丰产　嫁接利用砧木发达的根系增强植株吸收水分和矿质营养的能力,增加根部物质的合成,提高地上部的代谢活性和抗逆、抗病水平,生长发育旺盛,为早熟丰产奠定了基础。砧木的耐低温特性使嫁接植株在较低温度下也能正常生长,可以提早定植,提前开花结果,延长生育期和采收时间。另外,许多通过嫁接繁殖的植物,接穗取自成龄植株,育成的嫁接苗木也具有成年期的特点,比种子繁殖开花结果早。这对于多年生园艺植物,尤其是果树生产具有重要意义。

(5)实现特定的栽培或观赏目的　通过嫁接可以改变和控制株型与性别。矮化密植栽培已成为当前国内外果树发展的趋势,利用矮化砧、矮化中间砧控制树冠发育,使树体矮小紧凑,不仅便于果园管理和采收,还能使果树提早结果,增进果实品质,并经济利用土地。银杏雄株不结果,用雌性接穗改接成雌株,或将雄株枝条嫁接到雌株上使银杏变为雌雄同株则可获得高产。嫁接在观赏植物造型中的应用也很普遍,从而提高观赏价值。月季是丛生的,株形较矮,如果将其嫁接到速生的直立性强的粉团蔷薇上,通过人工修剪可培育成有主干的树形月季,美观诱人。用嫁接技术可以改变植物花、叶、果的形状和色彩,获得分期开花结果、花叶形色各异的观赏类型。用山杏嫁接紫叶李，比用山桃嫁接叶色更红，鲜艳美观。仙人掌类植物种类很多，采用嫁接方法，使之形态千变万化，奇特清雅，花朵美丽。

（6）扩大繁殖系数，加速优良品种苗木繁育　嫁接利用一个枝段或一个芽，甚至一个茎尖培育成一个完整植株，可大大提高繁殖系数。西瓜芯长接将发育茎蔓的切段或生长点嫁接在子叶期的砧木上，不仅提高了繁殖系数，而且缩短了苗期，子叶苗嫁接一般需要 40～50 d 成苗，芯长接可缩短到 15～20 d。将嫁接与组织培养技术相结合，可以缩短育苗周期，加快育苗速度，提高繁殖系数，并且有利于提高苗木质量，适于工厂化育苗和名特优新品种的快速繁育。利用茎尖不带病毒的特点，采用微体嫁接技术可以大量生产无病毒良种苗木，这在西班牙、美国和日本等国均已作为"柑橘品种改良计划"在全国范围内实施。我国在柑橘、苹果、葡萄、香蕉、甘蔗、草莓等植物上也有应用。

二、嫁接对砧木的要求

（1）与接穗亲和力强　与接穗的亲和力强是选择砧木的首要条件，以保证嫁接后能够成活，植株生育正常，不发生共生不亲和现象。一般来说，植物分类学上亲缘关系近的，有性杂交能够形成种子的，嫁接成功的可能性较大。但亲和力强弱也有与亲缘关系远近不一致的情况。为避免给生产造成大的损失，对于新引进的砧木，最好先做嫁接亲和性试验。

（2）抗病虫能力强　减少病虫危害是嫁接栽培的主要目的之一，不同砧木类型存在对不同病虫种类及其抗性程度的差异。因此，以抗病虫为目的选择砧木时，首先应考虑针对何种病虫害、土壤中病虫害的发生程度以及主要病原菌和害虫的类群，尤其对某些土传病虫害应达到免疫或高抗，同时兼顾在其他方面的优势以及与接穗的抗性互补。

（3）适应逆境能力强　优良砧木应具有耐旱、耐涝、耐热、耐寒、耐盐碱、耐瘠薄等特点，嫁接后能提高植株的抗逆性和环境适应能力，为旺盛生长奠定基础。由于不同砧木类型存在抗性差异，选择砧木时必须考虑栽培地的气候和土壤条件，做到有的放矢。

（4）具有良好的生长特性　砧木本身应具有良好的生长特性，根系发达，适应性强，吸收肥水的能力强，长势旺盛，且嫁接后能显著促进接穗的生长发育和开花结实，不发生生理性异常。早熟丰产是多数园艺植物嫁接栽培的最终目的，因此，要求砧木必须具备嫁接增产的能力。不同砧木对生长的促进作用和增产效果存在基因型差异，砧木的作用也因接穗而不同，必须将两者统筹考虑。

（5）对果实品质无不良影响　同一接穗品种嫁接在不同砧木上，其品质有显著变化。将温州蜜柑嫁接在甜橙或酸橙上，品质较差；嫁接在柚子上，果实皮厚，含糖量低；嫁接在枳上，果实大，色泽鲜艳，成熟期早，糖分高，酸度低；嫁接在南丰蜜橘上，果实皮最薄，口感最佳。不同砧木类型和品种对嫁接西、甜瓜果实品质的影响备受关注。

（6）能够达到特定的嫁接目的　果树矮化砧能使树体变矮，不仅便于管理，而且具有结果早、早期丰产的特点，而乔化砧的结果时间相对较晚，因此，矮化密植栽培成为果树生产发展的趋势。相反，用材林则要求树干通直高大，必须选用乔化砧，以促进生长，提高产量。为了提高园林植物的观赏价值，选择砧木时更有其特殊要求。

（7）来源丰富，便于大量繁殖　选择砧木时必须将砧木的特性与栽培季节和方式、气候和土壤条件、嫁接目的以及接穗品种特性相结合，同时还要考虑砧木的来源价格以及嫁接操作方便程度等因素。

三、适于机械化嫁接的方法与嫁接机器人

人工嫁接，即使技术比较熟练，每人每天也只能嫁接 600～800 株，工效很低。应用嫁接机器人技术则可以大幅度提高嫁接效率和成活率。在机械化嫁接过程中，要解决的重要问题是胚轴或茎的切断、砧木生长点的去除和砧、穗的把持固定方法。平、斜面对接法是为机械切断接穗和砧木、去除砧木生长点以及使切断面容易固定接合而创造的嫁接方法。根据机械的嫁接原理不同，砧、穗的把持固定可采用套管、陶瓷针、嫁接夹或瞬间黏合剂等。适于机械化嫁接的方法主要有以下几种。

1.单子叶切除式嫁接法

为了提高瓜类幼苗的嫁接成活率，日本设计出砧木单子叶切除式嫁接法，如图 7-8 所示。保留南瓜砧木的一片子叶，将另一片子叶和生长点一起斜切掉，切面长度 0.5～0.8 cm，然后与在子叶节下 1 cm 处向下斜切的黄瓜接穗相接合。南瓜子叶和生长点位置非常一致，所以把子叶基部支起就大体确保把生长点和一片子叶切断。砧、穗的固持采用嫁接夹比较牢固，亦可用瞬间黏合剂涂于砧木与接穗的接合部位。

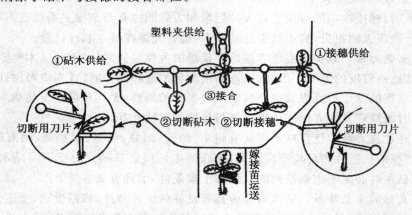

图 7-8　砧木单子叶切除智能嫁接示意图（王秀峰，陈振德，2000）

此法适于机械化作业，操作简单，嫁接速度快，切面较大，易于愈合成活。日本井关农机株式会社已制造出砧木单子叶切除智能嫁接机，需三人同时作业，每小时可嫁接幼苗 550～800 株，比手工嫁接提高工效 8～10 倍。

2.平面智能嫁接法

平面智能嫁接法由全自动智能嫁接机完成，如图 7-9 所示，适于子叶展开的黄瓜、西瓜和 1～2 片真叶的番茄、茄子。这种方法要求砧木、接穗均用 128 孔穴盘育苗。

作业过程：首先，由一台砧木预切机将砧木在子叶以下把上部茎叶切除，在育苗穴盘行进中完成；然后，将切除了砧木上部的穴盘与接穗穴盘同时放在全自动智能嫁接机的传送带上，嫁接作业由机械自动完成。砧木穴盘与接穗穴盘在传送带上同速行至作业处停下，一侧伸出机械手把砧木穴盘中的一行砧木夹住，与此同时，切刀在贴近机械手面处重新切一次，使露出新的切口；紧接着，另一侧的机械手把接穗穴盘中的一行接穗夹住切下，并迅速移至砧木之上将两切口平面对接，然后从喷头喷出瞬间黏合剂（2-氰基丙烯酸酯）将接口包住，再喷上一层硬化剂把砧穗固定。

此法完全机械化作业,嫁接效率高,每小时可嫁接1 000株,驯化管理方便,成活率及幼苗质量高。由于是对接固定,砧木、接穗的胚轴或茎粗度稍有差异不会影响成活率。

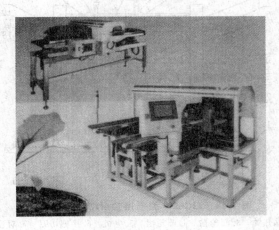

图 7-9　TGR 全自动智能嫁接机(王秀峰,陈振德,2000)

3.磁力压嫁接法

由日本群马县园艺试验场研究开发,利用棒状胶体磁铁的柔软性和适度的吸附力作为成列嫁接的托架,对幼苗进行嫁接,在黄瓜、番茄上已经获得成功。首先将黄瓜和番茄的砧木和接穗播种于穴盘中,黄瓜砧木和接穗子叶展平时嫁接,番茄砧木和接穗3片真叶时嫁接。嫁接时,用一对胶体磁条夹嵌住接穗胚轴,沿底侧斜面切断带根系的胚轴,用另一对胶体磁条夹嵌住砧木胚轴,沿上侧切断带子叶胚轴,去掉幼苗顶端,然后将砧木和接穗的切断面对齐,靠上下磁条磁力吸附在一起,嫁接完毕后将穴盘送至驯化设施内,促进愈合,成活后再去掉磁条。该法的优点是胶体磁条吸附力适中,既不会损伤胚轴,也不会分离,对齐一点,即可使整列都对应,嫁接效率和成活率较高。胶体磁条可多次重复使用。

4.插接式嫁接法

2JC-350型插接式嫁接机是东北农业大学开发研制的半自动嫁接机,它以瓜科蔬菜(黄瓜、西瓜和甜瓜)为嫁接对象,以普通菜农和中小型育苗中心为使用对象。插接式嫁接法具有嫁接作业简便,成活率高,不需夹持物,嫁接育苗中应用广泛等优点。该机采用半自动式,人工上砧木、接穗苗和卸取嫁接苗。

如图7-10所示,2JC-350型嫁接机的结构主要包括:①砧木夹和压苗片等组成的砧木夹持机构;②砧木切刀等组成的砧木切削机构;③插签等组成的砧木打孔机构;④接穗夹等组成的接穗夹持机构;⑤接穗切刀等组成的接穗切削机构;⑥主滑动块、下压总成、插签滑块和接穗夹滑块组成的滑动机构;⑦分别固定安装在接穗夹滑块和插签滑块上的对位销和对位座组成的对位机构;⑧电机、凸轮组和传动杆组组成的动力传动机构等。

2JC-350型插接式自动嫁接机工作时,通过凸轮组控制工作时序,实现一系列的嫁接作业流程。首先,砧木夹将砧木夹紧,压苗片联动下压将砧木子叶压平,砧木切刀切除砧木生长点,主滑动块左行到达左工作位置,压杆下压带动插签滑块下行打孔后上行;接穗夹和接穗切刀同时动作完成夹持和切削接穗,主滑动块右行到达右工作位置,压杆下压带动接穗夹滑块下行插接,打开接穗夹后上行退苗,完成一个工作循环。

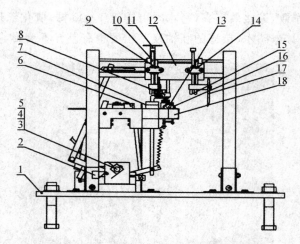

图 7-10   2JC-350 型插接式自动嫁接机简图

1.底座   2.位移开关   3.凸轮轴   4.凸轮组   5.电机   6.接穗切刀   7.对位座   8.接穗夹
9.接穗夹滑块   10.双柱导向杆   11.压杆   12.主滑动块   13.砧木切刀   14.插签滑块
15.对位销   16.压苗片   17.插签   18.砧木夹

第四节   工厂化组培育苗设施与设备

一、组培育苗在园艺作物生产中的地位

组培育苗也称试管育苗,是在人工控制条件下,将植物组织如茎、叶或花等,在试管内的人工培养基上进行离体培养,形成具有根、茎、叶的幼苗后,再经试管外驯化成苗。这种育苗方法不是用种子繁殖培育秧苗,而是利用植物组织的再生能力培养成苗,运用营养体进行快速繁殖,因此,属于无性繁殖。这种育苗方法对于难以得到种子的植物,或能结籽而种子量很少的植物以及属于营养体繁殖的植物来就,是一种好的快繁方法。

试管育苗能够保持原有品种的优育性状,获得无病毒苗木,提高繁殖系数,利于实现育苗的自动化、工厂化和周年生产,实现在室内人工控制条件下以高密度、快速度繁殖。

试管育苗法最早用于育种过程,随着组培育苗技术的成熟和组培苗驯化过程环境控制能力的增强,组培育苗技术在园艺作物尤其是无性繁殖的园艺作物的种苗快繁上发挥越来越重要的作用,目前已广泛应用于园艺植物的秧苗扩大繁殖中,如马铃薯、生姜、大蒜等蔬菜作物;草莓、香蕉等果树作物;兰科花卉、红掌、马蹄莲等高档花卉作物的种苗生产,均广泛采用工厂化组培育苗。因此组培育苗在园艺作物种苗生产中具有重要地位。

二、组培育苗的工艺流程

组培育苗过程是在植物激素的调控下进行的,使用的植物生长调节物质主要有:生长素类,如吲哚乙酸、吲哚丁酸、萘乙酸等,主要调控向根方向的分化;细胞分裂素类,如 6-BA、玉米素等,调控向茎、芽方向的分化。两类激素的比例最终控制着细胞和组织的分化方向。

当组培苗生根长度达到 $1\sim2$ cm 时,准备移栽。移栽之前可用降低培养温度(20℃以下)

和增加光照度(3 000 lx 以上)的方法进行 1 周左右的炼苗,移出前 1～2 d 将培养瓶移入温室,打开瓶口。从培养瓶中小心地取出生根试管苗,用清水仔细洗去培养基,用纸将水吸干,再移栽到锯末与泥炭比例为 1∶1 或蛭石与珍珠岩比例为 1∶1 的基质中,喷透水,基质应预先消毒。开始阶段覆盖保湿,空气湿度为 80%～90%或以上,温度为 20～25℃,适当遮阳,防止强光照射。1 周后降低湿度,浇营养液,保持基质相对湿度 60%～70%为宜。

　　试管苗在试管内的扩增阶段,对管内和室内微环境以及培养基的组成成分要求较高;在驯化阶段,对环境中的温度、湿度及光照条件要求严格;如果控制不当,难以顺利成苗和培育壮苗。因此,对设施、设备条件和技术水平要求较高。

　　组培育苗的工艺流程如图 7-11 所示。

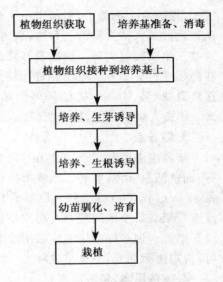

图 7-11　组培育苗的工艺流程

三、组培育苗配套设施与设备

　　组培育苗配套设施一般由四大部分组成,即准备室、接种室、培养室和炼苗温室。

1. 准备室

准备室一般由洗涤室、培养基配制室、培养基分装及高压灭菌室组成。

洗涤室　根据组培室的年生产能力安排房间大小,一般年产百万株苗的工厂要有 20～30 m² 的洗涤室,洗涤室的中间设宽 1 m,长 4～6 m 的洗涤水槽,上设多个水龙头,内镶白瓷砖,底铺硬橡胶板,以防玻璃器皿清洗时碰底破碎。房四周放多排多层木架,放置待清洗及清洗后的玻璃器皿,主要是三角瓶及小型平底白色罐头瓶(代替三角瓶做培养瓶),其周转量应在 1 万瓶左右。本室需配备橡胶手套、各式瓶刷及大型塑料果筐若干。现缺乏真正实用的洗瓶机器,故需人工洗瓶。

培养基配制室　一般在 16～20 m² 即可。中间设置长形或方形工作台,配制培养基用。台上放量筒、烧杯、移液管,自制刻度的 26～28 cm 口径、较深的铝或钢锅 2～3 个。一边设沿墙工作台,放置粗天平(1～500 g)一台,分析天平(1/1 000 g)一台,实体解剖镜一台;另一边放药品柜一个,放置各种瓶装配制培养基的大量元素、微量元素、有机质、琼脂、白糖。电冰箱或冷藏柜一台,内放激素类,配置好的培养基母液等。还需放置酒精桶(95%工业酒精即可),蒸馏水桶若干。

培养基分装及高压灭菌室　需要面积 30 m² 左右,中央需工作台一个,用于放置培养瓶,分装培养基用的医用下口杯。一边放大型立式或卧式高压灭菌锅两个,一边放鼓风干燥箱一台,用于烘干移液管类的玻璃器皿、棉塞等。电炉或煤气罐一个,用于熬固体培养基中的琼脂以及培养基中的糖。一角放蒸馏水器(50 L)一台,灭菌锅和蒸馏水器电源需专用线路。另一边放置一排木架子,一层 30 cm 高即可,上放硬橡胶板,用于放置灭菌后的培养瓶。

2. 接种室

接种室需要面积 200 m² 左右,能放置单人 8 台或双人 4 台超净工作台,最好选用垂直送风、前面带玻璃幕帘,净化级为 100 级或更高级的超净台。每个工作台侧面能放置一台医用小平车,正面放一把椅子,要留出小平车的过道。如再有空间应放置几个小木架,用于在紫外灯消毒之前放入待接种的三角瓶,余者放在超净台上,以便在接种操作之前,打开紫外灯时就把这些三角瓶同时灭菌。房间顶部装紫外灯管,如有条件者可装空调机和空气过滤除尘器。现在的超净台有 220 V 电压的,但因功率大,仍需专用电路。每个超净台上需酒精灯一盏,15 cm深广口瓶(装 10 cm 左右 90％酒精)一个,解剖刀一把,医用枪状 25～30 cm 长镊子一把,30 cm 长大镊子一把,培养皿(12 cm 或 15 cm),或白瓷碟若干。

3. 培养室

培养室总面积 80～100 m²,可分成 3～4 间,要求采自然光量尽可能大;保湿、隔热效果好;四壁洁白,清洁明亮。培养架每层高 30 cm,宽 50 cm,长为 130 cm 的倍数,总高 6～7 层,每 130 cm 长,50 cm 宽的一层架子上装两根 40 W 电子节能灯管。培养架可用木架、铝合金架或钢管架。每个房间装有大功率空调机 1～2 台,使得盛夏全部灯光开放时屋内温度能降至25℃以下。现在许多培养室采用玻璃温室式,春、夏、秋 3 个季节的晴天不加灯光,只需降温即可,仅阴雨天加光,冬季早晚补光、加温。

4. 炼苗温室(移栽温室)

瓶苗在培养室内生长时,首先确保相对湿度为 100％,其次是无菌,第三是营养与激素供应,第四是适宜的光照和温度。瓶苗出瓶种植后,环境发生剧变,这是造成瓶苗移栽死亡的原因,故瓶苗出瓶后种植时需要一种特殊温室,即炼苗温室或称移栽温室,这是组培工厂化生产必不可少的一个车间。炼苗温室的环境调控设备尽量齐全,环境调控能力强,和一般穴盘育苗温室有一定不同,为了保证移栽成活率,炼苗温室必须配有如下仪器和设备:

(1)空气湿度控制设备　温室内最好装有喷雾设备,并能用电脑自动控制,也可人工控制,要使室内湿度保持在 90％～100％,室内要有干湿球温度计或其他湿度测定仪。如无喷雾设备,则必须在温室内设小型塑料拱棚,可采用低于地表的地下床或与地面平的平畦,上设高50～60 cm 的半圆形拱棚,棚内放刚才上钵的幼苗。

(2)光照控制设备　温室内可设自动控制的遮阳网或人工控制的遮阳网,春秋季节中午要遮光,夏季几乎全天遮光,但阴雨天要有补光设备,可设 400 W 高压钠灯,尤其是冬季阴天或夏季连雨天时,一定要补光,使光强维持在 3～10 klx。

(3)温度控制设备　温室一定要有加温、降温设备,并设有温度记录仪,有条件的炼苗温室可加冷热空调,电风扇等。一般温室也需有遮阳降温、喷水降温、排风扇降温及冬季暖气片、热风炉加温等加温设备,使温室温度夏季不高于 28℃,冬季不低于 18℃。此外温室应设电热温床,使温室地温高于气温 2～3℃,尤其是冬季天气寒冷时,电热温床能极大地提高瓶苗移栽成活率。

(4)空间利用设备　炼苗温室还可在部分甚至全部面积上设置多层的铁架床,架子总高1.5 m 左右,分 3～4 层,或架子高 1.0 m 左右,分 2～3 层,架子宽一般 60 cm(按一个百孔盘的长度计算或两个百孔盘宽度计算)。长度根据温室宽度而定,两排架子之间留 40～50 cm 宽的过道,或者设置宽 1～2 m 的架子,但这种架子上能放置特制的容器及容器通道,以便拉动容器,方便作业。架子上,一般放置已经上盆成活的幼苗或对环境抗性强的刚移栽的幼苗,喜光者放上层,喜阴者在下层培养,这样能充分利用炼苗温室的空间。

第五节　闭锁型育苗生产系统简介

1. 系统特点

闭锁型育苗生产系统是近期日本研究的一种高效育苗方法,其特点为:

①采用绝热壁板围护的(绝热仓库状)空间,使通过壁板的热能交换维持在最小值;

②尽量阻止因换气而产生的系统内外的物质(空气等)和热能的交换,即使在设定的室温比外界高的情况下也不通风换气,采用空调机维持设定的室温;

③只采用人工光源(白炽灯或 LED 光源)提供植物成长所需的光强;

④采用多层育苗方式,每层设置有光源,空间利用率高。

2. 系统构成

(1)由不透光的绝热壁板组成围护结构　减少通过壁板的传热,并能防止室外气温比室内气温低时的壁内侧结露。同时,系统内环境容易控制。

(2)空调系统　系统内外的热交换采用热泵(空调机)来进行。目的是减少通风换气带来的内外能量与物质交换,使系统内的水蒸气和 CO_2 损失降至最低,同时使系统内的环境容易控制。

(3)育苗床架与人工光源　生产幼苗或株高较小的植物(数 10 cm)时,采用 4 层以上的多层架,每层架分别安装光源。各层中安装空气搅拌风扇,以产生 40～70 cm/s 的均匀水平气流速度。

闭锁型系统的其他主要组成部分还有空气搅拌风机、CO_2 施用装置、灌溉设备以及环境调控设备。

3. 与温室育苗相比的优势

在种苗生产方面,相对于温室而言,闭锁型育苗系统具有以下优势:

①系统的年运转率高,育苗次数多。种苗的最大可能年生产量可以到达温室育苗的 7～11 倍以上。

②容易实现自然界或温室中不可能产生的环境,可实现计划性生产和稳定的生产,能够避免受灾损失,并容易提供适宜幼苗生产的环境,可在短期内生产高品质商品苗。

③节省资源、保护环境、节省空间、节省劳力。和常规温室育苗比,水的消耗量仅为温室育苗的 1/20,CO_2 的消耗量为温室育苗的 1/2,肥料的消耗量为温室育苗的 2/3,农药的使用量仅为温室育苗的 1/10。耗电费用约每株苗 1 日元,只有温室生产成本的百分之几。即使在盛夏,制冷费用也仅为温室电力成本的 15% 左右。即使在寒冷地区的冬季,基本无加温费用。

④构成设施与设备如空调机、荧光灯、空气搅拌风机、绝热材料、多层架等可重复利用,性价比高。

⑤室内环境稳定,盛夏的晴天白昼即使停电也不会产生室内过高的温度,严冬的夜间,即使停电也不会造成室内气温骤然降低。

⑥苗的生育均匀整齐,因此适于生产嫁接苗与机械定植的苗。该育苗系统还可以作为嫁接苗的养护和驯化。

复习思考题

1.工厂化育苗有什么实际意义？它的特点是什么？

2.工厂化穴盘育苗需要用到哪些关键设备？其结构特点和工作原理是什么？

3.简述适于机械化嫁接的主要方法和设备。

4.简述工厂化组培育苗的工艺流程及其设备。

5.蔬菜播种前为什么要经过种子加工处理？

6.试述种子包衣机的结构及工作原理。

7.简述针式播种机的结构组成及其工作过程。

8.简述气吸育苗播种机和播种板的组成及工作原理。

参考文献

[1]　别之龙,黄丹凤.工厂化育苗原理与技术.北京:中国农业出版社,2008

[2]　王秀峰,陈振德.蔬菜工厂化育苗.北京:中国农业出版社,2000

[3]　高丽红.蔬菜穴盘育苗实用技术.北京:中国农业出版社,2004

[4]　高丽红.蔬菜快速育苗技术.北京:中国农业科学技术出版社,2006

[5]　辜松.蔬菜工厂化嫁接育苗生产装备与技术.北京:中国农业出版社,2006

第八章　温室环境检测与调控器

学习目标

● 了解生物生长发育环境因素及其影响
● 掌握环境信息传感、变送、采集器与调节的基本原理
● 能够选择和应用不同环境信息传感变送器和调节器
● 熟练设计和构建设施环境监测和调节系统

第一节　温室环境因素及其特性简介

环境是指围绕着生物体周围的所有事物。而本章节所关注的主要是那些对生物的生长发育和产品转化具有直接作用的主要环境因素,其一般可分为物理环境和化学环境两方面。物理环境包括生物周围的温度、光照和热辐射、空气和水的运动状态等,其中由空气温度、湿度、热辐射、空气与水的流动等因素所构成的环境称为热环境。热环境是自然界中在不同地区和不同季节变化最大、最易出现不利农业生物生长发育条件的因素,是本学科重点研究内容之一。化学环境主要是指生物周围空气、土壤和水中的化学物质成分组成,主要包括对农业栽培植物生长发育有害的 CO、H_2S、SO_2、NH_3 等成分,以及土壤或水中的各种化学物质组成的情况。

环境是影响农业生物生长发育,决定其产品产量和品质的重要因素。影响和决定农业生物的生长发育、产品产量和品质的各种因素可以概括为遗传和环境两个方面。遗传决定生物生长发育、产量高低和产品品质等方面的潜在能力,而环境则决定生物的遗传潜力能否实现或在多大程度上得以实现。再好的良种,如果没有适宜的环境条件,就不能充分发挥其遗传潜力。所以,研究与学习环境与生物之间的相互关系是十分重要的。

一、温室的光环境及其特性

太阳是地球的能量源,地球上的植物乃至所有生物都是以太阳能为基础而存在的。植物的叶片等绿色组织捕获太阳能,将光能转化为化学能,稍纵即逝的光能被以化学能的形式储存在有机化合物内。动物以摄取有机化合物的形式获取能量。微生物也是通过分解植物或动物获取能量的。连我们从地壳中开采的石油、天然气和煤炭也是太阳能源的转化形式。

光同样在温室中发挥着多种机能,光是温室作物进行光合作用、形成温室内温度、湿度环境条件的能源。要改变温室内的温、湿度条件时,首先要调节进入其中的光照。虽然光合作用和光谱组成有关,但在以自然光为主要光源的温室,光照仍然是影响光合作用的第一要素。在光照不充足的冬季,最重要的是尽量增加射入温室的阳光,相反,阳光过剩的夏天需要减少射

入温室的阳光量。光还和植物的花、芽等作物器官的形成关系密切,要调控作物的形态建成,光照日长和入射光谱等的调节就是关键。此外,调节与作物器官(如花瓣、果实等)的色素表达关系密切的紫外线,也是入射光光谱调节的一种方式。在温室内,由于框架结构和覆盖材料的吸收、反射等作用,其光照环境和露地不同。在调控温室内的光环境时,首先要考虑需要调控光的哪些机能。

温室内的光照环境不同于露地,其光照条件受温室方位、骨架结构,透光屋面形状、大小和角度,覆盖材料特性及其洁净程度等多种因素的影响。温室内的光照环境除了光照强度、光照时数、光的组成(光质)等方面影响园艺作物生长发育之外,还要考虑室内光的分布均匀性对其生长发育的影响。

1. 光照强度

温室内的光照强度,一般均比露天自然光照低。由于自然光是透过覆盖材料才能进入温室内,光线入射过程中会由于覆盖材料反射、吸收、覆盖材料内面结露的水珠折射、吸收等而使温室内光照强度明显降低。影响温室内光照强度的因素主要有:透明覆盖材料的透光率,构架与设备的遮光率,薄膜水滴的光照折射率,粉尘污染,薄膜老化等。另外,光照的入射角越大,光线的透光率就越低,入射角大于60°时透光率会急剧下降。

连栋温室与单栋温室比较,采光面积比(采光面积与床面积之比)相应减少,结构遮阳增加。因此采光条件略低于单栋温室。一般连栋温室的平均透光率为50%～60%。

不同季节和温室的朝向对连栋温室的光照影响是很明显的,冬天,东西栋向的连栋温室直射光日总量床面的平均透光率比南北栋向的大5%～25%(平均约为7%)。温室的跨数越少或温室的长度越长,温室朝向对光照的影响越显著,如图8-1和图8-2所示。春季和秋季,朝向对光照的影响小一些,温室平均透光率相差约5%。夏季,南北栋向比东西栋向的平均透光率还要高一些。实测数据表明,朝向不同、建筑形式和规格完全一样的连栋温室,东西栋向比南北栋向的温室平均透光率约高3%。

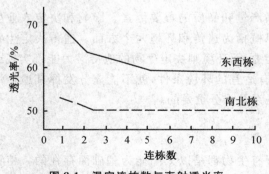

图 8-1　温室连栋数与直射透光率

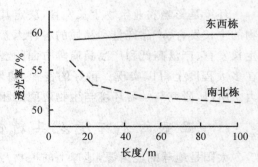

图 8-2　温室长度与直射透光率

2. 光照时数

温室内的光照时数会受到温室类型的影响。塑料大棚和大型连栋温室,因全面透光,无外覆盖,温室内的光照时数与露地基本相同。但日光温室等单屋面温室内的光照时数一般比露地要短。在寒冷季节,为防寒需保温覆盖,其保温被、草帘揭盖时间会直接影响温室内受光时数。在寒冷的冬季或早春,一般在日出后才揭帘,而在日落前或刚刚日落就需盖上,1 d内作物受光时间不足7～8 h,在高纬度地区冬季甚至不足6 h。

3. 光质

温室内光谱组成(光质)与自然光不同,其与透明覆盖材料的性质有关。光线需透过玻璃、塑料薄膜或硬质塑料等采光材料后才进入到温室内,其中紫外线和红外线的入射量受玻璃等影响透入很少,或基本不透入。覆盖材料主要影响的是 380 nm 以下紫外光的透光率,虽然有一些塑料膜可以透过 310~380 nm 的紫外光,但大多数覆盖材料不能透过波长 310 nm 以下的紫外光。而紫外线对动植物的许多病原菌有很强的抑制作用,对植物的果实有很好的促进作用,缺少紫外线对防御动植物各种病害和植物果实着色不利。此外,覆盖材料还可以影响红光和远红光的比例,缺少红外线影响棚室内温度升高,作物得不到足够的地温和气温,根系的吸收能力和地上部分物质的合成、运转、积累都会受到抑制,也不能进行正常生育。

4. 光分布

露地栽培作物在自然光下生长,光分布是均匀的,温室内则不然。由于构架结构材料和保温墙壁的影响,会产生不均匀的光分布。据测定,日光温室栽培床上前、中、后排的黄瓜产量有很大的差异,前排光照条件好,产量最高,中排次之,后排最低。连栋温室内的光照,不会像日光温室出现山墙遮阴等情况,在水平分布方向上差异不明显,所以,连栋温室光照条件远比日光温室要好。另外,温室内不同部位的地面,距屋面的远近不同,光照条件也不同。

二、温室热环境及其特性

温度是影响农业生物生长发育的最重要的环境因子,它影响着生物体内一切生理变化,是生物生命活动最基本的要素。温度环境包括气温和地温。气温即温室内空气的温度,地温是指温室内地面表层土壤的温度。

1. 气温

(1)气温的季节变化　日光温室内的冬季天数可比露地缩短 3~5 个月,夏天可延长 2~3 个月,春秋季也可延长 20~30 d。

连栋温室内的气温变化是随外界的日温及季节气温变化而改变。冬末初春随着露地温度回升,温室内气温也逐渐升高,到 3 月中下旬室内平均气温可以达到 10℃左右,最高气温可达 15~38℃,比露地高 2.5~15℃,最低气温 0~3℃,比露地高 1~2℃。3 月中旬到 4 月下旬,室内平均温度在 15℃以上,最高可达 40℃左右,内外温差达 6~20℃。5~6 月室内温度可高达 50℃,如不及时通风,室内易产生高温危害。7~8 月外界气温最高,室内随时会发生高温危害,因此要昼夜通风和全量通风。通风后室内温度与露地没有显著差异。9 月中旬到 10 月中旬温度逐渐下降,但室内气温仍可达到 30℃,夜间 10~18℃;10 月下旬到 11 月上中旬室内最高温度在 20℃左右,夜温降至 3~8℃。11 月中下旬逐渐降到 0℃,若不采取室内加温措施,以后室内将长期出现霜冻。12 月下旬到 1 月下旬,室内气温最低,旬平均气温多在 0℃以下。2 月上旬至 3 月中下旬室内气温逐渐回升,2 月下旬以后,室温回升日趋显著,旬平均气温可达 10℃以上。

(2)气温的日变化　春季不加温温室气温日变化规律,其最高与最低气温出现的时间略迟于露地,但室内日温差要显著大于露地。中国北方的节能型日光温室,由于采光、保温性好,冬季日温差高达 15~30℃,在北纬 40°左右地区不加温或基本不加温下能生产出黄瓜等喜温果菜,如图 8-3 所示。

(3)"逆温"现象　通常温室内温度都高于外界,但在无多重覆盖(保温覆盖)的塑料拱棚、日光温室中,在有风时、日落后降温速度往往比露地快,常常出现室内气温反而低于室外气温1~2℃的现象,称"逆温"现象。

此外室内气温的分布存在不均匀状况,一般室温上部高于下部,中部高于四周。

2. 地温

土壤是农业生物赖以生存的基础,也是温室热量的主要储藏之处。白天阳光照射地面,土壤把光能转换为热能,一方面以长波辐射的形式散向温室空间,一方面以传导的方式把地面的热量传向土壤的深层。晚间,当没有外来热量补给时,土壤贮热是日光温室的主要热量来源。土壤温度垂直变化表现为晴天的白天上高下低,夜间或阴天为下高上低,这一温度的梯度变化表明了在不同时间和条件下热量的流向。温室的地温升降主要是在0~20 cm的土层里。水平方向上的地温变化在温室的进口处和温室的前部变化最大。

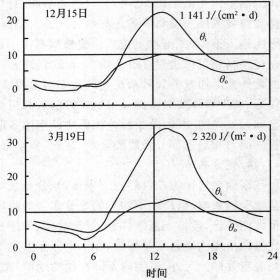

图 8-3　无加温温室内温度的日变化
θ_i. 室内气温　θ_o. 室外气温

地温不足是日光温室冬季生产存在的普遍问题,提高1℃地温相当于增加2℃气温的效果。冬季夜间室内气温在15~16℃时,地下10 cm处的地温为12~14℃。春季不加温时,地温最低维持在9~16℃,最高可达20℃。初冬季节地温在13~15℃。室内地温分布比较均匀,南北地温温差为0.5~1℃。

3. 地温与气温的关系

夜晚日光温室中的空气温度主要是靠地中热量来提升的,有足够的地中热量和墙体热量就可以保持较高的空气温度。地、气温的协调是日光温室优于加温温室的一个显著特点。土壤的热容量明显比空气大。晴天的白天,在温室不放风或放风量不大的情况下,气温始终比地温高。夜间,一般都是地温高于气温。早晨揭帘前是温室一日之中地温和气温最低的时间。日光温室最低地、气温的差距因天气情况而有差别:在连续晴天的情况下,最低地温始终比气温高5~6℃;连阴天时,随着连阴天的持续,地、气温的差距越来越小,直到最后只有2~3℃或更小。连阴天气温虽然没有达到可能使植株受害的程度,但地温却有可能降到使根系无法忍受以至受到伤害的程度。

三、温室水分环境及其特性

水是农业的命脉,也是农业生物体的基本组成部分,一般温室作物的含水率高达80%~95%。温室作物的一切生命活动如光合作用、呼吸作用及蒸腾作用等均在水的参与下进行。空气湿度和土壤湿度共同构成设施作物的水分环境,影响设施作物的生长发育。

1. 空气湿度

(1)湿度值　室内湿度一般要高于露地。露地空气的相对湿度一般只是在降雨后或清晨很短的时段能达饱和状态,而在温室里,由于气温高,通风差,土壤水分蒸发和植物叶面的蒸腾,温室内的空气湿度通常比较高,白天一般为70%~90%,夜间空气的相对湿度经常在90%以上或100%的饱和状态,温室内空气的绝对湿度比外界空气的绝对湿度要高出5倍以上。空气湿度大是温室环境的一个显著特点。如温室内每天的平均空气相对湿度均在90%左右,

湿度是相当高的。产生湿度大的原因主要是:温室属于准闭锁系统,室内外的空气交换受到抑制,特别是寒冷季节的夜晚,为了保温不通风,常出现90%~100%的高湿;温室内壁面、屋面、窗帘内面结露滴在作物体上,形成水滴;作物体本身的结露、吐水等;白天室内温度高、土壤蒸发和作物蒸腾大而水汽又不易逸散;室内雾霭的发生,散落在作物体上。

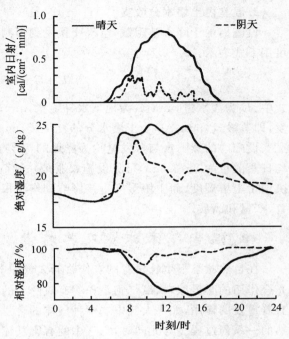

图 8-4　温室内相对湿度

温室内相对湿度的日变化也很大,尤其是塑料大棚,其变幅可达到20%~40%。湿度的昼夜变化,与气温的日变化呈相反的趋势。夜间,室内维持较高的湿度,有时湿空气遇冷后凝结成水滴附着在薄膜或玻璃的内表面上,或出现雾霭。日出后,室内温度升高,湿度逐渐下降,如图8-4所示。温室内空气湿度的日变化受天气、加温和通风换气量的影响,阴天或灌水后的湿度几乎都在90%以上。同时,还与设施的大小、结构、土壤干湿等有关。

空气中水汽质量一定时,温度越高饱和蒸汽压越大,空气的相对湿度就越小。因此,提高室温,可以适当降低空气的相对湿度。温室的空气湿度在浇水后最大,以后随着时间的推移降低。

(2)湿度差　昼夜相对湿度变化大。温室内温度昼夜会发生大幅变化,空气的相对湿度随温度的变动而变化。一般晴天中午前后气温高,空气相对湿度就低,空气干燥;夜晚温度低,空气相对湿度高,即使是晴天的夜晚,其相对湿度也常达90%以上,且持续8~9 h以上。

2. 土壤湿度

由于覆盖材料将温室空间和地面与大气层隔离,温室土壤的耕作层不能依靠降雨来补充水分,故土壤湿度只能由灌水量、土壤毛细管上升水量、土壤蒸发量以及作物蒸腾量的大小来决定。与露地相比温室的土壤蒸发和植物蒸腾量小,不易随大气运动而流失,其土壤湿度比露地高。

温室生产期间的土壤水分主要依赖于人工灌溉。因而,土壤的淋溶很少,土壤的积盐比较严重。土壤蒸发出来的水分受到覆盖材料的限制,较少逸散到大气中,所以生产相同的产量时,比露地用水量要少。水汽在覆盖材料内壁上凝结后,水滴会受覆盖材料弯曲度的限制而经常滴落到相对固定的地方,因而就造成温室土壤水分的相对不均匀性,这种情况在冬季浇水较少时表现更为突出。

土壤深层的水分沿毛细管上升到地表,棚膜上大量凝结水又滴落到土壤表面,容易使土壤

的表面形成泥泞状态,这往往容易给人们一种土壤不缺水的假象,实际挖开表土即可见到土壤早已干旱了。冬季浇水时,浇水直接影响到土壤的温度,而地温低又是温室冬季生产的一大难题,所以,温室浇水必须注意水质、水温和浇水的时间。

3. 温室内土壤水分收支

设施内由于降水被阻截,空气交换受到抑制,温室内的水分收支与露地不同。其收支关系可用下式表示:

$$I_r + G + C = ET + \Delta \omega$$

式中:I_r 为灌水量,mm;G 为地下水补给量,mm;C 为凝结水量,mm;ET 为土壤蒸发与作物蒸发,即蒸散量,mm;$\Delta \omega$ 为土壤水分的变化量,mm。

设施内的蒸腾量与蒸发量均为露地的 70% 左右,甚至更小。据测定,太阳辐射较强时,平均日蒸散量为 2～3 mm,可见设施农业是一种节水型农业生产方式。设施内的水分收支状况决定了土壤湿度,而土壤湿度直接影响到作物根系对水分、养分的吸收,进而影响到作物的生育、产量和品质。

四、温室气体环境及其特性

在自然状态下生长发育的农作物与大气中的气体关系密切。二氧化碳(CO_2)是作物进行光合作用的必需原料,氧气则是作物有氧呼吸的前提。因而 CO_2 和氧气(O_2)对作物生长发育有着重要的作用,如果大气中这两种气体的含量发生变化,必然影响到作物的播种、生育及成熟的一系列过程。与此同时,空气中的有害气体虽然含量甚微,但它们的存在仍有可能对农作物造成不可逆的负作用,因此,必须了解并掌握这些有害气体的减除方法。

温室内的气体成分变化不如光照、温度、湿度那样容易直观感觉到,往往被人们所忽视。然而室内的气体成分和空气流动状况对农业生物的影响绝对不能轻视,如若对温室内气体环境调控管理不当,不仅严重影响农业生物的正常生长,还常常引起气害。温室内空气流动不但对温、湿度有调节作用,并且能够及时排出有害气体,同时补充 CO_2 和 O_2 对促进农业生物生育有重要意义。

和农业生物一样,这些气体的存在及其含量的变化对劳动者的生存和健康都有非常重要的作用,有的甚至是人类生存的必要条件。

1. 二氧化碳

二氧化碳(CO_2)是光合作用的重要原料之一,在一定范围内,植物的光合产物随 CO_2 浓度的增加而提高,因而了解温室与大棚内 CO_2 的浓度状况和变化特征对促进作物生长、增加产量、发展生产十分重要。

大气中 CO_2 含量一般约为 0.03%,温室与大棚空气中 CO_2 含量是随着作物的生长和天气的变化而变化的。一般来说,温室中 CO_2 浓度夜间比白天高,阴天比晴天高。夜间温室内生物通过呼吸作用,排出 CO_2,使室内空气中 CO_2 含量相对增加;早晨太阳出来后,作物进行光合作用而吸收消耗 CO_2,消耗逐渐大于补充,使室内 CO_2 浓度降低,一般光照达 2 h 后就降至 CO_2 补偿点以下(蔬菜作物大多数为三碳作物,一般 CO_2 的补偿点在 0.005% 左右),尤其在晴天 9 时至 11 时半,温室内绿色作物光合作用最强,CO_2 浓度急剧下降,由于得不到大气中 CO_2 的及时补充,一般在 11 时左右降至 0.01%,甚至可降至 0.005%,光合作用减弱,光合物质积累减少,影响作物产量。而根据日光温室内栽培黄瓜的测试资料表明:日光温室内如果不进行通风换气,早晨揭草帘前室内 CO_2 浓度可高达 1 100~1 300 $\mu L/L$,揭草帘 2 h 后 CO_2 浓度就降至 250 $\mu L/L$ 以下,放风前的 11 时左右就会降至 150 $\mu L/L$ 以下,此后放风,二氧化碳体积浓度可维持在 300 $\mu L/L$ 上下。盖草帘后 CO_2 浓度逐渐增加直至第二天早晨又达到最高值。总的来看各类温室 CO_2 浓度变化趋势基本是一致的,白天呈亏缺状况,远低于室外平均浓度,当温室封闭不通风时浓度会更低,而夜间会较高。

作物不同生育期,对 CO_2 浓度的要求和影响也不同。作物在出苗前或定植前,因呼吸强度大,排出 CO_2 量也较大,温室与大棚内 CO_2 浓度较高;在出苗后或定植后,因呼吸强度比出苗前或定植前弱,排出的 CO_2 量小,大棚内 CO_2 浓度就相对较低。

另外,CO_2 浓度与温室或大棚容积有关。一般温室与大棚容积愈大,CO_2 出现最低浓度的时间愈迟。

温室或大棚通常使用加温或降温的方法使室内温度适于作物生长,但由于与外界大气相对隔绝,会产生两个不利因素,其一是降低了日光透射率,其二是影响了与外界的气体交换。特别是在白天太阳升起后,作物进行光合作用,随着室内温度的升高,很快消耗掉大量的 CO_2,而此时室内温度还没能升高到能够放风的温度,不能通过气体交换补充 CO_2,因此必须采取补充 CO_2 的措施。

2. 氧气

氧气(O_2)是地球上一切生物生存的前提和基础。农业生物本身需要 O_2 来维持生存和生长发育。除空气含氧量外,土壤 O_2 也极为重要。这是因为地上部分作物的生长,必须有地下部分的生长相配合,而地下部分的生长,土壤 O_2 则极为重要。为此,土壤中必须含有足够的 O_2。通常采取的方法:如翻耕土地、改变土壤粒子结构、施用土壤改良剂等,其实质都是在设法供给土壤 O_2,或提高对土壤的 O_2 供给量。

3. 有害气体与农业生物

由于空气是时时刻刻流通着的,因而大气中含有少量氯气、氨气、亚硝酸气、二氧化硫等有害气体对大田作物基本没有危害。在用温室或大棚种植蔬菜、花卉和水果时,由于温室或大棚密封较严,空气不对流,极易积存氨气、一氧化碳、亚硝酸、亚硫酸和塑料制品散发的邻苯二甲酸二异丁酯等有害气体,会严重影响作物的生长发育,所以要经常检查和防除。

氨气 温室内的氨气主要来自未经腐熟的鸡粪、猪粪、马粪和饼肥等有机肥料,肥料在高温下发酵时,产生出大量氨气,越积越多;其次是大量施用碳酸氢铵和撒施尿素产生的氨气。棚内的氨气浓度达到 5~10 mg/L 时,作物就会中毒。

亚硝酸气体 室内的亚硝酸气体主要来自施氮过多的氮素化肥。土壤中,特别是沙土和沙壤土,如连续施入大量氮肥,土壤中的铵向亚硝酸转化虽能正常进行,但亚硝酸向硝酸转化则会受阻,于是就使土壤中积累起大量的亚硝酸,当温度升高时就变成气体散发在棚内,浓度超过 2~3 mg/L 时,植物就会中毒。

一氧化碳和亚硫酸气体 这两种气体主要是室内加温时,用的燃料质量差或燃料没充分燃尽而产生的。一氧化碳和亚硫酸对人和作物都有毒害。一般浓度在 3 mg/L 左右维持 1~2 h,植物叶缘和叶脉间的细胞就会死亡,并发生小斑点或枯死。

邻苯二甲酸二异丁酯 系聚氯乙烯塑料薄膜中添加的有毒增塑剂发出来的有毒气体,对室内作物有严重的毒害作用。

4. 空气流速

温室内空气流动缓慢是明显有别于露天的一大特点。在密闭的温室内,气流运动缓慢,气流的横向运动几乎为零,纵向运动也不如露地。栽培时,如室内气流静止或缓慢运动,叶片长期处于同一位置,影响光合作用、蒸腾作用等生理过程。气流静止或缓慢运动,还影响二氧化碳的活动,造成叶片密集区域严重缺乏 CO_2,影响光合作用的进行。畜禽饲养时气流缓慢,则 CO_2 积聚过多,畜禽粪便发酵等使室内空气混浊,影响畜禽健康。气流静止的现象如不通过开窗通风或强制通风,对植物或动物的生长发育都有不良的影响。

五、温室土壤环境及其特性

土壤是园艺作物赖以生存的基础,植物与动物主要区别就在于植物拥有锚定在土壤中的另一半植物器官"根系",俗语讲:"根深才能叶茂",而作物根系发育的好坏决定于其所处的土壤环境;园艺作物生长发育所需要的养分和水分,都需要从土壤种获得,所以园艺设施内的土壤条件的优劣直接关系到作物的产量和品质。

园艺设施内温度高、空气湿度大,气体流动性差,光照较弱,而作物种植茬次多,生长期长,施肥量大,根系残留也较多,因而使得设施内土壤环境与露地土壤很不相同。

1. 设施土壤养分特征

设施内蔬菜复种指数高,精耕细作,施肥量大,再加上多年连作(狭义的连作是指在同一块地里连续种植同一种作物或感染同一种病原菌,广义的连作是指同一种作物或感染同一种病原菌或线虫的作物连续种植)造成设施内养分不平衡。

(1)土壤有机质含量高 据对哈尔滨市郊的调查,棚室土壤有机质含量是露地菜田的 1～3 倍。对大庆市宏伟小区的设施园区内分别种植了 3 年、5 年和 8 年的温室的调查结果表明,随着室龄的增加,温室土壤有机质含量有升高的趋势,并明显高于露地,8 年温室有机质含量最高,比露地增加了 103%。

(2)N、P 和 K 的含量 据对哈尔滨市郊的调查,速效 P 是露地菜田的 5～10 倍,碱解 N 为露地菜田的 2～3 倍,但速效 K 有降低的趋势。对大庆市宏伟小区的设施园区内分别种植了 3 年、5 年和 8 年的温室的调查结果表明,随着温室种植年限的增加,速效 N 含量有逐渐升高的趋势,温室土壤速效 N 与露地相比较呈现出富集状态。宏伟小区的速效 N 含量从大到小顺序为 8 年棚＞5 年棚＞3 年棚＞露地,速效 N 含量分别为 198 $\mu g/kg$＞189 $\mu g/kg$＞63 $\mu g/kg$ ＞42 $\mu g/kg$;随着温室种植年限的增加土壤速效 P 含量有逐渐升高的趋势,温室速效 P 与露地相比较呈现出富集状态。宏伟小区的速效 P 含量从大到小顺序为 8 年棚＞5 年棚＞3 年棚＞露地,速效 P 含量分别为 459 $\mu g/kg$、420 $\mu g/kg$、288 $\mu g/kg$ 和 223 $\mu g/kg$;宏伟园区土壤速效 K 排序为 5 年棚＞3 年棚＞8 年棚＞露地,分别为 321 $\mu g/kg$、200 $\mu g/kg$、188 $\mu g/kg$ 和 164 $\mu g/kg$,由于温室内主要是以果菜为主,对 K 的需求量很大,在生产中应注意 K 肥和微量元素的施用。

(3)土壤盐类积聚 温室内施肥量大,并且长年或季节性覆盖,改变了土壤水分平衡,土壤得不到雨水的充分淋洗,再加上设施中特殊的由下到上的水分运动形式,致使盐分在土壤表层聚集。据对上海设施的调查,温室、大棚耕层土壤(0～25 cm)盐分分别为露地的 11.8 倍和 4 倍,NO_3^- 浓度是露地的 16.5 倍和 5.9 倍,据 1997 年对哈尔滨市郊区设施的调查,大棚土壤总盐量是露地土壤的 2～13 倍,并随着室龄的增加而增加。

由于地下水造成的盐渍化叫初生盐渍化;由于施肥不当造成的土壤盐离子的积累称次生盐渍化。

2. 土壤酸化

有研究表明,温室内土壤的 pH 值有随着种植年限的增加而降低的趋势,即土壤酸化。图 8-5 是某一地区不同种植年限的温室土壤的 pH 值。图中表明,随着种植年限的增加,土壤 pH 值降低。

造成园艺设施土壤酸化的原因是多方面的,但最主要的原因是由于 N 肥施用量过大,残留量大引起的。土壤酸化除因 pH 值过低直接危害作物外,还抑制了 P、Ca 和 Mg 等元素的吸收,P 在 pH＜6 时,溶解度降低。研究证明,连续施用硫铵、氯化铵时 pH 值下降明显。

3. 连作障碍

同一种作物或近缘作物连作以后,即使在正常管理下,也会产生产量降低、品质变劣、病

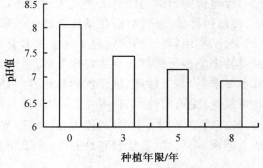

图 8-5　设施土壤 pH 值的变化

害严重、生育状况变差的现象,这一现象叫连作障碍。温室中连作障碍是一个普遍存在的问题。这种连作障碍主要包括以下几个方面:第一,病虫害严重。温室连作后,由于其土壤理化性质的变化以及温室温湿度的特点,一些有益微生物(如铵化菌、硝化菌等)的生长受到抑制,而一些有害微生物则迅速得到繁殖,土壤微生物的自然平衡遭到破坏,这样不仅导致肥料分解过程的障碍,而且病害加剧;同时,一些害虫基本无越冬现象,周年危害作物。第二,根系生长过程中分泌的有毒物质得到积累,并进而影响作物的正常生长。第三,由于作物对土壤养分吸收的选择性,土壤中矿质元素的平衡状态遭到破坏,容易出现缺素症状,影响产量和品质。由于设施内作物栽培种类单一,为了获得较高的经济效益,往往会连续种植产值较高的作物,而忽视了轮作换茬。连作障碍的原因很多,但土传病害、土壤次生盐渍化和自毒作用是主要原因。

第二节　环境信息传感器和控制器综述

最广义地来说,传感器是一种能把物理量或化学量转变成便于利用的电信号的器件。国际电工委员会 (International Electro technical Committee, IEC)的定义为:"传感器是测量系统中的一种前置部件,它将输入变量转换成可供测量的信号"。传感器是传感系统的一个组成部分,它是被测量信号输入的第一道关口。

《传感器》(GB 7665—87)对传感器下的定义是:"能感受规定的被测量并按照一定的规律转换成可用信号的器件或装置,通常由敏感元件和转换元件组成"。传感器是一种检测装置,能感受到被测量的信息,并能将检测感受到的信息,按一定规律变换成为电信号或其他所需形式的信息输出,以满足信息的传输、处理、存储、显示、记录和控制等要求。它是实现自动检测和自动控制的首要环节。

传感器承担将某个对象或过程的特定特性转换成数字量的工作。其"对象"可以是固体、液体或气体,而它们的状态可以是静态的,也可以是动态(过程)的。对象特性被转换量化后可以通过多种方式检测。对象的特性可以是物理性质的,也可以是化学性质的。按照其工作

原理,传感器将对象特性或状态转换成可测定的电学量,然后将此电信号分离出来,送入变送系统加以评测或标示。

各种物理效应和工作机理被用于制作不同功能的传感器。传感器可以直接接触被测量对象,也可以不接触。用于传感器的工作机制和效应类型在不断增加,其包含的处理过程在日益成熟和完善。

常将传感器的功能与人类五大感觉器官相比拟:光敏传感器——视觉;声敏传感器——听觉;气敏传感器——嗅觉;化学传感器——味觉;压敏、温敏、流体传感器——触觉。

为了实用,对传感器设定了许多技术要求,一些是对所有类型传感器都适用的,也有些是只对特定类型传感器适用的特殊要求。针对传感器的工作原理和结构,在不同场合均需要的基本要求是:高灵敏度,抗干扰的稳定性(对噪声不敏感);线性,容易调节(校准简易);高精度,高可靠性,无迟滞性;工作寿命长(耐用性),可重复性,抗老化,高响应速率,抗环境影响(热、振动、酸、碱、空气、水、尘埃)的能力;选择性,安全性(传感器应是无污染的),互换性,低成本;宽测量范围,小尺寸、重量轻和高强度,宽工作温度范围等。

一、环境信息传感器简述

1. 传感器的分类

可以用不同的观点对传感器进行分类:如它们的转换原理(传感器工作的基本物理或化学效应)、它们的用途、它们的输出信号类型以及制作它们的材料和工艺等。

根据传感器工作原理,可分为物理传感器和化学传感器两大类。

物理传感器应用的是物理效应,诸如压电效应,磁致伸缩现象,离化、极化、热电、光电、磁电等效应。被测信号量的微小变化都将转换成电信号。

化学传感器包括那些以化学吸附、电化学反应等现象为因果关系的传感器,被测信号量的微小变化也将转换成电信号。

有些传感器既不能划分为物理类,也不能划分为化学类。大多数传感器是以物理原理为基础工作的。化学传感器技术问题较多,如可靠性问题,规模生产的可能性,价格问题等,解决了这类难题,化学传感器的应用将会有巨大增长。

以输出信号为标准可将传感器分为:

模拟传感器——将被测量的非电学量转换成模拟电信号。

数字传感器——将被测量的非电学量转换成数字输出信号(包括直接和间接转换)。

膺数字传感器——将被测量的信号量转换成频率信号或短周期信号的输出(包括直接或间接转换)。

开关传感器——当被测量的信号达到某个特定的阈值时,传感器相应地输出一个设定的低电平或高电平信号。

2. 传感器的特性

传感器的特性是指传感器的输入量和输出量之间的对应关系。所谓动态特性,是指传感器在输入变化时,它的输出的特性。一般可用微分方程来描述。在实际工作中,传感器的动态特性常用它对某些标准输入信号的响应来表示。这是因为传感器对标准输入信号的响应容易用实验方法求得,并且它对标准输入信号的响应与它对任意输入信号的响应之间存在一定的关系,往往知道了前者就能推定后者。最常用的标准输入信号有阶跃信号和正弦信号两种,所以传感器的动态特性也常用阶跃响应和频率响应来表示。

传感器的静态特性是指对静态的输入信号,传感器的输出量与输入量之间所具有相互关系。理论上,将微分方程中的一阶及以上的微分项取为零时,即可得到静态特性。因此传感器的静特性是其动态特性的一个特例。因为这时输入量和输出量都和时间无关,所以它们之间的关系,即传感器的静态特性可用一个不含时间变量的代数方程,或以输入量作横坐标,把与其对应的输出量作纵坐标而画出的特性曲线来描述。表征传感器静态特性的主要参数有:线性度、灵敏度、重复性、迟滞、分辨率、漂移、稳定性等。

除了描述传感器输入与输出量之间的关系特性外,还有与使用条件、使用环境、使用要求等有关的特性。人们总希望传感器的输入与输出成唯一的对应关系,而且最好呈线性关系。因传感器本身存在着迟滞、蠕变、摩擦等各种因素,以及受外界条件的各种影响,在一般情况下,输入输出不会完全符合所要求的线性关系。因而,在通常情况下,传感器的实际静态特性输出是条曲线而非直线。在实际工作中,为使仪表具有均匀刻度的读数,常用一条拟合直线近似地代表实际的特性曲线,线性度(非线性误差)就是这个近似程度的一个性能指标。拟合直线的选取有多种方法:如将零输入和满量程输出点相连的理论直线作为拟合直线;或将与特性曲线上各点偏差的平方和为最小的理论直线作为拟合直线,此拟合直线称为最小二乘法拟合直线。

灵敏度是指传感器在稳态工作情况下输出量变化 Δy 对输入量变化 Δx 的比值。它是输出—输入特性曲线的斜率。如果传感器的输出和输入之间呈线性关系,则灵敏度 S 是一个常数。否则,它将随输入量的变化而变化。灵敏度的量纲是输出、输入量的量纲之比。例如,某位移传感器,在位移变化 1 mm 时,输出电压变化为 200 mV,则其灵敏度应表示为 200 mV/mm。当传感器的输出、输入量的量纲相同时,灵敏度可理解为放大倍数。提高灵敏度,可得到较高的测量精度。但灵敏度愈高,测量范围会愈窄,稳定性也往往会愈差。

分辨力是指传感器可能感受到的被测量的最小变化的能力。也就是说,如果输入量从某一非零值缓慢地变化时,当输入变化值未超过某一数值时,传感器的输出不会发生变化,即传感器对此输入量的变化是分辨不出来的。只有当输入量的变化超过分辨力时,其输出才会发生变化。通常传感器在满量程范围内各点的分辨力并不相同,因此常用满量程中能使输出量产生阶跃变化的输入量中的最大变化值作为衡量分辨力的指标。上述指标若用满量程的百分比表示,则称为分辨率。

迟滞特性表征传感器在正向(输入量增大)和反向(输入量减小)行程间输出—输入特性曲线不一致的程度,通常用这两条曲线之间的最大差值与满量程输出的百分比表示,迟滞可由传感器内部元件存在能量的吸收特性造成。

3.传感器的选用

传感器千差万别,即便对于相同种类的测定量也可采用不同工作原理的传感器,因此,要根据需要选用最适宜的传感器。

(1)测量条件　如果误选传感器,就会降低系统的可靠性。为此,要从系统总体考虑,明确使用的目的以及采用传感器的必要性,绝对不要采用不适宜的传感器与不必要的传感器。测量条件如:测量目的、被测量的选定、测量的范围、输入信号的带宽、要求的精度、测量所需要的时间、输入发生的频率程度等。

(2)传感器的性能　选用传感器时,要考虑传感器的下述性能:即精度、稳定性、响应速度;

模拟信号或者数字信号、输出量及其电平;被测对象特性的影响;校准周期和过输入保护等。

　　(3)传感器的使用条件　传感器的使用条件:即为设置的场所,环境(湿度、温度、振动等),测量的时间,与显示器之间的信号传输距离,与外设的连接方式,供电电源容量等。

二、调控器简述

　　调控器的重要组成部分之一为执行器。执行器是一些动力部件,它处于被调对象之前,接受调节器送来的特定信号,改变调节机构的状态或位移,使送入温室的物质和能量流发生变化,从而实现对温室环境因子的调节和控制。

　　执行器通常由执行机构和调节机构两部分组成。执行机构的作用是接受调节器的"命令"(调节器的输出信号),按一定的规律去推动调节机构动作。它通常是各种电磁继电器或接触器,小型电动机等。调节机构具体用来调节送入温室(经管道或其他途径)的物质流量,如电动阀门,电动天(气)窗等。执行机构和调节机构有时制成一个整体,如电动调节阀门,上部是执行机构,下部是调节机构。

　　执行器在自动控制系统中的作用相当于人的四肢,它接受调节器的控制信号,改变操纵变量,使生产过程按预定要求正常执行。执行器由执行机构和调节机构组成。执行机构是指根据调节器控制信号产生推力或位移的装置,而调节机构是根据执行机构输出信号去改变能量或物料输送量的装置,最常见的是调节阀。在生产现场,执行器直接控制工艺介质,若选型或使用不当,往往会给生产过程的自动控制带来困难。因此执行器的选择、使用和安装调试是相当重要的。

　　在温室自动监控系统中,执行器主要用来控制冷(热)水流量,蒸汽流量,制冷工质流量、送风量,电加热器的功率,天窗开度,工作时间等。执行器按其能源形式分为气动,电动和液动三大类,它们各有特点,适用于不同的场合。

　　液动执行器推力最大,但比较笨重,现在一般都是机电一体化的,所以很少使用,比如三峡的船阀用的就是液动执行器。

　　电动执行器的执行机构和调节机构是分开的两部分,其执行机构分角行程和线行程两种,都是以两相交流电机为动力的位置伺服机构,作用是将输入的直流电流信号线性的转换为位移量。电动执行机构安全防爆性能差,电机动作不够迅速,且在行程受阻或阀杆被扎住时电机容易受损。近年来电动执行器在不断改进并有扩大应用的趋势。

　　气动执行器的执行机构和调节机构是统一的整体,其执行机构有薄膜式和活塞式两类。活塞式行程长,适用于要求有较大推力的场合;而薄膜式行程较小,只能直接带动阀杆。气动执行机构有结构简单,输出推力大,动作平稳可靠,并且安全防爆等优点。

　　随着自动化,电子和计算机技术的发展,现在越来越多的执行机构已经向智能化发展,很多执行机构已经带有通信和智能控制的功能,比如很多产品都带现场总线接口。相信,今后执行器和其他自动化仪表一样会越来越智能化,这是大势所趋。

　　电动执行机构接受调节器的输出信号,根据该信号的正或负和大小去改变调节机构的位置(如阀门开度,天窗的启闭等)。它不但可以与间歇调节器配合使用,也可与连续调节器配合使用。下面以温室自动调节中常用的 ZAJ 型角行程电动执行器为例作简单介绍。

　　ZAJ 电动执行器由单相电容电动机 D,机械减速箱、反馈电位器 R_p 和终端行程开关 CK_1 和 CK_2 等几部分组成,其电气线路原理如图 8-6 所示。

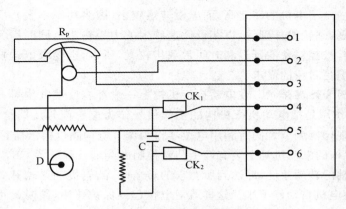

图 8-6 ZAJ 电动执行器线路原理

（1）电动机 电动机是电动执行机构的动力器件，它将电能转换为机械能，用以推动调节机构。在各种自动调节和控制系统中常用的电动机有交流（AC）和直流（DC）伺服电机（电动机）和步进电机。ZAJ 中采用的是交流伺服电机，它是一种微容量（容量从零点几瓦到几十瓦、几百瓦）的电机。

所谓伺服是指其启动、停止、正/反转以及转动角度等都随输入的控制信号而发生变化。信号一来，电动机就转动；信号一消失，电机便会自动停止而不必应用任何外部的制动装置。

ZAJ 中的交流伺服电动机实际上是一种单相电容运转式电动机。在其定子铁心槽口内嵌置两套绕组，即运行绕组和启动绕组，两套绕组的位置在空间上相差 45°，而在电气相位上则相差 90°，在其中一套绕组中串一个电容器，如图 8-7 所示。当外加单相交流电压时，两套绕组同处于一个电源上，但由于启动绕组中串入了电容器，使启动绕组中的电流比运行绕组中的电流在相位上接近超前 90°，从而在电机气隙中产生一个旋转磁场，使转子旋转。

由于两套绕组的匝数和线径完全相同，所以各自均可以作为启动绕组或运行绕组使用。

为了改变电动机的转向，可将图 8-7 小开关 K 扳向 1 或 2 位，这时只将一套绕组的一对接头反接，从而可以轻易地改变其转子转向。在图 8-6 上，当 4、5 两点接上 220 V 单相交流电时，电动机便会正转；而当 5、6 两点接上 220 V 单相交流电时，电动机转子便会反转。这种换接完全由调节器输出信号控制，十分方便。

为了提高系统的调节品质，要求电机的启动时间短，响应快。

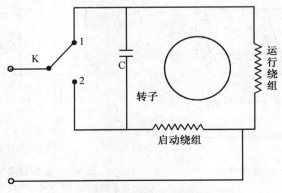

图 8-7 电容运转式电动机接线原理

（2）减速机构　　由于电机的转速高，而电磁转矩较小（因为功率不大），所以要通过一套减速机构，如直齿轮副、蜗轮蜗杆副等，以获得低速和大的力矩输出。同时因为生物环境调节系统属于热工调节类，被控对象的延迟和时间常数均较大，所以，也要求电动执行机构的全行程时间应足够大，以满足对象的需求。

（3）反馈电位器和终端保护　　在电动执行机构上一般都有反馈电位器 R_p（由接线盘的 1、2、3 接点引出），其作用是把电动执行机构的工作信号作为位置信号反馈给调节器，使调节过程构成闭环，以实现比例调节。同时利用电位器作为调节机构阀位指示器。

在电动执行机构的电动机轴上装有两个凸轮控制的终端行程开关 CK_1 和 CK_2，其位置可调，以便限制输出轴的转动角度，即达到所要求的转角时，凸轮拨动终端开关（CK_1 为正转用，CK_2 为反转用），使电机自动停下来。这样既对电机起到保护作用，同时又可在调节机构的工作行程范围内，任意确定其终端位置。

ZAJ 的输出轴转矩有 10 N·m 和 16 N·m 两种，输出轴的转速有 1/2 r/m，1/4 r/m 两种，输出轴有效转角通常为 90°，故全行程时间分别为 $T_M = 30$ s 和 60 s，可以据工作需要选取。

第三节　光照环境的检测与调控器

一、光照传感器

光照是植物生命活动的能量源泉，又是完成其生命周期的重要信息源，所以说，没有光就没有农作物。光照检测的方法较多，根据传感器件对入射光响应的原理可分为内光电效应、外光电效应和热电效应三大类型。属于应用内光电效应传感器件有光敏电阻和光生伏特器件；属于外光电效应传感器件有光电管和光电倍增管；属于热电效应传感器件有热电偶、热敏电阻和热释电器件等。

1.光敏电阻

光敏电阻的工作原理可用图 8-8 说明。将一块半导体材料经两电极接入电路中，当光通量 Φ 投射到半导体上时，将使载流子数增多，从而改变了它的电阻率。

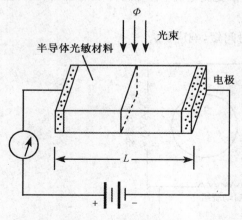

图 8-8　光敏电阻原理结构

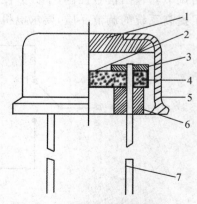

图 8-9　金属封装的光敏电阻

1.玻璃　2.光电导层　3.电极　4.绝缘衬底
5.金属壳　6.黑色绝缘玻璃　7.引线

实践和理论分析证明,光敏电阻的电阻率与入射光通量有关,光通量越大,其电阻率越小,两者为非线性关系。又在恒定光照下,光敏电阻的端电压 U 与流过光敏电阻的电流 I 之间的关系(伏安特性),对于大多数光敏电阻而言呈线性关系。由此可知,光敏电阻不适宜作测量光照的元件,只能作为光控的开关性元件。

常用的光敏电阻有硒、硫化铅、硫化镉等数种。封装好的光敏电阻如图 8-9 所示。

2. 光电池

在光线作用下能使物体产生一定方向的电动势的现象称为光生伏特效应。基于光生伏特效应的光电器件有光敏二极管、光敏三极管及光电池等。光电池是一个有源器件,根据其工作原理不同,光生伏特效应和光电池可分为 3 种:金属-半导体接触光生伏特效应与硒光电池;PN 结光生伏特效应与硅、锗光电池;丹培(Dember)效应与硫化镉光电池。

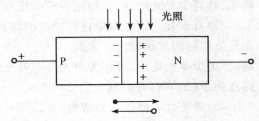

图 8-10 PN 结光生伏特效应

硅与锗光电池的工作原理就是基于图 8-10 PN 结的光生伏特效应。其表层为一导电良好的半透明状薄金属(如金或铂),是光电池的负极;中间层为 N 半导体硅或锗上用扩散工艺掺入一些三价元素而形成的大面积 PN 结;底层为一薄铁片,构成光电池的正极。当 P 型和 N 型半导体相结合,构成 PN 结时,在结上(空间电荷区)形成每厘米几千伏的结电场。若 PN 结上不外加电压,在光线投射到 PN 结上时,便会产生光激发,形成新的电子-空穴对,在结电场的作用下,电子和空穴分别向 N 区和 P 区移动,从而建立起光电势,由铁和金(或铂)层上输出。调节 R,可使电流计读数与光强成比例。

由实测知,硅光电池在光的照度为 5×10^3 lx 时,其开路电压可达 500 μV,短路电流可达 0.85 mA(在相应情况下,锗光电池的开路电压可达 150 mV,短路电流却仅为 300 μA)。

由于硅光电池性能稳定,响应时间短,输出较大(作为电流源时),寿命长,而且短路电流与光照度成正比,所以,是一种良好的检测光照的器件,在自动检测中常常被采用。

3. 光电管

光电管是一个抽成真空或充满惰性气体的玻璃管,内部有光阴极、阳极,光阴极涂有光敏材料。如图 8-11 所示,当光线照射在光敏材料上时,如果光子的能量 E 大于电子的逸出功 $A(E>A)$,会有电子逸出产生电子发射。电子被带有正电的阳极吸引,在光电管内形成电子流,电流在回路电阻 R 上产生正比于电流大小的压降。

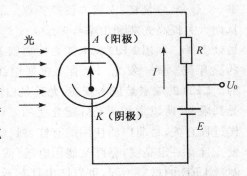

图 8-11 光电管工作原理

因此,$U_R \propto I \propto$ 光强。

目前光电管主要用于光电比色计等分析仪器、各种光学自动装置。

二、光照调控及其补光源

温室内光照的调节主要依靠遮阳网和补光灯。补光是温室高效生产的一项重要调控技术措施,采用补光的主要目的是弥补一定条件下温室光照的不足,以便有效地维持温室作物的正常生长发育,提高作物的产量与品质。对于补光的基本要求是,光源的光谱特性与植物产生生物效应的光谱灵敏度尽量吻合,以便最大限度地利用光源的辐射能量;光源所具有的辐射通量使作物能得到足够的辐照度。此外,还要求光源设备经济耐用,使用方便。

1. 常用的人工光源种类

目前应用于作物补光的光源主要是白炽灯和荧光灯,此外还有高压汞灯、高压钠灯、低压钠灯和生物效应灯等新型光源。好的补光源应为光谱成分更适于作物的要求,具有光效高、光照强、热耗少及光度均匀、使用方便等优点。

(1)白炽灯　因电流通过灯丝高温辐射而发光。结构简单,价格便宜。辐射分布靠近可见光长波辐射的比例较大。光效 10～15 lm/W 或更低,寿命 1 000～1 500 h。由于近红外线比例高,很少单独使用,可作为荧光灯的补充以改善光质。在灯泡内充入卤素,称为卤灯,光效可提高到 20 lm/W,寿命延长到 2 000 h。

(2)荧光灯　低压水银放电,发出波长约 253.7 nm 的紫外光,在灯管内壁涂上荧光粉,可将紫外线变成连续发射光谱。荧光粉的种类不同,发射出的光谱也不一样。荧光灯的最大优势是成本低,其成本不足发光二极管的 1/10,不足高压钠灯的 1/3。初期投资低,放热少。光效 50～80 lm/W,寿命可达 10 000 h。有些荧光灯管能选择性地发射出红色和青色光,与植物的叶绿素吸收光谱接近,但其功率和光效通常较低。

(3)金属卤化物灯　一种新型光源,具有发光效率高(约 100 lm/W)、光色好、寿命长和输出功率大等特点,是目前高强度人工光照的主要光源。作物生产中常用的是 400 W 和 1 000 W 两种规格。安装灯具时应同时考虑设置反光罩,使光照更均匀,光照度更大。

(4)高压钠灯和低压钠灯　高压钠灯性能类似金属卤化物灯,寿命约 24 000 h。广泛用于蔬菜及花卉的光合补光。低压钠灯是一种很特殊的光源,只有 589 nm 的发射波长,在电光源中的发光效率最高。由于产热量小,低压钠灯与高压钠灯可以更加接近作物。

(5)半导体二极管发光光源(LED)　随着半导体技术的发展形成了 LED 光源,这种光源节能而寿命长,可以按照植物生长或生产所需的特定波长进行定制与选择,具有高亮度、高效率、长寿命、分量轻、安装方便等特点。而且,这种光源发光过程中不发热,可以贴近植物枝叶,从而大大提高光能利用率与多层次生产的空间利用率。因此,是当前植物工厂内补光系统的最佳选择。利用 LED 技术能为植物创造出最佳的光环境,是采用传统日光灯或钠灯补光工厂的提升与发展。发光二极管不仅使用红色,还有绿色和蓝色,也有把这几种色彩结合在一起的。LED 的缺点是成本较高,尤其是白色和青色 LED,赤色的较便宜,但只用赤色 LED 效果受到限制,所以常和荧光灯配合使用。LED 的发光颜色和发光效率与制作 LED 的材料和制作过程有关,目前广泛使用的有红、绿、蓝 3 种。由于 LED 工作电压低(仅 1.5～3 V),能主动发光且有一定亮度,亮度又能用电压(或电流)调节,本身又耐冲击、抗振动、寿命长(10 万 h)。制造 LED 的材料不同,可以产生具有不同能量的光子,借此可以控制 LED 所发出光的波长,也就是光谱或颜色。

(6)半导体激光光源(LD)　激光的发光效率高,且激光设备的发光光谱与植物光合作用的叶绿素吸收光谱基本一致。单纯从植物的光合作用来讲,激光的单色性与直向性对植物生长不利,但激光光源具有体积小、重量轻、低电压、脉冲发光、干涉性好、寿命长等优点,再加上它功率高、发光效率好、可以用电流直接调节,并且可以用不同波长的组合光源来进行生产,因此，LD 在植物工厂的实用化不仅可以解决 21 世纪的粮食不足问题，而且连能源和资源不足的问题也会迎刃而解(杨其长等，2005)。

2. 常用的人工光源特性

用于人工补光的主要电光源及太阳光的辐射特性见表 8-1，高压钠灯中以高显色光在 400～700 nm 波长范围的转化率较高。

表 8-1　主要电光源及太阳光的辐射特性

光源	可见光/%	紫外线/%	红外线/%	热损耗/%	光效/(lm/W)
白炽灯	6	—	75	19	8～18
荧光灯	22	2	33	43	65～93
高压汞灯	14.8	18.2	15	52	50
氙灯	10～13	9.7	51.5	34	20～45
高压钠灯	30	0.5	20	49.5	125
太阳光	45	9	46		

第四节　温度环境的检测与调控器

一、温度传感器

温度是一个基本的物理量，自然界中的一切过程无不与温度密切相关。温度传感器是最早开发，应用最广的一类传感器。在农业生物环境因子调控中用以检测和传递温度信息的传感器都可称作温度传感器。常用的有如下几种。

(一)触点式温度传感器

这类传感器是把被测对象的温度参数(变化)直接或间接转换为电气接点(触点)的闭合或断开状态。它的基本组成部分包括温度敏感元件，信息传递机构和电接点。根据功能不同，电气接点有单限、双限和多限之分。从结构上常用的有双金属片式、水银触点式和波纹管式及压力式等。

1. 双金属片式

双金属片式温度传感器属于固体热膨胀式，即感热元件在受热后几何尺寸或体积将发生变化，通过一些简便方法直接测出它的尺寸或体积的变化而间接地测量温度。

固体热膨胀式温度传感器是由两种不同膨胀系数的材料制成，分为杆式和双金属片式两大类。双金属式温度传感器是由两种热膨胀系数不同的金属紧密结合而成的双金属片制成，一般常做成螺线管形或螺旋形，将其一端固定，另一端为自由端，自由端与指示系统或电气接点系统相接。当温度变化时，由于两层金属膨胀系数不同，产生应力，致使金属片的曲率发生变化，最后导致自由端有一定的角位移，该角位移经传动机构带动指针把相应的温度指示出来，或使电气接点通断。双金属式传感器一般应用在 −80～600℃ 范围内，最高精度可达 0.5～1.0 级，延迟性大。但由于其结构简单、便宜、抗震性好、牢固、耐用，故在农业生物环境工程中常作为温度检测的限位控制敏感元件。

2. 水银接点式

水银接点式温度计(传感器)属于液体膨胀式，最常用的是玻璃管式。它主要由液体贮存器,毛细管以及电接点和温度标尺等组成,外附一小型马蹄形永久磁铁。毛细管和液体贮存器用玻璃制成,在贮存器中充满工作液体。当温度升高时,贮存器中的工作液体便受热膨胀,由于玻璃比所用液体的膨胀系数小得多,所以使毛细管内液柱的高度发生变化,并从温度标尺上读出相应的温度值。当温度升高到某一值时,液体便将电接点接通。

工作液体的选择主要取决于所需测温的范围。常用液体的工作温度范围为:水银:$-30\sim750℃$;甲苯:$-90\sim100℃$;乙醇:$-100\sim75℃$;戊烷:$-200\sim20℃$;石油醚:$-130\sim25℃$。

在农业生物环境检测与控制中常用水银接点式。由于它结构简单,使用方便,有较高的灵敏度和精度,测量范围广;但易碎,不便于自动记录,电气接点容量很小,一般只能用于电压小于 30 V,电流为数毫安之内的场合,故常用它作为检测敏感元件去控制强电电路,实现控温的目的。

3. 波纹管式

波纹管式是在钢或不锈钢波纹管内注入氟利昂、甲苯、乙醚等某种易挥发的液体,在温度变化时,液体便会膨胀或收缩,推动波纹管作相应的变化,再通过相应的传动机构使电气接点通断,它属于限位控制。

尽管波纹管式温度传感器价格稍贵,但由于其性能稳定,动作延迟小,控温精度较高,输出的力矩(或称推力)大,故在农业生物环境检测系统中也常作为温度敏感元件使用。

4. 压力式

压力式温度传感器是利用密封容器中之物质,随温度升高而压力跟着升高这一原理制成的,其是利用测量压力来测量出温度的。密封系统中填充的介质可以是液体或气体。液体压力式一般常充以二甲苯($-40\sim200℃$)、甲醇($-40\sim175℃$)、甘油($20\sim175℃$),老产品也有充水银的。充气压力式系统内多充以氮气,其工作温度范围为$-100\sim500℃$。尚有低沸点液体压力式的,在该系统中,不需全部充满液体,在上部空间是该液体的蒸汽,因此,该系统中的压力是由不同温度下该液体的饱和蒸汽压所决定的。通常使用的低沸点液体有丙酮($50\sim200℃$)、氯甲烷($-20\sim125℃$),氯乙烷($20\sim120℃$)。

压力式温度传感器可借助于齿轮传动机构和刻度盘做成压力表式温度计,也可以通过传动机构带动电气接点通断,实现双位,三位和多位等控制,使用很方便,抗震性强,工作可靠,几乎不需作什么特殊维护,自然也是农业生物环境控制系统常用的温度敏感元件。

(二)热电阻传感器

利用导体、半导体材料电阻随温度而变化的特性,把温度的变化转换电阻量输出的传感器称为热电阻温度传感器。虽然电阻(率)随温度变化是各种物质的基本物理特性,但适于制作温度测量敏感元件的电阻材料还必须具备以下基本要求:有尽可能大且稳定的电阻温度系数;电阻率要大,以便减小元件的尺寸;电阻温度系数最好为常数,以保证电阻值随温度呈线性变化;在使用中,其物理、化学性能保持稳定;材料的加工工艺性,如可延伸性、易于复制和提纯等优良;价格便宜。

按上述要求,适宜制作热电阻的材料有纯金属和半导体材料。前者一般称作热电阻,后者称热敏电阻。在温度检测精度要求比较高的场合,这种传感器比较适用。

用纯金属制造热电阻的主要材料是铂,铜和镍等,这些材料的电阻率与温度的关系一般可用一个二次方程描述,即:

$$\rho = a + bt + ct^2$$

式中：ρ 为电阻率；t 为温度℃；a、b、c 为由实验确定的常数。如铂：$a = 9.8$，$b = 38.6 \times 10^3$，$c = -5.68 \times 10^6$，适宜范围为 $0 \sim 660$℃；铜：$a = 1.55$，$b = 9.78 \times 10^3$，$c = 2.73 \times 10^6$，适宜范围为 $0 \sim 1\,080$℃；镍：$a = 6.5$，$b = 36.1 \times 10^3$，$c = 74.8 \times 10^6$，适宜范围为 $0 \sim 35$℃。

铜用来制造 $-50 \sim 180$℃ 范围的热电阻，由于在此温度范围内其电阻值与温度呈线性关系，即：

$$R_t = R_0(1 + \alpha t)$$

式中：R_t 为温度为 t℃时的电阻值；R_0 为温度为 0℃时的电阻值；α 为电阻温度系数（1/℃），其值为 $(4.25 \sim 4.28) \times 10^{-3}$/℃。

以及加工工艺性好，价格便宜等得到广泛的应用。但因其电阻率较低和在高温及有腐蚀性环境中易氧化等缺点，所以，它适宜使用在温度不高、无腐蚀的环境中检测温度变化。

铜热电阻的代号为 WZX，根据初始电阻 R_0 不同其分度号分别为 $R_0 = (50 \pm 0.05)$ Ω；分度号为 Cu50；$R_0 = (100 \pm 0.10)$ Ω，分度号为 Cu100。

铂热电阻分度号有 Pt10，Pt100，Pt500 和 Pt1000 几种，即在 0℃ 时的电阻分别为 10 Ω、100 Ω、500 Ω 和 1 000 Ω。铂热电阻的优点是精度高、稳定性好、抗恶劣环境性能好，但价格较贵。规定的使用范围为 $-200 \sim +650$℃，代号为 WZP。

镍电阻灵敏度高于铂电阻，又较铂电阻便宜，但其非线性较严重，提纯也较难，故在一些恒温装置中也在逐渐扩大应用。其代号为 WZN，使用温度范围在 $-60 \sim +180$℃ 内，初始电阻有 $R_0 = 100$ Ω，300 Ω，500 Ω 3 种。

制作热电阻元件，除需要基本的电阻材料外，还要有电阻架和保护管等，以便绕制、支撑、绝缘和保护电阻丝。通常用云母、石英、陶瓷、玻璃、塑料等制作热电阻管架。保护套管材料的要求基本上与管架材料一致，要有一定的机械强度，耐热，化学稳定性好，对敏感元件无化学腐蚀作用等。通常用陶瓷，钢或不锈钢制作护套，也有用熔融石英的。

半导体热敏电阻是由铁、镍、锰、钼和铜等的金属氧化物、硫化物、硒化物等粉末加入适当的结合剂经挤压烧结而成的，常用的材料有：$CuO + MuO_2$；$MgO + TiO_2$；$TiO_2 + CuO$；$NiO + Mn_2O_3 + CO_2O_3$ 的混合物。

在忽略通电自身发热的情况下，半导体热敏电阻与温度的关系近似为：

$$R_t = R_0 \cdot e^{b(\frac{1}{T} - \frac{1}{T_0})}$$

式中：R_t 为被测温度 T℃时的电阻值；R_0 为室温 T_0℃时电阻值；b 为与材料有关的系数。

温度升高时，电阻值很快下降，即半导体热敏电阻具有负的电阻温度系数，同时电阻值与温度间存在明显的非线性关系，不便直接检测，往往需要采取线性化措施，另外互换性与稳定性能也较差。但由于其电阻率大，电阻温度系数比纯金属大 $4 \sim 9$ 倍，机械性能好，寿命长，热惯性小，可以做成体积很小的敏感元件等，因此，目前在一些领域测控温度的系统中被逐渐推广使用。

热敏电阻的结构形式有棒状、珠状、片状等，也常采用一些特殊的制作工艺制成薄膜、厚膜和线状或特定的珠状热敏电阻等。

（三）热电偶传感器

热电偶传感器是基于热电效应工作的。金属导体内存有大量自由电子，当温度升高时，导体内自由电子的浓度就会增加。但不同金属的自由电子增加数量不尽相同。这样,若将两种不同的金属材料组成一个封闭的回路,当两端结点温度不相同时,就会在该回路中产生一定大小的电流,这个电流的大小与导体材料性质和两结点温度有关,这种现象便为热电效应。如图8-12所示,两种不同材料的导体 A 和 B,两端联结在一起,一端温度为 T_0,另一端为 T,这时在该回路中将产生一个与温度 T 和 T_0 有关的电势 $E_{AB}(T, T_0)$,显然可以利用这个现象来检测温度。在测量技术中,把由两种不同材料构成的上述热电变换元件称作热电偶,并称 A,B 两导体为热电极。两个接点,一个为热端(T),又称工作端,另一个称作冷端(T_0),又称自由端(这里假定 $T > T_0$)。

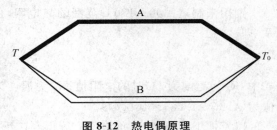

图 8-12　热电偶原理

理论分析可知,两接点间的电位差(温差电势)大小取决于材料不同和两接点的温度,可由下式表达:

$$E_{AB(T-T_0)} = \frac{K}{e}(T - T_0)\ln\frac{N_A}{N_B}$$

式中:$E_{AB(T-T_0)}$ 为 A、B 两种材料的金属导体当温差为 $T - T_0$ 时的温差电势;e 为电子电荷($e = 1.602\ 2 \times 10^{-19}$,C);$K$ 为波尔兹曼常数($K = 1.381 \times 10^{-23}$,J/K);$N_A$,$N_B$ 为电极 A、B 的自由电子浓度,与温度有关;T,T_0 为两接点温度(绝对温度 K)。

为了保证热电偶可靠、稳定地工作,对它的结构要求如下:①组成热电偶的两个热电极的焊接必须牢固;②两个热电极彼此之间应很好地绝缘,以防短路;③补偿导线与热电偶自由端的连接要方便可靠;④保护套管应能保证热电极与有害介质充分隔离。

不同材质做出的热电偶使用于不同的温度范围,它们的灵敏度也各不相同。热电偶的灵敏度是指加热点温度变化 1℃ 时,输出电位差的变化量。对于大多数金属材料支撑的热电偶而言,这个数值大约在 5～401 μV(微伏)/℃ 之间。

由于构成热电偶的金属材料可以耐受很高的温度,例如钨铼热电偶能够工作在 2 000℃ 以上的高温,常常用来检测高温环境的热物理参数,还有的材料能够在低温下工作,例如金铁热电偶能够在液氮的温度附近工作。可见热电偶传感器能够在很广泛的温度范围内工作。此外,热电偶还具有绝缘性能好、抗振动、抗冲击、耐湿热等特点,且构造简单、使用方便。

根据热电极的材料不同,热电偶可分为难熔金属热电偶(如钨铼$_5$-钨铼$_{20}$ 等);贵金属热电偶(如铂铑$_{10}$-铂,铱铑-铱等);廉金属热电偶(如镍铬-镍硅、镍铬-铐铜等);非金属热电偶(如石墨-碳化硅,石墨-硼化锆等)。

根据测温范围,热电偶可分为高温,中温和低温热电偶。

根据结构形式,热电偶可分为普通型、铠装型、薄膜型、表面型、消耗型等。

用热电偶构成测温和控温系统在工农业生产中已十分成熟。如用铜-康铜制成的热电偶,当两个端点温差为 1℃ 时,会产生 41 μV(微伏)的温差电势,故可用相应的微伏表或数字万用表测出温差值。若将多个串联使用,便可加大输出电压信号,称作电热堆。光辐射测量中就常采用这类热电堆。

(四)PN 结型温度传感器

这种传感器是利用 PN 结的伏安特性与温度之间的关系研制成的一种温度传感器,具有灵敏度高、线性好等特点。按其构成可分为二极管温度传感器和晶体管温度传感器两大类。

二极管温度传感器是利用其电流-电压特性对温度的依赖性制成的。在正向外加电压作用时，当满足载流子高水平注入条件下，电流-电压特性可近似用下式表示：

$$I = I_s e^{\frac{qU}{2kT}}$$

式中：I 为 PN 结正向电流；k 为波尔兹曼常数；q 为电子电荷量；I_s 为 PN 结反向饱和电流；U 为 PN 结正向电压；T 为绝对温度。

由上式可得 $U = \dfrac{kT}{q} \ln \dfrac{I}{I_s}$。

可见，保持 I 恒定，则可得到 U 与 T 呈线性关系只受 I_s 的影响。选择合适的掺杂浓度，在一定的温度范围内 I_s 可视为常数，此时，U 与 T 呈线性关系。

晶体管温度传感器是在二极管温度传感器基础上发展起来的。其基本原理同样是利用 PN 结的正向压降随温度变化这一特性。

晶体管集电极电流若恒定，则其基极-发射极电压 U_{BE} 与温度近似线性关系，可用下式表示：

$$U_{BE} \approx 1.27 - CT$$

式中：C 为常数，与结电流密度和工艺参数有关；T 为绝对温度。

晶体管温度传感器比二极管温度传感器具有更好的线性和互换性，工艺更易控制。

(五)集成型温度传感器

集成型温度传感器实质上是一种半导体集成电路。它利用晶体管基极-发射极电压降的不饱和值 U_{BE} 与温度 T 和通过发射极电流 I 的下述关系实现温度检测：

$$U_{BE} = \frac{kT}{q} \ln I$$

式中：k 为波尔兹曼常数；T 为绝对温度；q 为电子电荷量。

集成型温度传感器分为电压输出和电流输出两种输出形式，这类传感器线性好，精度适中，灵敏度高，体积小，使用方便。

(六)红外测温仪器

红外检测是一种在线监测式高科技检测技术，它集光电成像技术、计算机技术、图像处理技术于一身，通过接收物体发出的红外辐射，将其热像显示在荧光屏上，从而准确判断物体表面的温度分布情况，具有准确、实时、快速等优点。任何物体由于其自身分子的运动，不停地向外辐射红外热能，从而在物体表面形成一定的温度场，俗称"热像"。红外诊断技术正是通过吸收这种红外辐射能量，测出设备表面的温度及温度场的分布，从而判断设备发热情况。目前应用红外诊断技术的测试设备比较多，如红外测温仪、红外热电视、红外热像仪等。像红外热电视、红外热像仪等设备利用热成像技术将这种看不见的"热像"转变成可见光图像，使测试效果直观，灵敏度高，能检测出设备细微的热状态变化，准确反映设备内部、外部的发热情况，可靠性高，对发现设备隐患非常有效。

红外测温仪器主要有三种类型：红外热像仪、红外热电视、红外测温仪（点温仪）。

只有了解红外测温仪的工作原理、技术指标、环境工作条件及操作和维修等，用户才能正确地选择和使用红外测温仪。红外测温仪由光学系统、光电探测器、信号放大器及信号处理、显示输出等部分组成。光学系统汇集其视场内的目标红外辐射能量,视场的大小由测温仪的光学零件以及位置决定。红外能量聚焦在光电探测仪上并转变为相应的电信号。该信号经过放大器和信号处理电路按照仪器内部的算法和目标发射率校正后转变为被测目标的温度值。除此之外,还应考虑目标和测温仪所处的环境条件,如温度、气氛、污染和干扰等因素对性能指标的影响及修正方法。

一切温度高于绝对零度的物体都在不停地向周围空间发出红外辐射能量。物体的红外辐射能量的大小及其按波长的分布,与它的表面温度有着十分密切的关系。因此,通过对物体自身辐射的红外能量的测量,便能准确地测定它的表面温度,这就是红外辐射测温所依据的客观基础。

黑体辐射定律:黑体是一种理想化的辐射体,它吸收所有波长的辐射能量,没有能量的反射和透过,其表面的发射率为1。应该指出,自然界中并不存在真正的黑体,但是为了弄清和获得红外辐射分布规律,在理论研究中必须选择合适的模型,这就是普朗克提出的体腔辐射的量子化振子模型,从而导出了普朗克黑体辐射的定律,即以波长表示的黑体光谱辐射度,这是一切红外辐射理论的出发点,故称黑体辐射定律。

物体发射率对辐射测温的影响:自然界中存在的实际物体,几乎都不是黑体。所有实际物体的辐射量除依赖于辐射波长及物体的温度之外,还与构成物体的材料种类、制备方法、热过程以及表面状态和环境条件等因素有关。因此,为使黑体辐射定律适用于所有实际物体,必须引入一个与材料性质及表面状态有关的比例系数,即发射率。该系数表示实际物体的热辐射与黑体辐射的接近程度,其值在零和小于1的数值之间。根据辐射定律,只要知道了材料的发射率,就知道了任何物体的红外辐射特性。

影响发射率的主要因素是:材料种类、表面粗糙度、理化结构和材料厚度等。

当用红外辐射测温仪测量目标的温度时,首先要测量出目标在其波段范围内的红外辐射量,然后由测温仪计算出被测目标的温度。单色测温仪与波段内的辐射量成比例;双色测温仪与两个波段的辐射量之比成比例。

二、温度调控器

温室温度调控大多采用通风系统、遮阳系统、湿帘-风机系统或它们的组合等方式。它们又是由控制器所调控的。控制器也称调节器。调节器是温室环境自动化调控系统的核心部件,它根据被调对象的工作状况,适时地改变着调节规律,保证调节对象的工作参数在一定的范围内变化。

1. 调节器的类型

调节器按控制能源的形式有直接作用式(不需要外加能源,也称作自力式调节器)、电动式(也称作电气式)、电子式、气动式以及计算机型。由于气动式需要配置气源,使结构复杂和成本高,故在温室环境自动调节系统中很少采用,主要采用其他4种。目前,在现代化大中型农业设施中已开始采用计算机作为调节器,实现多参数的适时调控。

调节器按输出给执行机构的信号不同分为二位式控制的调节器和连续控制的调节器。前者是通过电气触点的通断转换来实现调节的,它又分为双位调节、三位调节、时间比例(双位或三位比例微分)调节和双位比例积分微分调节。后者是调节器给执行机构送去的是连续的调节信号,实现连续平滑的调控。

2. 直接作用式调节器

直接作用式调节器是指不需外加其他动力和能源而自己动作,实现对某一参数调控的调节器。通常其敏感元件、执行机构(器)和调节机构是组成一体的。如图 8-13 所示,为一恒温控制装置的结构原理。冷水由泵输入加热器,被加温后送出。当被加热的水温升高时,温包中的介质压力升高,通过毛细管将压力变化传给波纹管,波纹管伸长并带动气阀,关小高压高温蒸汽阀,于是进入蒸汽盘管的热气量减少,水加温缓慢,直至波纹管形变力与弹簧产生的反作用力平衡为止。反之,当热水温度降低时,波纹管缩短,并在弹簧力作用下,将气阀开大,加大供汽量以提高水温。

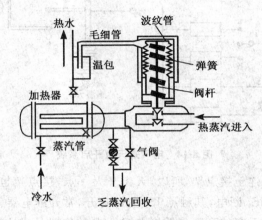

图 8-13　直接作用式恒温控制系统

在这一装置中敏感元件(温包),执行机构(波纹管、弹簧等)和调节机构(气阀门)是制成一体的,调节的动作直接受被调参数(水温)控制,故属于直接作用式。在温室中属于此类调节器的还有热力膨胀阀、浮球阀及各种机械安全阀等。这类调节器属于比例调节范畴。由于其结构简单,价格低廉,维护简便,故在一些自动化程度低的温室中得到广泛应用。但因其操作力较小,动作延迟时间相对较长,调节精度较低等也限制了它的使用场合。

3. 电气式调节器

电气式调节器是通过敏感元件把各被调参数的变化转变为机械位移,直接使各种电气触点开闭或借助电位器变成相应的电信号输出,使执行机构动作,完成相应的调节。

图 8-14 为一温室天窗控制装置示意图,它就是属于典型的电气式调节器。其工作原理为:天窗开度控制电机为单相电容式电动机,由继电器 $J_开$ 和 $J_关$ 控制其正反转,进而通过齿轮减速器和杠杆机构去开闭天窗。感温元件(敏感元件)是波纹管式,波纹管的一端带有动接点架,两个上、下限接点 a 和 b 装在一个接点架上,该架又通过联杆与天窗相连。这样,当室温上升而使波纹管内的易挥发液体膨胀时,波纹管上的动接点 O 也随着上升。当由于室温上升而使 O 接点上升到与上限接点 a 相碰接时,便将延时继电器 JS_1 的线圈接通电源,在延时数秒后(如 5 s),JS_1 的接点接通了开窗继电器 $J_开$ 与电源的连接,$J_开$ 继电器获电动作,其常开接点 $J_开$ 立即闭合,于是电动机正转,经减速器减速和杠杆推举天窗向打开方向运动,天窗打开。

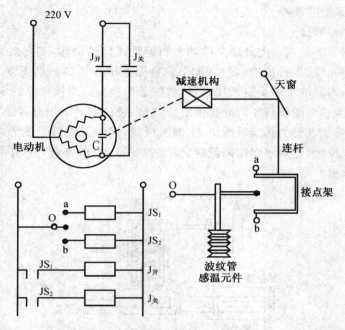

图 8-14　电气式天窗开启系统

由于有一连杆从天窗连至接点架,所以,天窗开大一点,接点架也上升一点,于是,使上限接点 a 与动接点 O 离开,JS₁ 断电,其触点 JS₁ 立即打开,常开继电器 J开 失电,其接点 J开 立即打开,电动机停转。这样,天窗的开度与动接点 O 上升的位置是成比例地增加着,从而使天窗的开度与温室内温度处于平衡状态。若室温继续上升,则动接点 O 又会再次上升并最终与上限接点 a 相碰接,电动机又会再次开动正转,将天窗举起,于是又达到了新的平衡点。

反之,若室温下降,则动接点 O 便会与下限接点 b 相碰接,使延时继电器 JS₂ 线圈获电经数秒延时后,使关窗继电器 J关 线圈获电,使电动机反转,关小天窗。同样也由于有联杆所起的控制(反馈)作用,天窗并不会一下子关至最小,而是随室温的下降逐步的关小。一般电气式调节器的敏感元件与调节器也构成一个整体,结构较简单,动作可靠,造价低,维护容易,因此,在现代的农业生物环境系统中得到广泛的应用。其缺点是电气接点容易烧损,控制精度不高,调节动作多限于位式或比例式调节系统,调节器与执行器一经搭配就只能完成一种动作过程,因此,在应用范围上受到一定的限制。

第五节　湿度环境的检测与调控器

湿度传感器主要分两类:一类是电阻式,依据空气中的水蒸气吸附于感湿材料后,元件的阻抗发生很大的变化而制成湿敏元件;另一类是电容式,依据空气中的水蒸气吸附于感湿材料后,元件介电常数发生很大的变化而制成湿敏元件。

湿度传感器的精度应达到 ±2‰～±5‰RH,达不到这个水平很难作为计量器具使用,湿度传感器要达到 ±2‰～±3‰RH 的精度是比较困难的,通常产品资料中给出的特性是在常温(20℃±10℃)和洁净的气体中测量的。在实际使用中,由于尘土、油污及有害气体的影响,使用时间长,会产生老化,精度下降。湿度传感器的精度水平要结合其长期稳定性去判断,一般说来,长期稳定性和使用寿命是影响湿度传感器质量的头等问题,年漂移量控制在1%RH水平的产品很少,一般都在±2%左右,甚至更高。

湿敏元件除对湿度敏感外,对温度亦十分敏感,其温度系数一般在0.2%～0.8% RH/℃范围内,而且有的湿敏元件在不同的相对湿度下,其温度系数又有差别。对温漂非线性,需要在电路上加温度补偿措施。采用单片机软件补偿,或无温度补偿的湿度传感器是保证不了全温范围湿度测量的精度的。湿度传感器温漂曲线的线性化直接影响到补偿的效果,非线性的温漂往往补偿不出较好的效果,只有采用硬件温度跟随性补偿才会获得真实的补偿效果。多数湿敏元件难以在40℃以上正常工作。因此,湿度传感器工作的温度范围也是重要的参数。

(一)空气湿度传感器

在农业生物环境调控中,反映空气湿度的被调参数通常是指空气的相对湿度(当时空气中水汽压与当时温度下的饱和水汽压之比),用百分数表示为:

$$RH = \frac{e}{e_s} \times 100\%$$

式中:e为实际水汽压,kPa;e_s为饱和水汽压,kPa。

1. 干湿球热敏电阻温度传感器

如图8-15所示,干湿球热敏电阻温度传感器由两只同类热敏电阻(如镍热电阻)和一个供水器构成。其中一支热敏电阻置于空气中,其阻值反映室内空气温度,另一支热敏电阻用纱布包着,通过纱布吸收供水器中的水分,于是该热敏电阻的阻值反映着由空气的蒸发冷却而下降的温度。当空气中水汽未饱和时,潮湿表面的水分蒸发要消耗(吸收)热,使湿的热敏电阻表面及其附近薄层气温下降。饱和水汽压越大,湿热敏电阻表面的蒸发越强,消耗热量越多,湿热敏电阻的温度降得越多,其阻值就越小。这样,干的和湿的热敏电阻的阻值差就反映着空气的湿度情况。若将这一变化信号输出送给相应的调节器,按干湿热敏电阻的温度及相应的阻值和相对湿度的函数关系进行运算,并将结果与给

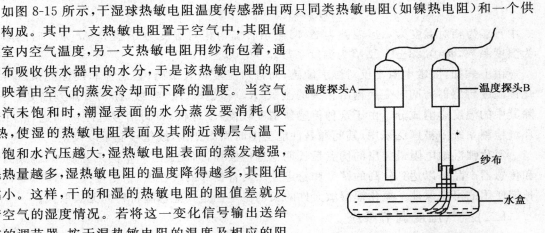

图 8-15　干湿球检测湿度结构

定值比较,得出偏差,再经相应的信号处理,便可输出供指示和调节用的湿度值。

这种传感器原理类似于干湿球温度计,要获得准确的结果,必须保证其湿热敏件表面的良好蒸发,因此,纱布要质地优良,吸收性好,柔软和保持清洁。有污损或失去洁白时应及时更换。供水器中应为无离子水,保证其中不含矿物质,检测环境应保持≥2 m/s的风速,否则会影响蒸发速率,使湿件参数不准。

2. 湿敏元件传感器

硅湿敏元件属于半导体湿敏元件中的一种。它主要由硅粉加入金属成分(如五氧化二矾、氧化钠等)在高温下烧结而成。金属氧化物半导体大都具有较强的离子性,能与水分强烈的耦合。随着空气湿度不同,水分将在半导体表面零散或密集的附着,当其表面吸附不同数量的水

分时,其电阻值也就产生不同程度的变化,即其电阻值与空气湿度有相应的关系。因此,若用相应仪器测出其电阻值,便可推算出当时的空气湿度。

硅湿敏元件具有体积小,响应速度快,对有害气体的抗蚀性能优良等特点,因此在目前常被选作空气湿度检测元件。

陶瓷湿敏传感器的机理属于表面吸附及离子导电的范畴。其电阻与湿度的变化关系可表示为:

$$R_\gamma = R_0 \cdot \exp(-A \cdot \gamma)$$

式中:R_0 为相对湿度为 30% 时湿敏器件的电阻;A 为湿度常数,取决于材料;γ 为相对湿度;R_γ 为相对湿度为 γ 时的电阻值。

氯化锂湿敏电阻在农业生物环境检控系统中应用也较多。其感湿原理是当非挥发性盐(如氯化锂)溶解于水时,水的蒸汽压降低,同时盐的浓度也降低,而电阻率增加。氯化锂湿敏电阻有柱状和梳状两种结构形式。柱状式是在圆柱形有机玻璃支架表面上涂一层聚苯乙烯薄膜作为增水层,然后在上面并排缠绕两条铂金丝,其端头引出。梳状是利用印刷电路板形成两个电极,在电极间均匀涂以聚乙烯醇酸和氯化锂的混合液。当挥发剂挥发后即在两电极间隙中形成一层感湿薄膜。

上述器件两电极间的电阻值随空气相对湿度不同而变化,其经验关系为:

$$R_\Phi = R_{\Phi 0} \cdot e^{(-\alpha \cdot \Delta\Phi - \beta \cdot \Delta\Phi)}$$

式中:R_Φ 为相对湿度为 $\Delta\Phi$,温差为 Δt 时阻值;$R_{\Phi 0}$ 为相对湿度为 0,温差 Δt 为 0 时的阻值;α 为湿度系数,$\alpha = 0.23 \pm 0.02$;β 为温度系数,$\beta = 0.09 \pm 0.01$。

由上式知,湿敏电阻不仅对湿度敏感,而且对温度也较敏感,且均为非线性关系。所以氯化锂湿度传感器需同时变换输出相关的湿敏(R_Φ)和热敏(R_t)参数,经调节器判断处理,以扣除其中的温度影响成分。由于这种传感器精度较高,反应快,可将信号远距离输送,故在农业环境检测系统中被广泛采用,其问题是性能会随时间而变化,故每年应予以校正。

氯化锂湿敏电阻最突出的优点是长期稳定性极强,因此通过严格的工艺制作,制成的仪表和传感器产品可以达到较高的精度和稳定性。具备良好的线性度、精密度及一致性,是传感器长期使用的可靠保证。氯化锂湿敏元件的长期稳定性是其他感湿材料尚无法取代。

(二)空气湿度调节系统

在炎热的夏季,可采用加湿降温法调控温室的环境,其作用一是降低由室外流入室内的空气温度,二是降低进入温室内的太阳辐射能所产生的温度。其原理是由于水分的蒸发要消耗热能,从而会使温室内湿度升高,室温降低。加湿降温的具体方法在生产中应用最多的是湿帘-风机降温系统,有时也会用喷雾系统。

湿帘-风机加湿降温系统由湿帘、给水和通风三大部分组成,如图 8-16 所示。湿帘由填夹在两层铁丝网之间的帘片或蜂窝状纸帘构成,上有淋水槽,下有集水槽。湿帘的材料要有良好的吸附水性能、通风透气性能、多孔性和耐用性,不易积聚盐分,耐水浸,不变形,取材容易和价廉。材料的吸水性能使水分布均匀,透气性使空气流动阻力小,而多孔性则可提供更多的表面积。目前,湿帘采用的材料有杨木细刨花、聚氯乙烯、浸泡防腐剂的纸、包有水泥层的甘蔗渣等。湿帘降温效率主要取决于湿帘的性能,湿帘必须保证有大的湿表面积与流过的空气接触,以便空气和水有充分的接触时间,使空气达到近似饱和。此外抗腐烂和抗干缩性能要好。因湿帘浸水后有一定的气流通过阻力,所以要求温室生成负压才能吸入室外的空气,为此要求温室具有密闭环境,并配备低压大流量型风机。湿帘和排风机的距离以 $30\sim 60$ m 为宜,一般在此范围内,每增加 6 m,湿帘高度增加 60 cm。为使气流分布均匀,风机间隔不应超过 7.5 m。一栋温室风机数量少于 4 台,应安排变速风机,以适应不同换气量的调节。

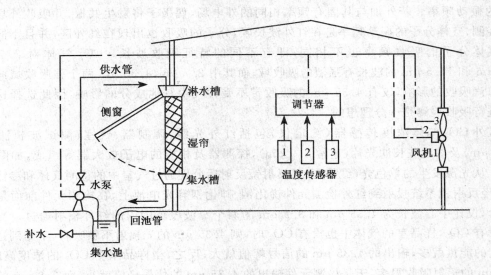

图 8-16　湿帘-风机降温系统

若温室中装有多台风机,并假如在调节器中将 1 号风机的设定工作温度定为 30℃;2 号风机的设定工作温度为 32℃;3 号风机的设定工作温度为 34℃ 等,这样,室温达 30℃ 时,1 号温度传感器通过调节器将 1 号风机连同水泵同时启动,水流经湿帘缓缓淋下,进入集水槽,再由水泵抽升至顶部淋水槽重复使用,并按湿帘实际蒸发的耗水量定期予以补水。风机将室外空气流经湿帘吸入(温度已下降),气流穿过温室空间,带走湿气,同时降低室内气温;当室温继续上升至 32℃ 时,2 号风机便投入运行,与 1 号风机联合工作,使室内气温下降;类似地当室温达到 34℃ 时,3 号风机便同时投入运行,使室温下降。湿帘降温排湿系统,在运行时沿气流运动方向湿度是不断降低的,而温度是不断上升的,因而不可避免地造成了温室内气温的不均匀性。同时由于风机数量有限以及室外露点温度的过高,湿帘通风系统的降温是有一定限度的。

第六节　空气环境的检测与调控器

一、CO_2 气体浓度检测传感器

植物光合作用测定技术中有关 CO_2 浓度的测定方法较多,有阻抗型压电 CO_2 传感器、电化学 CO_2 传感器和红外 CO_2 浓度传感器等。阻抗型压电 CO_2 传感器是基于串联式压电晶体对溶液电导率和介电常数的灵敏响应制成。电化学 CO_2 传感器是基于 CO_2 浓度通过电化学反应转变成电信号制成的。红外 CO_2 浓度传感器是基于 CO_2 气体在红外波长区有特征吸收波长制成。

其中红外线 CO_2 气体分析法因反应快,灵敏度高,精度好,加之体积小便于携带等,被农

业科研、生产单位广泛使用。如用作研究作物绿色器官光合作用强度、植物群体的光合作用强度和植物各种光合指标的测定，田间、温室和各种环境内 CO_2 浓度的测定等。

CO_2 气体浓度传感器是基于气体的红外吸收原理。大家知道，由不同原子（异原子）组成的气体分子中原子间的相对位置在不断发生变化。这种分子就像一个振动着的偶极子，有其固有的振动频率。若外加与其固有频率相同的外电场，偶极子将发生共振，并吸收外场的能量。经测，气体分子的振动频率是在红外波长区，分子的吸收也出现在红外区，并且不同的异原子气体分子的吸收频率也不相同，即有不同的特征吸收波长。CO_2 气体对 $2.7~\mu m$，$4.35~\mu m$ 和 $14.5~\mu m$ 的波长有强烈的吸收域，而其中 $2.7~\mu m$，$4.35~\mu m$ 两个强吸收域同时都受到水汽吸收的影响，仅有 $4.35~\mu m$ 的吸收带不受大气中其他成分的影响，因此选择这个吸收带进行吸收检测是十分理想的。

红外 CO_2 气体浓度传感器（测定仪）包括红外光源、调制器、气室、测试波长滤光片（$4.35~\mu m$）及参比波长滤光片（通常 $3.9~\mu m$），探测器及相应的电子放大器等组成，如图 8-17 所示。从光源发生的单色光（红外光）经反射镜反射后分别通过气室中的待测气体和参比气体后，再经反射镜系统投射到红外检测元件锑化铟、砷化铟等光电池上，在检测元件前面是一块滤光片，仅让中心波长为 $4.35~\mu m$ 和 $3.9~\mu m$ 的两个窄波段范围内的红外辐射通过。当参比室中没有 CO_2，样品室的气体中也没有 CO_2 时，则 $4.35~\mu m$ 的光辐射不被吸收，于是到达检测元件上的能量就多，输出的 $4.35~\mu m$ 的信号峰值就大；反之，当样品室中 CO_2 的浓度高时，对 $4.35~\mu m$ 的辐射吸收得多，于是检测元件输出的 $4.35~\mu m$ 的信号峰值就小，而 $3.9~\mu m$ 的红外光不被 CO_2 吸收，因而在检测元件上输出的 $3.9~\mu m$ 的信号峰值高度不变。这两个信号在后续线路中相减，CO_2 浓度越高，两个信号的差值就越大，且与样品室中通过的 CO_2 气体浓度成正比，从而实现了对 CO_2 气体浓度的检测和测量。

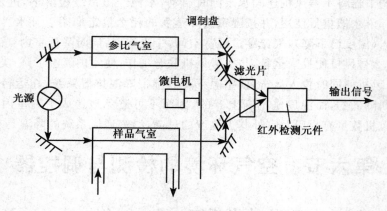

图 8-17　红外 CO_2 气体浓度传感器

二、CO_2 气体浓度调节

在一定范围内，作物的光合产物随着 CO_2 浓度升高而增加，因此，适当地施用 CO_2 对作物的生长、产量的增加和质量的提高都有促进作用。

传统上，温室中 CO_2 的含量可由 3 种措施提高：一是控制好农作物的密度和水肥管理，保证通风良好；二是增施有机肥料，利用土壤微生物分解有机肥料中的有机物，释放出较多的

CO_2;三是适当施用碳酸氢铵肥料,碳酸氢铵分解后能够释放出较多的 CO_2。对现代温室生产而言,这些都是很好的辅助方法。

现代温室生产对 CO_2 浓度的精确控制主要是通过 CO_2 浓度传感器的实时在线检测和相应的调控器来完成的。目前,常用的 CO_2 浓度调控器或装置与方式主要有:

1. 液态 CO_2

液态 CO_2 不含有害物质,使用安全可靠,但成本较高。通常装在高压钢瓶内,通过减压阀、电磁阀、调节器等控制释放,并借助管道输散,较易控制用量和时间。液态 CO_2 主要来源有酿造工业、化工工业副产品、空气分离、地贮 CO_2 等。

2. 燃料燃烧式

目前,国内外温室生产上使用的 CO_2 气体发生器主要是碳氢化合物燃烧式,即将碳氢化合物通过燃烧充分氧化而释放出 CO_2。碳氢化合物包括煤油与液化石油气等,按燃烧方式分为火焰式和红外式两种。

煤油火焰燃烧式 CO_2 发生器主要包括供油系统(贮油箱、输油管道、滤清器、油泵、电磁阀和喷油嘴等)、点火装置(有电子式高压点火器和机电式高压点火器等)、燃烧室、通风机及自动检控装置等。其工作过程是由开机信号发出高压电火花点燃由喷油嘴喷出的油雾,在燃烧室内燃烧,通风机一方面送入新鲜空气助燃,另一方面将产生的 CO_2 气体(烟气)送入温室内。CO_2 烟气浓度和送气时间等由控制器自动调控。

红外燃烧式 CO_2 发生器与上述燃烧式不同之处是用红外炉具代替燃烧室。其特点是燃料与空气混合均匀,燃烧彻底,不易产生 CO_2,又由于红外波向外辐射热能,所以燃烧式的温度远低于火焰燃烧式,有利于防止氮氧化合物(NO_2)的产生,提高了烟气内 CO_2 的纯度。

随着生态型日光温室建设与发展,利用燃烧沼气来进行 CO_2 施肥,是目前最值得推广的 CO_2 施肥技术。具体方法是选用燃烧比较完全的沼气灯或沼气炉作为补施 CO_2 器具,室内按每 50 m^2 设置一盏沼气灯,或每 100 m^2 设置一台沼气灶。每天日出后开启燃放,燃烧每立方米沼气可获得大约 0.9 m^2 CO_2。一般棚内沼气池寒冷季节产沼气量为 0.5~1.0 m^3/d,它可使 333 m^2(半亩)地室(容积为 600 m^3)内的 CO_2 浓度达到 0.1%~0.16%。在棚内 CO_2 浓度到 0.1%~0.12%时关闭停燃。

3. 化学反应式

利用强酸(硫酸、盐酸)与碳酸盐(碳酸钙、碳酸铵、碳酸氢铵)反应产生 CO_2,硫酸-碳酸氢铵反应法是应用最多的一种类型。在我国,简易施肥方法是在设施内部分点放置塑料桶等容器,人工加入硫酸和碳酸氢铵后产气,此法费工、费料,操作不便,可控性差,易挥发出氨气为害作物。近几年性相继开发出多种成套 CO_2 施肥装置,主要结构包括有反应腔、贮液腔与缓冲腔,净化腔等组成。有的可通过 CO_2 气体补施量去控制 CO_2 生成量,方法简便,操作安全,应用效果较好。

必须强调指出的是,全球范围内无限制地提高空气中 CO_2 的含量,就会促成"温室效应"的出现。众所周知,"温室效应"带来的全球变暖现象会造成一系列严重后果,包括冰川融化、海平面上升和气候异常等。可见,温室中增施 CO_2 也要适量,避免促成"温室效应"。

第七节　植物根圈环境的检测与调控器

在有土栽培和无土栽培中,都要对施入土壤和营养液中的液态肥的浓度进行检测和调控。

尽管光照、温度、湿度等会对作物生长发育有影响,但其往往是较缓慢的,而植物根圈环境中的水肥量对作物生长的影响却是直接的和迅速的。一旦水肥失控,会使作物很快出现"营养不良"或被"烧死"等现象。为此,从促进作物生长发育,从节省人力和节省水肥源等方面看,采用水肥自动调控系统是十分必要的。

一、土壤湿度传感器

　　研究指出,植物的根系从土壤中吸收水分的必要条件是根细胞的水势一定要小于周围土壤的水势。所谓土壤水势是一种位能,定义为在一定的条件下对水分移动具有做功本领的自由能,简称水势。当土壤含水量逐渐减小时,土壤水溶液与植物根系细胞的水势差也在减小,植物根系吸收的水分也随之减少,从而使植物生长受阻、暂时萎蔫和永久萎蔫出现。另外,土壤颗粒之间形成的可以储水大小孔隙的毛细管构成了土壤基质势,土壤对水分的吸持力与土壤的基质势两者大小相等,方向相反。因此,从研究土壤水分与植物根系的力能关系着手是检测土壤湿度的关键,基于此,研究人员研制了不同的土壤湿度传感器。

　　(1)石膏块电阻湿度传感器　依靠测定石膏块水势与土壤颗粒结构的水势,两者达到平衡时的电阻值换算出土壤水分。这种方法的问题是元件的电阻受土壤盐分和温度的影响。电阻法测定土壤水分的仪器,尽管多种多样,但其基本原理是一致的,实验证明,土壤和土质中水分含量愈高其电阻愈小,反之电阻愈高。

　　(2)负压式土壤湿度传感器　该装置如图 8-18 所示。湿敏元件为一端是中空多孔的陶瓷头,另一端接真空表或压力测定装置的密闭管。管内充水后埋置于土壤内,真空表头伸出地面。干燥的土壤从陶瓷空心头处向外吸水,真空表内形成局部真空,真空表指示相应读数。当灌水后土壤变湿,土壤水又被吸回多孔陶瓷空心头内,真空表读数下降,这样真空表就直接读出土壤水分张力。真空表读数在 $0 \sim 0.08$ MPa 为正常。

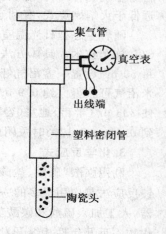

　　若用相应的电气元件代替真空表,便可构成相应的自动检测和控制系统。若通过电气接点定出被控土壤湿度的上、下限,用真空表指针作为动接点,便可将土壤湿度的有效水分含量的上、下限作为临界值输出。

图中标注:集气管、真空表、出线端、塑料密闭管、陶瓷头

图 8-18　负压式土壤湿度传感器

二、电导率的检测

　　由于水中含有各种溶解盐类,并以离子的形式存在,当水中插入一对电极时,通电之后,在电场的作用下,带电的离子就产生一定方向的移动。水中阴离子移向阳极,使水溶液起导电作用。水的导电能力的强弱程度,就称为电导(或电导度),用 G 表示。电导反映了水中含盐量的多少,是水的纯净程度的一个重要指标,水越纯,含盐量越少,电阻越大,电导越小,超纯水几乎不能导电。

　　在农业中,电导率(通常称为 EC)是一种及其有效以及方便的测量水、土壤中含盐量的方法。高电导率会伤害植物以及造成减产。其会导致叶片顶部以及边缘造成永久性伤害,严重则导致叶片萎蔫,植株死亡。来自灌溉水,土壤,上涨的地下水中的盐是造成高电导率的原因。其主要成分包括钠离子,镁离子,钙离子,氯离子,硫酸根离子,碳酸根离子等。

EC 值受温度以及离子交互作用的影响,后者随盐浓度变化而变化。因为传导性变化与温度相关,规定调解设定标准温度为 25℃。一般仪器会自动地调解,但是采用的样本,尽量不要用太高或者太低的温度。在一些进口的农业水处理设备中,有一个"EC"值的水质指标,相应的有测试该指标数的专用仪器 EC 计。EC 计的单位是 EC,而 EC 单位其实就是 mS/cm,既 EC=mS/cm,因此 EC 计其实就是以 mS/cm 为测量单位的电导率仪。

电导率的测量原理其实就是按欧姆定律测定平行电极间溶液部分的电阻。但是,当电流通过电极时,会发生氧化或还原反应,从而改变电极附近溶液的组成,产生"极化"现象,从而引起电导测量的严重误差。为此,采用高频率交流电测定法,可以减轻或消除上述极化现象,因为在电极表面的氧化和还原迅速交替进行,其结果可以认为没有氧化或还原发生。

电导率仪由电导电极和电计(电子元件)组成。电计采用了适当频率的交流信号的方法,将信号放大处理后换算成电导率。电计中还可能装有与传感器相匹配的温度测量系统,能补偿到标准温度电导率的温度补偿系统、温度系数调节系统、电导常数调节系统,以及自动换挡功能等。电导电极有时还装有热敏元件。

电导率仪从使用用途分大致有笔形、便携式、实验室、工业用四种类型。

笔形电导率仪,一般制成单一量程,测量范围狭,为专用简便仪器。笔形还有制成 TDS 计,用于测量饮用水质量,测量汤(溶液)的盐度等。

便携式和实验室电导率仪测量范围较广,属于常用仪器。不同点是便携式采用直流供电,可携带到现场。实验室电导率仪测量范围广、功能多、测量精度高。

工业用电导率仪的特点是要求稳定性好、工作可靠,有一定的测量精度、环境适应能力强、抗干扰能力强,具有模拟量输出、数字通信、上下限报警和控制功能等。

一个盐度的普通单位称为占总溶解盐(TDS)的百万分比(ppm),即每升的毫克数(mg/L)。这是一种通过蒸发水分,获得盐质量的方法,即盐浓度的另一种测量法。这不同于传导率是用多少电量将所有的盐提取出来的方法。从 EC 到 TDS 的转变可以用一个近似值获得。

三、pH 值的检测

pH 是拉丁文"Pondus hydrogenium"一词的缩写(Pondus＝压强、压力,hydrogenium＝氢),用来量度物质中氢离子的活性。这一活性直接关系到水溶液的酸性、中性和碱性。水在化学上是中性的,但不是没有离子,即使化学纯水也有微量被离解。

测量 pH 值的方法很多,主要有化学分析法、试纸法、电位法等。现介绍电位法。

电位分析法所用的电极被称为原电池。原电池是一个系统,它的作用是使化学反应能量转成为电能。此电池的电压被称为电动势(EMF)。此电动势(EMF)由两个半电池构成。其中一个半电池称作测量电极,它的电位与特定的离子活度有关如 H^+;另一个半电池为参比半电池,通常称作参比电极,它一般与测量溶液相通,并且与测量仪表相连。

如一支电极由一根插在含有银离子盐溶液中的银导线制成,在导线和溶液的界面处,由于金属和盐溶液两种物相中银离子的不同活度,便形成离子的充电过程,而形成一定的电位差。失去电子的银离子进入溶液。当设施加外电流进行反充电,也就是说没有电流时,这一过程最终会达到一个平衡。在此平衡状态下存在的电压被称为半电池电位或电极电位。

这种(如上所述)由金属和含有此金属离子的溶液组成的电极被称为第一类电极。

此电位的测量是相对一个电位与盐溶液的成分无关的参比电极进行的。这种具有独立电位的参比电极也被称为第二电极。对于此类电极，金属导线都是覆盖一层此种金属的微溶性盐（如：$Ag/AgCl$），并且插入含有此种金属盐离子的电解质溶液中。此时半电池电位或电极电位的大小取决于此种阴离子的活度。

人们根据生产与生活的需要，科学地研究生产了许多型号的 pH 计：

按测量精度上可分 0.2 级、0.1 级、0.01 级或更高精度；

按仪器体积上分有笔式（迷你型）、便携式、台式还有在线连续监控测量的在线式，其中笔式（迷你型）与便携式 pH 计一般是检测人员带到现场检测使用。

四、土壤湿度调节器

在土壤水肥管理中，常用的控制调节元件是阀门。在流体系统中，为了保证各执行机构按照预定的工艺循环平稳和协调地工作，需对流体的压力，流量和流动方向进行调控，能实现这一功能的元件称为阀。根据阀的结构和作用特点，其分为许多种。调节阀是阀的一种，其任务是将各种流体（如制冷工质、蒸汽、风、冷热水等）的流向和流量进行调节和控制。

调节阀也有多种，在生物环境调控系统中常用的调节阀，按流向不同有：单（直）通和三通；按阀座数有单座和双座之分；按操纵方式有手动、电动、电磁动、液动、气动、电液动等。根据实用场合和要求不同，阀往往在结构上是由上述几个特点组合而成，如电动直通单座阀，电磁单座直通阀等，它们在自动系统中起着某些特殊的作用。下面介绍几种常见阀。

1. 电磁直通单座调节阀

直通单座阀的结构示意图如图 8-19（a）所示。阀体内只有一个阀芯和阀座，靠阀芯的上下移动来改变阀芯与阀座的相对位置，故称直通单座式调节阀。由图示知，流体由左侧进入，当阀芯离开阀座时，流体穿过阀芯与阀座间的缝隙，由右侧流出。

阀径小于 25 mm 的直通单座阀均为正装式，即阀芯向下位移时，阀芯与阀座间的流通面积减少；阀径在 25 mm 以上的直通单座阀，有正装和反装（阀芯向下位移，阀芯与阀座间流通面积增大）两种。阀芯相对位移（L/L_{max}）和相对流通面积（$F\%$）的关系可用图 8-19（b）表示。

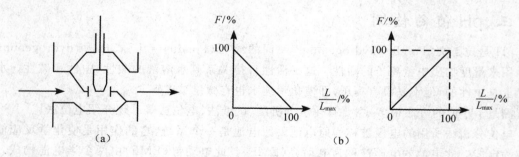

图 8-19　直通单座调节阀结构示意图

单座阀容易达到密闭，甚至可以完全切断流体，故泄漏量小。另外，由于流体对阀芯的推力是单面作用的，不平衡力较大，故单座阀仅适用于低压的场合。

如图 8-20 所示，电磁直通单座调节阀分为上、下两部分，上部为电磁执行机构，由电磁线圈、移动铁芯、复位弹簧等组成，下部为调节机构——阀座与阀芯。当电磁线圈获电后，产生电磁吸力，使动铁芯上移，阀门被打开，流体可顺畅地由左侧入口流入，由右侧端口流出；电磁线圈断电后，电磁吸力消失，动铁芯在自身重量和复位弹簧张力作用下复位，并带动阀芯，截断流体通道。

国产小流量电磁阀使用 220 V,50 Hz 的交流电,阀座直径有 3 mm,4 mm,5 mm,6 mm,7 mm,8 mm,10 mm,12 mm,15 mm,20 mm 等数种,公称压力为 1.6 MPa,4.0 MPa,6.4 MPa,10.0 MPa,行程为 10 mm,可根据要求选用。

电磁直通阀尚有一种二次开启式,其结构特点是利用电磁线圈获电后首先开启小阀芯,使操作孔打开,主阀体上腔减压,在进入下腔流体的压力下将主阀门打开。当线圈失电时,小阀芯借自重和复位弹簧张力作用而落下,关闭操作孔,上腔增压,在主阀体上腔压力大于下腔压力作用下主阀芯关闭主阀门。这种二次开启式利用介质压力开启阀门,故需较小的电磁操作力,省电,结构紧凑。此外,某些产品还设有停电时手动阀芯启闭阀门的手柄,使工作便利和可靠。

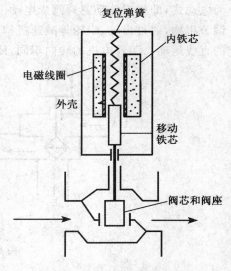

图 8-20　电磁直通单座调节阀结构示意图

2. 直通双座调节阀

直通双座调节阀阀体内有两个阀芯和两个阀座,靠阀芯的上下移动来改变阀芯与阀座的相对位置,故称直通双座调节阀,由图 8-21 可知,流体从左侧进入,通过下上阀座再汇合在一起,由右侧流出。

双座阀有正装和反装两种:正装时,阀芯向下位移,阀芯与阀座间的流通面积减小;反装时,阀芯向下位移,阀芯与阀座间流通面积加大。由于双座阀有两个阀芯和阀座,采用双导向结构,故只要把阀芯倒过来装,便可方便地将正装改成反装。

由于流体作用在上、下阀芯上的推力,方向相反

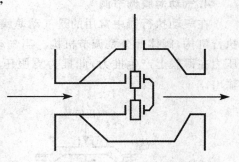

图 8-21　直通双座调节阀结构示意图

而大小接近相等,所以双座阀上受到的不平衡力较小,允许使用在压差较大的场合。同时,双座阀的流通能力比同口径的单座阀大。但是,双座阀毕竟有两个阀芯,受加工精度的限制,上、下两个阀芯难以保证同时关闭,所以关闭后的泄漏量较大,尤其使用于高温高压场合,这一点比单座阀要严重。

双座阀的操作方式也有手动,电磁和电动式。

3. 三通(向)调节阀

三通调节阀有三个出入口与管道相连,按作用方式可分为合流式和分流式两种,如图 8-22 所示。合流是两种流体通过阀后混合产生第三种流体,这种阀有两个入口和一个出口,当阀关小一个入口的同时就开大另一个入口,从而可以调节两个入口流体的进入量。分流式是把一种流体通过阀后分成两路,因而就有一个入口和两个出口,同样在关小一个出口的同时便会开大另一个出口。

合流阀的阀芯位于阀座内部,分流阀的阀芯位于阀座外部,这样,流体的流动方向总是使阀芯处于打开状态,使阀工作稳定。合流阀一般是用于合流场合,但当公称通径小于 80 mm 时,由于不平衡力较小,合流阀也可用于分流场合。而分流阀仅能用于分流场合。三通阀通常

为电动式,即构成电动三通阀。电动三通阀的上部为一单相感应电机作为执行机构,以阀作为调节机构,通过齿轮、蜗轮等减速机构以及支柱,导向板和传动丝杆将电机的旋转运动变为阀的直线运动。随着电机的转向不同,使阀芯朝着阀门开启或关闭的方向就不同。

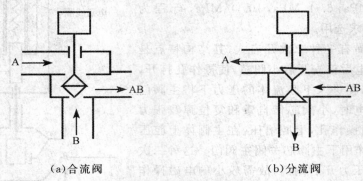

(a)合流阀　　　　　　　　　　(b)分流阀

图 8-22　三通调节阀示意图

电动阀和电磁阀的动作性能是不同的。电磁阀在开闭时阀芯有冲击,机械磨损大;而电动阀的冲击小,机械磨损小,可延长使用寿命,但开闭需要时间。

4.气动薄膜调节阀

在气动执行器中常用的是气动薄膜调节阀,其结构如图 8-23 所示。其中阀体上面部分是执行机构,阀体部分是调节机构。当气动调节器输出的气压信号进入薄膜上面的气室时,信号压力在薄膜上产生推力,此推力克服压缩弹簧的作用力,使阀杆产生位移,即为执行机构的输出。

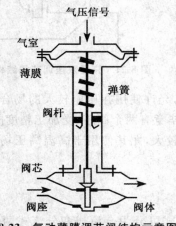

图 8-23　气动薄膜调节阀结构示意图

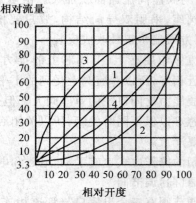

图 8-24　理想流量特性
1.直线型　2.等百分比型　3.快开型　4.抛物线型

我们已知,调节阀是按照控制信号的方向和大小,通过改变阀芯行程来改变阀的阻力系数,达到调节流量目的的,即从流体力学的观点看,调节阀是一个局部阻力可以改变的节流元件。对不可压缩流体,由流量方程:

$$Q = \frac{F}{\sqrt{\xi}} \sqrt{2g \frac{P_1 - P_2}{\gamma}}$$

式中:ξ 为调节阀的阻力系数;F 为调节阀接管截面积;g 为重力加速度;P_1 为阀前压力;P_2 为阀后压力;γ 为流体比重。

可知,当 F 一定,P_1、P_2 不变时,流量 Q 仅受调节阀阻力系数而变化。若 ξ 减小,则 Q 增大;反之,若 ξ 增大,则 Q 减小。所以,调节阀是通过控制信号改变阀芯行程来改变阀的阻力系数,以达到改变流体流量的。

反映调节阀特征和性能的参数很多,如公称压力 p_g、公称直径 D_g、流通能力等,但对于自动调节而言,调节阀的流量特性更应引起重视。

调节阀的流量特性是指介质流过阀门的相对流量与调节阀的相对开度之间的关系,即:

$$\frac{Q}{Q_{max}} = f\left(\frac{L}{L_{max}}\right)$$

式中:$\dfrac{Q}{Q_{max}}$ 为相对流量,即调节阀某一开度下的流量与全开流量之比;$\dfrac{L}{L_{max}}$ 为相对开度,即调节阀某开度下阀的行程与全开时阀的行程之比。

通常,改变调节阀的阀芯与阀座间的节流面积便可调节流量。但实际上由于各种因素的影响,在节流面积变化的同时,阀前后的压力差也在变,由上式知,这也会影响流量的变化。在阀前后压力差为定值的理想状况下,阀芯曲面形状不同,会得出不同的典型流量特性。如图 8-24 所示为常用的快开型、直线型、抛物线型以及等百分比型 4 种阀型的理想流量特性。

直线流量特性是指调节阀的相对流量与相对开度呈直线关系,即流量按开度大小呈等比例增加,因而,这类调节阀,在阀芯行程变化相同的条件下,流量小时,流量的相对值变化大;而流量大时,流量相对值变化小。这就是说,直线型调节阀门处于小开度时,调节作用强;而处于大开度时,调节作用弱,调节灵敏度差。故这种调节阀仅适用于调节对象特性为线性者,调节对象为非线性者不适用。

等百分比流量特性也称对数流量特性,是指单位相对行程的变化引起的相对流量的变化与此点的相对流量成正比关系,即流量变化的百分数是相等的。若 $R = Q_{max}/Q_{min} = 30$,经计算,其开度每变化 1% 所引起的流量变化百分比总是为 4%。由图 8-24 可知,等百分比流量特性调节阀的流量特性斜率是随行程的增大而递增的。因而,在同样的行程下,小开度时流量变化小;大开度时流量变化大。故这种阀在接近全关时工作缓和平稳,而在接近全开时工作灵敏,适用于阀门开度变化范围大的调节系统。

快开特性是在调节阀的行程较小时,流量就较大,随着行程的增大,流量很快达到最大,故称快开特性。具有这种特性的调节阀主要用于双位调节中。

抛物线流量特性是指单位相对行程变化所引起的相对流量变化与此点相对流量值的平方根成正比关系,为一条二次抛物线,介于直线特性和等百分比特性之间,如图 8-24 所示。

以上简要介绍了具有直线,等百分比,快开和抛物线 4 种调节阀的理想流量特性。抛物线形流量特性介于直线与等百分比特性之间,故对于直通调节阀,常用等百分比流量特性代替抛物线流量特性,而快开特性主要用于双位调节及程序调节系统中。因此,调节阀流量特性的选择通常是指如何合理地选择直线和等百分比流量特性。

调节阀是自动调节系统中的一个较为重要的环节,它的工作品质与性能直接影响着整个系统,因此,应对它的选择(包括流量特性和阀的口径)予以足够重视。

复习思考题

1. 设施环境中影响生物生长发育的主要环境因素有哪些,它们具有什么特性?

2. 如何选用环境信息传感器?

3. 常用的温度传感器和调节器有哪几种? 它们的工作原理分别是什么?

4. 常用的湿传感器和调节器有哪些? 它们的工作原理各是什么?

5. 常用的光照传感器和调节器有哪几种? 它们的工作原理分别是什么?

6. 常用的 CO_2 传感器和调节器有哪几种? 它们的工作原理各是什么?

7. 常用的土壤湿度传感器和调节器有哪几种? 它们的工作原理是什么?

8. 在设施环境调控中,主要用哪些监测、调节与控制器? 它们有什么特性或优缺点?

9. 简述设施农业中电导率测量和 pH 值测量的原理与方法。

10. 什么是调节阀? 它们是如何工作的? 调节阀的典型流量特性有哪几种?

11. 什么是"逆温效应",如何避免或减轻此效应?

参考文献

[1] 马承伟. 农业生物环境工程学. 北京:中国农业出版社,2005

[2] 邹志荣,邵孝侯. 设施农业环境工程学. 北京:中国农业出版社,2008

[3] 杨帮文. 最新传感器使用手册. 北京:人民邮电出版社,2004

[4] 李式军. 园艺设施学. 北京:中国农业出版社,2002

[5] 陈建元. 传感器技术. 北京:机械工业出版社,2008

[6] 朱德胜. 浅议蔬菜日光温室内气体特点及调节方法. 现代农业科技,2005,10:15-16

第九章　设施园艺中的机械化装备

学习目标

- 理解设施园艺机械化装备的基本类型
- 熟悉设施园艺各类机械化装备的构造及工作原理
- 掌握各类机械装备的特性及其功能
- 熟练掌握各类机械化装备的使用与维护方法

第一节　设施园艺机械化装备的要求与特点

设施园艺生产是农业生产的一部分,它是指在设施、园、圃内从事园艺植物栽培的过程。在园艺设施内部,人们可以利用各种现代化技术人为控制植物生长所需的气体、温度、光照、水分、湿度、二氧化碳和植物营养等。所以,设施园艺机械化从广义上说也是农业机械化的重要组成部分,许多设施园艺机械都是采用通用的农业机械,如耕整地机械、播种施肥机械、病虫害防治机械、灌溉设施等。但设施园艺植物栽培有其特殊性,其生产过程和一般的大田作物如粮食、棉花等以及露地植物栽培都有很大区别。因此,设施园艺机械又有许多特殊的要求、特殊的种类和不同特点。

设施园艺中的机械化是为农业生产服务的工程技术体系。凡是用于设施园艺作物生产方面的各种机械,如动力机械(电动机、内燃机、拖拉机)以及与动力机械相配套的各种作业机械,都属于设施园艺机械化装备的范畴。主要包括耕整地机械、种植机械、病虫害防治机械、节水灌溉机械、收获机械、环境控制机械等,并以小型的专用机械为主。设施园艺机械的主要特点是:机型矮小,重心低,突出机身外的零部件尽可能少,转弯半径小,通过性能好,操作灵活,便于在设施内进行各项作业,且能有效保证设施内边角均可作业到,以最大限度地满足设施内作业的需要。

实现设施园艺机械化,就是要用各种机械装备来完成整个园艺植物生产过程中的各项作业,如整地、育苗、栽植、灌溉、病虫害防治以及果蔬收获、加工等。

由于设施内生产的特殊性决定了设施园艺机械化与露地生产机械化有着极大的不同。如播种机械,在设施蔬菜生产中,由于蔬菜种子的粒径小、重量轻、形状复杂、表面光洁度差异大,有些种子(如胡萝卜、番茄)表面粗糙,带有绒毛,要精确地分成单粒比较困难。有些种子需高温休眠,如莴苣、芹菜等;而有些种子需低温休眠,如茄子、番茄等,这些特性要求在比较理想的条件下发芽后再播种,即播芽种。此外,设施园艺植物栽培地的复种指数高,播种作业频繁,由于播种时期不同,要求的环境条件也不同,不同的种子还有特定的农业技术要求,用一般的农用播种机难以满足播种的需要,所以设施园艺植物播种大都采用专用的播种机。

园艺作物收获是设施园艺生产中最复杂、难度最大的一项作业。水果和蔬菜的种类繁多，形态特征差异很大。即使是同一种类，也有许多不同的品种，针对某个品种研制的收获机械，往往不能适用于其他品种的收获。水果和蔬菜的可食用部分有根、茎、叶、果、花及种子等，生长部位分散，且鲜嫩多汁、极易损伤腐烂，多数品种成熟期和收获期持续时间不一致。人工收获时需根据尺寸、颜色、形状或其他一些直观因素来进行判断。收获的方法一般涉及切、掐、拉、弯、折、扭等动作中的一种或几种，而机械作业就比较困难，因此实现设施园艺作物收获机械化的难度较大。

第二节　耕耘机械化装备

一、设施园艺耕地的目的

耕地是设施园艺作物栽培过程中的重要环节。通过对土壤的耕翻和疏松，为作物的种植和生长创造良好的土壤条件，是园艺作物生产的基础，也是恢复和提高土壤肥力的重要措施。

由于农作物在生长过程中受到灌溉水浇淋、阳光照晒以及人机作业对土壤的践踏等因素的影响，耕作层上部土壤的团粒结构和腐殖质等遭到破坏，土壤比较板结、肥力低，不利于后茬作物的生长。采用小型深耕机械进行深耕作业，可以提高土壤团粒性、渗透性和保水性，加深有效表土，使作物根系发育旺盛，促进作物生长。

设施内耕地作业包括在收获后的地域新建设施地上进行的翻土、松土、覆埋杂草或肥料等项目，其主要目的是：通过机械对土壤的深层耕翻，把前茬作物残茬和失去结构的表层土壤翻埋下去，而使耕层下部未经破坏的土壤翻上来，以恢复土壤的团粒结构；通过对土层的翻转，可将地表肥料、杂草、残茬连同表层的虫卵、病菌、草籽等一起翻埋到沟底，达到消灭杂草和病虫害的作用，同时改善土壤的物理化学性质，提高土壤肥力；机械对土层翻转同时具有破碎土块、疏松土壤，积蓄水分和养分的作用，为播种（或栽植）准备好种床，并为种子发芽和农作物生长创造良好条件，且有利于作物根系的生长发育；通过对耕层下部进行深松，还可起到蓄水保墒、增厚耕层的效果。

二、设施园艺耕地的农业技术要求

耕地作业要满足农业技术要求，要适时耕翻，在确定耕深时应注意随土壤、地区、季节等的变化合理选择，并保证耕深始终均匀一致。耕后土壤应疏松破碎，以利于蓄水保肥，设施内耕地的农业技术要求是：土壤松碎，地表平整；不漏耕，耕后地表残茬、杂草和肥料应能充分覆盖；对设施内空气污染小；机械不能损坏温室设施。

在进行春播蔬菜的耕地作业时，要求耕深在 25 cm 以上；在种植秋菜垄作作物时，耕地要求与春播菜田相同，起垄则由蔬菜起垄播种机直接完成。垄高 12～15 cm，垄距 50～60 cm。采用机械耕地碎土质量≤98%、耕深稳定性≥90%。

夏播蔬菜耕整作业时，要求耕后地表平整，土壤细碎，耕深 18～25 cm。

三、设施园艺耕耘机械的构造及工作原理

受设施内空间大小的限制，设施耕耘机械的机身体积及其动力都比较小、重量轻、转弯灵

活、操作方便,动力一般在 2.2 kW 左右。常用的设施内耕整机械主要是旋耕机。一般的小型旋耕机又可分成带驱动轮行走式和不带驱动轮行走式两种。国外多使用有驱动轮式,而我国则主要使用后者。

我国常用的旋耕机是一种由动力驱动的,能一次完成耕、耙、平作业。其特点是对土壤的适应性强,能在潮湿、黏重土壤上工作,对杂草、残茬的切碎力强;作业后土壤松碎、齐整。但消耗动力大、工效低、工作深度浅、覆盖性能差,对土壤结构的破坏比较严重。

(一)旋耕机的结构

图 9-1 是我国常用的一般旋耕机的结构图。主要由工作部件、传动部件和辅助部件 3 部分组成。工作部件包括刀片、刀轴和刀座;传动部件包括传动箱和齿轮箱;悬挂架、机架(主梁和侧板)、挡泥罩和平地拖板等构成旋耕机的辅助部件。

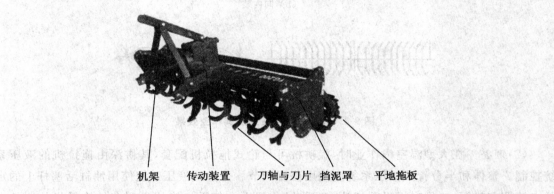

机架　　传动装置　　刀轴与刀片　挡泥罩　　平地拖板

图 9-1　旋耕机的组成

1.旋耕刀的类型

旋耕刀是旋耕机的主要工作部件,刀片的形状和参数对旋耕机的工作质量、功率消耗影响很大。刀片用螺栓固定在刀座上,刀座焊在刀轴上,刀片按螺旋线排列。工作时刀片随刀轴一起旋转,完成切土、碎土、翻土和混土功能。为适应不同土壤旋耕作业的需要,人们对旋耕刀的形状和结构进行了大量的研究。

旋耕机上常使用的刀片主要有三大类:凿形刀、直角刀和弯形刀。

凿形刀入土能力强,松碎效果好,但容易缠草。直角刀刀身宽,刚性好,有一定的工作宽度,容易加工制造,但也易缠草。弯形刀切削阻力小,不易缠草,碎土性能较好,但功率消耗较大,生产成本高。

2.旋耕刀的安装与调整

(1)刀片的安装　凿形刀的安装没有特殊的要求,凿形刀的直钩形,入土能力强,抛翻土壤性能差,而且易缠草,适用于杂草少和板结的土壤。它的安装一般是在刀棱上按螺旋线均匀排列,用螺钉固定在刀座上。对于刀片头部弯曲、外圆弧有较长刃口的弯刀,切割能力强,适用于水、旱地耕作,应用范围较广。如刀片安装不对,不仅影响作业质量,还要影响机具的使用寿命。其安装一般有以下 3 种方法,如图 9-2 所示。

①混合安装(图 9-2a):左、右弯刀在刀轴上交错对称安装,但刀轴两端的刀片向里弯。耕后地表平整,是最常用的一种安装方法。

②向内装(图 9-2b):所有刀片都向刀轴中间弯,耕后中间成垄,相邻两行程间出现沟。适

用于作畦耕作。

③向外装(图 9-2c):刀片均朝外,耕后中间有浅沟,适用于拆畦耕作。但刀轴两端两把刀向里弯,以防止土块向外抛影响下一行程的作业。

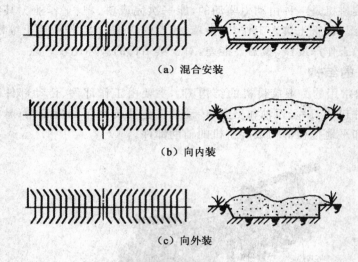

(a)混合安装

(b)向内装

(c)向外装

图 9-2 旋耕刀片的安装及其作业效果

(2)调整 在大型温室内作业时,旋耕机可与轮式拖拉机配套,其耕深由拖拉机的液压系统控制。整体和半分置式液压系统应使用位置调节。分置式液压系统使用油缸活塞杆上的定位卡箍调节耕深,工作时操纵手柄放在"浮动"位置上。与手扶拖拉机配套的旋耕机的调整是通过改变尾轮高低位置来调节耕深的。

作业时机架应保持左右水平,前后位置使变速箱处于水平状态。其水平调整是通过悬挂装置的左右吊杆来调整。当拖拉机的前进速度一定时,刀轴转速快,碎土性能好;刀轴转速慢,碎土能力差。而刀轴转速一定时,拖拉机速度快,则土块粗大。一般来说,刀轴的速度通常用慢挡,要求土壤特别细碎或耕两遍时,可用快挡。

(二)旋耕机的工作原理

一般旋耕机由拖拉机驱动,工作时,拖拉机动力输出轴输出的动力通过旋耕机的万向节传入齿轮箱,再经一侧的传动箱驱动刀轴旋转。刀片边旋转边切削土壤,并将切下的土块向后抛掷与挡泥罩和拖板相撞击,使土块进一步破碎,然后落回地面由拖板进一步拖平,耕后土壤细碎、地面平整。

在作业过程中,旋耕机刀片一边绕其轴正向旋转,一边随机组做直线运动,刀片的运动轨迹是一条由旋转运动与直线运动合成的余摆线,因此,影响旋耕机碎土性能的因素包括机组前进速度和刀轴的转速。当刀轴转速一定时,机组前进速度越慢则碎土性能越好。反之,碎土性能不好,甚至产生刀背推土现象。旋耕作业时一般采用 2~3 km/h 的速度。

(三)其他小型耕整地机械简介

随着我国农业产业结构不断调整,设施农业生产水平的进一步提高,相继出现了很多适于设施内作业的小型机具。许多地区研制的小型自走式旋耕机,适于各类棚室作业。

图 9-3 是好佳园 1GW4(178 型)旋耕机,为一种手扶自走式耕作机械,是精心设计研发的升级版微耕机。整机主要部件如刀筒,支臂,固定架等都采用精密铸造而成,比普遍采用的焊接件要坚固耐用许多。挡泥板是 1.8 mm 厚的钢板,不易变形。挡泥板骨架是用钢管弯曲一次成型的,安装简便,坚固抗撞。整机重 108 kg,功率为 5 kW。耕幅 80~105 cm,耕深 15~30 cm。每小时可耕作 666~2 000 m²,油耗 0.8 kg/h。

这种微型耕作机的特点是体积小、重量轻,全轴全齿轮传动。产品小巧灵活,操作简单,动力指标先进,使用维修方便,适合于大棚蔬菜、果园等的耕作。特别是狭窄田头、尖小地角等大机械无法耕作的地方。配套动力有 175F、186F 风冷柴油机。手摇式,采用联轴器传递动力,拆卸安装极为方便。

虽然适合设施耕整地的自走式旋耕机种类繁多,但其结构、特点及工作原理基本相同,主要由动力部分、旋耕部件、传动部件、操纵部件、阻力铲等部分组成,如图 9-4 所示。

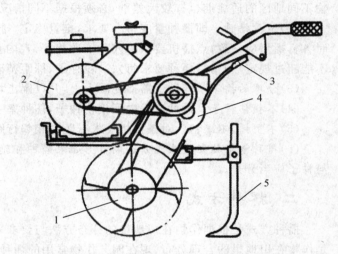

图 9-3　好佳园 1GW4(178 型)旋耕机

图 9-4　自走式旋耕机结构示意图
1.旋耕部件　2.发动机　3.操纵部件　4.变速箱　5.阻力铲

工作时,发动机的动力经变速箱传给驱动轴,驱动安装在轴上的位于变速箱两侧的两组旋耕部件旋转,切削土壤并将其向后抛扔、破碎,同时通过土壤反力推动机器前进;变速箱下方的土壤被阻力铲耕松,从而防止漏耕,同时还可以起到稳定耕深和限制耕深的作用。

与拖拉机驱动的旋耕机相比自走式旋耕机的结构特点:

①没有行走轮,又称无轮旋耕,体积小、重量轻,结构紧凑,适应于设施内作业。

②根据选择动力不同,其最佳转速也不相同。但无轮旋耕时的转速不能太高,否则机器不能前进,只在原地旋转。

③耕深比较浅,一般需要两遍作业,适应比较松软的土地。

④必须安装阻力铲以防止漏耕,同时起到控制耕深的作用,更重要的是能保证机器稳定作业;否则机器只能在地面滚动,不能入土,因此不能正常作业。

自走式旋耕机是我国近几年研究开发的新机型,虽然工作部件的运动轨迹仍为余摆线,但它的切土节距、旋转速比、刀轴扭矩、功率消耗及刀片如何排列更合理等理论问题有待进一步研究和完善。

第三节　播种机械化装备

一、播种的农业技术要求

播种是园艺作物生产的重要环节,播种的质量直接影响到出苗、苗全、苗齐和苗壮,并关系着作物的产量和品质。采用机械化播种,既能减轻劳动强度,提高生产率,又能保证播种质量,且不误农时,田间管理便利,为增产丰收建立可靠的基础。

农作物生长的季节性很强,必须按照农业技术要求播种:

(1)适时播种　直播的播种期直接影响到种子出苗整齐、苗期分蘖、苗壮、发育生长良好等。虽然设施内的生产通常是反季节种植,但仍然存在不同的作物具有不同的适播期,同种作物不同地区的适播期也有较大差别,必须根据不同情况选择适宜的播种时期。

(2)适量播种　即播种量应符合要求,排量稳定,排种均匀,保证植株分布的均匀度。条播时各行播量应一致;点播机要求每穴种子数相等,穴内种子不过度分散,每穴种子粒数的偏差不能超过规定数;精密播种要求每穴一粒种子,株距精确。

(3)合理的播深　即种子需播在湿土上,并以湿土均匀覆盖,播深均匀一致并符合要求。

(4)不损伤种子　播种过程中不损伤种子,伤种率一般不得超过1%。

(5)不重播,不漏播　对条播机要求行距和相邻行距要一致,播行要直,地头整齐。

(6)排种量与施肥量应能分别调节　如果播种和施肥同时进行,则施肥量应能调节,肥料与种子应当分开。

二、播种方式

播种方式是根据作物在田地里的分布方法与要求来区分。保证作物生长良好的首要因素是作物在田地里的合理分布,现在园艺作物常用的播种方法有撒播、条播和精密播种等。随着作物栽培技术的发展,播种方法也在不断改进。

1.撒播

将种子按要求的播量均匀地漫撒于田间的播种方法称为撒播。其主要优点是生产率高,能快速、及时地完成播种作业,所用机器结构简单,成本低。但播种质量不高,种子分布不均,覆土深浅不一或不能完全覆土,出苗率低,主要用于某些叶菜的播种。

2.条播

将种子按规定的行距、播深、播量连续成条地播在土壤里的播种方式称为条播。条播的行距、行内种子密度随作物种类和品种而定。这种方法便于后期的中耕除草、追肥、喷药等田间管理作业。

3.精密播种

精密播种是使种子行距、粒距(株距)及深度都达到精确分布的播种方法。按种子在播行内的分布情况,有以下几种精密播种。

(1)点播　将单粒种子等距地播入土壤中。其粒距一般为5~30 cm,主要用于甜菜、油菜等小粒蔬菜种子。

(2)穴播　按一定距离将若干粒种子成穴播入土壤。穴播可使幼苗集中顶土,有利出苗。

（3）间断点播　将种子以较小株距点播成段。这种播法适于种子出苗率低的作物。通过间苗可以做到每段留1株。

精密播种的特点是能为种子创造良好的发芽、生长条件，出苗齐，群体结构合理，使作物更有效地利用土地、空间和阳光，提高产品品质；同时能节约大量种子，减少间苗用工量，降低生产成本。

4. 铺膜播种

在种床上铺上塑料薄膜，铺膜前或铺膜后播种，幼苗长在膜外的播种方法叫铺膜播种。先播种后铺膜，需在幼苗出土后人工破膜放苗；先铺膜后播种，需利用播种装置在膜上先打孔下种。通过铺膜，可提高并保持地温；通过选择不同颜色的薄膜还可满足不同蔬菜作物对光线的不同要求；可以减少水分蒸发，改善湿度条件；改善植株光照，提高光合作用条件；改善土壤物理性状和肥力，抑制杂草生长。

三、播种机的种类、结构及工作原理

园艺作物播种机械的特点是机身较小，行距较窄，多为单组作业。根据播种方式的不同可分为：撒播机、条播机、穴播机、铺膜播种机及精密播种机。近年来，园艺作物广泛采用精密播种。国外实现精密播种的有：莴苣、番茄、洋葱、洋白菜、花椰菜、芹菜、大白菜、萝卜和黄瓜等。

播种机的主要工作部件是排种装置。蔬菜精密播种机上的排种装置多为型孔式及气力式。型孔式排种器的作业速度较低，否则排种性能变差；气力式排种器可以进行高速作业。

1. 型孔式排种器

型孔式排种器结构比较简单，对种子的要求比较严格，必须精选分级。在充种和刮种时排种机构容易伤种，由于排种器填充性能的限制，播种作业时速度受到一定限制，一般速度不超过 $3\sim5$ km/h。

型孔式排种器主要有圆盘式和型孔轮式两种排种器

（1）圆盘式排种器　按圆盘回转平面的位置可分为水平、倾斜和垂直3种形式。水平圆盘排种器构造比较简单，充种时间较长，充种性能好，工作比较稳定，但清种时采用滑动硬质材料清种，对种子的损伤严重，同时从排种口到种沟的沟底距离（投种高度）较大，种子在投种过程中受导种管管壁的阻碍，而且在沟底的弹跳较大，会影响株距而降低株距合格率。

播种机配置有不同规格的排种盘，以满足播不同种子和不同穴粒数的需要。种子必须经过精选分级，并选用相应的排种盘。

（2）型孔轮式排种器　图9-5为型孔轮式排种器，其主要排种部件为一个装在种子箱底部

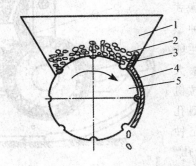

多排型孔轮

图9-5　型孔轮式排种器

1.种子箱　2.种子　3.刮种器　4.护种板　5.型孔轮

的型孔轮(窝眼轮),它处于垂直位置并绕水平轴旋转,根据种子大小的需要轮周面上制有型孔,工作时种子筒内的种子靠自重向型孔内充种。型孔轮在转动过程中刮种器刮去多余的种子,孔内种子经护种板后在自重作用下落入种沟。型孔的尺寸及形状的选择决定于种子尺寸和每穴粒数。单粒点播时,孔内只存放一粒种子,穴播时存放多粒种子。因此种子必须严格精选分级。

2.气力式排种器

气力式排种器通用性好,对种子适应性较强,不要求严格分级,对种子无损伤,可以进行高速作业,其作业速度可达 8～10 km/h。

(1)气吸式排种器 图9-6为我国设计的一种气吸式排种器。它由吸种盘、搅拌轮、吸气管、吸气室和风机等组成。吸气室分左右两个,通过吸气管道与风机相连。两个吸种盘分别对两个吸气室的端面密封着。当风机产生吸力时,在吸种盘的两面便形成压力差,吸种盘上的吸种孔便成为气流通道。种子在吸力的作用下被吸附在吸种孔处,随着吸种盘转动,吸种孔多余的种子被刮种器刮除,并保证吸种孔吸住一粒种子。当带有种子的吸种孔转到吸气室以外之后,种子失去了吸附力,靠自重经输种管落入种沟内。

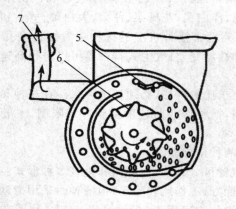
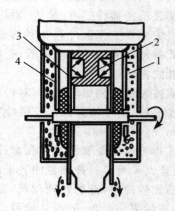

图9-6 气吸式排种器
1.种子 2.吸气室 3.吸种盘 4.挡板 5.刮种器 6.橡胶搅拌器 7.吸气管

(2)气吹式排种器 图9-7为气吹式排种器,由充种室、排种型孔轮、护种器、气嘴以及推种板等构成。其型孔轮及排种过程类似机械式型孔轮式排种器,但它是靠气力清种。排种型孔轮为锥形通孔式型孔轮,容积大,充种性能好。因充种性能好,可提高机组作业速度,最大作业速度可达 10 km/h。工作时,风机由拖拉机动力输出轴驱动而产生气流并通向气嘴,型孔轮随地轮的转动旋转。种箱的种子进入充种室,在重力及气力的辅助作用下充入锥形型孔。当充满种子的型孔转到清种区时,气嘴的高压气流对准型孔将上部多余的种子吹回到充种

图9-7 气吹式排种器
1.排种型孔轮 2.气嘴 3.种子

室,而位于型孔底部的一粒种子,由于气流通过底部小通孔时形成气压差,将其紧压在孔底,随型孔轮转至护种部位时气压消失;当型孔内种子转到下方排种口处时靠自重落入种沟。卡在型孔里的种子由推种板推出。可通过更换型孔轮以适应不同作物种子;粒距调节可通过改变传动比实现。

3.蔬菜精密播种机播种单组

图 9-8 是一种蔬菜精密播种机的播种单组,可以精播甘蓝、胡萝卜、番茄、油菜等。作业时,机架前方的刮土器将种床上的干土层推向两侧,前镇压轮进行播前镇压,铲式开沟器开出 V 形浅沟,型孔带式排种器按调整好的要求播下种子,种沟镇压轮使种子更好地与土壤接触,覆土器覆上细土后再进行播种后镇压。这种播种机的排种器为窝眼式,每个窝眼只能充填一粒种子。

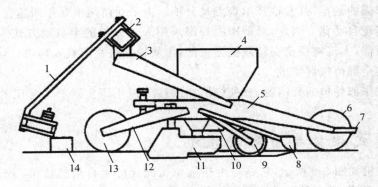

图 9-8　蔬菜精密播种机播种单组

1.刮土器支架　2.机架　3.播种单组牵引杆　4.种子箱　5.单组后支架　6.后镇压轮　7.后镇压轮刮土板
8.覆土器　9.种沟镇压轮　10.排种器　11.开沟器　12.单组前支架　13.前镇压轮　14.刮土器

4.液体播种机

所谓液体播种机,就是将已催芽的蔬菜种子悬浮,与一种作为播种介质的高黏性液体凝胶混合在一起,再将其播入土壤中的播种机具,胶液可以保护芽种不受到损伤。这种方法可用于胡萝卜、番茄、莴苣、芹菜、菠菜等蔬菜的播种。工作时把催芽的种子均匀地悬浮于凝胶中,催芽的种子在凝胶中处于静止状态,只要均匀地排出凝胶,就能实现精密播种。

为了排出含有催芽种子的凝胶,液体播种机采用的是一种特殊排种机构——蠕动泵,主要由软导管和转子组成。转子转动时周期性地挤压软导管,从而不断排出含有芽种的胶液。用光电指示器和计算机控制其排种过程,可使芽种的随机输入变成等距排种。改变滚子的转速,就可以调节液体播种机的播种量,转速越高,播种量越大。改变凝胶与种子的混合比也可以调节液体播种机的播种量,但种子的比例不能太高,否则凝胶就不能流动。

第四节　移苗栽植机械化装备

蔬菜育出苗,当幼苗长到一定大小后,就要定植。蔬菜秧苗的定植,也叫栽植或移栽,主要包括起苗、运苗、开沟或挖穴、栽苗、灌水、覆土和镇压等工序。栽植机所栽植的秧苗种类有裸苗(无土苗)、营养钵苗及纸筒苗等,其中裸苗难以实现自动供秧,基本上是手工喂秧。而营养钵苗,由于采用育苗箱供秧,较容易实现机械化自动喂秧,但是由于运送钵苗量大,生产率不高。

栽植机的种类很多,按秧苗的种类可分为裸苗栽植机和钵苗栽植机;按自动化程度可分为人力栽植机、半机械化栽植机和全自动栽植机以及移栽机器人;按栽植器的形式又可分为链夹式、钳夹式、挠性圆盘式、吊篮式、导苗管式和带式等栽植机。目前国内外广泛使用的栽植机绝大多数是人力和半自动化栽植机。

栽植机械必须满足以下农业技术要求:①秧苗基本垂直地面,一般倾斜度不得超过30°,并无窝根现象;②作物株距行距和栽植深度要均匀一致并符合不同作物的需要;③无漏栽和重栽现象;④不伤秧、不破坏营养钵。

机械栽植蔬菜秧苗,是一次完成开穴或开沟、栽植、覆土、压紧和浇水,再覆以细干土等全部工作过程。

对于根部裸露的幼苗,其栽植技术难点是分秧。由于幼苗须根互相纠缠在一起不易分齐。故此工序难以实现自动化。因此,目前国内外都采用人工分秧的半自动方式栽植。半自动栽植机有一个栽植器,人工将秧苗交给栽植器夹持,由栽植器将秧苗栽入沟内。自动栽植机则从分秧到覆土压实全部由机器完成。

栽植机的工作部件包括开沟器、分秧机构、栽植器、覆土压实器等。常用的栽植机有以下几种。

一、链夹式裸苗半自动栽植机

链夹式栽植机如图9-9所示,它是与手扶拖拉机配套的半自动栽植机。该机可一次完成开沟、人工分秧、栽植、覆土和压实等项作业,其工作幅宽为1 100 mm,株行距可调,栽植机的喂入速度为每分钟每行30~45株。

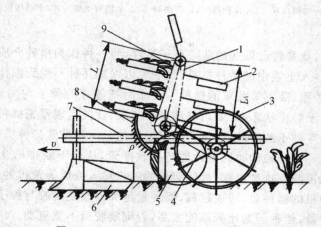

图9-9　2ZYS-4型蔬菜栽植机结构示意图
1.链条　2.秧夹　3.驱动地轮　4.链条　5.镇压覆土轮　6.开沟器　7.机架　8.滑道　9.秧苗

链夹式栽植机由栽植机构、开沟器、地轮、镇压轮、机架及传动部分等组成,栽植器为链夹式,每组栽植器由8个秧夹均匀地固定在环型栽植器链条上。工作时,地轮转动,栽植器链条的运动由地轮链条带动。当链条上的秧夹进入喂秧区L时,由栽植手将秧苗喂入秧夹上,秧苗随秧夹在链条的带动下由上往下平移进入滑道,借助滑道作用迫使秧夹关闭而夹紧秧苗,秧苗由上下平移运动变成回转运动,秧夹转到与地面垂直位置时,脱离滑道控制的秧夹,在橡皮弹力作用下,自动打开,秧苗脱离秧夹垂直落入开沟器已开好的沟中。秧苗根部接触沟底瞬时,由镇压轮覆土压实,秧苗被定植。机组不断前进,秧夹继续随链条运动。通过返程区上 L_1,然后又进入喂秧区,如此循环进行栽植作业。

二、圆盘钳夹式栽植机

如图 9-10 所示,栽植机的主要工作部件是圆盘钳夹式栽植器,它主要由栽植圆盘、圆盘轴、夹苗器、上下开关、滑道等组成。该栽植器圆盘为平面,其上装有两个夹板组成的夹苗器,夹苗器多为常闭式,依靠弹簧的力量夹住秧苗,当夹苗器通过滑道时,夹板张开,投放秧苗。这种栽植器既可栽植裸苗,也可栽植钵苗。传动机构比较简单,可由地轮用链条直接传动,人工喂入频率为每分钟 40~50 株。圆盘钳夹式栽植器上的秧夹运动轨迹在开沟器中心线铅垂面内,故其最小栽植株距受秧苗高度的限制;秧苗越高,最小株距越大。即在栽植要求株距小的秧苗时,所用秧苗不能过高;否则已栽植的秧苗会被秧夹碰倒。

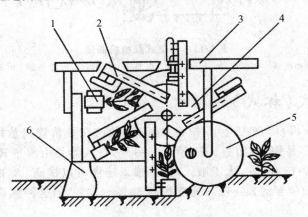

图 9-10　圆盘钳夹式钵苗栽植器工作过程
1.钵苗　2.秧夹组合　3.机架　4.栽植器圆盘　5.覆土器　6.开沟器

栽植钵苗作业时,栽植圆盘做圆周运动,当秧夹旋转到转轴的前方约平行于地面时,抓取由横向输送链送来的钵苗,再转到垂直地面的位置时,钵苗处于垂直状态,这时秧夹脱离滑道控制,钵苗在自重作用下,落入沟内,接着覆土镇压,完成栽植作业。

三、吊篮式栽植机

如图 9-11 所示,吊篮式栽植机结构由爪手、栽植圆环、偏心圆环、滑道等部件组成。栽植圆环与转轴固定,在圆环侧面装有栽植爪手,栽植圆环由轴带动旋转。偏心圆环是保证爪手做平行运动的主要部件,它通过偏心板与栽植圆环联结,并保持水平向前 50 mm 的偏心。栽植爪手由两个爪片组成,爪片张开靠滑道控制,关闭由弹簧完成。

栽植器工作时,随着机组的前进,开沟器开出栽植沟,自动喂入机构将钵苗放入旋转着的爪手里,栽植爪手在偏心圆环的作用下,始终垂直于地面,当运行到接近于最低位置时,栽植爪手在滑道的作用下被张开,钵苗落入沟中。一部分土壤从开沟器两侧尾部滑至秧苗周围,其余的土壤靠覆土器推送覆盖秧苗根部,脱离滑道控制的栽植爪手靠弹簧作用自行合垄。

为了使钵苗栽入沟中保持直立,栽植爪手始终应做垂直于地面的运动,当转至最低位置投放钵苗时,爪手的线速度应该与机器前进速度相等,方向相反,即投入钵苗时,爪手绝对速度接近于零,才能保证钵苗平稳落入沟内。机器前进速度应根据株距及喂入量来确定。

吊篮式栽植器具有适应性广、不容易破碎钵体等优点,但是结构较复杂。

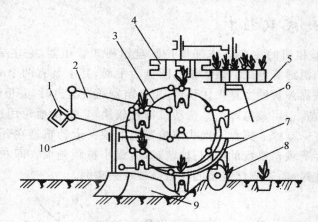

图 9-11　吊篮式栽植机简图

1.方粱　2.拉杆　3.栽植圆环　4.抓苗器　5.送苗盘　6.爪手　7.滑道　8.覆土器　9.开沟器　10.偏心圆环

四、导苗管式(杯式)栽植机

导苗管式栽植器(机),与前几种栽植机械相比,秧苗在导苗管式栽植机内的运动是自由的,非强制性的,因此不易伤苗,如图 9-12 所示。另外,喂入器是由水平转动的多个(一般为 4 个)喂入杯构成,如图 9-13 所示。人工喂入时,其喂入速度可以提高,人工喂入频率可达 60～70 株/min,比链夹式栽植器的人工喂入速度提高 30%～50%,但这种移栽机的结构较复杂。

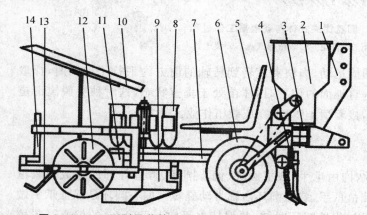

图 9-12　2ZB-6 型导苗管式(杯式)钵苗移栽机

1.悬挂机构　2.肥箱　3.主梁　4.施肥杆齿　5.座位　6.地轮
7.单组机架　8.喂入机构　9.开沟器　10.秧盘　11.送苗机构
12.镇压轮　13.覆土器　14.栽深调整杆

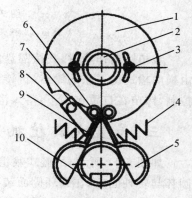

图 9-13　栽植器结构示意图

1.圆盘凸轮　2.立轴　3.紧固螺栓　4.弹簧
5.喂入杯　6.杯轴　7.滚轮　8.滚轮支架
9.喂入杯支架　10.送苗器

五、全自动栽植机

为了提高栽植机的生产率、减轻劳动强度,国内外都在研制全自动蔬菜栽植机,有的机型已用于生产。全自动蔬菜栽植机属于钵苗栽植机，它是把已育成苗的育苗盘直接放在机器上进行移栽，该机采用全自动栽植，工作准确可靠，调节方便，使用专用的小土钵 4 mm×4.6 mm ×5.6 mm 的育苗盘，便于工厂化育苗并实现蔬菜栽植机械化。这种机器要有大规模的生产专用苗盘的工厂和工厂化育苗设施才能大面积推广使用。

该机可进行平栽或畦栽，适合栽植 5～15 cm 高的莴苣、白菜和甘蓝等。

六、移苗机器人

蔬菜、鲜花或苗木的规范化育苗，是设施园艺生产中的重要环节，而在高温高湿的环境中，将穴盘中的幼苗移栽到苗床上是一项十分繁重和艰苦的体力劳动。一般的移苗机械，大都存在功能单一、对苗盘规格及作业过程要求严格等问题，使其应用受到限制。因此，人们开始研制移苗作业机器人。

移苗移栽机器人，实际上是由控制系统和动力系统操纵控制的机械手，通常还可具有视觉和触觉两种功能。它可将穴盘上小苗孔的幼苗移栽到大苗孔的苗盘上，平均 2～3 s 移栽一株。在整个移苗过程中，机械手首先将穴盘上某一穴孔的幼苗挖出，随着机械手臂按预定的轨迹运动，将幼苗移至苗盘上相应的孔位并有序地完成植苗。机械手挖苗和植苗的过程对于所有的植株来说是相同的。当采用不同规格的穴盘或苗盘时，只要将穴盘或苗盘的所有孔位坐标值输入到控制计算机中，就可以完成不同的移苗作业。

在完成移苗作业的复杂操作过程中，机械手是执行机构最关键的部件。上述的机械手为滑动伸缩式，可有效、可靠地完成移苗中的各项工序。将该机器人配备图像处理等较完善的视觉系统，可在移苗之前检测幼苗的质量，剔除差苗，移植好苗，提高机器人的工作性能。机器人还可根据视觉图像，判断作物的主茎位置并将其切断，再由机械手将该作物切断后的茎部送到苗盘栽培、繁育。

第五节　节水灌溉设备

设施是一个相对封闭的生产环境，不能直接利用天然降雨，设施园艺作物完全依靠人工控制的灌溉措施来解决需要的水分。灌溉设备是设施园艺的重要组成部分，可靠的灌溉技术是设施园艺生产的基本保证。由于设施作物的生产环境与露地作物的生产环境差别较大，一些适合露地作物的灌溉技术，如大型喷灌技术等，不可能在设施内使用。同时，设施栽培技术是一种现代高效农业，所采用的灌溉设备除了要求节水外，更注重的是能够取得省工、增产和增收等效果。因此，设施节水灌溉机械与农田节水灌溉机械既有联系，也有很大区别。

一、设施灌溉系统的组成

利用灌溉机械对设施内作物进行灌溉就是将灌溉用水从水源提取，经适当加压、净化、过滤等处理后，由输水管道送入末级灌溉设备，最后由设施末级灌溉设备对作物实施灌溉。如图 9-14 所示，一套完整的温室灌溉系统，通常包括水源设备、首部枢纽、供水管网、末级灌溉设备、自动控制设备 5 部分。当然，简单的设施灌溉系统只由其中某些部分组成。

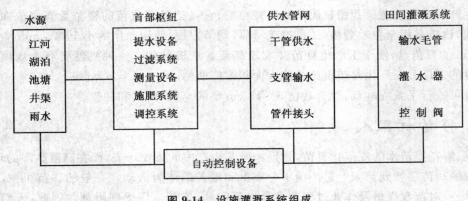

图 9-14　设施灌溉系统组成

（一）水源

河流、渠道、池塘、水库、井水、泉水和湖泊等，只要符合农田灌溉水质要求，并能够提供充足的灌溉用水量，都可以作为设施灌溉水源。为了用水方便，一般情况是在设施内、周围或操作间修建蓄水池（罐），以储备适当水量和进行水质的初步调节。

（二）首部枢纽

设施灌溉系统中的首部枢纽由多种水处理设备组成，用于将水源中的水处理成符合田间灌溉系统要求的灌溉用水，并将这些灌溉用水送入供水管网中，以便实施田间灌溉。

完整的首部枢纽设备包括水泵与动力机、净化过滤设备、施肥（加药）设备、仪表及安全装置等，有些现代化温室灌溉还需要配置水软化设备或加温设备等。

1. 水泵与动力机

管道泵、离心泵、潜水泵、深井泵等是设施灌溉系统中常用的水泵，动力机主要有电动机、柴油机、汽油机等。如果以井水为水源，水泵应安装在水井附近；地表水作为水源时，要根据地形情况选择水泵的安装位置，或采用浮动泵站。变频调压泵是设施生产中为保证供水压力而经常采用的设备。

（1）离心泵　离心水泵主要由叶轮、泵体、泵轴、轴承、填料室、联轴器（皮带轮）、托架等部件组成。此外，还有输水管路和附件等。

如图 9-15 所示，离心泵的工作是由压水和吸水两个过程组成。在动力启动之前，先将水泵壳内和吸水管路内充满水，将空气排净。启动动力后，离心泵的叶轮随泵轴高速旋转，并带动泵壳内的水做高速旋转运动，产生离心力；在离心力的作用下，使叶轮槽内的水甩向四周，并在叶轮外沿切线方向甩离叶轮，沿着泵壳内蜗旋形流道和出水管道把水压送到高处，完成压水过程。

在压水的同时，当叶轮内的水被甩出后，叶轮中心处原被水所占的空间便形成低压区（非绝对真空），而在吸水管口的水面上受大气压力的作用，这样就产生了压力差，在内外压力差的作用下，水就冲开吸水管下部的底阀被吸入泵内，完成吸水过程。

随着叶轮的连续转动，水泵就不断地吸水和压水，因此水就源源不断地从低处被抽送到高处。由于离心水泵是利用叶轮旋转使水产生离心力来扬水的，与此同时，在叶轮中心处形成低压区而吸水。因此，离心泵在第一次启动时，必须向泵壳内"灌水"，或用真空泵抽气，形成负压，才能吸水，所以要求水泵壳体和进水管路密封严密，不得漏气。

（2）潜水泵　潜水泵是立式电动机与水泵的组合体,工作时电动机与水泵都浸没在水中。电动机在下方,水泵在上方,其结构与离心泵相同,水泵上面是出水管部分。

如图 9-16 所示,潜水泵由电动机、水泵、进水部分和密封装置 4 部分组成。

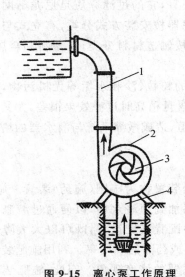

图 9-15　离心泵工作原理
1.出水管　2.泵体　3.叶轮　4.进水管

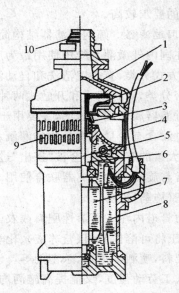

图 9-16　潜水泵的构造
1.上泵盖　2.叶轮　3.甩水器　4.电缆　5.轴　6.密封盒
7.电机转子　8.电机定子　9.滤网　10.出水接管

2.净化过滤设备

任何水源都不同程度地含有各种杂质、污物或其他可能产生沉淀的矿物质等,设施灌溉采用的滴灌、微喷灌等对水质要求较高,为了不使水中杂质进入末级灌溉设备中发生堵塞,影响系统的正常运行,在设施灌溉系统设置有过滤净化设备。设施灌溉系统中常用的过滤净化设备有沉淀池、拦污网、沙石（介质）过滤器、水沙分离器、网式过滤器、叠片式过滤器等。

（1）旋流水沙分离器　图 9-17 所示为旋流水沙分离器,又称离心式水沙分离器。它通过离心旋转,将比重不同的沙粒和水分离。旋流水沙分离器只能作为初级过滤器。优点是能够连续过滤高含沙量的灌溉水,除沙效果可以达到 95% 以上。缺点是不能除去与水比重相近和比水轻的有机杂质等,在水泵启动和停机时过滤效果下降,会有较多沙粒进入系统,设备的水头损失也较大。

（2）颗粒过滤器　颗粒过滤器包括沙过滤器和其他介质过滤器,是使水通过有一定厚度的颗粒层来完

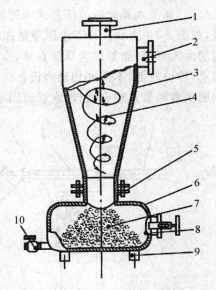

图 9-17　旋流水沙分离器
1.出水口　2.进水口　3.离心水沙分离罐体
4.旋转水流　5.集沙口　6.集沙罐
7.沉淀沙石　8.排沙口
9.地脚　10.冲洗阀

成过滤的。这些颗粒可以是沙、砾石或其他粒状材料,过滤精度取决于颗粒的有效尺寸和通过过滤器的液体的过滤速度。微灌系统中常用到的是石英沙介质过滤器。沙过滤器是含有有机物和淤泥水质的最适宜的过滤器类型,其特点是具有很高的去除污物的能力,但这种设备较贵,对管理的要求较高。

(3)筛网过滤器　筛网过滤器结构简单,造价较为便宜,它的过滤介质是尼龙筛网或不锈钢筛网。在国内外微灌系统中使用最为广泛。筛网过滤器按安装方式分类,有立式与卧式两种;按清洗方式分类,有人工清洗和自动清洗两种类型;按制造材料分类,有塑料和金属两种;按封闭与否分类,有封闭式和开敞式两种。

滤网过滤器属于面积过滤,主要用于过滤灌溉水中的粉粒、沙和水垢等无机污物,尽管它也能用来过滤含有少量有机污物的灌溉水,但当有机物含量稍高时过滤效果很差,尤其是当压力较大时,大量的有机污物会被"挤出"过滤网而进入管道,造成微灌系统与灌水器的堵塞。在工程中常常与旋流水沙分离器联合使用。

3.施肥(施药)设备

向压力管道内注入可溶性肥料或农药溶液的设备及装置称为施肥(施药)装置。施肥(施药)设备用于将可溶性肥料(营养液)、化学药品(农药)添加到灌溉水中,以便通过灌溉设备为作物追施肥料,喷洒除草剂、杀菌剂等。设施灌溉系统中配置施肥设备,既可以大大降低施肥(施药)的人工劳动强度,又能提高施洒均匀度、提高肥料或药品的利用率。利用施肥装置注入酸类和氯化物还可以消除或减少灌溉系统中滴头等灌水器的堵塞现象。因此,施肥装置已成为设施灌溉系统中的基本配套设备。设施灌溉系统中常用的施肥(施药)设备有压差式施肥罐、文丘里施肥器、电动施肥泵、水动施肥泵、高位施肥桶等。

(1)压差式施肥罐　压差式施肥罐一般由储液罐(化肥罐)、进水管、供肥液管、调压阀等组成,如图9-18所示。其工作原理是在输水管上的两点形成压力差,并利用这个压力差,将化学药剂注入系统,储液罐为承压容器,承受与管道相同的压力。压差式施肥罐的优点是加工制造简单,造价较低,不需外加动力设备。缺点是溶液浓度变化大,无法控制,罐体容积有限;添加化肥次数频繁且较麻烦;输水管道因设有调压阀而造成一定的水头损失。

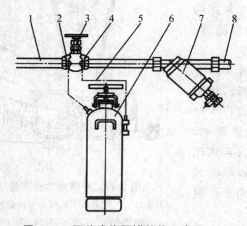

图 9-18　压差式施肥罐结构示意图

1.输水干管　2.施肥进水调节阀　3.施肥阀　4.施肥出水调节阀
5.软管　6.施肥罐　7.过滤器　8.肥水输出干管

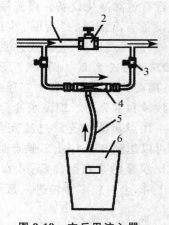

图 9-19　文丘里注入器

1.供水管　2.控制阀　3.施肥阀
4.文丘里施肥器　5.吸肥管　6.肥液桶

　　（2）文丘里注入器　文丘里注入装置可与敞开式肥料箱配套组成一套施肥装置。其构造简单，使用方便，主要适用于小型灌溉系统向管道注入肥料或农药。文丘里注入装置的缺点是如果直接装在骨干管道上注入肥料，则水头损失较大，这个缺点可以通过将文丘里注入器与管道并联安装来克服，如图9-19所示。

　　（3）注射泵　注射泵根据其驱动动力来源可分为电力驱动和水力驱动两种形式，如图9-20、图9-21所示。使用该装置的优点是肥液浓度稳定不变，施肥质量好，效率高。

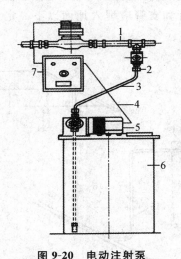 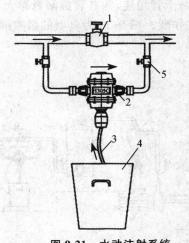

图 9-20　电动注射泵
1.供水管　2.逆止阀　3.压力管　4.电缆
5.剂量罐　6.储肥罐　7.控制板

图 9-21　水动注射系统
1.控制阀　2.水动注射泵　3.吸肥管
4.肥液桶　5.施肥开关

4. 仪表及安全装置

　　仪表和安全装置包括水表、压力表、进排气阀、安全阀、单向阀等，主要用于监控灌溉时的压力和流量，同时通过进气、排气和泄压等方式来防止灌溉系统因供水压力过大、水锤、气阻、真空、逆流等原因而无法正常工作。

　　首部枢纽中通常设有闸阀、球阀、蝶阀等控制阀门，以控制田间灌溉设备的开启和关闭。

5. 水软化设备

　　北方地区以及沿海地区水质碱性大，而许多设施园艺作物，尤其是花卉作物根际生长环境要求微酸，此外，在无土栽培中需要对营养液进行精确配方，不能使用含过多杂质成分的水源，否则难以保证其精确配方。为此，必须对碱性水质首先进行软化处理，这样配套水软化设备就非常必要。水软化处理一般要求 pH 值达到 6.5 左右。

6. 加温设备

　　北方地区冬季外界温度往往比较偏冷，设施内作物根际正常生长温度一般在 12～15℃，而直接从外界水源取水的水温多在 0～4℃，若将 0～4℃ 的低温水直接灌溉到 12～15℃ 的作物根系，势必给作物根际环境造成大幅度的降温，同时，土壤（基质）温度的降低也将伴随设施内空气温度的下降，这种连带的温度波动对作物的生长发育非常不利，因此，在北方寒冷地区常将灌溉水源加温到与作物根际环境相近，这样可避免由于灌溉而造成作物生长环境的剧烈变化，有利于作物的正常生长发育。

　　常用的加温方式是在设施加温系统中分出一支加温管通向蓄水池（罐），在蓄水池（罐）中形成加温盘管,于灌溉之前对水进行加温。有蒸汽资源的地方,向灌溉水中喷入蒸汽,也可起到加温的作用。对于不长期加温的设施,也可采用电加温的方式对灌溉水进行局部加温。总之,加温的方案可因地制宜选择使用。

(三)供水管网

经首部枢纽处理的压力水由供水管网按照要求输送到设施内各灌溉单元,通过末级灌溉设备实施灌溉。供水管网一般由干管、支管两级管道组成,干管是供水管,与首部枢纽直接相连,支管与干管相连,为各设施灌溉单元供水,一般干管和支管应埋入地面以下一定深度以方便设施内作业。图 9-22 为典型的微喷灌管道系统。

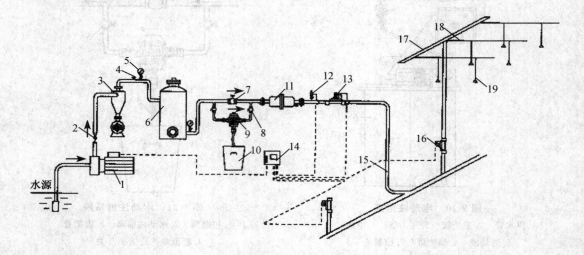

图 9-22　典型微喷灌系统组成

1.水泵及动力机　2.止回阀及总阀　3.水沙分离器　4.排气阀　5.压力表　6.介质过滤器　7.施肥控制阀
8.施肥开关　9.水动施肥器　10.肥液桶　11.叠片过滤器　12.压力传感器　13.主控电磁阀
14.控制箱　15.供水干管　16.分区阀门　17.供水支管　18.毛管　19.微喷头

(四)田间灌溉系统

灌溉系统由灌水器和供水管道组成,有些灌溉系统还包括施肥设备、过滤设备、控制和安全设备等。

灌水器是直接向作物浇水的部件,如灌水管、滴头、微喷头等。在灌溉系统中,选用何种灌水器十分重要,它是决定整套设施灌溉系统的性能和价格的关键,也是区分不同温室灌溉系统的依据。

根据设施灌溉系统中所用灌水器的不同,常用的设施灌溉系统有滴灌系统、微喷灌系统、喷雾灌溉系统、潮汐灌溉系统和水培灌溉系统等多种。

(五)自动控制设备

随着科学技术的进步,现代设施灌溉系统中已开始普及应用各种灌溉自动控制设备,像利用压力罐自动供水系统或变频恒压供水系统控制水泵的运行状态,使温室灌溉系统能获得稳定压力和流量的灌溉用水,极大地方便了田间灌溉系统的操作和管理;又如采用时间控制器配合电动阀或电磁阀,能够对温室内的各灌溉单元按照预先设定的程序,自动定时定量地进行灌溉;还有利用土壤湿度计配合电动阀或电磁阀及其控制器,能够根据土壤含水情况进行实时灌溉。目前,先进的自动灌溉施肥机不仅能够按照预先设定的灌溉程序自动定时定量地进行灌溉,还能够按照预先设定的施肥配方自动配肥并进行施肥作业。采用计算机综合控制技术,能够将温室环境控制和灌溉控制相结合,根据温室内的温度、湿度、CO_2 浓度和光照水平等环境因素以及植物生长的不同阶段对营养的需要,即时调整营养液配方和灌溉量、灌溉时间,是目前最先进的温室控制技术,也是当前研究的重点。

自动控制设备极大地提高了温室灌溉系统的工作效率和管理水平,已逐渐成为温室灌溉系统中的基本配套设备。

二、设施常用节水灌溉装备的类型

设施中使用的节水灌溉系统有多种,可依据设施灌溉系统中所用灌水器的形式来区分。每种灌溉系统都有其自身的性能和特点。常用的节水灌溉系统有滴灌、微喷灌、微喷带微灌、渗灌以及自走式喷灌机。

(一)滴灌设备及其工作原理

用灌水器以点滴状或连续细小水流等滴灌形式出流浇灌作物的灌溉系统称为滴灌系统,如图 9-23 所示。滴灌系统除了管道和附属设备外,最主要的工作部件就是滴灌灌水器,滴灌系统的灌水器常见的有滴头、滴箭、发丝管、滴灌管、滴灌带、多孔管等。

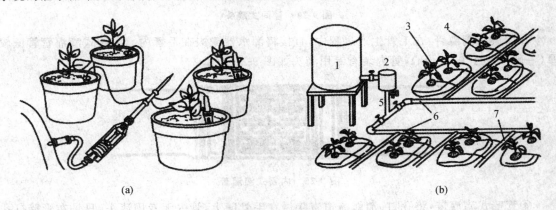

(a)　　　　　　　　　　　　　　　　(b)

图 9-23　温室滴灌系统
1.营养液　2.过滤器　3.水阻管　4.滴头　5.主管　6.支管　7.毛管
(a)采用滴箭的盆栽花卉　(b)采用滴灌的袋培果菜生产

1.滴灌系统的组成及分类

设施内滴灌系统包括水源工程、总首部系统、输配水管网系统、室内首部系统和灌水器等5部分。由于各类设施内种植作物种类不同,通常每个设施内首部控制系统是由控制阀、施肥罐、小型网式过滤器、水表、压力表等仪器设备组成。

根据滴灌系统输配水管网布置分类,滴灌系统可分为3类。

(1)固定式滴灌系统　固定式滴灌系统的各个组成部分在整个灌溉期固定不动,输配水的干、支管埋入地下,毛管有的埋在地下,有的放在地表或悬挂在离地面所需高的支架上。

(2)半固定式滴灌系统　半固定式滴灌系统是系统输配水的干、支管在灌溉季节固定不动,毛管连同其上的灌水器可按设计要求移动,一条毛管可在多个位置工作。

(3)移动式滴灌系统　移动式滴灌系统是系统的各个组成部分在灌水季节都可按要求进

行移动。安装在灌区内不同位置进行灌溉。

2. 滴灌灌水器的类型及特点

（1）按灌水器与毛管的连接方式分类　按灌水器与毛管的连接方式分类,滴灌灌水器可分为管上式滴头、管间式滴头、内镶式滴灌管、管壁式滴灌带等4种。

①管上式滴头:是安装在毛管上的一种滴头形式。施工时在毛管上直接打孔,然后将滴头插在毛管上。

②管间式滴头:安装在两段毛管的中间,本身成为毛管一部分的滴头,如图9-24所示。管间式滴头,其接头分别插入两段毛管内,绝大部分水流通过滴头体腔流向下一段毛管,而很少一部分水流通过滴头体内的侧孔进入滴头流道流出。

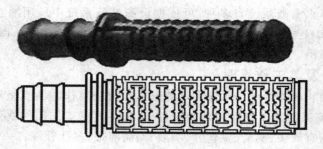

图 9-24　管间式滴头

③内镶式滴灌管:在毛管生产过程中,直接将灌水器镶嵌在毛管内。内镶式滴灌管管壁较厚(一般不小于0.4 mm),管内装有专用滴头如图9-25所示。

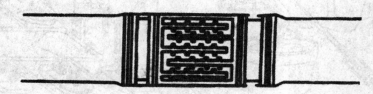

图 9-25　内镶式滴灌管

④管壁式滴灌带:将孔口、消能流道直接做在毛管壁上,管内无专用滴头,只是在管壁打孔或直接在结合缝处热合成流道或成双壁管等。如在毛管上用激光打孔制作的多孔管滴灌带;薄膜迷宫式滴灌带等,如图9-26所示,其管壁较薄(一般小于0.4 mm)。

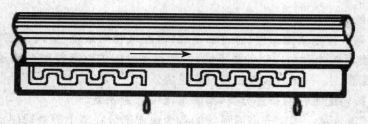

图 9-26　管壁式滴灌带

（2）按滴头消能方式分类

①长流道滴头:长流道管式滴头是利用狭窄的流道,壁与水流之间产生的沿程水头损失来消去水流中的能量,变成水滴滴出。如微管滴头、内螺纹管式滴头,分别如图9-27、图9-28所示。

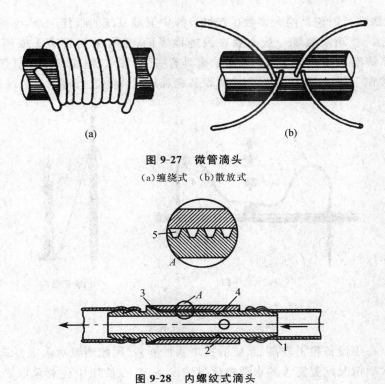

图 9-27　微管滴头

(a)缠绕式　　(b)散放式

图 9-28　内螺纹式滴头

1.毛管　2.滴头　3.滴头出水口　4.螺纹流道槽　5.流道

②孔口式滴头:孔口消能滴头是利用孔口的收缩扩散和孔顶折射产生的局部水头损失以消去毛管水流中的水头,经由横向出水道改变流向,将水流分散成水滴滴出。

③涡流消能式滴头:涡流消能式滴头是利用灌水器涡室内形成的涡流来消能。水流进入灌水器的涡室内形成旋涡流,由于水流旋转运动产生的离心力迫使水流趋向涡室的边缘,在涡流中心产生一个低压区,使中心的出水口处压力较低,因而出水量较小。

④压力补偿式滴头:压力补偿式滴头是利用水流压力对滴头内的弹性体(片)的作用,使流道(或孔口)形状改变或过水断面面积发生变化,当压力减小时,过水断面面积增大;压力增大时,过水断面面积减小,从而使滴头出流量自动保持稳定,出水均匀度高,同时还具有自清洗功能,但制造较复杂。

(3)其他类型滴头

①微管滴头:微管滴头直接安装在小管出水口上,用于分流和定位滴灌的配套设备,多用于盆栽、花卉、苗圃等作物。微管滴头一般由迷宫形的滴头芯及小管的外套组成,可随时拔出滴头芯清洗滴头,排出堵塞。

②滴箭型滴头:其压力消能方式有两种:一种是以很细内径的微管与输水毛管和滴灌插件相连,靠微灌流道壁的沿程阻力来消能;另一种靠出流沿滴箭的插针头部的迷宫形流道造成的局部水头损失来消能调节流量大小,其出水可沿滴箭插入土壤的地方渗入,如图 9-29 所示。有些滴箭可以与压力补偿式接头连接,保证灌溉量不受压力和安装位置的影响。滴箭还可多头出水,一般用于盆栽作物和无土栽培。

低温季节在设施中采用滴灌,能够避免其他灌溉方法灌水后室内湿度过大而造成作物染病的弊端,因此滴灌可以说是绝大多数生产性设施中灌溉系统的最佳选择,也是最先进的设施节水灌溉方式之一。滴灌系统一般布置在设施地表面,也有采用将滴头或滴灌管埋入地下30 cm 深的地下滴灌系统。在设施中采用滴灌具有省工、省水、节能、优质、增产、适应范围广、易于实现自动控制等优点,还可以配合施肥设备精确地对作物进行随水追肥或施药等作业。

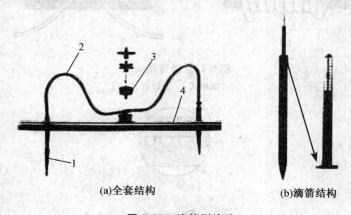

(a)全套结构　　　(b)滴箭结构

图 9-29　滴箭型滴头
1.滴箭　2.毛管　3.固定装置　4.支管

滴灌的缺点在于设备投资较高、系统的抗堵塞性能差,因此滴灌对水质要求较高。选用滴灌系统应根据水质情况配置完善的水源净化过滤设备,并在使用中注意采取必要的维修保养措施,谨防系统堵塞。

(二)微喷灌设备及其工作原理

1.微喷灌系统的组成及类型

微喷灌是通过低压管道系统,以小的流量将水喷洒到土壤表面进行灌溉的一种灌水方法。它是在喷灌和滴灌技术基础上逐步形成的一种新型先进灌水技术,如图 9-30 所示。一套完整

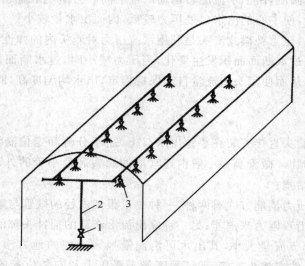

图 9-30　温室微喷灌系统
1.控制阀门　2.供水管　3.微喷头

的设施内微喷灌系统一般包括水源、首部枢纽、供水管网系统、微喷头和自动控制设备等5部分。

(1)根据微喷灌系统的形式分类　微喷灌系统可分为固定式、移动式、地面式、悬挂式等4种类型。

①固定式微喷灌系统:固定式微喷灌系统的水源、水泵及动力机械、各级管道和微喷头均固定不动,管道埋入地下。其特点是操作管理方便,设备使用年限长。

②移动式微喷灌系统:移动式微喷灌系统是指与轻型机组配套的小型微喷灌系统,它的机组、管道均可移动,具有体积小、质量轻、使用灵活、设备利用率高、投资少、便于综合利用等优点,但使用寿命较短、设备运行费用较高。

③地面式微喷灌系统:该微喷系统的毛管铺设在地表面或埋入地下一定深度,微喷头直接安装在毛管上,或固定在插杆上通过引水管与毛管连接。这种系统多用于温室中局部灌溉。如图9-31(a)所示。

④悬挂式微喷灌系统:悬挂式微喷灌系统中的毛管固定在设施内上部的骨架上,微喷头直接与毛管连接,或通过引水管与毛管连接并垂直悬挂在设施上部的空中。采用悬挂式微喷灌系统不仅安装方便,而且不会影响其他田间作业,因此是设施中最常用的形式,既可以实施全面灌溉或加湿作业,也可用于局部灌溉,如图9-31(b)、(d)、(e)、(f)所示。

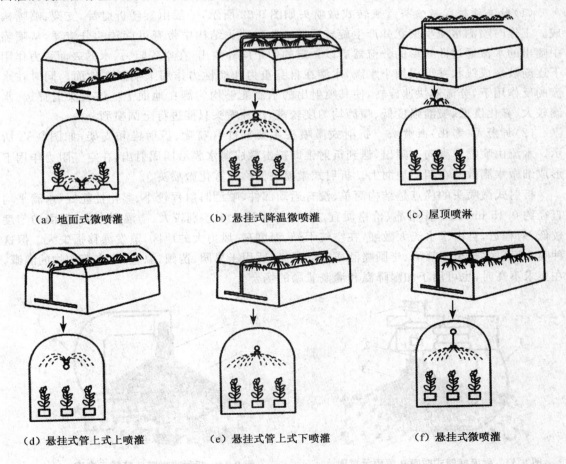

(a)地面式微喷灌　　　　(b)悬挂式降温微喷灌　　　　(c)屋顶喷淋

(d)悬挂式管上式上喷灌　　　(e)悬挂式管上式下喷灌　　　(f)悬挂式微喷灌

图9-31　温室中微喷灌系统的设置方式

（2）根据微喷灌系统在设施中的应用方式分类　微喷灌系统可分为灌溉用微喷灌系统、喷淋用微喷灌系统和喷雾用微喷灌系统3类。

①灌溉用微喷灌系统：这是设施内最常用的微喷灌系统，主要用于灌溉设施内的作物，这种微喷灌系统中常用的微喷头有折射式、旋转式微喷头，如图9-31(a)、(d)、(e)、(f)所示。

②喷淋用微喷灌系统：喷淋用微喷灌系统将水喷洒在设施外的屋顶上，达到降低设施内空气温度或冲洗屋顶灰尘以提高设施透光率的目的。喷淋用微喷灌系统多采用大流量的旋转式或缝隙式微喷头，还可采用屋顶喷淋专用微喷头，或用大田喷灌用的喷头替代，如图9-31(c)所示。

③喷雾用微喷灌系统：设施内使用喷雾用微喷灌系统的目的不是灌溉，而是用于高温干燥季节的设施内降温，喷雾用微喷灌系统在工作时能产生细小的雾滴，这些雾滴能很快在空气中蒸发，可快速降低设施内的空气温度，实现高温季节设施加湿降温。通常将设施喷雾系统与风机配合使用，可实现快速降低设施内空气温度，如图9-31(b)所示。

常用的喷雾系统有低压喷雾系统、高压喷雾系统、低压空气雾化喷雾系统、喷雾机等。

2. 微喷头的分类及工作特点

微喷头种类繁多，按喷射水流湿润范围的形状有全圆和扇形之分，按结构形式有固定式和移动式之分。固定式微喷头有射流旋转式、折射式、离心式和缝隙式等。

（1）射流旋转式微喷头　旋转式微喷头如图9-32所示，一般由旋转折射臂、支架、喷嘴构成。工作时喷洒水流呈束状并产生旋转运动。这种喷头结构中带有可旋转的分流器，从喷嘴中喷出的水流通过曲线形的分流器后以一定的仰角向外喷出，在空气阻力、水的表面张力作用下逐渐破裂成线状并形成细小水滴，水滴在自身重力和惯性力作用下喷洒在地面。同时在水流的反作用下，分流器快速旋转，使其喷射出的水滴能够均匀洒在地面上。该喷头射程远、水滴较大、雾化度低、喷灌强度低、喷洒均匀度较高，这种喷头只能进行全圆喷洒。

（2）折射式（雾化）微喷头　折射式微喷头主要部件有喷嘴、折射锥和支架，如图9-33所示。水流由喷嘴垂直向上喷出，遇到折射锥即被击散成薄水膜沿四周射出，在空气阻力作用下形成细微水滴散落在四周地面上。折射式微喷头又称为雾化微喷头。

折射式微喷头的优点是结构简单、没有运动部件、喷洒时射程较小、雾化性能好（水滴平均直径约0.15 mm）、工作可靠、价格便宜。缺点是水滴大小差别较大、喷灌强度大、喷洒均匀度较低、射程近，且由于水流太微细，在空气干燥、温度高、风力大的地区，蒸发漂移损失大。但这种喷头可以实现全圆喷洒、半圆喷洒或扇形喷洒，适用于果园、苗圃、温室、花卉等作物的灌溉，在要求不高时，也可用于加湿降温和灌溉兼顾的场合。

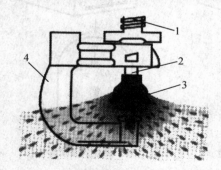

图9-32　射流旋转式微喷头喷洒示意图
1.进水口　2.喷嘴　3.分流器　4.支架

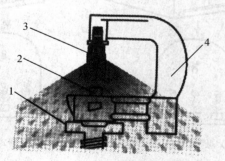

图9-33　折射式微喷头喷雾示意图
1.进水口　2.喷嘴　3.折射锥　4.支架

（3）离心式微喷头　如图 9-34 所示，它的主体是一个离心室，水流从切线方向进入离心室，绕垂直轴旋转，通过处于离心中心的喷嘴射出的水膜同时具有离心速度和圆周速度，在空气阻力的作用下水膜被粉碎成水滴散落在微喷头四周。这种微喷头的特点是工作压力低、射程小、水滴尺寸小、雾化程度好（水滴平均直径 0.07 mm）、且水滴大小基本相同、雾化均匀度好，一般形成全圆的湿润面积，由于在离心室内消散大量能量，所以在同样流量的条件下，孔口比较大，从而大大减少了堵塞的可能性。常用于设施的雾化微喷灌、加湿和降温。

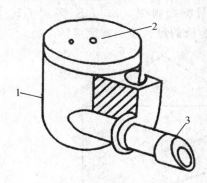

图 9-34　离心式微喷头
1.离心室　2.喷嘴　3.接头

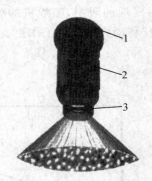

图 9-35　缝隙式微喷头
1.进水口　2.缓冲室　3.喷嘴

（4）缝隙式微喷头　缝隙式微喷头如图 9-35 所示，主要由进水口、缓冲室、喷嘴组成。水流从缓冲室进入喷嘴时，受喷嘴周边楔形缝隙表面的挤压，延展成水膜，在喷嘴内外压力差的作用下，水膜扩散变薄，撕裂成细丝状，与静止的空气撞击并在水的表面张力作用下形成细小水滴，水滴在自身重力和惯性力作用下喷洒在微喷头四周。

缝隙式微喷头的特点是射程小、喷洒水滴粒径大小较均匀、喷洒水分布均匀，可以通过使用不同形状的缝隙实现全圆喷洒、半圆喷洒、扇形喷洒、条形等多种形状的喷洒效果，一般用于喷洒均匀度高的温室育苗灌溉。

（三）移动式喷灌机

随着我国设施农业的快速发展，设施生产已从单一的蔬菜栽培发展为花卉栽培、育苗栽培、果树栽培等多种生产形式，从而对温室设施灌溉设备提出了更高的要求。固定式微喷灌系统的喷洒水滴落在地表面时分布并不够均匀，还需要通过滴落水在土壤中的进一步扩散，才能达到均匀分布灌溉各处作物的效果。但在盆栽、袋栽作物与穴盘育苗等设施生产中，由于盆、袋、穴盘等栽培容器的限制，固定式微喷灌系统中滴落在地面的喷洒水无法进一步扩散而使灌溉水均匀分布，因此在采用容器栽培的设施生产中，无法依靠普通的固定式微喷灌系统获得理想的灌溉效果。

在设施中采用移动式微喷灌系统，不仅可以减少输水管道和微喷头的数量，从而降低设备成本，更重要的是能够通过微喷头的密集排列使滴落在地面上的喷洒水达到理想的喷洒均匀度，直接喷洒就能获得良好的灌溉效果。

移动式喷灌机实质上也是一种微喷灌系统。工作时，移动式喷灌机沿悬挂在设施骨架上的行走轨道移动，通过安装在喷灌机两侧喷灌管上的多个微喷头，如图 9-36 所示，在喷灌机的行走机构带动下在设施中前后移动实施灌溉作业。性能优良的移动式喷灌机喷洒水在地面分布的喷洒均匀系数可达 90% 以上（普通固定式喷灌或微喷灌系统喷洒水在地面分布的均匀系数仅 75%左右），因此完全适合采用容器栽培以及需要喷洒均匀度高的设施生产使用。同时，设施生产中还可以通过配备肥料加注设备（如水动比例施肥泵），利用移动式喷灌机喷洒均匀度高的优势，对设施作物进行均匀的施肥或喷药作业，不仅可以大大降低劳动强度，还可以提高肥药的利用率，减轻设施的环境污染。同时采用可更换喷嘴的微喷头，可根据作物或喷洒目的不同选择合适的喷嘴进行喷洒作业。此外，喷灌机上所用喷头也必须有防滴器。

　　温室悬挂移动式喷灌机有单轨道悬挂移动式和双轨道悬挂移动式。单轨道悬挂移动式投资低，但因其稳定性的限制，喷灌机的喷洒宽度一般只能控制在 8 m 以下，限制了其使用场合。双轨道悬挂移动式喷灌机工作更加平稳可靠，喷灌机的最大喷洒宽度可达 15 m 以上。

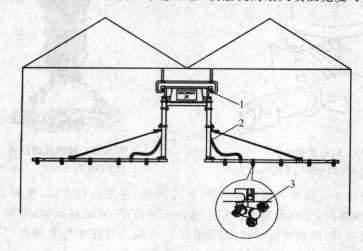

图 9-36　温室移动式喷灌机

1.喷灌机行走轨道　2.喷灌机主机　3.三喷嘴微喷头

（四）渗灌及其装备

　　20 世纪 80 年代初期，美国开始将内镶式滴灌管用于渗灌，取得了很好的效益。现代渗灌技术在那时诞生了。1984 年在美国康萨斯州召开的国际灌溉展览与研讨会上，阿库卜（Aquapore）公司推出橡塑微孔式（迷网流径）沿程渗水管，开创了现代渗灌技术的新境界，此后又出现了多种类型的渗灌管，使渗灌技术开始大面积推广。

1. 渗灌原理及其特点

　　渗灌是利用埋在地下的渗灌管，将压力水通过渗灌管管壁上肉眼看不见的微孔，像出汗一样渗流出来湿润其周围土壤的灌溉方法，如图 9-37 所示。

　　渗灌与温室滴灌系统的滴灌带灌溉相近，只是灌水器由滴灌带换成了渗灌管，由此在灌水器的布置上也发生了变化：滴灌带一般布置在地面，而渗灌管则是埋入地下。由于渗灌是将渗灌管埋入作物主要根系活动层内，渗灌管四周与土壤接触，微压水从渗灌管中渗出，即进入土壤孔隙中，形成对接而马上转变为土壤水，这样就消除了土壤的干、湿循环，降低了作物的水应力，而无需像其他灌溉技术那样，灌溉时水必须经过由地表向地表下的渗透，造成一段时间内土壤空气减少，使土壤短时闭塞、窒息，作物根区处于缺氧状态；不灌溉时，土壤水分逐渐减少，使作物根区处于缺水状态。这种经常交替的根区缺氧和缺水的恶性循环，使作物生长环境非常不利。渗灌能使土壤和作物经常处于不缺水也不缺氧的状态，由于不破坏土壤结构，保持了作物根系层内疏松通透的生长环境条件,且减少了地面蒸发损失,因而具有明显的节水增产效益和品质改善作用。此外,田间输水管道埋入地下后便于农田耕作和作物的栽培管理,同时,管材抗老化性也大大增强。

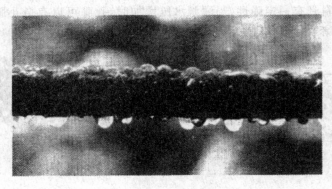

图 9-37　渗灌管

2. 渗灌灌水器的类型及特点

渗灌灌水器是埋设在地表以下直接向作物根部供给水分和液体肥料(无机肥料溶于水中)的装置。渗灌灌水器即为渗灌管。

根据渗灌管渗水流道的结构不同,渗灌灌水器有以下几种类型。

(1)纵缝式渗灌管　纵缝式渗灌管是在内径为 10~20 mm 的塑料管的管壁上开有 5~10 mm长的纵缝,将其管埋入地下后,利用塑料管的弹性特点,供水时管壁纵缝张开向外渗水,停水时纵缝闭合的原理达到渗灌的目的。其结构示意图如图 9-38 所示。

(2)直通型渗灌管　直通型渗灌管是在塑料管(或其他材料如水泥等)的管壁上用机械或激光均匀地打孔而制成的多孔管,孔径约为 1 mm,它的结构如图 9-39 所示。

直通型渗灌管有水泥渗灌管和塑料渗灌管两种。水泥渗灌管是用水泥制成管后,再在其管壁上打孔;塑料渗灌管是用手工或激光在塑料管壁上打孔,孔径为 1 mm,带孔的渗灌管可在田间铺设使用。当微孔堵塞时,可挖出重新打孔而无需修复原来的出水孔。

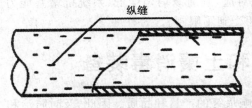

图 9-38　纵缝式渗灌管结构示意

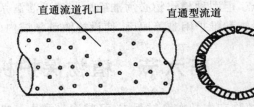

图 9-39　直通型渗灌管结构示意

(3)非直通型微孔渗灌管　非直通型渗灌管是指其管壁上有许多无规则分布的孔,自然构成了弯曲的流水通道的渗灌管。按材料又可分为塑料渗灌管和橡塑渗灌管,其结构形状如图 9-40 所示。

①塑料渗灌管:它是由塑料加发泡剂和成型剂混合挤压成型的,管壁有无数个几十到几百微米的小孔,使用时可以埋入地下,也可铺设于地表。供水时,水通过管壁上的弯曲通道缓慢均匀地渗出,渗水量的大小及渗水均匀度主要取决于压力、微孔的尺寸和材料的均匀性。

②橡塑渗灌管:它是利用废旧橡胶、塑料和添加剂,采用科学配方在特定的加工工艺下挤出成型的可渗水多孔管,这种管的管壁结构是由三种形态构成的:一是分散的橡胶颗粒;二是连续的塑料相;三是局部连续的弯曲孔隙,这些孔隙为管内的有压水提供了向管外缓慢渗出的通道。由于橡塑材料具有一定弹性,当灌溉水压增加时,孔隙可以有微小膨胀,这种特性使渗灌管具有较好的抗堵塞性。这种渗灌管的工作压力很低,只有 0.01~0.04 MPa。

(a)　　　　　　　　　　　　(b)

图 9-40　橡塑渗灌管结构示意
(a)管壁上多孔结构的分布　　　(b)管壁上多孔流道示意

(4)内镶滴头式渗管(内镶式滴渗灌)　将内镶滴头滴灌管埋在地下作为地下渗灌管用。内镶式滴灌管采用 PE 塑料管,管径为 16 mm,壁厚为 0.75 mm,其滴头为紊流流道消能,具有压力调节作用。在滴灌管制造过程中,将预先制造好的片式或管式迷宫流道滴头等距离内镶在滴灌毛管上。为防止管网系统停止灌溉时产生管内负压,导致泥土被吸入滴头而堵塞,常采取在滴头出口处,包裹一层无纺布等来防护。

通常的渗灌管是条形灌溉,即灌溉水沿渗灌管布置方向呈线条形分布。近期的研究和应用表明,将渗灌管做成小段安装在输水管道上埋入地下可获得与地上滴头灌溉相同的效果,在保留渗灌管全部优点的同时,灌水量却显著减小。

渗灌系统全部采用管道输水,灌溉水通过渗灌管直接供给作物根部,地表及作物叶面均保持干燥,作物棵间蒸发减至最小,计划湿润层土壤含水率均低于饱和含水率,因此,渗灌技术水的利用率理论上是目前所有灌溉技术中最高的一种。

设施内采用渗灌系统具有省工、节水、易于实现自动控制、田间作业方便、设备使用年限长等优点,但因种植作物必须准确地与地下灌溉系统相对应,且灌溉均匀度低、系统抗堵塞能力差、检查和维护困难等原因,使设施灌溉领域内的应用受到了限制。

第六节　植物保护机械和土壤消毒装备

植物在生长发育过程中,经常遭受病虫草害而影响最终的产量和品质。因此,及时防治和控制病、虫、杂草等对作物的危害,是非常重要的。为了经济有效地进行植物保护,应该防重于治,及时有效地把病虫草害消灭在危害之前,以保证稳产高产。植物保护是园艺作物生产过程中的重要环节。

一、植物保护的方式

植物病虫害的防治方法很多,主要有以下几种。

(1)农业技术防治　包括选育抗病虫的作物品种;改进栽培方法,实行合理轮作;通过施肥来增加作物的抗病虫能力;选择适宜的播种、田间管理、收获时期等。

(2)生物防治 利用害虫的天敌或生物间的寄生关系来防治病虫害。通过大量地培育寄生蜂、微生物和利用益鸟等害虫的天敌,来消灭病虫害,采用生物防治措施,可减少农药残毒对农产品、空气和水的污染,改善环境条件,因此,生物防治法日益受到重视,特别是在设施园艺作物生产中尤为重要。

(3)物理防治 病虫害发生期,利用物理方法和相应工具来防治病虫害,如采用机械捕打,药液浸种消灭害虫和病菌;利用成虫的趋光性,用紫光线灯(黑光灯)和黏性黄、蓝色板诱杀害虫,超声波高频振荡,高速气流吸虫机等。

(4)植物检疫防治 通过组织相应的检疫制度,特别是对植物的种子进行检疫和有效管理,防患于未然,也是控制病虫害扩大和蔓延的重要举措。

(5)化学药剂防治 化学药剂防治法是目前使用的主要植物保护方法。化学药剂防治是利用各种化学药剂杀灭细菌、杂草和其他有害生物。这种方法能有效控制各种病、虫、草害的快速繁殖,见效快,生产率高,操作容易,受地区和季节的影响较小,对药剂的适应性强,可根据不同的剂型选用不同的机械,实行多种施药方法,因此目前应用较广。

用来进行化学药剂防治病虫害和杂草的器械通称为植保机械。

二、植物保护机械的类型及构造

根据化学药剂施用的方法,植保机械的类型主要有:喷雾机、弥雾机、静电喷雾机超低量喷雾机、喷烟机和喷粉机。

(一)喷雾机

1.喷雾的特点

喷雾是指对药液施加一定的压力,通过喷头雾化成 $100\sim300$ μm 的雾滴,喷洒到农作物上。喷雾是化学防治法中的一个重要方面,因为有许多药剂本身就是液体,另一种是可以溶解或悬浮于水中的粉剂。喷雾的优点是能使雾滴喷得较远,散布比较均匀,黏着性好且受气候的影响较小,药液能较好地覆盖在植株上,药效较持久,因此,它具有较好的防治效果和经济效果。但由于所用药液需用大量的水稀释,因此在缺水或离水源较远的地区应用,受到限制。另外,由于喷雾需用较高的压力,故功耗较大。

2.喷雾机的种类

喷雾机根据所用动力形式可分为人力式和动力式两大类。人力式又称手动式,是用人工操作喷洒药液的一种机械,它具有结构简单,制造容易,使用维修方便和价格低廉等特点。动力式又分为机动式和机引式两种类型,它是以内燃机、电动机或拖拉机动力输出轴为动力,利用喷洒部件将药液喷洒到农作物上的植保机具。动力式喷雾机具有工作幅宽大,生产效率高,喷洒均匀等优点。

(1)手动式喷雾机 手动喷雾机根据其结构及工作原理可分为液泵式和气泵式两大类。

工农-16 型喷雾机是我国使用最广的一种手动液泵式喷雾机,其结构主要由药液箱、活塞泵、空气室、胶管、喷杆、开关及喷头等组成,如图 9-41 所示。

工作时,操作人员上下揿动摇杆,通过连杆机构的作用,使塞杆在泵筒内作往复运动,行程为 $60\sim100$ mm,当塞杆上行时,皮碗从下端向上运动,在皮碗下面,由于皮碗和泵筒所组成的腔体容积不断增大,因而形成局部真空。这时,药液箱内的药液在液面和腔体内的压力差作用下,冲开进水球阀,沿着进水管路进泵筒,完成吸水过程。当皮碗从上端下行时,泵筒内的药液开始被挤压,致使药液压力骤然增高,进水阀关闭,出水阀被压开,药液即通过出水阀进入空气室。空气室里的空气被压缩,对药液产生压力(可达800 kPa),空气室具有稳定压力的作用。打开开关后,液体即经过喷头喷洒出去。

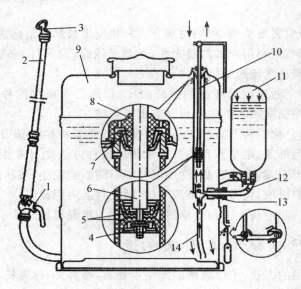

图 9-41　手动背负式喷雾机

1.开关　2.喷杆　3.喷头　4.固定螺母　5.皮碗　6.塞杆　7.毡圈　8.泵盖
9.药液箱　10.泵筒　11.空气室　12.出液阀　13.进液阀　14.吸液管

(2)机动式喷雾机　机动喷雾机的种类很多,但其结构和工作原理基本相似。机具的结构都是由动力机、喷枪或喷头、调压阀、压力表、空气室、流量控制阀、滤网、液泵(三缸活塞泵或隔膜泵)、混药器等组成,如图9-42所示。

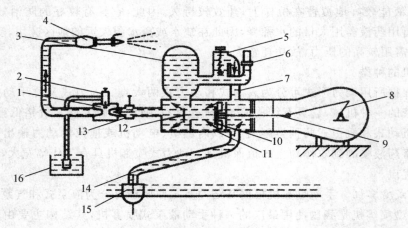

图 9-42　工农-36型机动喷雾机工作原理

1.混合器　2.混药器　3.空气室　4.喷枪　5.调压阀　6.压力表　7.回水表　8.曲轴
9.活塞杆　10.活塞　11.泵筒　12.出水阀　13.流量控制阀　14.吸水管　15.吸水滤网　16.母液桶

当动力机驱动液泵工作时,水流通过滤网,被吸液管吸入泵缸内,然后压入空气室建立压力并稳定压力,其压力读数可从压力表标出。压力水流经流量控制阀进入射流式混药器,借混药器的射流作用,将母液(原药液加少量水稀释而成)吸入混药器。压力水流与母液在混药器自动均匀混合后,经输液软管到喷枪,作远射程喷射。喷射的高速液流与空气撞击和摩擦,形成细小的雾滴而均布在农作物上。

(二)弥雾机

弥雾是指利用高速气流将粗雾滴破碎、吹散,雾化成 $75\sim100~\mu m$ 的雾滴,并吹送到远方。弥雾时的雾滴细小、均匀,覆盖面积大,药液不易流失,可提高防治效果,可进行高浓度,低喷量喷洒药液,大量减少稀释用水,适用范围广,特别是山区和干旱缺水地区。

工作时汽油机带动风机叶轮旋转产生高速气流,并在风机出口处形成一定压力。其中大部分高速气流经风机出口流入喷管,而少量气流通过进风门和软管到达药箱面上部,对药液增压。药液在风压作用下,经输液管到达弥雾喷头,从喷嘴周围的小孔喷出。喷出的药液流在喷管内高速气流的冲击下,破碎成细小的雾滴,并吹送到远方,如图 9-43 所示。

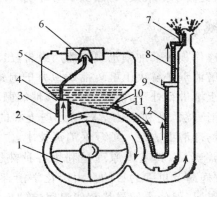

图 9-43　背负式弥雾机工作原理

1.叶轮　2.风机壳　3.进气阀　4.进气塞　5.进气管　6.滤网　7.喷头
8.喷管　9.开关　10.粉门　11.出水塞接头　12.输液管

(三)喷粉机

如图 9-44 所示,喷粉机和喷雾机一样,汽油机带动风机叶轮旋转,大部分高速气流经风机出

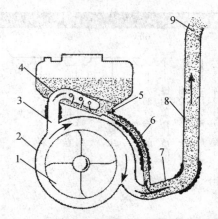

图 9-44　东方红—18 型喷雾喷粉机的喷粉作业

1.叶轮　2.风机壳　3.进风阀门　4.吹粉管　5.粉门　6.喷粉管　7.弯管　8.喷管　9.喷口

口流经喷管,而少量气流经进风阀门进入吹粉管,然后由吹粉管上的小孔吹出,使药箱中的药粉松散,以粉气混合状态吹向粉门。由于弯管下部出粉口处有负压,将粉剂吸到弯管内,这时粉剂被从风机出来的高速气流,通过喷管吹出喷粉机的喷口。

(四)静电喷雾机

静电喷雾技术是应用高压静电使雾滴充电。静电喷雾装置的工作原理是通过充电装置使雾滴带上一极性的电荷,同时,根据静电感应原理可知,地面上的目标物将引发出和喷嘴极性相反的电荷,并在两者间形成静电场。带电雾滴受喷嘴同性电荷的排斥.而受目标异性电荷的吸引,使雾滴飞向目标各个方面,不仅正面,而且能吸附到它的反面。据试验,一粒 20 μm 的雾滴在无风情况下(非静电力状态),其沉降速度为 3.5 cm/s,而一阵微风却能使它飘移100 cm。但在 105 V 高压静电场中使该雾滴带上表面电荷,则会以 40 cm/s 的速度直奔目标而不会被风吹跑。因此,静电喷雾技术的优点是提高了雾滴在农作物上的沉积量,雾滴分布均匀,飘移量减少,节省用药量,提高了防治效果,减少了对环境的污染。

三、土壤消毒机械

设施农业高密度和多年连作栽培会加剧土壤传播病虫害,出现连作障碍,造成蔬菜产量下降,品质低下,甚至绝收。土壤消毒是解决土壤传播病虫害的有效方法之一,所谓土壤消毒是利用物理方法或化学方法对土壤进行处理,消除线虫或其他病菌的危害。

化学消毒法即化学药剂消毒法,是利用化学药剂处理土壤的方法,常用药剂包括 40% 福尔马林、氯化钴和溴甲烷等;物理消毒法是一项环保消毒技术,主要指土壤太阳能加热消毒法、土壤蒸汽消毒法和土壤热水消毒法,其基本原理是利用各种热源使土壤的温度达到 50℃ 以上,实现消除土壤中绝大多数病菌及虫害的目的。由于化学消毒法常用的消毒剂溴甲烷挥发后会严重破坏地球大气的臭氧层,促使人们寻找替代溴甲烷的土壤消毒法,使得土壤物理消毒法受到更大重视。

物理土壤消毒法是通过提高土壤温度达到消灭土壤和栽培基质中病菌的目的,当温度达到 80℃ 以上基本可以杀死土壤中大部分病菌,如图 9-45 所示,消毒效果不仅和温度有关,还和消毒时间有关。

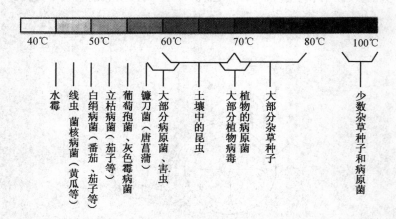

图 9-45　土壤和栽培基质中病菌的死灭温度

（一）物理土壤消毒法

1. 土壤太阳能加热消毒法

该方法利用夏季太阳辐射热能,向待消毒土壤中灌水,并在土壤表面覆盖透明塑料薄膜,封闭温室 15～20 d,通过温室效应吸收太阳辐射热。7 月份气温达 35℃ 以上时,被透明塑料薄膜覆盖的土壤温度升至 50～60℃,可杀死土壤中的各种病菌。此法安全环保、操作简单。但是,该消毒法消毒不均匀,消毒时间长,受天气制约。另外,20 cm 以上土层的温度达到 50℃ 时,可消灭大部分病虫害,20 cm 深度以下土层很难超过 45℃,所以,太阳能加热土壤消毒法对下层土壤的消毒不彻底。蔬菜育苗所用基质周转频繁,一般在冬春使用,所以该法不适于育苗用基质的消毒。

2. 土壤蒸汽消毒法

该方法利用蒸汽锅炉产生带压力的高温水蒸气（80℃ 以上）,对于栽培土壤,通过导管把高温蒸汽送到覆盖有保温膜的土壤中,使土壤温度升高,以达到灭除土传病虫害的目的。但是,该消毒法的热蒸汽不易到达土壤深层,对 20 cm 以下土层消毒不彻底;对于育苗基质,蒸汽消毒法是比较适合的方式,将育苗用基质放入专用消毒容器中,在其中通入蒸汽即可达到消毒目的。此法依靠高压蒸汽进行消毒,所以必须配备锅炉设备。

3. 土壤热水消毒法

该方法利用普通常压热水锅炉产生 80～95℃ 的热水,对于栽培土壤,将热水经开孔洒水管道灌注到土壤中,为增强保温效果,在土壤表面铺盖保温覆盖膜,30 cm 深处的土壤温度可达到 50℃ 以上,从而起到消灭土壤病虫害的作用。该方法与前两种方法相比具有以下优点:30 cm 深处土壤温度可达到 50℃ 以上;水的热容量大于蒸汽,因此此法可以使土壤保持高温的时间较长,土壤底层消毒效果好。但是对于育苗基质消毒,此法存在营养流失、需要排水设施等问题;另外,该法耗水量较大,每平方米的注水量为 100～200 L,在水资源不足的地区使用受到限制。

（二）土壤消毒机

1. 土壤蒸汽消毒设备

图 9-46 为基质土壤蒸汽消毒设备结构与消毒原理简图,其基本过程是,首先将待消毒栽培基质土投入基质消毒槽中,基质消毒槽底部开有均匀分布的通气孔,与下面的蒸汽分配室相通。当蒸汽锅炉产生蒸汽后,通过送汽管将产生的高温蒸汽通入蒸汽分配室,然后经通汽孔对栽培基质土进行加热消毒。

图 9-46　基质土壤蒸汽消毒设备

2. 土壤消毒机

土壤消毒机分为人力土壤消毒机和动力土壤消毒机两种。

（1）人力土壤消毒机 人力土壤消毒机由活塞、药液箱、吸排液阀、注入针、喷头等组成。适用于小面积作业。

（2）动力土壤消毒机 动力土壤消毒机有与小型拖拉机配套和大型拖拉机配套两种，前者多为牵引式，而后者多为悬挂式。按注入机构形式可分为注入棒式和注入刀刃式。

①注入棒式土壤消毒机：它安装在手扶拖拉机上，一般具有两根注入棒，利用双曲柄连杆机构带动注入棒，使注入棒上下垂直运动，避免残根、作物秸秆的挂阻。结构是由药液箱、液泵、注入棒、压封滚轮等组成。工作时，由动力将注入棒打入土壤一定深度再点注药液。左右两根注入棒交替进行，以减少机体振动。注入棒达到最大深度时，喷头喷出药液，其后以滚轮压封土壤表面，减少汽化药液的泄漏，这种机具效率比较高。

喷嘴的一次喷施量为 $0\sim0.5$ mL，注入间距为 30 cm，注入深度为 22 cm 左右，可用尾轮来调节。

②注入刀刃式土壤消毒机：一般为牵引式，如图 9-47 所示。注入刀刃安装在拖拉机的后部，药液由隔膜泵加压后经过管子和安装在管子前端的注入刀刃点注。药液箱的容积一般为 20 L，常用压力为 $49\sim69$ kPa。

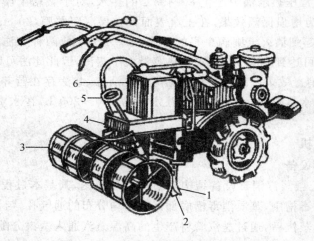

图 9-47 手扶拖拉机配套土壤消毒机
1.注入刀刃 2.注入口 3.镇压轮 4.注入开闭龙头 5.注入深度调节手柄 6.药箱

第七节 设施园艺作物收获机械

一、设施蔬菜收获的方法

设施蔬菜机械化收获的方法包括切割、采摘、挖取或拔取各种蔬菜的食用部分，收获过程包括收获、装运、清理、分级等作业。由于蔬菜的食用部分极易损伤，机械收获难度较大，现有的蔬菜收获机械多为一次性收获，选择性收获机械尚处于发展的初级阶段。一次性收获存在许多弊病,收获产量低,随着现代化科学技术的进步,特别是光电控制技术、计算机图像处理与识别技术、机器人技术的发展,设施蔬菜选择性收获机械将越来越成熟并用于生产。

二、设施蔬菜收获机械及其特点

蔬菜根据食用部位分为根菜类、叶菜类和果菜类。因此蔬菜收获机械根据不同种类蔬菜生物特性也可分为三大类。

1. 根菜类收获机械

根菜类蔬菜如胡萝卜、萝卜、马铃薯、洋葱等,收获的方法一般采用挖掘法和拔取法。挖掘式收获机械的作业工序通常是先切除地面的茎叶,然后把土中的食用根、茎挖出,再分离土块和杂草等。其工作部件包括茎叶切割器、挖掘铲和输送分离器。拔取式收获机械是先夹住茎叶,把根、茎自土壤中拔出,再分离非食用的茎叶和土块。工作部件有扶茎器、拔取器、茎叶切割器和茎叶收集机构等。

2. 叶菜类收获机械

叶菜类有两种,一种是结球型,如圆白菜、甘蓝等;另一种是不结球型,如菠菜、芹菜等,其收获机械也有切割式和拔取式两种。切割式收获机械可用于结球蔬菜和不结球蔬菜,它是将蔬菜的茎、叶切割下来并输送至菜箱,根部留在土壤中。工艺过程包括扶茎或导向、切割、修整和装运。拔取式收获机械用于结球蔬菜,它是将结球蔬菜拔出后再切根和分离零散菜叶。

3. 果菜类收获机械

果菜类包括番茄、黄瓜等,在设施内种植最普遍。其作业工序有两种:一种是不切割植株,收获机械进入蔬菜行间摘果;另一种是先切割植株,送入机器内再摘果并分离茎叶。图9-48是一种黄瓜收获机械,主要由切割、捡拾、摘果、分离、输送等装置组成。工作时,黄瓜植株被割刀切下,并被波纹式捡拾输送器升运输送。离开波纹输送器时,风扇吹出的气流将瓜蔓推向摘果辊轴,辊轴夹住瓜蔓后拽拉,使黄瓜紧靠辊轴被摘落。摘落后的黄瓜落至果实输送器,送往收集箱。

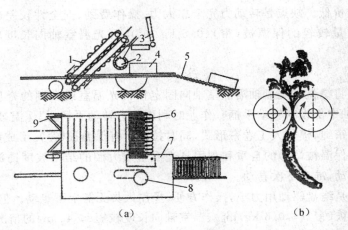

（a）   （b）

图 9-48 黄瓜收获机械

（a）工作示意图   （b）摘果辊轴

1.波纹式捡拾输送器 2.风扇 3.摘果辊轴 4.收集箱 5.滚道 6.果实输送器 7.装箱台 8.座位 9.割刀

第八节　保温被(帘)卷放机构

目前,日光温室与一些大棚,冬季保温覆盖物为保温被或草帘,这些保温覆盖物数量多、面积大,需求的卷放工作量大,劳动强度高,尤其在冬季作业难度会更大。为此,随着设施农业的发展,保温被(帘)卷放机构在设施保温系统中的应用越来越广泛,已成为设施农业的重要装备之一。

一、卷帘机构的种类

温室保温系统是利用卷帘机构,对温室或大棚的保温被或草帘进行机械卷放,达到白天卷起以便采光,晚上放铺进行保温的一项难度较大的技术体系。其基本组成部分是保温被(帘),但核心部分是卷帘机构,简称"卷帘机"。目前,尽管生产中应用的卷帘机类型很多,但按照卷帘机构的工作方式分,卷帘机可分为固定式卷帘机和随动式卷帘机两种;按动力传动形式分,可分为双蜗轮蜗杆式、单蜗轮蜗杆与直齿轮传动式、链传动与直齿轮式3种;如按卷帘机的动力形式分,又可分为手动式卷帘机和电动式卷帘机两种。

二、卷帘机构的结构形式简介

1. 手动杠杆式

手动杠杆式是将保温被(帘)的顶端和日光温室的脊部处固定,其底端和卷放轴固紧。在卷放轴两端,各安装两根相互垂直的杠杆 A 和杠杆 B,以实现双手轮换操作。当 A 杆扳转至水平位置时,B 杆会处于垂直位置;然后再扳 B 杆至水平位置,A 杆又处于垂直位置,依次循环直至保温被(帘)卷起、达到最高位置。此系统在卷放操作时,最好由二人同时操作,并需操作人员随卷放轴的升降沿日光温室的侧墙外侧的阶梯上下行走。

这种卷帘机构的优点是可实现一栋日光温室上所有草帘的半机械化、一次整体卷放,结构简洁、操作简单、造价低。缺点是转动力完全靠人力、操作费劲、安全性较差、对操作者技术要求较高。适合于质量较轻的保温被(帘)(0.5 kg/m²)、日光温室轴向长度较短(≤40 m)的情况。

2. 手动绕盘式

手动绕盘式是将绕盘与绕盘轴沿温室轴向固定在日光温室或大棚的脊顶处,绕盘上绕有多条卷放绳,绕盘轴中部设有转动手柄。作业时利用人力转动手柄,把保温被(帘)通过卷绕在卷绳轴上的多条卷帘绳,模仿人工卷帘形式,同时拉动所有保温被(帘),形成整体卷动,达到卷帘目的。然后再靠保温被(帘)的自重和利用日光温室或大棚的结构坡度铺放保温被(帘),同时反向驱动绕盘运动,准备下次卷动。

该机构的特点是绕盘驱动用力小,操作方便,操作人员无需上下走动。但该机构也仅适用于质量较轻的保温被(帘)(≤0.6 kg/m²)、温室轴向长度较短(≤40 m)的情况。

3. 电动固定牵引式

电动固定牵引式是将卷帘机构的主要工作部件电机、变速箱、卷带轴等固定在日光温室或大棚的脊顶处,进行保温被(帘)卷放的机构。脊部每隔 3 m 设一个轴支座,以支撑卷带轴。在轴上每两支座之间系有一根卷放带,以驱动卷帘轴。由卷放绳(多条)连接保温被(帘)与卷帘轴。工作时电动机经减速后带动卷带轴转动，缠绕在卷带轴上的多条卷放带同时模仿人工卷帘形式、卷动所有保温被(帘)，形成整体卷动，达到卷帘目的。铺放时，电机反转卷放带放松，在保温被(帘)的自重作用下，滚动下放，达到铺放目的。

该结构虽彻底摆脱了手工劳动，实现了自动化卷铺，卷放速度也高，但仍存在一些不足之处。

①由于增设了卷带轴，提高了系统制造成本。

②卷放带工作时易产生弹性变形，导致各根带的长短不一致，结果使得各部分卷放速度不一致，即不能实现全体保温被(帘)同步，致使卷放轴变形，给操作带来很大阻力，又影响棚膜和保温被的寿命，而且也不美观。因此，必须选用刚性较好的卷放带，但会增加成本。

③电机反转、卷放带松动后，保温被(帘)仍不能自动放铺，必须借助人工推动致使其可借助重力下滚时为止，应用起来不但不方便，还不能彻底摆脱手工劳动。

④如果保温被(帘)质量过小，会导致保温被(帘)在卷放过程中滑转，致使卷起后保温被(帘)裹不紧，半径大，在温室顶部形成较大的遮阳阴影。

该种机构适合于温室轴向长度较长的情况，但要求保温被(帘)的质量大，温室屋脊面有相应的坡度。

4. 电动伸缩摆杆式

电动伸缩摆杆式端部自动伸缩摆杆式卷放机构采用大扭矩、小功率、温室专用机电一体化电机直接驱动，设有自动伸缩摆杆装置约束电机壳体随转轴自转，通过摆杆自动伸缩调节长度，随同卷放轴同步运动，实现卷放作业。

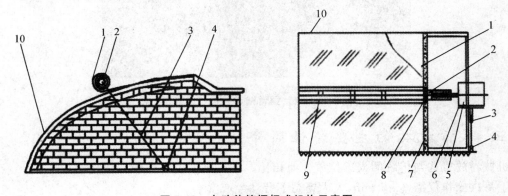

图 9-49 电动伸缩摆杆式机构示意图

1.保温被 2.卷放轴 3.套筒伸缩轴 4.卷放铰支点 5.电机与减速装置 6.电机座
7.山墙 8.加强卷放带或套筒 9.塑料卡箍 10.温室主体结构

如图 9-49 所示，电动伸缩摆杆式是由卷放轴、电机与减速装置、套筒伸缩轴与卷放铰支点等组成，具有运动自锁功能。保温被(帘)的下端用塑料卡箍(或其他方法)和卷放轴连成一体，使保温被能绕卷放轴转动，裹卷成圆筒状。电机与减速装置是由电机、减速器、自锁装置及相应控制装置组成的机电一体化机构，并与卷放轴固定连接，实现同步运动。一体化机构驱动扭矩大，质量小，可正反转，并能随时实现运动"制动"。套筒伸缩轴上部与减速电机座固定连接，下部与卷放铰支点相铰接，形成约束转动副；其既能在山墙端部平行平面内来回摆动，又能沿轴向自由伸缩；从而实现了卷放电机沿温室拱面的滚动，又能充分防止因卷放作用力引起的电机座整体转动。卷放时,将控制开关置于"正向"位置,电机顺时针方向转动,端部驱动电机直接带动卷放轴沿温室拱面向上滚动,卷起保温被(帘);放铺时,控制开关置于"反向"位置,电机反时针方向转动,带动卷放轴沿温室拱面向下滚动,打开保温被,实现放铺作业。整个卷起和放铺过程,电机是和保温被卷端随动的,完全靠套式伸缩轴的作用防止其壳体部分转动。另配有加强卷放带或卷放套筒,用以改善由于一体化机构自重造成的卷放不直或对保温被(帘)的严重拉伸破坏等情形。该机构适用于温室轴向长度≤50 m的情况。

5. 电动摇臂随动式

如图9-50所示,电动摇臂随动式由摇臂连杆、电机与减速机构、卷帘轴等组成。摇臂把电机和减速机构吊挂在温室中部,通过法兰盘与横贯温室两侧的卷帘轴连接起来,卷帘轴与温室各条保温被(帘)的底端用塑料卡箍或其他方法固紧,工作时电机通过减速器减速,带动卷帘轴转动,保温被(帘)下端沿卷帘轴外径缓慢卷起,并紧贴温室拱面,将保温被(帘)卷向温室顶部预先确定位置,从而实现保温被(帘)的整体卷放。工作中卷帘机的主要工作部件(电机、变速箱、卷帘轴、摇臂等)随保温被(帘)的上下滚动卷放而移动。为了减轻电机与减速机构自重的影响,可用桁架轨道式结构替代摇臂连杆进行卷帘作业。

图9-50　电动摇臂随动式机构示意图

三、卷帘机构的主要特性简介

机械卷放机构与传统的人工拉放作业相比。具有以下主要优点:
①每次操作仅需3~6 min,大大提高了劳动生产率;
②自动化程度高、操作轻便省力,大大减轻了劳动强度;
③日光温室每天至少可增加1 h以上的光照,有利于温室采光集热,提高室内温度,增强植物光合作用,提高产量。

一般温室的拱形屋面为一变曲面,保温被卷放运动过程的阻力是随运动高度不同而变化的。在拱形屋面底部曲面较陡,曲率较大时,保温被(帘)卷绕不多,提升运动主要是克服卷放轴的重力;到拱形屋面中部区域时,曲面变缓,曲率变小,此时,运动阻力由卷放轴及被卷绕的保温被(帘)部分的重力组成;至顶点时,保温被(帘)虽已全部卷绕至卷放轴上,但因屋面趋平,曲率几乎为零,因此运动阻力不会大于前者。考虑到机构有可能在屋面积雪条件下使用,所以在设计机构时应按最恶劣情况考虑,即以保温被(帘)全部卷绕于卷放轴上,且卷放轴位于拱形屋面的最底端时,所需的力矩作为计算标准来设计机构,就可满足在恶劣天气状况下,实现保温被(帘)卷放的动力要求。

固定式卷帘机的各部件在安装时一定要牢固,各轴承架要保持同心,卷帘绳的长短、松紧要仔细调整一致,要使卷起的保温被(帘)处在一条直线上。如果保温被(帘)松紧不一致,卷起时就会出现弯曲的形状,加大卷帘机和卷轴的阻力。

随动式电动卷帘机的各运动部件必须安装牢固,保温被(帘)下端同卷轴的固定方法要一致,绕在轴上的裹卷量要统一。由于减速机较重,距其邻近的保温被(帘)受力较大,因此保温被(帘)会被卷得较紧而使卷被直径小于远端卷被直径,造成减速机端运动较慢,形成卷被倾斜。因此,可在邻近减速机的保温被(帘)内侧设置加强带,以提高保温被(帘)的强度,增加卷轴直径,保证卷帘效果。

保温被(帘)的底部不能过湿,否则会使其过重,最好用塑料布将其盖上,以免雨雪淋湿,同时也便于清理积雪。卷帘时,要先将压管及其他物品等移开,温室前 2 m 内不许站人,以免卷帘机伤人。卷放过程中切忌接通电源后离开,致使卷帘机到位后还继续工作,造成卷帘机及卷轴等一同从温室后顶处滚落;或保温帘放到位后形成倒卷,同样会造成危害。要维护好控制系统,防止漏电、短路或断路情况发生;操作完毕后将电源切断,以防他人误操作而造成损失。若需维护与调整系统,一定要在停机状态下进行,以防伤害人物。要定期给主机的传动部分(如减速机、传动轴承等)添加润滑油,保证减速器等安全运转。最好每年对机构各部件涂一遍防锈漆,以延长其使用寿命。

复习思考题

1. 简述旋耕机的构造特点、工作过程及其性能特点。

2. 旋耕机有哪几种类型的刀片?各有什么特点?

3. 旋耕机的刀片有哪几种安装方式?

4. 旋耕机在工作中有哪些技术调整?

5. 设施内常用的播种方法有哪些,对设施内播种机械有哪些农业技术要求?

6. 列举排种器的类型、结构及其工作过程。

7. 试述液体播种机的结构特点及其工作原理。

8. 列举蔬菜移栽机的类型,简述其结构特点和工作原理。

9. 简述设施灌溉系统的基本组成。

10. 简述离心泵的结构及工作原理。

11. 试述过滤净化设备的类型、特点及其工作原理。

12. 简述施肥(施药)设备的类型及工作原理。

13. 试述滴灌系统的组成及类型。

14. 列举滴灌灌水器的类型及特点。

15. 试述微喷灌系统的组成及其特点。

16. 列出微喷头的类型,分别说明结构及工作原理。

17. 简述移动式喷灌机的类型及其特点。

18. 简述渗灌的类型及工作原理。

19. 简述设施园艺植物保护的方法。

20.简述化学药剂的喷施机械及各自的特点。

21.介绍手动喷雾机、机动喷雾机的构造及工作原理。

22.简述静电喷雾的概念及特点。

23.介绍土壤消毒方法及原理。

24.简述动力土壤消毒机的结构及工作原理。

25.简述黄瓜收获机械的结构及工作原理。

26.简述保温被（帘）卷放机构的类别、结构与其性能。

参考文献

[1] 高连兴,王和平,李德洙.农业机械概论:北方本.北京:中国农业出版社,2000

[2] 蒋恩臣.农业生产机械化:北方本.3版.北京:中国农业出版社,2003

[3] 何雄奎,刘亚佳.农业机械化.北京:化学工业出版社,2006

[4] 汪懋华.农业机械化工程技术.郑州:河南科学技术出版社,2000

[5] 辜松.蔬菜工厂化嫁接育苗生产装备与技术.北京:中国农业出版社,2006

[6] 周长吉.温室灌溉.北京:化学工业出版社,2005

[7] 宋建农.农业机械与设备.北京:中国农业出版社,2006

[8] 吴普特,牛文全,郝宏科.现代高效节水灌溉设施.北京:化学工业出版社,2002

[9] 崔毅.农业节水灌溉技术及应用实例.北京:化学工业出版社,2005

[10] 产品展示.武汉好佳园机械制造有限公司：http://www.whhjy.com,http://www.whhjy.com/view.asp? id＝146

第十章　设施养殖中的机械化装备

学习目标
- 理解设施养殖机械化装备的基本类型和功能
- 熟悉各类设施养殖机械化装备的构造及工作原理
- 掌握各类设施养殖机械装备的特性及其功能
- 熟练各类设施养殖机械化装备的使用与维护方法

为了大幅度地减轻劳动强度、改善动物养殖环境条件、降低生产成本和提高生产效益,随着设施养殖规模的不断壮大,我国的设施养殖机械化也在快速的发展。目前,设施养殖机械化的内容主要体现在机械化供水、饲料喂饲、粪便收集与处理、环境调控和废弃物的资源化利用等。

第一节　设施养殖供水系统

水是生命之源,如同设施栽培一样,设施养殖也需要完善的供水系统。设施养殖供水系统由水源、供水管网、饮水器和附属设备等构成。对于如猪用和牛用饮水系统,附属设备只包括闸阀等。而如鸡用杯式和乳头式饮水器,为了保证饮水器的正常工作,附属设备必须包括闸阀、过滤器、减压阀等。

在机械化畜禽饲养设施中,对畜禽饮水设备的技术要求是:
①能根据畜禽需要自动供水;
②保证水不被污染;
③密封性好,不漏水,以免影响清粪等环节;
④工作可靠,使用寿命长。

除水源、供水管网及其相应调控设备外,设施养殖供水系统主要是畜禽饮水设备,其包括自动饮水器及其附属设备。自动饮水器按结构原理可分水槽式、真空式、吊塔式、杯式、乳头式、鸭嘴式、吸管式等,按用途又可分鸡用、猪用和牛用等。

一、水槽式饮水器

水槽式饮水器对于各种畜禽都是最早应用的一种饮水器,但在机械化饲养中,水槽式饮水器只用于养鸡。水槽式饮水器按保持一定水面的方法可分长流水式水槽饮水器和浮子式水槽饮水器。

1. 长流水式水槽饮水器

长流水式水槽饮水器是由镀锌铁皮制的水槽。水槽断面为 U 形或 V 形,宽 45～65 mm,

深 40～48 mm,水槽始端有一个经常开放的水龙头,末端有一出水管和溢流水塞,如图 10-1 所示。

当供水量超过用水量而使水面超过溢流水塞的上平面时,水即从其内孔流出,使水槽始终保持一定水面。清洗时将溢流塞取出即可放水。

长流水式水槽饮水器在我国的笼养和平养鸡舍中均有应用。它的优点是结构简单,故障少,工作可靠;缺点是对安装要求高,易传染疾病,耗水量大。

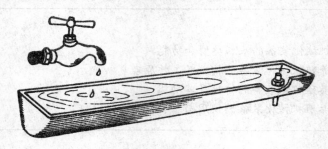

图 10-1　长流水式水槽饮水器

2.浮子式水槽饮水器

常用于平养鸡舍。为了不妨碍鸡的活动,长度较短,常为 2 m。槽宽 60～70 mm,槽深 40～45 mm。常装在鸡舍中央横向排列。国外的这类水槽常由搪瓷铁或不锈钢制。由支柱支持或悬吊于一定高度。高度可在 50～400 mm 之间调节。在鸡舍高处安有主水管,由软管接入水槽一端的接头,接头与水槽之间为浮子装置以控制水面。

二、真空式自动饮水器

真空式自动饮水器主要用于平养雏鸡。它的优点是结构简单、故障少、不妨碍鸡的活动;缺点是需工人定期加水,劳动消耗较大。

真空式饮水器常由聚氯乙烯塑料制成,其结构如图 10-2 所示。它由筒和盘组成,筒倒装在盘中部,并由销子定位,筒下部有若干小孔,和盘中部内槽壁上的孔相对。在两者配合之前先在筒内灌水,将盘扣在筒上定好位,再翻过来放置,此时水通过孔流入饮水器盘的环形槽内,当水面将孔盖住时,空气不能进入筒内,由于筒内上部一定程度的真空使水停止流出,因此可以保持盘内水面,当鸡饮用后环形槽内水面降低使孔露出水面时,由孔进入一定量空气,使水又能流入环形槽,直至水面又将孔盖住。

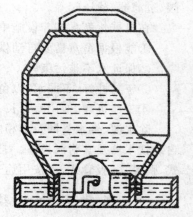

真空式饮水器圆筒容量为 1～3 L,盘直径 160～230 mm,槽深 25～30 mm。每个饮水器供 50～70 只雏鸡饮水。国产 9SZ-2.5 型真空式饮水器用于平养 0～4 周龄雏鸡,盛水量 2.5 kg,水盘外径 230 mm,水盘高 30 mm,每只饮水器供 70 只雏鸡。

图 10-2　真空式饮水器

三、吊塔式饮水器

吊塔式饮水器又称自流式饮水器。它的优点是不妨碍鸡的活动,工作可靠,不需人工加水。它主要用于平养鸡舍。由于其尺寸相对较大，除了群饲鸡笼有时采用外，一般不用于笼养。图 10-3(a)、图 10-3(b)表示了吊塔式饮水器的外形图，图 10-3(c)为图 10-3(b)的阀门机构示意图。水从软管进入，通过滤网进入阀门体。当饮水盘水不足时，大弹簧通过螺纹套将盘体上抬。将阀门杆顶开，水从阀门体流出，并通过四周的出水孔流入饮水盘的环状槽内。当水达到一定水面时，其重量使饮水盘通过螺纹套将大弹簧压缩，使饮水盘下降，阀门杆在小弹簧（阀门弹簧）的压力下关闭，水停止流出。拧动螺纹套可调节饮水槽内水面，螺纹套平时用锁紧螺帽锁紧。

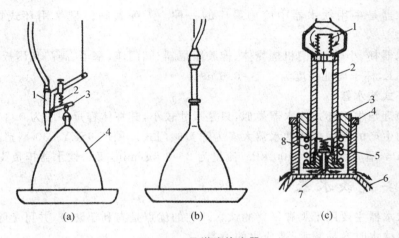

图 10-3　吊塔式饮水器

(a)杠杆启闭式　1.阀门体　2.弹簧　3.阀门杠杆　4.饮水盘体
(b)螺纹套启闭式
(c)螺纹套式结构简图　1.滤网　2.阀门体　3.螺纹套　4.锁紧螺帽　5.小弹簧　6.饮水盘体　7.阀门杆　8.大弹簧

吊塔式饮水器的水压有低、高压两种，低压饮水器的最大压力为 69 kPa，常需设一个水箱，水箱安置高度为 2.4～3.6 m。高压饮水器的最大压力为 343 kPa，可直接连接自来水管。

国产 9LS-260 型吊塔式饮水器的水盘外径 260 mm，水盘高 53 mm，适用水压为 20～120 kPa，适于平养 2 周龄以上雏鸡和成年鸡，每只饮水器供成年鸡 30 只。

四、杯式饮水器

杯式饮水器的优点是在畜禽需要饮水的时候才流入杯内，耗水少；缺点是阀门不严密，容易溢水。杯式饮水器适用范围较广，不同的杯式饮水器可用于鸡、猪和牛。

1. 鸡用杯式饮水器

如图 10-4 所示，其杯体材料为塑料，杯体上用小轴销连触发浮板。杯体的后部有一带螺纹的空心阀座，阀座内装有阀门杆，阀门杆一端穿过杯体后壁与触发浮板相靠，另一端伸出阀门座外，头部套有橡胶塞，用来封闭阀座。整个杯体用螺纹拧入主水管的鞍形接头上。平时在水的压力作

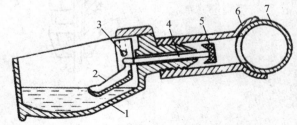

图 10-4　鸡用杯式饮水器

1.杯体　2.触发浮板　3.小轴　4.阀门杆
5.橡胶塞　6.鞍形接头　7.主水管

用下,阀门杆头部的橡胶塞被压向阀座,将通路封闭。

　　由于杯底有剩水,鸡啄向杯底饮水,触动了触发浮板,使其绕小轴向后偏转,推动阀门杆,使橡胶塞打开,水即流入杯内。浮板由密度小于水的塑料板制成,随着水流入杯内。浮板即浮起,水压重新使橡胶塞封闭阀门座。国产 9SB-27 型鸡用杯式饮水器用于平养、笼养青年鸡和成年鸡,盛水量 0.027 L,流量 0.4～0.5 L/min。平养时担负 20～40 只鸡,笼养时每 2 笼装 1 只杯式饮水器。

2. 牛用杯式饮水器

　　杯式饮水器是牛用饮水器中应用最广的一种。无弹簧阀门型牛用杯式饮水器由塑料制成。

　　它由饮水器杯、小轴、阀门机构壳体、橡胶阻尼器、阀门座、塞子、阀门和压板等组成。饮水杯的容量为 2 L,杯子离地高度为 0.5～0.6 m。

3. 猪用杯式饮水器

　　其结构原理与牛用杯式饮水器类似,只是尺寸较小,其杯体容量一般为 0.3 L 左右。

　　我国目前生产的猪用杯式饮水器大多为弹簧阀门式。国产 9SZY-330 型猪用杯式饮水器直径为 182 mm,适应水压为<400 kPa,流量为 2～3 kg/min,每一饮水器担负 10～15 头猪。

五、乳头式饮水器

　　乳头式饮水器主要用于鸡和仔猪的饮水。它的优点是有利于防疫,并可免除清理工作;缺点是在鸡和猪饮水时容易漏水,造成水的浪费。

　　猪用和鸡用乳头式饮水器在尺寸大小和出水流量等方面有区别,但结构原理类似。如图 10-5(a)所示,国产 9STR-3.4 型鸡用乳头式饮水器由饮水器体、伸出在器体外的阀杆、装在阀杆上的锥形橡胶密封圈等组成。平时橡胶密封圈在水压作用下封闭阀座,使水不能流出。当鸡啄触动阀杆时阀杆歪斜,橡胶密封圈不能封闭阀座,水即从阀座的缝隙中流出。

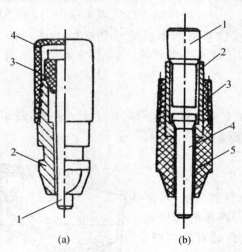

图 10-5　鸡用乳头式饮水器

(a)9STR-3.4 型　1.阀杆　2.器体　3.锥体橡胶密封圈　4.安装使用前的保护罩

(b)94SR-3.2 型　1.上阀杆　2.阀座　3.螺纹　4.下阀杆　5.饮水器体

图 10-5(b)表示了 94SR-3.2 型鸡用乳头式饮水器,它的特点是具有上阀杆与阀座以及下阀杆与阀座两个密封面,密封性好,不易漏水。

鸡用乳头式饮水器的合适水压为 2～12 kPa。猪用乳头式饮水器合适水压为 14.7～24.5 kPa。同时对水中的泥沙都比较敏感,如与供水管网相连,都应设有过滤器和减压阀。

国产 9STR-3.4 型鸡用乳头式饮水器用于笼养鸡,适用水压为 2～12 kPa,流量 0.02～0.25 L/min。9SZY-9 型猪用乳头式饮水器用于育肥猪和成猪,适用水压<20 kPa,流量为 2～3.5 L/min。

六、鸭嘴式饮水器

鸭嘴式饮水器主要用于养猪。如图 10-6 所示,它由饮水器体、阀杆、弹簧、密封胶垫等部分组成。平时阀杆在弹簧作用下紧压密封胶垫,封闭出水孔口,当猪要饮水时,咬动阀杆,使阀杆偏斜,不能封闭孔口,水从孔口流出,经饮水器阀杆端流入猪的口腔。猪饮水完毕后停止咬阀杆,密封垫又重新封闭出水口。

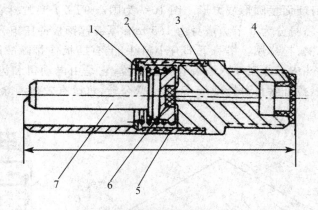

图 10-6　猪用鸭嘴式饮水器
1.卡簧　2.弹簧　3.饮水器体　4.滤网
5.鸭嘴　6.密封胶垫　7.阀杆

鸭嘴式饮水器的优点与乳头式饮水器相同,缺点也是在猪饮水时易漏水。据英国 Lodge 资料,幼猪采用鸭嘴式饮水器饮水时,漏的水达 46%,仅次于乳头式。

国产 9SZY-2.5 型鸭嘴式饮水器适用于幼猪和育肥猪,适用水压<400 kPa,流量 2～3 L/min。9SZY-3.5 型鸭嘴式饮水器,适用水压<400 kPa,流量 3～4 L/min。

第二节　设施养殖喂饲系统

一、技术要求和类型

喂饲作业是畜禽饲养场的一项繁重作业,一般占总饲养工作量的 30%～40%。对喂饲机械的要求是:①工作可靠,操作方便;②能对所有畜禽提供相同的喂饲条件;③饲料损失少;④能防止饲料污染变质。

喂饲畜禽的配合饲料或混合饲料可分干料(含水量 20%以下)、稀料(含水量 70%以上)和湿拌料(含水量30%~60%)3种。畜禽喂饲机械设备也相应地分为干饲料喂饲机械设备、湿拌料喂饲机械设备和稀饲料喂饲机械设备3类。

干饲料喂饲机械设备主要用于配合饲料的喂饲。它的设备简单,消耗少,特别适于不限量的自由采食。但它只能用来喂饲全价配合饲料,不能利用青饲料和其他多汁饲料。这类机械设备是现代化养鸡、养猪应用最广泛的形式。现仅介绍干饲料喂饲机械设备。

湿拌料喂饲机械设备用于采用青饲料的湿混合饲料。在现代化畜牧业中,它主要用于养牛场,用低水分青贮料、粉状精料和预混料混合成细碎而湿度不大的全价饲料喂牛。

稀饲料喂饲机械设备可用于采用青饲料的稀混合料,也可以用于由配合饲料加水形成的稀饲料。用温热的稀饲料喂猪能提高饲料转化率,稀饲料输送性能好,设备较简单。

二、干饲料喂饲机械设备

干饲料喂饲系统包括贮料塔、输料机、喂料机。

①贮料塔 用来贮存饲料,便于实现机械化喂饲。它常设置在畜禽舍外的侧端部。料塔多为镀锌钢板制,塔身断面呈圆形或方形。图10-7为国产9TZ-4型贮料塔及与其配套的输料机。贮料塔的圆柱形塔身分为3节。塔身由1.5 mm厚镀锌钢板冲压组合而成。上部的塔盖由拉手开闭,梯子供观察检修用。塔身下部有小料斗,上有插板作排除故障时隔离饲料之用。输料机尾部装在小料斗内。小料斗内还装有破拱装置,它是由电动机和齿轮箱驱动的与塔底锥面平行的拨杆组成,拨杆除自身转动外,还沿锥壁公转,可以有效地消除结拱。

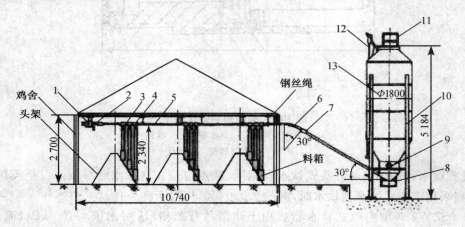

图10-7 贮料塔与输料机及其与鸡舍、笼架配合关系图
输料机:1.电动机 2.机头 3.塑料管 4.下料管接头 5.送料管 6.弯头 7.接头 8.机尾
贮料塔:9.破拱装置 10.塔架 11.梯子 12.拉手 13.塔身

②输料机 用来将饲料从贮料塔运入畜禽舍。

③喂饲机 用来将饲料送入畜禽饲槽。干饲料喂饲机可分固定式干饲料喂饲机和移动式干饲料喂饲机两类。

1. 固定式干饲料喂饲机

固定式干饲料喂饲机按照输送饲料的工作部件可分弹簧螺旋式、链板式和索盘式3种,按照输送饲料的方式又可分在配料管内输送饲料和直接在饲槽内输送饲料两种。在配料管内输送饲料的弹簧螺旋式、链板式和索盘式喂料机可用于猪、鸡、牛等各种畜禽的喂饲,而在饲槽内输送饲料的喂饲机一般只有链板式和索盘式两种,并且只用于蛋用和肉用鸡的喂饲。固定式干饲料喂饲机由输料部件、驱动装置、料箱和转角轮等构成。

输料部件是固定式干饲料喂饲机的主要工作部件,它有弹簧螺旋、链板和索盘等 3 种型式,如图 10-8 所示。

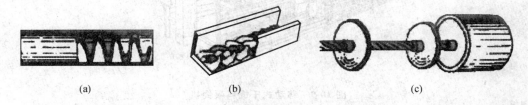

图 10-8　固定式喂饲机的输料部件

(a)弹簧螺旋　(b)链板　(c)索盘

(1)弹簧螺旋　如图 10-8(a)所示,主要应用于鸡的平养,也可用于猪和奶牛的饲养。一般常和配料管配合使用。配料管由 1.5 mm 厚的薄钢板卷成,配料管上有相隔一定间距的开口,当螺旋转动时,将饲料向前推送,通过配料管上开口经落料管或直接落入饲槽,当饲槽装满后饲料被继续往前推送装入第二个开口和饲槽,直至装满所有饲槽为止。弹簧螺旋可用于喂料机也可用于输料机。配料管内径常见者为 55～90 mm,一般输料机取较大的配料管,喂料机配料管较小。弹簧螺旋由含锰弹簧钢条卷成,螺旋外径约比配料管内径小 12 mm 左右,钢条断面为矩形(8 mm×3 mm),也可为圆形断面,即采用直径为 8 mm 的弹簧钢条。

(2)链板　如图 10-8(b)所示,常用于平养或笼养鸡的喂饲。常和饲槽配合使用。链板通过料箱并在饲槽底上移动,将料箱内的饲料向前输送,链板做环状运动一周后又回入料箱。在链板移动或停止时,鸡可以啄食在链板上方的饲料。

链板由高强度钢板冲压而成,各链板互相勾连,线速度为 3.6～12 m/min,链板节距有 42 mm 和 50 mm 两种,一台喂饲机可装 1～3 条环形链,每链输料量为 120～480 kg/h,所需功率为 0.4～0.75 kW,每条喂饲线的最大工作长度达 300 m。

(3)索盘　如图 10-8(c)所示,索盘可用于喂饲各种畜禽。索盘常和配料管配合使用,并经常是用同一组设备同时完成输料和喂料的工作。当用于喂鸡时,索盘也可和饲槽配合使用。索盘是由直径为 5～7 mm 的钢丝绳和等距离压注在绳上的圆形塑料盘组成。圆盘直径为 35～50 mm,间距为 50～100 mm,线速度为 12～30 m/min。工作时索盘在配料管或饲槽内移动,生产率为 300～700 kg/h,所需功率为 0.75～1.8 kW,最大输送距离可达 500 m。

2. 移动式干饲料喂饲机

移动式干饲料喂饲机是一个钢索牵引的小车,工作时喂饲机移到输料机的出料口下方,由输料机将饲料从贮料塔送入小车的料箱,当小车定期沿鸡笼或猪栏前移动时将饲料分配入饲槽进行喂饲。其常用于鸡舍和猪舍。

图 10-9 为多料箱移动式干饲料喂饲机。鸡笼顶部装有型钢制的轨道,其上有四轮小车,小车车架两边装有与鸡笼层数相同的料箱,跨在笼组的两侧,各料箱上下相通。鸡舍外贮料塔内的饲料由输料机输入鸡舍一端高处,经落料管落入各列鸡笼组上的喂料机料箱。

喂饲时,钢索牵引小车沿笼组以 8～10 m/min 的速度移动,饲料通过料箱出料口自流入饲槽。料箱出料口上套有喂料调节器,它能上下移动,改变出料口底距饲槽底的间隙,以调节配料量。饲槽由镀锌铁皮制成,有时在饲槽底部加一条弹簧圈,以防鸡采食时挑食或将饲料扒出。

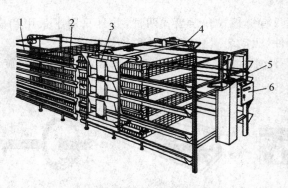

图 10-9　移动式干饲料喂饲机

1.饮水槽　2.饲槽　3.料箱　4.牵引架　5.驱动装置　6.控制箱

　　移动式喂饲机的优点是结构简单,不需转动部件或只需简单的转动部件;缺点是要求饲槽和笼顶轨道保证水平,对安装要求高,对饲料流动性要求较高。

3. 干饲料喂饲系统

　　上面阐述了干饲料喂饲设备中的各个组成部分,可以看出,对于不同畜禽,除了饲槽有较大区别外,其他部分大都有一定的通用性。对于各类畜禽,应综合考虑具体条件,合理选择各项设备,以形成一个合适的干饲料喂饲系统。下为几个常见的干饲料喂饲系统。

　　图 10-10 为采用弹簧螺旋喂饲机的平养鸡舍干饲料喂饲系统。饲料由舍外的贮料塔被弹簧螺旋式输料机送入舍内的各个弹簧螺旋式喂饲机的料箱内,由料箱被喂饲机的工作部件弹簧螺旋沿配料管输送,并依次向套接在配料管出料口下方的盘筒式饲槽装料,在最后一个带料位器的盘筒式饲槽装满时,料位开关应饲料压力而被断开,使喂料机停止工作。当饲槽中的饲料被鸡群采食后,料位降低,装在最后一个盘筒式饲槽内的料位开关接通,喂料机再次向各饲槽充填饲料。

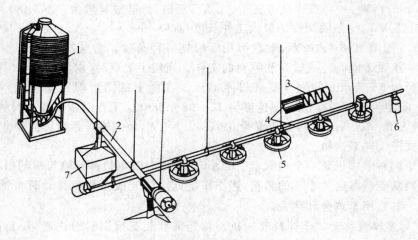

图 10-10　弹簧螺旋式喂料系统

1.贮料塔　2.输料机　3.弹簧螺旋　4.输料管　5.盘筒形饲槽　6.控制安全开关的接料筒　7.料箱

　　图 10-11 为采用索盘式输料喂饲机的猪舍干饲料喂饲系统。索盘式输料喂饲机的工作部件索盘将贮料塔下部料斗内的饲料沿管输出,进入位于猪舍上方的环状配料管,通过落料管依次落入各自动饲槽,如图 10-12 所示,至最后一个饲槽装满后由料位开关控制而停止工作。

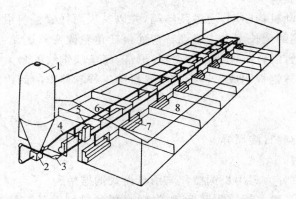

图 10-11 索盘式猪用不限量干料喂料系统

1.贮料塔 2.料箱 3.转角轮 4.管路 5.驱动装置 6.落料管 7.自动饲槽 8.群饲猪栏

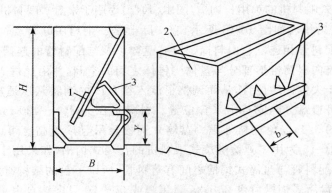

图 10-12 自动饲槽

1.可调节活门 2.饲槽箱体 3.采食间隔

图 10-13 为链板式喂饲机,它适于平养和笼养鸡饲喂。其特点是输料机构的运动部件在

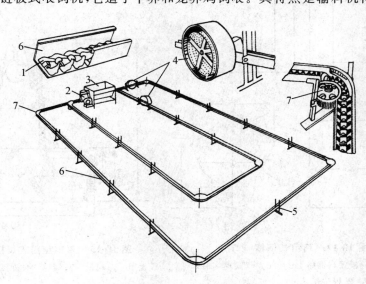

图 10-13 链板式喂饲机

1.链片 2.驱动装置 3.料箱 4.清洁筛 5.饲槽支架 6.饲槽 7.转角轮

饲槽内,通过链片由驱动机构驱动,通过装料箱,并以其表面托着饲料沿饲槽平面作环形运动,使饲料均匀分配在饲槽的全长度上。遇到转弯处由转角轮改变其运动方向。链片运动线速度为 3.6~12 m/min,一台喂料机可装 1~3 条环形链,每条喂饲线的最大工作长度可达 300 m。饲槽为长饲槽,常由镀锌钢板制成。链板式喂料机的工作和停歇时间由定时器控制。

三、饲槽

饲槽随畜禽的种类和日龄而异。

1.鸡用干饲料饲槽

鸡用干饲料饲槽可分为鸡用长饲槽和鸡用盘筒式饲槽两种。

(1)鸡用长饲槽 一般由镀锌薄钢板制成,喂料机的输料部件在饲槽内输料时,饲槽形状尺寸除要考虑鸡的饲养要求外,还应考虑输料部件的形状和尺寸。图 10-14(a)、图 10-14(b)、图 10-14(c)为用于链板式喂料机的鸡用长饲槽,图 10-14(d)为用于索盘式喂料机的鸡用长饲槽。

(2)鸡用盘筒式饲槽 如图 10-15 所示,它实际上是一个鸡用的自动饲槽,常直接或通过落料管与喂料机的配料管相连。它由料筒、外圈、盘体以及与配料管的连接上盖组成。饲料通过配料管道的开口流向料筒锥形部分与盘体尖锥体之间的空间,并由此进入盘体,用手转动外圈可改变料筒相对于尖锥体的位置,从而调整了流入料盘内的饲料量以适应不同日龄鸡群的要求。料盘的栅架将料盘分隔成若干采食位置。料盘直径为 350~420 mm,深度可调,使盘内料厚不超过盘深的 3/4,以免饲料外溅。盘筒式饲槽悬吊且离地高度可以调节。以适应鸡的日龄的增长。图 10-15 为用于弹簧螺旋式喂料机的盘筒式饲槽,如果用于索盘式喂料机时,配料管常设在高处,配料管与盘筒式饲槽之间有落料管,所以上盖的结构有所区别。饲槽直径为 380 mm 时,每一盘筒式饲槽可供 25~35 只蛋鸡或 50~70 只肉鸡自由采食。

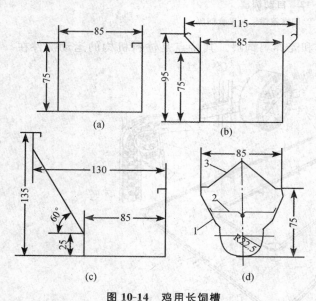

图 10-14 鸡用长饲槽

(a)、(b)、(c)用于链板式鸡饲槽 (d)用于索盘式鸡饲槽

1.饲槽 2.限位钢丝 3.防栖架

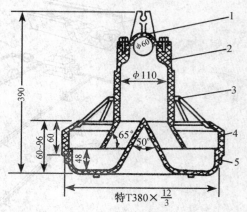

图 10-15 鸡用盘筒式饲槽

1.上盖 2.料筒 3.栅架 4.外圆 5.盘体

2. 猪用饲槽

猪用饲槽分为猪用普通饲槽和猪用自动饲槽两种。在干饲料喂饲系统中,普通饲槽和喂料机的配料管之间常设有计量箱,而自动饲槽则常通过落料管直接和喂料机配料管相连。

(1)猪用普通饲槽　用于限量喂饲,常和计量箱配合使用。猪用饲槽形状与结构合理可便于猪的采食和防止饲料损失。图10-16(a)为繁殖母猪用饲槽。图10-16(b)为两面用的育肥猪饲槽。

(2)猪用自动饲槽　工厂化猪场为了提高日增重,缩短饲养周期,从仔猪哺乳期(补料)直至断奶后的保育、生长、育成都采用全天自由采食喂养方法。为此,在分娩仔猪栏、保育栏、生长栏和育成栏都设置自动食箱。

常用的自动饲槽有长方形和圆形两种。每一种又根据猪只大小做成几种规格。其中长方形食箱还可以做成双面兼用,如图10-17所示。在两栏中间放一个双面食箱,节约投资、节约占地面积,管理也较方便。自动食箱内的拨料板,除拨动饲料下落外,还有破拱作用,这对气候湿热的地方是很必要的。调节板要调整适当,以保证饲料流落适量,不容易被猪扒出,造成浪费。长方形自动食箱常用镀锌钢板或冷轧钢板成型表面喷塑制造,也可用半金属半钢筋水泥制造,即底槽、侧板用钢筋水泥,其他调节活动件用金属结构。

3. 牛用饲槽

在拴养牛舍内安置的干饲料喂饲系统,其饲槽设在牛床前并属于牛舍建筑的一部分,在饲槽与上方的计量箱之间常设落料管。

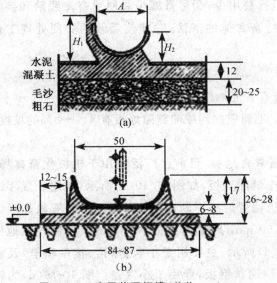

图 10-16　猪用普通饲槽(单位:cm)

(a)单边采食槽　(b)双边采食槽

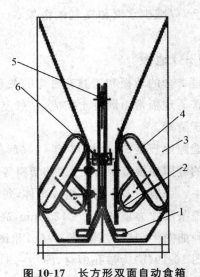

图 10-17　长方形双面自动食箱

1.拨料板　2.调节板　3.料箱　4.间隔环

5.限位轴　6.拨料板支轴

在挤奶间内安置的干饲料喂饲系统,其饲槽离挤奶台面约700 mm,饲槽内壁形状与图

10-18 所示的饲槽内壁类似,饲槽深 220 mm 左右。对于拴养牛舍内附属于牛舍的饲槽,每头奶牛所占饲槽长度与牛体宽度(1 200~1 400 mm)相等。在其他场合下,每头奶牛所占饲槽长度为 650~750 mm。从 3 月龄到 2 岁的育成牛所占长度为 300~650 mm。

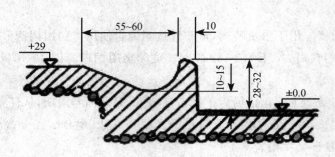

图 10-18　饲槽内壁形状(单位:cm)

第三节　设施养殖粪便收集与处理设备

许多工业企业都存在废水、废物处理问题,作为设施农业企业的畜禽饲养场,也有类似问题,即需要清除和处理大量的畜禽粪尿。

一、畜禽粪便清除和收集设备

畜禽粪便清除是将畜禽粪便从排粪处移向收集点(沟、坑等)的过程。对畜禽粪便清除方法和设备的要求为:①劳动消耗少;②投资和运行费用少;③尽量减少粪便受畜禽践踏和接触的机会,以减少水汽和臭气的散发;④尽量保持畜禽体的清洁;⑤能使后续的粪便处理工作简化。

(一)地板

畜禽舍的地板和清粪有密切的关系。地板有普通地板和缝隙地板两种。

普通地板常由混凝土砌成,一般厚 10 cm。地面应向沟或向缝隙地板有 4%~8%的坡度,以便于清理。

缝隙地板是 20 世纪 60 年代兴起的一种畜禽舍地板,目前已广泛利用于机械化畜禽场。常见的缝隙地板有混凝土、钢和塑料等。混凝土缝隙地板,如图 10-19(a)所示,常用于成年的猪和牛。一般由若干栅条组成整体,每根栅条为倒置的梯形断面。内部的上下各有根加强钢筋。栅条尺寸为顶宽 100~125 mm,高 100~150 mm,底宽比顶宽小 25 mm。钢制缝隙地板有三种如图 10-19(b)、图 10-19(c)和图 10-19(d)所示,主要用于小家畜(猪、犊牛和羊)及家禽。图 10-19(b)为带孔型材,图 10-19(c)为特制网状钢板,皆用于小家畜。图 10-19(d)为镀锌钢丝的编织网,用于仔猪和家禽。塑料缝隙地板常制成如图 10-19(b)所示的形状,常用于产仔母猪舍和仔猪舍,它体轻价廉,但易引起牲畜的滑跌。

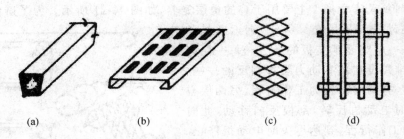

图 10-19 缝隙地板

(a)混凝土制 (b)、(c)、(d) 钢制

(二)输送器式清粪设备

常见的输送器式清粪设备有刮板式、螺旋式和输送带式。其中刮板式清粪设备是最早出现的一种,且类型也最多。

1. 拖拉机悬挂式刮板清粪机

该机属于移动式刮板清粪机,一般用于明沟内清粪,如为暗沟,则缝隙地板或笼架必须制成悬臂式。这种类型的清粪机优点是结构简单,机动灵活,可以用于室内、室外清粪,故障少,易形成固态粪有利于进一步处理;缺点是不易自动化,舍内易受发动机排气的污染,所以它一般用于敞开式猪舍和大门经常打开的隔栏散养奶牛舍。

2. 往复刮板式清粪机

该机属于固定式刮板清粪机。

(1)双翼刮板式清粪机 主要用于隔栏散养牛舍的通道(浅宽粪沟)清粪,如图 10-20 所示。它是一个用钢索牵引的形成双翼的刮板,每一个翼板的一端销连在座上,驱动装置通过钢索将刮板在通道内作往复牵引,两翼板能绕销连轴转动。在推粪行程中,两翼张开,直至其边缘碰及通道的边界台阶。粪便被刮粪板向前推进到横向粪沟,这时接触返回开关,驱动装置的电动机反转,刮粪板返回,两翼板收拢,不进行刮粪,而此时另一纵向通道中的刮粪板为刮粪行程。刮粪板高 200 mm,移动速度 0.04 m/s。

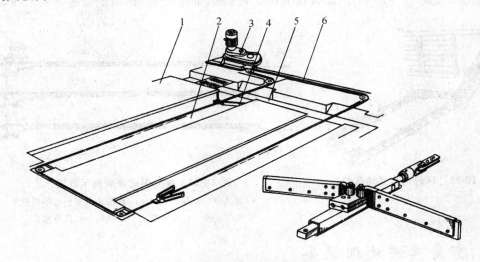

图 10-20 双翼刮板式清粪机

1.隔栏牛床 2.通道(浅宽粪沟) 3.驱动装置 4.双翼刮粪板 5.横向粪便沟 6.钢索

（2）多层刮板式清粪机　主要用于鸡的叠层笼养，如图 10-21 所示。为了避免钢索打滑，主动卷筒和被动卷筒采用交叉缠绕，钢索通过各绳轮并经过每一层鸡笼承粪板的上方。每一层有一刮板，一般排粪设在装有动力装置相反的一端。开动电动机时，有两层刮板为工作行程，另两层空行，到达尽头时电动机反转，刮板反向移动，此时另两层刮板为工作行程，到达尽头时电动机停止。刮板的工作原理与导架式类似，只是结构更简单，刮板高度和宽度也较小。各层鸡笼下的承粪板可采用镀锌钢板、水泥板、压力石棉水泥板、电木板等。

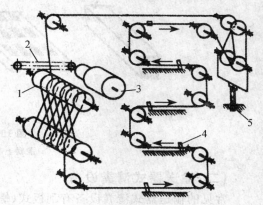

图 10-21　多层刮板式清粪装置
1.卷筒　2.链传动　3.减速电机
4.刮板　5.张紧装置

3. 环行链板式清粪机

该机用于双列牛床的拴养牛舍，如图 10-22 所示。两列牛床的粪沟连成环形。沟宽约 320 mm，环行链板在环形沟内以 0.17～0.22 m/s 的速度移动而输送粪便。各刮板固定在链节上，刮板数多，间距小。环行链板清粪机的后半部形成倾斜，可将粪便送出装入车内。这种类型的清粪机只适于干物质含量较多的粪便。

4. 输送带式清粪机

主要用于叠层式笼养鸡舍，输送带就安装在叠层式笼架的每层鸡笼下面，同时完成承粪和清粪工作。图 10-23 表示了国产 94LDD-372A 三层叠层式蛋鸡笼架所采用的输送带式清粪机，它由减速电机、链传动装置、主被动辊、输送带、刮粪板、张紧轮、调节丝杆等组成。三层输送带都由同一减速机通过链子传动。可定期开动电动机。输送带将所承之鸡粪向图中的右面输出排入横向清粪机。刮粪板装在输送带的排粪处，可促使粪和带分离，防止带子粘粪。输送带由低压聚乙烯塑料制成，延伸率小，表面光滑，且容易在带的连接处粘接。输送带宽 0.64 m，工作长度 60～70 m，清粪带调节长度 0.6 m，带速 0.17 m/s，配套动力 0.75 kW。

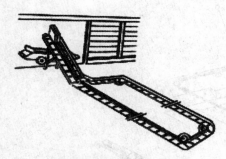

图 10-22　环行链板式清粪机

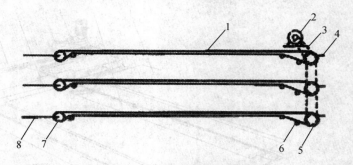

图 10-23　输送带式清粪机示意图
1.输送带　2.减速电机　3.链传动装置　4.刮粪板
5.主动辊　6.张紧轮　7.被动辊　8.调节丝杠

二、畜禽粪便处理设备

为更有效地利用畜禽粪便并避免其对环境的污染，需要对畜禽粪便进行处理。按照被处理的畜禽粪便的形态又可分液态处理和固态处理等。液态处理的优点是劳动消耗少,有些设施如厌氧生物塘等耗能也少,缺点是耗水量大,占地面积大,液粪容量大输送困难。固态处理的优点是节约水,工艺流程短,设施紧凑,占地面积小,缺点是劳动消耗量相对较大。现仅介绍畜禽粪便的液态处理。

现代化畜禽饲养场中,一般每日都会形成大量的液态粪。液态粪常用的处理设备有固液分离设备、生物塘、氧化沟和沼气池等。

(一)固液分离设备

固液分离利用两种原理:一是利用比重不同进行分离,如沉淀和离心分离;二是利用颗粒尺寸进行分离,如各种筛式分离设备。

图 10-24 为离心分离机的示意图。在外罩内设外转筒和内转筒。内转筒上有孔,转筒内设喂入管,被分离的液粪可从喂入管喂入并通过内转筒的孔进入外转筒。内转筒外有螺旋叶片和外转筒内壁相配合。内转筒和外转筒沿同一方向转动,但内转筒转速比外转筒转速低 $1.5\%\sim2\%$。液粪进入外转筒后,在离心力作用下被甩向外转筒内壁。固体颗粒密度较大而沉积在外转筒内壁,并被螺旋推向图中右端的锥形端排出,而液体部分则被进入的液粪挤向图中的左端排出。液粪的通过量愈小,固态部分的含水率也愈小,也即脱水效果愈好。离心

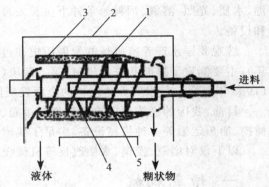

图 10-24 离心分离机
1.转筒 2.外罩 3.液面 4.内转筒 5.螺旋叶片

分离机的离心加速度 $\omega^2 r$ 和重力加速度 g^2 之比称为分离因素,一般分离因素为 $3\,000\sim4\,000$。

(二)生物处理塘

生物处理塘又称生物塘,是一种利用天然或人工整修的池塘进行液态粪生物处理的构筑物。在塘中,液态粪的有机污染物质通过较长时间的逗留,被塘内生长的微生物氧化分解和稳定化,故生物塘又称氧化塘或稳定塘。

(三)氧化沟

氧化沟主要用于猪舍,往往直接设在猪舍的地面下。如图 10-25 所示,液粪先通过条状筛,以防大杂物进入,然后进入氧化沟。氧化沟是一个长的环形沟,沟内装有绕水平轴旋转的滚筒,滚筒浸入液面 $7\sim10$ cm,滚筒旋转时叶板不断打击液面,使空气充入粪液内。由于滚筒的拨动,液态粪以 0.3 m/s 的速度沿环形沟流动,使固体悬浮,加速了好氧型细菌

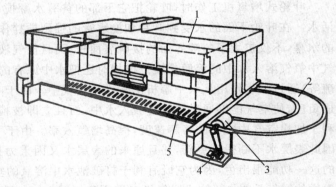

图 10-25 建在畜舍内的氧化沟
1.猪舍 2.氧化沟 3.滚筒 4.电机 5.缝隙地板

的分解作用。氧化沟处理后的液态物排入沉淀池,沉淀池的上层清液可排出,或在必要时经氯化消毒后排出。沉淀的污泥由泵打入干燥场,或部分泵回氧化沟,以有助于氧化沟内有机物的分解。一般情况下,氧化沟内的污泥每年清除 2～4 次。氧化沟处理后的混合液体也可放入贮粪池,以便在合适的时间洒入农田。

第四节　设施水产养殖设备

目前,水产养殖生产方式主要有池塘养殖和集约化的工业化养殖。前一种是一种粗养方式;后一种是一种新兴的养殖生产方式,它是人工控制鱼类生活环境,使之能常年在适宜的水温、水质、光照、溶氧、饲料等条件下生长发育的先进方法。但无论何种生产方式都离不开机械和设备。

综观我国水产养殖机械的发展历史和过程,大体可分为三个阶段。第一阶段(1965—1973年),主要侧重于排灌和挖塘机械;第二阶段(1974—1979 年),主要侧重于增氧机械;第三阶段(1980 年至今),是水产养殖机械的全面发展阶段。

目前,我国的设施水产养殖已拥有排灌、增氧、饲料加工、投饲、清塘、水质净化、鱼苗孵化、捕捞、活鱼运输等多种机械设备,满足了我国水产养殖的需要。

以下仅对增氧、投饲、水质改良等机械设备进行简介。

一、增氧机械

氧是鱼类生存和生长发育的必备条件之一,鱼对水中氧的需求量与自然温度、单位面积饲养密度等因素有关。增氧方法主要有机械式、生物式和化学式,其中以机械式应用最多。机械式增氧机可分为表面增氧式和水下池底式两大类,表面增氧机包括叶轮式、水车式、喷淋式、水流式等,水下池底增氧机包括充气式、射流式等,其中应用较为广泛的是叶轮式、水车式、充气式和射流式。我国生产和使用的多为叶轮式增氧机,这是因为叶轮式增氧机具有搅水、增氧、混合、曝气等多种功能,更适合调控静水鱼塘水质的要求,增氧效率也比较高。

叶轮式增氧机主要由电动机、减速器、支撑架、叶轮、浮筒 5 个部分组成。叶轮式增氧机具有搅水、增氧、混合、曝气等功能,这些功能均是在机器运转过程中同时完成的。

叶轮式增氧机工作时,叶轮把它下部的贫氧水翻搅起来,再向四周推送出去,使死水变成活水。在叶轮下面的水受到叶片和搅水管的强烈搅拌作用,在水面激起浪花,形成能裹入空气的水幕,不仅扩大了气液界面的接触表面积,而且使气液间的水膜变薄,并不断更新,加快了空气中氧气溶入水中的溶解速度。搅拌时还把水中原有的有害气体(如硫化氢、氨、甲烷、二氧化硫等)通过曝气作用从水中解析出来排入空气中。由于叶轮在旋转过程中,在搅水管的后部形成负压,使空气能够通过搅水管吸入水中,而且立即被搅成微气泡进入叶轮压力区,所以也有利于加快空气中氧气的溶解速度,提高增氧效率。由于下层水不断地被提升并与表层水混合,因此表层水不断得到更新,并且原来的表层水又因重力作用不断向下层补充。叶轮式增氧机的这一功能很出色,因为它既有利于打破池水中溶氧的垂直均匀性,又可以充分发挥池塘水生生物的增氧效果。叶轮式增氧机工作原理如图 10-26 所示。

如图 10-27 所示,我国自行研制的 YZ-1.1 型涌水式增氧机,由电动机、叶轮、圆形浮筒、喷水锥、防雨帽等组成。该机的电动机与叶轮直连,并只采用一个圆形浮筒(其他的增氧机多采用2～3个浮筒)。工作时,电动机带动叶轮旋转,水通过底部进口经叶轮带动向喷水锥四周涌出,形成水跃和液面更新,同时也搅动水体,进而使水溶氧量增加。

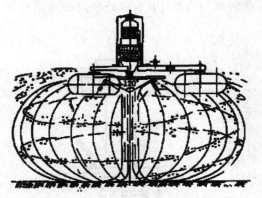

图10-26　叶轮式增氧机工作原理图

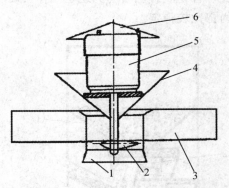

图10-27　YZ-1.1型涌水式增氧机示意图
1.底部进水口　2.叶轮　3.浮筒　4.喷水锥
5.电动机　6.防雨帽

二、投饲机

投饲机具有投饲距离远、覆盖面大、抛撒较均匀等特点,对于水产养殖业的科学管理、减轻劳动强度、有效利用饲料、减轻水质污染等具有积极意义。渔业用投饲机从应用范围可分为池塘养殖投饲机、网箱投饲机、工厂化养殖投饲机、大水面投饲机等。

目前国内使用较多的是电动离心投饲机,主要用于抛投颗粒饲料,是由容料、分料、抛投、定时控制等部分组成。根据下料装置可分为:螺旋式、振动式、搅龙式、翻板式、电磁式等。目前在网箱投饵中有采用气力输送方式。

我国研制的TS-75型投饲机如图10-28所示。该机主要由料箱、分料器(电磁振动给料器)、抛料圆盘和控制器等组成。工作时,电磁振动给料器将料箱中的颗粒饲料均匀地供给抛料圆盘,由抛料圆盘(250～300 mm)将饲料抛出。

三、水质改良机

我国研制的DSG-1型水质改良机如图10-29所示。该机结构紧凑,可进行翻喷泥塘、喷水增氧、喷施泥肥和抽水排灌等作业。

DSG-1型水质改良机能在池塘底部工作,以能抽吸淤泥和底层低温贫氧水,并喷至空中,然后落入上层富氧水中,将上层富氧水转移到下层。吸泥道和吸水道分设,这样通过绳索拖运机器时就能喷塘泥,而不移动机器时就喷水增氧。喷头间隙靠增加或减少垫片来调节,以改变喷泥或喷水的雾化程度。船形吸头底部设有过滤网,以防止杂草和螺蚬等杂物堵塞泵叶轮和喷水。输流管采用100 mm涤锦管,外套塑料弹簧软管。靠输流管在水中自然弯曲,以适应池塘的深浅。

该机另配有一条长20 m、Φ50 mm涤锦管,一头装有快速接头,另一头装有喷管。机器抽吸的塘泥通过它输送到塘埠或地坡上,进行喷施泥肥。由于采用快速接头,所以装卸十分方便。

晴天中午翻喷塘泥（最主要功能）的作用有三：一是充分利用浮游植物所产生的氧来偿还"氧债"，减少塘泥夜间大量耗氧；二是发挥塘泥的肥水作用，扩大造氧源；三是通过曝气和氧化减少有害物质。翻喷塘泥还是一种长效改良水质的理想方法，用本机处理过的水质在一定时间内都比较稳定。

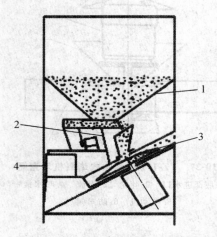

图 10-28　TS-75 型投饲机示意图

1.料箱　2.电磁振动给料器　3.抛料圆盘　4.控制器

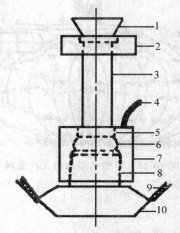

图 10-29　水质改良机示意图

1.喷头　2.喷头浮子　3.输流管　4.电缆　5.快速接头
6.潜水泵　7.环形浮筒　8.导流桶　9.牵引绳　10.船形吸头

晴天中午抽吸底层水进行喷水增氧，既能使水体溶氧量增加，并将上层过饱和氧转移到下层，也不会造成将饱和氧遭散到空气中去。该机又可用于抽水排灌工作，为养鱼场提供了更多便利。

第五节　养殖设施环境控制设备简介

和植物栽培相比，除畜禽舍环境控制系统的通风设备有其相应的特点外，其余如环境因子的检测设备、供热设备和降温设备等基本相仿，此就不再赘述了。

通风是控制畜禽舍环境的主要手段，除了严寒和酷暑气候以外，利用室内外空气的交换就可保证一定的舍内温度和相对湿度，同时又能保证要求的空气质量。

一、通风系统的类型

畜禽舍的通风系统可分自然通风和机械通风两类。

1.自然通风系统

自然通风系统常用于前开式或半封闭式畜禽舍。它不需要机械设备，主要靠内外的温度差和风力来进行室内外空气的交换。

2.机械通风系统

机械通风系统常用于封闭式保温舍。它有正压式、负压式、联合式和全气候式 4 种。

（1）正压式通风系统　风机将新鲜空气通过舍内上方管道上的两排均布孔送入畜禽舍，使舍内形成一定压力，舍内污浊空气即在此压力下通过排气口排出。如有缝隙地板，此排气口一般都在地板以下的侧面。

（2）负压式通风系统　排气风机将空气抽出舍外，舍内形成负压，舍外空气常由屋檐下长条形缝隙式进气口进入舍内。负压式通风系统没有正压式通风系统的缺点，且设备简单可靠，进气分布良好，因此应用较广。

（3）联合式通风系统　是同时用风机进行进气和排气。如图 10-30（a）所示，管道进气式联合通风系统包括进气百叶窗、进气风机、管道和排气风机等。空气由进气风机通过管道进入室内，由管道上的许多小孔分布于畜禽舍，污浊空气由排风机排出。如图 10-30（b）所示，天花板进气的联合式通风系统由山墙上的进气风机将空气压入天棚上方，然后由均布于天花板上的进气孔进入舍内，污浊空气由排气风机抽走。进气可以进行预先加热或降温。

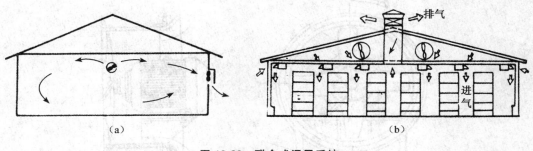

图 10-30　联合式通风系统

（a）管道进气　　（b）天花板进气

（4）全气候式通风系统　如图 10-31 所示，是由联合式系统和负压式系统组合而成，通过有机的结合，能适合不同季节的需要。它由百叶窗式进气口、管道风机、管道、排风机组成，并和供热降温设备相配合。整个系统调节至某一设定温度。

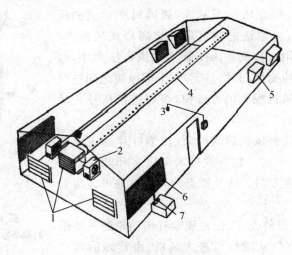

图 10-31　全气候通风系统

1.百叶窗　2.加热器　3.温度传感器　4.管道　5.排风机　6.蒸发垫　7.水泵

二、通风系统的设备

机械通风系统的设备主要包括进风管道和通风机。

1. 进气管

进气管用于正压式或联合式通风系统。它是沿畜舍长度方向悬挂的管子,管子上沿长度分布圆孔,管末端封闭,新鲜空气由通风机压入管内,再由圆孔均匀分配到整个畜舍。

2. 通风机

通风机是机械通风系统中的主要设备。畜禽舍通风主要用轴流式风机,有时也用离心式风机。

（1）**轴流式风机** 这种风机所吸入的空气和送出的空气的流向和风机叶片轴的方向平行。它由外壳及叶片组成,如图 10-32 所示,叶片直接装在电动机的转动轴上。

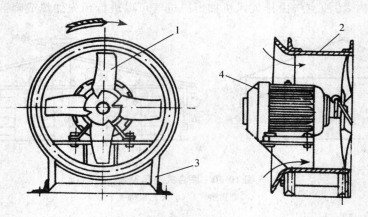

图 10-32　轴流式风机
1. 叶片　2. 外壳　3. 机座　4. 电动机

轴流式风机的特点是叶片旋转方向可以逆转,旋转方向改变,气流方向随之改变,而通风量不减少;通风时所形成的压力,一般比离心风机低,但输送的空气量却比离心式风机大。故既可用于送风,也可用于排气。由于轴流式风机压力小,噪声较低,除可获得较大的流量,节能显著外,全部风机之间进气气流分布也较均匀,与风机配套的百叶窗,可以进行机械传动开闭。

（2）**离心式风机** 这种风机运转时,气流靠叶片的工作轮运转时所形成的离心力驱动。故空气进入风机时和叶片轴平行,离开风机时变成垂直方向。这个特点使其自然地可适应管道 90°的转弯。

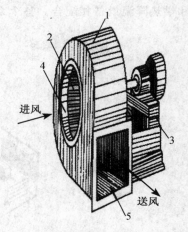

图 10-33　离心式风机
1. 蜗牛型外壳　2. 工作轮　3. 机座
4. 进风口　5. 出风口

离心式风机由蜗牛形外壳、工作轮和带有传动轮的机座组成,如图 10-33 所示。空气从进气口进入风机,由旋转的带叶片的工作轮所形成的离心力作用,流经工作轮而被送入外壳,然后再沿着外壳经出风口送入通风管中。离心式风机不具逆转性、压力较强,在畜禽舍通风换气系统中,主要在集中输送热风和冷风时使用。

第六节　废弃物的资源化利用

作为设施农业畜禽饲养场,需要清除和处理的大量畜禽粪尿,是可进行资源化利用的。其资源化或转化的主要设备简介如下。

一、畜禽粪便的高温干燥设备

畜禽粪便的高温干燥设备主要用来干燥鸡粪。高温干燥属于快速干燥,整个干燥时间约1 h,可使鸡粪含水率达到10%～14%。鸡粪快速干燥能保持大部分蛋白质和其他营养物质,产品可用作优质肥料。高温干燥设备大多采用滚筒式,当所用燃料燃烧后产生的热烟气温度为700～800℃,使热烟气进入滚筒和喂入滚筒内的湿鸡粪接触,形成干燥的第一阶段,温度500～600℃,使鸡粪表面水分迅速蒸发;由于设置成一定倾斜度滚筒的低速旋转,使滚筒内鸡粪被不断翻动和向前移动,形成第二阶段和第三阶段的干燥,其温度分别为250～300℃和150～200℃;最后出口端的温度为80～90℃。从滚筒排出的鸡粪由气流输送收集后装袋,此时温度已冷却到20～24℃,由此形成优质干鸡粪。

二、颗粒肥生产设备

现代化畜禽饲养场畜禽舍清粪后形成的粪便经过晾晒、翻晒形成干粪后,经过粉碎、混合、制粒加工而制成颗粒肥。其一般加工工艺为:太阳能发酵车间内槽式发酵(发酵槽—翻堆机翻堆—打碎并推送)—粉碎—搅拌—造粒—打包。

发酵槽的规格长度一般为80～100 m,宽度5 m,高度0.7～0.8 m。发酵槽两边用砖砌成,水泥抹面,其上安装钢轨,翻堆机在钢轨上行走。翻堆机上装有带翻铲的旋转滚筒,翻堆机前进时,翻铲旋转将机器行走时前面的肥料不断地翻到后面,以达到翻拌打碎的目的。翻堆机每一工作行程将粪便向出口端推送0.3～0.4 m,每天多次往复。

从出口送出的干粪,经粉碎后通过混合机与其他添加物料搅拌混合,然后送入制粒机进行造粒,最后进行打包。

三、沼气发生设备

利用粪便产生沼气是采用受控的厌氧细菌分解,将有机物(碳水化合物、蛋白质和脂肪)转化为简单有机酸和酒精,然后再将简单有机酸转化为沼气和 CO_2 的技术。

图10-34表示了生产沼气的设备组合。发酵罐是一个密闭的容器,为砖或钢筋混凝土结构。有粪液输入和输出管道,罐外设有热交换器对粪液进行加热以提高发酵效率。罐中有搅拌器,进行搅拌以使粪液温度均匀,有利于有机物的分解。产生的沼气引入贮气罐。贮气罐有上下浮动的顶盖,以保持沼气有一定压力。经过发酵处理后的粪便引出后可作为优质肥料。

影响沼气发生的因素有温度、pH值、碳氮比、粪液固体含量、加载率和停留时间等。

1. 温度

温度是影响有机废物发酵的重要因素。温度愈高发酵时间愈短,温度为20℃时发酵需80～100 d,温度为30℃时发酵需33～50 d,温度50℃时发酵需20 d。

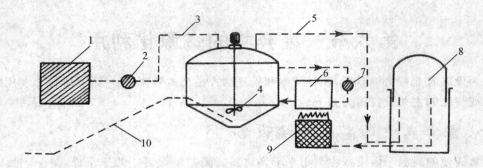

图 10-34 沼气发生设备
1.贮粪池 2.粪尿 3.粪便输入管 4.搅拌器 5.沼气导出管
6.热交换器 7.外加热粪尿 8.贮气罐 9.加热器 10.腐熟粪便排出管

2. pH 值

沼气发生时合适的 pH 值为 6.6～7.6，pH 值低于 6 或高于 8 时产生沼气的细菌将受到抑制。

3. 碳氮比

根据国内外研究资料，沼气发酵要求的碳氮比并不严格，一般（15～30）∶1 即可正常发酵。鲜人粪的碳氮比为 2.9∶1，以此为原料的沼气池必须投加杂草、茎秆等，以提高碳氮比。鲜猪粪和鲜牛粪碳氮比分别为 13∶1 和 29∶1。

4. 粪液固体含量

粪液固体含量即粪液的干物质浓度。有人以稻草加猪粪为原料进行试验，在 27～30℃ 的条件下，干物质浓度从 5%～15%，随着浓度的增加，总产气量也显著增加，浓度再增加，总产气量增加不显著，甚至减少。

在粪便中，高浓度的游离氨会抑制产生沼气的细菌，要求粪液中氨型氮含量不超过 3 000 mg/L，为满足这一要求，必须对鲜粪加水稀释。稀释以后的粪液干物质浓度猪粪液为 4.5%，鸡粪液为 6%，牛粪液为 9%。

5. 搅拌

在发酵过程中进行搅拌能使细菌与发酵原料充分接触，加快发酵速度，提高产气量，据研究，搅拌与不搅拌相比，总产气量可提高 15%～35%。

6. 加载率和停留时间

加载率是每立方米发酵罐每日加入的有机固体的质量（kg）。停留时间是粪液在发酵罐内的停留天数。当投入发酵罐的粪液的干物质浓度一定时，确定了加载率，也就同时确定了停留时间。加载率大（停留时间短）时可减小发酵罐容积，但由于未发酵粪液占全部粪液的比例过大，会影响产气量。而加载率过小（停留时间过长）则将使发酵罐容积过大。

复 习 思 考 题

1.简述设施养殖机械化装备的基本类型。
2.设施养殖供水系统是由哪几部分构成的？各部分的作用是什么？
3.简述不同类型自动饮水器的特点。

4.简述对喂饲机械的要求。

5.简述畜禽喂饲机械设备的分类及用途。

6.干饲料喂饲系统包括哪几部分？

7.列举鸡用饲槽和猪用饲槽的不同分类。

8.简述对畜禽粪便清除方法和设备的要求。

9.常见的输送器式清粪设备有哪几种？

10.液态粪常用的处理设备有哪些？

11.简述固液分离设备的工作原理。

12.列举机械式增氧机的分类。

13.简述叶轮式增氧机的主要组成部分和功能。

14.简述设施养殖中通风系统的分类及用途。

15.机械通风系统的设备主要包括哪几个部分？为什么？

16.废弃物的资源化利用设备主要有哪几类？各自的功能是什么？

17.简述影响沼气发生的主要因素。

参考文献

[1]　蒋恩臣.畜牧业机械化.北京:中国农业出版社,2005

[2]　李振安.池塘投饲机的设计方案.农业机械学报,1996,27(4):75-78

[3]　丁永良.增氧机的研究.农业机械学报,1986,17(4):54-59

第十一章 植物工厂

第一节 植物工厂的概念和特点

随着社会科学技术的进步和文明程度的提高,农业生产方式也在不断地发展,从露地栽培发展到设施栽培、无土栽培、植物工厂。植物工厂的生产过程类似于工厂内零件生产的管理程序,集约化程度高,是目前世界上最高水平的植物生产模式。植物工厂化生产体系的设计和建立,把当前高速发展的设施农业向前推进了一大步,可使农业摆脱自然环境的束缚,产生更高的生产能力,代表着未来农业的发展方向。

一、植物工厂的定义和分类

植物工厂(plant factory)一词最先由日本提出,是指利用环境控制和高新技术进行植物全年生产的体系。在这个体系中,利用环境自动控制系统、电子技术、生物技术、机器人和新材料等可进行植物周年连续生产,也就是利用计算机对植物生育的温度、湿度、光照、CO_2 浓度、营养液等环境条件进行自动控制,使设施内植物生育不受自然气候制约的生产。

植物工厂在广义上涵盖了高度环境控制的太阳光利用型系统(精密温室),还包括芽苗菜、食用菌生产设施,以及种苗繁殖和人工种子生产系统等;而狭义上则专指完全依靠人工光源的植物生产系统。根据其研究对象层次的不同,植物工厂可分为:以研究植物体为主的植物工厂,以研究植物组织为主的组织培养系统,以研究植物细胞为主的细胞培养系统。根据利用光源的不同,植物工厂又可分为人工光源完全控制型、太阳光利用型以及太阳光和人工光源兼用型 3 种。有时将后两种统一称作太阳光利用型。

植物工厂的前期形式主要是太阳光利用型。太阳光利用型植物工厂的温室结构为半封闭式,以玻璃或塑料薄膜为覆盖材料,以太阳光作为植物生长的光源,其主要栽培方式为水培或基质培等无土栽培形式,这种植物工厂虽可部分实现对栽培环境的自动控制,但由于太阳光照一直处于变动之中,会引起设施内光照、温度和湿度的变化,特别是温度的变化剧烈,在变动的环境条件下,植物的生长反应复杂。因此,无论对环境气候和作物生长,都难以做到准确预测和控制。此外,太阳光利用型植物工厂夏季栽培困难,降温成本太高,如何降低夏季设施内和营养液的温度成为最大难题。

为了达到周年生产的目标，避免环境条件的剧烈变动，在太阳光利用基础上，出现了太阳光和人工光并用的植物工厂。其覆盖材料和栽培方式与太阳光利用型相似。但其光源除了白天利用太阳光外，夜晚或白天连续阴雨寡照时，可采用人工补光，使作物生产比较稳定。

植物工厂的最高形式是完全控制型。在完全控制型植物工厂中，不仅完全使用人工光源，而且温度、湿度、CO_2浓度、营养液等对植物生长有影响的主要环境条件，都可以完全自动控制。在全封闭系统内，采用工业化的设施设备，通过模式化栽培和流程化作业，使从播种到采收的全过程连续进行并高度自动化，从而实现周年不间断和有计划生产，因此是最理想的生产方式。但是，其能源消耗较大，成本较高，对技术的要求及工业控制的方案也更严密。

二、植物工厂发展的历史与现状

1957年，世界上第一家植物工厂诞生在丹麦的格里斯坦生农场，在那里实现了独行菜的连续自动化生产，按生育阶段进行程序化管理和控制，从播种到收获只需1周时间。1964年，奥地利试验成功一种立体塔式植物工厂（高30 m，面积5 000 m^2），由鲁斯纳公司开发的塔式植物工厂被北欧、俄罗斯、中东国家采用。1971年丹麦建成了绿叶菜工厂，用于生产独行菜、鸭儿芹、莴苣等。美国自20世纪60年代开始进行完全控制型植物工厂的研究和开发，该国法依特法姆公司用完全控制工厂生产生菜，从播种到收获仅需26 d。英国达雷卡德设施农业工程公司发明了一种工厂化栽培果树的方法，用苹果枝、梨枝、桃枝试验均已获得成功。这种方法不把果树栽在土壤中，而是把枝条插在树枝形的橡胶管道上，营养液通过橡胶管输送到各个枝条，每一枝条都能像树一样开花结果，坐果率和产量高，可全年连续生产，1年收获3～5次。

在日本，1974年日立制作所率先进行了植物工厂的研究工作，此后有多家企业和大学加入进来，如三菱电机、东洋工程、东京电力等。20世纪80年代初期，日本先后建成了以生产为目的的太阳光利用型和完全控制型植物工厂。80年代中期以后，出现了植物工厂发展的一个高潮。早期的植物工厂以研究为主，也有实用化的植物工厂进行以叶用莴苣为主的叶菜类蔬菜以及萝卜芽、蘑菇等的生产。近年来，以生产经营和示范性农业公园形式出现的植物工厂越来越多。截至1997年，实际运营中的植物工厂有16个，面积约1.5 hm^2，年产量约550 t，主要进行叶用莴苣、番茄、草莓、菠菜、玫瑰花和部分组培苗的生产。到2001年增加到20多个，遍及全国各地。

此外，在美、英、荷兰等国家，工厂化生产蘑菇取得较大进展。这些工厂面积多超过1 hm^2，每个栽培周期约20 d，全年可栽培6个周期以上，生产蘑菇25～27 kg/m^2。

中国台湾在20世纪80年代建立了设施与功能齐全的芽菜植物工厂，播种、培育、收获、包装全部实现自动化和机械化，结合微机与自走式的环境控制管理，使芽菜的栽培层次达到10层以上，空间利用率和集约化程度大大提高。近年来，中国农科院、国防科技大学等单位在相关领域开展了系列研究和开发工作，取得了阶段性的成果，但与国外的技术水平仍有较大差距。

植物工厂生产的对象主要是蔬菜、花卉，以及部分药用植物、芳香植物、大田作物、果树、牧草、食用菌等。其中，太阳光利用型植物工厂主要用于萝卜芽、水芹、叶葱、叶用莴苣等叶菜类、番茄、草莓等果菜类以及玫瑰的生产；完全控制型植物工厂更适于叶用莴苣、菠菜等叶菜类以及蔬菜和花卉苗木的生产，或者用于特殊的目的如花期调节等。对于这些植物，一是要求环境条件与其生长发育的关系已经明确量化,对生长过程容易控制;二是体积较小,生长速度快,周期短,商品率和价格较高。

三、植物工厂的意义和特点

植物工厂作为现代农业发展的高级阶段,以人工可控的环境设施和工厂化作业为主要特征。它的出现是人类农业发展的里程碑,具有十分重要的意义。

①利用先进的计算机控制技术,使栽培过程程序化、标准化和定量化,生产者可在宏观政策的指导调控下,按照市场需求实现周年计划稳定生产,有效地避免市场风险。

②在植物工厂内,由于环境条件适宜,种植的作物生长速度快,以叶等营养器官为产品的蔬菜可缩短生长周期,以花和果实等生殖器官为产品的蔬菜可提早始收期,延长收获过程。如莴苣秧苗移栽后 2 周即可收获,一年能收获 20 茬以上,年总产量是露地蔬菜的数十倍。

③采用机械化设备和自动化控制,使作业环境和劳动条件大为改善,节省时间和劳力,提高作业效率。荷兰泰勒尼加公司采用试管育苗、快繁等新技术,借助机械化和自动化操作,年产非洲菊 900 万株,鲜切花 500 万枝,其中 70% 输往国外。

④多层立体栽培可大大提高土地和设施的利用率,还可节省用于环境调控所消耗的能源。台湾日升公司通过立体化栽培蝴蝶兰小苗的植物工厂,生产性能可达到 1 900 株/m^2,是一般温室的 17 倍以上。

⑤受地理、气候等自然条件的影响小,使在寒冷、酷热等气候条件恶劣地区,贫瘠、沙漠等不毛之地,甚至极地、海底和太空等场所进行植物生产成为可能。

⑥与外界环境隔离,细菌和虫害能够得到有效控制,污染少,可以实现无农药栽培,保证产品优质无污染。与太阳光相比,在利用 LED 补光的植物工厂内种植的蔬菜可大幅度提高维生素 C 含量,莴苣的维生素 C 含量提高 4 倍以上。

⑦植物工厂是现代高新技术的集合体,是工业反哺农业的集中体现。高效的植物工厂往往是材料科学、信息技术和生物技术的有机结合,是现代高新技术的综合应用。

但是,植物工厂进行的是高投入高产出的生产活动,初始成本高与能源负荷大为目前发展植物工厂的两大瓶颈。硬件设备投资大,电力消耗多,电费比率通常占运行成本的 50%～60%,因此生产成本较高。例如,太阳光利用型植物工厂每生产 1 株叶用莴苣的成本约为 50 日元,而完全控制型植物工厂则需要 100 日元以上。如此巨额的投入不能为普通种植者所接受,因此,开发性能好而廉价的硬件设备、减少种植过程中的能耗是未来植物工厂发展的重要方向。

第二节　植物工厂的基本结构和功能

植物工厂是一个综合的工程系统,其基本结构包括播种育苗室、栽培室、包装室、贮藏室等部分。

一、播种育苗室

播种育苗室是进行播种和幼苗管理的主要场所,通常也是成品种苗包装、运输的场所。主要包括播种车间、催芽室、控制室。

1. 播种车间

播种车间内的主要设备是播种生产线以及各种与播种相关的机械。在设计播种车间时，要根据植物工厂的规模所需要的播种流水线尺寸来确定播种车间的空间，而且要注意分区，使基质搅拌混合、播种、催芽、包装、搬运等操作互不影响，有足够的空间进行操作。播种车间也可以与包装车间连为一体，便于种苗的搬运，提高播种车间的空间利用率。为了操作方便，播种车间一般与育苗温室相连，但要以不影响温室的采光为前提，播种车间多以轻型结构钢和彩色轻质钢板建造，可以实现大跨度结构，提高空间利用率。此外，播种车间应安装给排水设备，大门的高度设计应以便于运输车辆进出为标准。

2. 催芽室

催芽室是种子播种后至发芽出苗的场所，其实际上是一个可密封、绝缘保温性能良好的小室，可分为固定式与移动式两种。如图 11-1 所示，催芽室里面安置多层育苗盘架，以便放置育苗盘，充分利用空间。

图 11-1　催芽室内部结构（青县鑫农蔬菜种苗育种中心，2008）

催芽室在设计时需要考虑以下技术指标：温度和相对湿度可控制、调节，相对湿度以75%～90%为宜；温度 20～35℃；气流均匀度 95% 以上。主要配备有加温系统、加湿系统、风机、新风回风系统、补光系统以及微电脑自动控制器等；由铝合金散流器、调节阀、送风管、加湿段、加热段、风机段、混合段、回风口、控制箱等组成。

催芽室的控制应达到以下要求：当达到根据需要设定的温度范围时，系统自动停止工作，风机延迟自动停止；温、湿度偏离设计范围时，系统自动开启并工作；湿度进入设定范围时，加湿器自动停止工作；加热器继续工作，风机继续工作。如果风机、加湿器、加热器、新风回风混合器等任何段发生故障，报警提示，系统自动关闭。

3. 控制室

种子出芽后要播种到穴盘等器具中，此时对其生长环境的温度、光照、空气湿度、水分、营养等实行综合的监控和调节，才能保证幼苗质量。育苗温室的环境控制由传感器、计算机、电源、配电柜和监测控制软件等组成，对加温、保温、降温排湿、补光和微灌系统实施准确而有效地控制。控制室一般具有育苗环境控制和决策、数据采集处理、图像分析与处理等功能。

二、栽培室

栽培室是植物工厂最为重要的组成部分，作物在其中完成生长周期大部分时间，并形成产品器官。因此，栽培室的环境条件对植物工厂生产的成败起非常关键的作用。根据对光照利用方式的不同，植物工厂所用的栽培温室主要有以下 3 种。

1. 人工光利用型

如图 11-2 所示，这类栽培温室的建筑结构为全封闭式，密闭性好，屋顶和墙壁材料（硬质聚氨酯板、聚苯乙烯板等）不透光，隔热性较好；光照只来自人工光源，如高压卤素灯、高压钠灯、高频荧光灯（HF）以及发光二极管（LED）等；对植物采用在线检测和网络技术，对植物生长过程记忆性连续检测和信息处理；栽培方式采用营养液培养；可以有效地抑制害虫和病原微生物的侵入，在不使用农药的前提下实现了无污染生产；对设施内光、水分、空气和营养液温度、CO_2、EC、pH 和溶解氧均可进行精密控制，根据植物生长习性可对昼夜进行任意调节，植物生长较稳定，可实现周年均衡生产；但其技术装备和设施建设的费用高，能源消耗大，运行成本高。

图 11-2　人工光利用型植物工厂内景（杨其长等，2005）

2. 太阳光利用型

如图 11-3 所示，这类栽培温室的建筑材料多为玻璃或塑料（氟素树脂、塑料薄膜、PC 板等）；光源为自然光；室内备有多种环境因子的监测和调控设备，包括光、温、水分、CO_2 浓度等

图 11-3　太阳光利用型植物工厂外观（杨其长等，2005）

环境因子的数据采集以及顶开窗、侧开窗、通风降温、喷雾、遮阳、保温、防虫等环境调控系统。栽培方式以营养液栽培和基质栽培为主;生产环境易受季节和气候变化的影响,生产品种有局限性,主要生产叶菜和茄果类蔬菜,生产不太稳定。

3.太阳光和人工光并用型

这类温室的结构、覆盖材料和栽培方式与太阳光利用型相似。其光源以太阳光为主,夜晚或白天连续阴雨寡照时,采用人工光源补充,作物生产比较稳定。与人工光利用型相比,用电较少;与太阳光利用型相比,受气候影响较小,兼顾了前两种方式的优点,实用性强,有利于推广。

三、包装室

随着植物工厂规模的不断扩大,产品数量的增加以及人们对产品卫生条件要求的日益提高,采后包装已成为植物工厂生产的重要组成部分。包装室又分为内包装室和外包装室。内包装室是指进行与产品内容物直接接触的内包装作业场所,内包装室要求较高的卫生条件,保证产品不发生二次污染。而外包装室是指进行不与产品内容物直接接触的外包装作业场所,如打包运输等,对卫生条件要求相对较低。

四、贮藏室

由于新鲜的植物产品采收后仍进行呼吸和蒸发,分解和消耗自身的营养成分释放出呼吸热,致使摘收后果菜周围的环境温度迅速升高,成熟衰老加快,其外观色泽、品质等也随之下降。通过温度、气体等环境因子调节和控制作物采收后的生命活动,可以达到降低损耗,延长保藏期,保持品质的目的。因此,贮藏室也成为植物工厂的重要组成部分。贮藏的方式很多,其中机械冷藏和气调贮藏是常用的两种方式。

1.机械冷藏室

机械冷藏指的是利用制冷剂的相变特性,通过制冷机械循环运动的作用产生冷量并将其导入有良好隔热效能的库房中,机械冷藏要求有坚固耐用的贮藏库,且库房设置有隔热层和防潮层以满足人工控制温度和湿度贮藏条件的要求,适用产品对象和使用地域扩大,库房可以周年使用,贮藏效果好。机械冷藏的贮藏库和制冷机械设备需要较多的资金投入,运行成本较高,且贮藏库房运行要求有良好的管理技术。

机械冷藏库根据制冷要求不同分为高温库(0℃左右)和低温库(低于-18℃)两类,用于贮藏新鲜产品的冷藏库为前者。冷藏库根据贮藏容量大小划分,虽然具体的规模尚未统一,但大致可分为四类:大型>10 000 t,大中型5 000~10 000 t,中小型1 000~5 000 t,小型<1 000 t。

常见的冷库都是由围护结构、制冷系统、控制系统和辅助性建筑四大部分组成。有些大型冷库还从控制系统中分出电源动力和仪表系统,这样就成了五大部分。有些冷库把制冷系统和控制系统合称,就成了三大部分。小型冷库和一些现代化的新型冷库(如挂机自动冷库)就无辅助性建筑,只包括围护结构、制冷系统和控制系统三大部分。

保鲜冷库的围护结构主要由墙体、屋盖和地坪、保温门等组成。围护结构是冷库的主体结构,作用是给园艺产品保鲜贮藏提供一个结构牢固、温度稳定的空间,其围护结构要求比普通住宅有更好的隔热保温性能,但不需要采光窗口。园艺产品的保鲜库也不需要防冻地坪。

目前,围护结构主要有 3 种基本形式,即土建式、装配式及土建装配复合式。土建式冷库的围护结构是夹层保温形式(早期的冷库多是这种形式)。装配式冷库的围护结构是由各种复合保温板现场装配而成,可拆卸后异地重装,又称活动式。土建装配复合式的冷库,承重和支撑结构是土建形式,保温结构是各种保温材料内装配形式,常用的保温材料是聚苯乙烯泡沫板多层复合贴敷或聚氨酯现场喷涂发泡。

制冷系统是保鲜冷库的心脏,该系统是实现人工制冷及按需要向冷间提供冷量的多种机械和电子设备的组合。主要有制冷压缩机、冷凝设备、冷分配设备、辅助性设备、冷却设备、动力和电子设备等。早期的制冷设备均体积庞大,并各自独立。现在一些大型冷库,如氨制冷冷库仍是这种形式。现代化冷库的制冷系统,将各种制冷设备进行了一定程度的精制和集合。挂机自动冷库所用的制冷系统,是把制冷压缩机、冷凝器和辅助性设备等集合在一个不大的机箱内,可方便地挂装在墙壁上,可谓是制冷设备各部分高度集合和浓缩的典型代表。

2. 气调贮藏室

气调贮藏是调节气体成分贮藏的简称,指的是改变新鲜植物产品贮藏环境中的气体成分(通常是指增加 CO_2 浓度和降低 O_2 浓度以及根据需求调节其气体成分浓度)来贮藏产品的一种方法。改变了气体浓度组成的环境中,新鲜产品的呼吸作用受到抑制,降低了呼吸强度,推迟了呼吸峰出现的时间,延缓了新陈代谢速度,推迟了成熟衰老,减少营养成分和其他物质的降低和消耗,从而有利于保持产品的新鲜和质量。同时,较低的 O_2 浓度和较高的 CO_2 浓度能抑制乙烯的生物合成、削弱乙烯生理作用的能力,有利于新鲜产品贮藏寿命的延长。适宜的低 O_2 和高 CO_2 浓度具有抑制某些生理性病害和病理性病害发生发展的作用,减少产品贮藏过程中的腐烂损失。以低 O_2 和高 CO_2 浓度的效果在低温下更显著,因此,气调贮藏应用于新鲜产品贮藏时通过延缓产品的成熟衰老、抑制乙烯生成和作用及防止病害的发生能更好地保持产品原有的色、香、味、质地特性和营养价值,有效地延长产品的贮藏和货架寿命。有报道指出,对气调反应良好的新鲜园艺产品,运用气调技术贮藏时其寿命可比机械冷藏增加 1 倍甚至更多。正因为如此,近年来气调贮藏发展迅速,贮藏规模不断增加。

气调储藏室内应装有冷却、加湿、通风、监测、压力平衡、各种管道等设施,同时还应有气密门、取样孔等,以利人货之出入和观测。

第三节　植物工厂的生产技术体系(无土栽培)

机械化和自动化是植物工厂的重要特征之一,因此离不开相应的各类机械设备和配套装置,如育苗设备、无土栽培系统、环境调控系统、计算机控制系统及其他相关配套设备。植物工厂设备与技术的关联性十分密切,尤其是环境调控技术与环境调控系统和计算机控制系统更是一个不可分割的整体,在植物工厂整个生产系统中占有非常重要的位置,这部分内容将在第四节详细介绍。本节重点介绍植物工厂中常用的无土栽培系统。

一、植物工厂常用的栽培模式

1. 水培

水培是指作物的根系直接生长在营养液中,这种营养液可以为作物提供水分、养分、氧气和温度,使作物能够正常生长的一种栽培方式。根据所用营养液深度的不同又可分为营养液膜技术(nutrient film technique,NFT),深液流水培技术(deep flow technique,DFT);浮板毛管水培技术(floating capillary hydroponics,FCH)。

(1)NFT　如图 11-4 所示,NFT 是指营养液以浅层流动的形式在种植槽中从较高的一端流向较低的另一端的水培技术。因营养液层很浅,只有 0.5 cm 左右,故称为营养液膜技术。NFT 系统具有造价低廉、易于实现生产管理自动化等特点,目前已成为植物工厂领域重要的水培手段。

图 11-4　NFT 栽培系统(Akira Nukaya,2008)

(2)DFT　如图 11-5 所示,DFT 是在栽培槽内有 3～10 cm 的营养液流动,植物悬挂于营养液的水平面上,根茎离开水面,根系浸入营养液中的一种栽培方式。DFT 技术由于每棵植株占有较多的营养液,因此缓冲能力较强,受外界环境的影响较小;由于植株悬挂于定植板上,并且营养液是循环流动的,因此能够很好地解决根系的水气矛盾,消除根系表面有害物质的积累,消除根表与根外养分浓度的差异。

图 11-5　DFT 栽培系统(Akira Nukaya,2008)

(3)FCH　用宽 35 cm,深 10 cm,长 150 cm 的泡沫板或其他轻质材料制成深水培栽培槽,槽内盛放较深的营养液,再在营养液的液面漂浮一块聚苯乙烯泡沫浮板,浮板上铺上无纺布,其两头垂入营养液中,通过分根法和毛管作用,使部分根系在浮板上呈湿润状态吸收氧气,另一部分根系深入深层营养液中吸收养分和水分。这种形式的栽培方法,协调了供液和供氧间的关系,液位稳定,受中途停电停水影响较小。

2. 固体基质栽培

固体基质栽培是指作物的根系生长在单一或复合基质中,通过基质固定作物根系,并向作物供给营养、水分和 CO_2 的方法。固体基质可很好地协调根际环境的水、气矛盾,且投资少,便于就地取材进行生产。

3. 喷雾栽培

喷雾栽培又称为雾培或气培,如图 11-6 所示,是指利用喷雾装置将营养液雾化为小雾滴状,直接喷射到植物根系以提供植物生长所需的水分和养分的一种栽培技术。这种栽培方式是所有无土栽培技术中解决根系水气矛盾最好的一种,同时它也有利于实现自动化和进行立体栽培,提高空间的利用率。但由于喷雾栽培设备投资大,管理不是很方便,而且根系温度易受气温影响,变幅较大,对控制设备要求较高,生产上应用较少。

图 11-6　喷雾栽培(刘世哲等,2008)

二、栽培系统

1. 种植槽

种植槽是植物工厂中栽培作物的主要部分,如图 11-7 所示,可以用硬质塑料板、木板、钢板、泡沫板、水泥砖或水泥预制件等做成。安装时在地面或做成的架子上水平地拼装起来,在里面铺上一层塑料薄膜,用于盛装基质或营养液。根据水培的形式不同,种植槽在规格上有较大的差异,尤其是在深度上,深液流栽培技术中的种植槽设置的较深,而营养液膜技术中所用的种植槽设置较浅,有些小型作物还可用水泥预制的或玻璃钢制成的波纹瓦来做种植槽。在营养液膜技术中,比较高大植物根系往往比较发达,植株长大后期会在种植槽中形成一层厚厚的根垫,这不仅严重阻碍了营养液在种植槽中的流动,而且会造成在厚实的根垫内部营养液难以流入而使氧气和养分供应不足,常会引发烂根现象。为了改善根际的通气、水分和养分供应状况,可在槽底铺一层多孔吸水的无纺布,水可通过无纺布吸收后随毛细管扩散到与无纺布接触根系的各部位。

图 11-7　固体基质栽培槽(王双喜,2009)

2. 贮液池

贮液池可为作物的生长保证足够的营养液供给。贮液池一般设在地下较多,这样做一方面有利于营养液从种植槽流回的贮液池,另一方面有利于保持营养液温度,减少气温变化对液体温度的影响。贮液池的容积要以种植作物的种类和种植规模确定,要以确保作物生长的需要为前提。

3. 营养液循环流动系统

营养液循环流动系统主要由水泵、管道及流量阀门和供液定时器等组成。

(1)水泵　水泵的选择应遵循耐用和与营养液循环流量相匹配为原则。应选用耐酸碱、耐腐蚀的自吸泵或潜水泵。水泵的功率不能太小,否则流量不足,达不到供液要求;水泵的功率也不要太大,否则一方面造成能源和成本的浪费,另一方面可能会因为压力过大损坏管道。

(2)管道及流量阀门　管道分为供液管道和回流管道两种。为了防止腐蚀,营养液的供液和回流管道一般都由塑料材料做成,在安装时要严格密封,以防止营养液在接合部位渗漏。为了操作方便和减少日光照射而导致的老化,尽量将管道埋在地面以下。供液管道分为主管、支管和毛管。在安装供液管道时主管上要安装流量调节阀门,其他各支管也要安装阀门,以调节流量,使得各种植槽的流量尽可能均匀一致。回流管道的作用是保证营养液能够顺畅的流回贮液池,设在种植槽的最低一端,回流管的管径要足够大,以确保能够快速排到贮液池中,防止漫溢出来。

(3)供液定时器　在利用水培种植作物时,并不需要全天开启水泵进行连续供液,而是可以根据作物的生长情况进行间歇供液,从而节省能源和生产成本。安装供液定时器可准确控制水泵工作和间歇时间,省去人工控制的麻烦,使得生产更趋自动化。

三、营养液管理

营养液管理是植物工厂栽培技术管理的核心。作物的根系大部分生长在营养液中,并吸收其中的水分、养分和 CO_2，从而使浓度、成分、pH 值、溶解氧等都在不断变化。同时，长时间的循环利用营养液会滋生细菌、真菌、病毒及藻类，或者被根系分泌物、菌类排泄物、藻类代谢物等污染。此外，外界的温度也时刻影响着液温。因此，必须对上述诸因素的影响进行检测和调控，使其经常处于符合作物生长发育的需要状态。现着重从 pH 值、溶解氧、EC、液温、杀菌消毒等 5 个方面来论述营养液的管理。

1. pH 值管理

介质的酸碱性不仅影响着营养元素的有效性，而且对植物的生理代谢也有直接的影响，因此营养液的 pH 值管理对于保证作物正常的生长十分重要。在无土栽培中，由于作物对水分和养分的不断吸收，营养液的 pH 值就会发生变化，如果不及时调节就会造成根系发育不良甚至腐烂，植株长势弱化，出现某些元素缺乏症等生理障碍，进而导致产量和品质下降。营养液的 pH 值变化与选用的营养液配方有密切关系。用 $Ca(NO_3)_2$、KNO_3 为氮钾源的多呈生理碱性，若用 $(NH_4)NO_3$、$CO(NH_2)_2$、K_2SO_4 为氮钾源的多呈生理酸性。最好选用比较平衡的配方，使 pH 值变化比较平衡，可以省去调整。

当 pH 值上升时，可用稀硫酸（H_2SO_4）或稀硝酸（HNO_3）溶液来中和。用稀 HNO_3 中和时，HNO_3 中的 NO_3^- 会被植物吸收利用，但要注意：当中和营养液 pH 的 HNO_3 用量太多时则可能造成植物硝酸盐含量过多的现象；用 H_2SO_4 中和时，尽管 H_2SO_4 中 SO_4^{2-} 也可作为植物的养分被吸收，但吸收量较少，如果中和营养液 pH 值的 H_2SO_4 用量太大时可能会造成营养液中 SO_4^{2-} 的累积。应根据实际情况如作物的种类等来考虑用何种酸为好。中和的用酸量不能用 pH 值作理论计算来确定。因营养液中高价弱酸与强碱形成的盐类存在，如 K_2HPO_4、$NH_4H_2PO_4$ 等，其离解是分步的，有缓冲作用。因此，必须用实际滴定的办法来确定用酸量。具体做法是，取出定量体积的营养液，用已知浓度的稀酸逐滴加入，达到要求值后计算出其用酸量，然后推算出整个栽培系统的总用酸量。应加入的酸要先用水稀释，以浓度为 12 mol/L 为宜，然后慢慢注入贮液池中，边注入边搅拌。注意不要造成局部过浓而产生 $CaSO_4$ 沉淀。

pH 值下降时，用 NaOH 或 KOH 中和。Na^+ 不是营养成分，会造成总盐浓度的升高。K^+ 是营养成分，盐分累积程度较轻，但其价格较贵，且吸收过多会引起营养失调。应灵活选用这两种碱。具体进行可仿照以酸中和碱性的做法。这里要注意的是局部碱性过量会造成 $Mg(OH)_2$、$Ca(OH)_2$ 等沉淀，因此在加碱时防止过快、过浓。

2. 营养液溶存氧的管理

不同的作物种类对营养液的溶存氧浓度的要求不同，耐淹水或沼泽性的植物，对营养液中的溶存氧含量要求较低；而不耐淹水的旱地作物，对于营养液中的溶存氧含量的要求较高。而且同一植物的一天中，在白天和夜间对营养液的溶存氧的消耗量也不尽相同，晴天时，温度越高日照强度越大，植物对营养液中溶存氧的消耗越多；反之，在阴天、温度低或日照强度小时，植物对营养液中溶存氧的消耗就少。一般地，在营养液栽培中维持溶存氧的浓度在 4~5 mg/g 水平时，大多数的植物都能够正常生长。

当溶液中的溶存氧过低时，为了维持植物的正常生长，需要进行溶存氧的补充。营养液溶存氧补充的途径主要是空气向营养液的自然扩散和通过人工的方法增氧两种。通过自然扩散而进入营养液的溶存氧速度很低，数量极少。在 20℃左右，液深 5~15 cm 范围，靠自然扩散每小时进入营养液中的氧只相当于饱和溶存氧含量 2% 左右。因此人工增氧来补充作物根系对氧的消耗，是水培技术种植成功与否的一个重要环节。人工增氧的方法主要有以下几种：

（1）搅拌　通过机械的方法来搅动营养液而打破营养液的气—液界面,让空气溶解于营养液之中,效果较好,但很难具体实施,因为种植了植物的营养液中有大量的根系存在,操作困难,搅拌容易伤根,对植物正常的生长产生不良影响。

（2）通气　用压缩空气泵通过气泡器将空气直接以微气泡的形式在营养液中扩散以提高营养液溶存氧的含量,这种增氧方法效果很好,但大规模使用成本较高,主要用在科学研究的小规模水培试验上。

（3）循环流动　通过水泵将贮液池中的营养液抽到种植槽中,然后让其在种植槽内流动,最后流回贮液池中形成不断的循环。在营养液循环流动过程中通过增加水和空气的接触面等来提高溶存氧的含量。这种方法效果很好,在生产中被普遍采用,但不同的无土栽培设施的设计稍有不同,因此,营养液循环的增氧效果也不同。

（4）落差　营养液循环流动进入贮液池,人为造成一定的落差,使溅泼面分散,效果较好,普遍采用。

（5）喷射（雾）　适当增加压力使营养液喷出时尽可能地分散形成射流或雾化,效果较好,经常采用。

（6）增氧器　在进水口安装增氧器或空气混入器,提高营养液中溶存氧,已在较先进的水培设施中普遍采用。

（7）间歇供液　利用停液时,营养液从种植槽流回贮液池,根系裸露于空气中吸收氧气,效果较好。

（8）灌根法　采用基质栽培时,通过控制滴灌流量及时间,也可保证根系得到充足的氧气。

3. 电导率（EC）管理

通常配制营养液的水溶性无机盐时强电解质,其水溶液具有很强的导电性。电导率表示溶液导电能力的强弱,在一定范围内,溶液的含盐量与电导率呈正相关,含盐量愈高,电导率愈大,渗透压也愈大。EC 的常用单位为 mS/cm（毫西门子/厘米）。

EC 与营养液成分浓度之间几乎呈直线关系,即营养液浓度越高,EC 值就随之增高。因此,用测定营养液的 EC 值来表示其总盐分浓度的高低是可靠的。营养液浓度一般是以日本园式配方的均衡营养或山崎配方为基础。但由于作物种类和种植方式的不同,作物吸收特性也不完全一样。因此,其浓度也应随之调整。一般来讲,作物生长初期对浓度的要求较低,随着作物的不断发育对浓度的要求也逐渐变高。同时,气温对浓度的影响也较大,在高温干燥时要进行低浓度控制,而在低温高湿时期浓度应控制略高些。此外,溶液供给速度缓慢时,在固体基质栽培条件下,要实行较高浓度控制。

EC 只反映总盐分的浓度而并不能反映混合盐分中各种盐类的单独浓度,但这已经满足营养液栽培中控制营养液的需要了。不过,实际运用中,还是要充分考虑到当作物生长时间或营养液使用时间较长时,用于根系分泌物,溶液中分解物以及硬水条件下钙、镁、硫等元素的累积,也可以提高营养液的电导率。此时的 EC 值已不能准确反映营养液中的有效盐分含量。实际工作中,为了解决这个问题,高精度控制时通常在每隔一个月或 15 d 对营养液测定一次,主要测定大量元素的含量。根据测定结果决定是否调整营养液成分直至全部更换。

一般来讲,营养液浓度变低的时候溶解氧就多,有利于植物根系发育和水分吸收,而浓度变高的时候,溶解氧就减少,根的发育就受到限制,水分吸收状况也不好。下面是 EC 范围可为营养液的调节提供一定的依据。

①EC 为 1.0～1.5 mS/cm。根系的发育和水分吸收状况良好,但容易导致 pH 上升,这时要注意营养液成分的平衡。

②EC 为 1.5～2.5 mS/cm。这是最普遍的浓度,适合于大多数作物栽培。要注意营养液配方的选择以及 pH、液温、供液量等根圈环境的变化。

③EC 为 2.5～4.5 mS/cm。这是在为了提高品质而抑制水分吸收时采用的范围。特别是在为了加重叶菜类作物的叶色、提高耐储性、增加果实糖度时,采用这一范围是有效的。但是,要注意这个时候根系的发育不佳,容易发生根腐病,因此,一定要慎重选择。

4.液温的管理

营养液的液温直接影响到植物根系的养分吸收、呼吸和微生物活动情况,从而影响到发育、产量和品质。因此,稳定而合理的液温对于无土栽培而言是非常重要的。一般说来,夏季液温宜保持在 28℃以下,冬季不低于 15℃。但在具体调控过程中,必须根据季节和营养液深度的不同采取不同的方法。NFT 设施的材料保温性较差,种植槽中的营养液总量较少,营养液浓度及温度的稳定性差,变化较快。尤其是在冬季种植槽的入口处与出口处液体温度易出现较为明显的差异。在一个标准长度的栽培床内的液温差有时高达 4～5℃,这样即使在入口处经过加温后,营养液温度达到了适宜作物生长的要求。但是,当营养液流到种植槽的入口处时,液温也会有所降低,而且液温的降低与供液量呈负相关关系,即供液量小的液温降低幅度较大。相比之下,DFT 方式在这方面的反应则不那么明显。设施对液体温度的影响非常明显,不同的设施条件下对液体温度控制的程度差异很大。人工光利用型植物工厂是在全天候温室内进行的,液温控制效果好,而太阳光利用型植物工厂的设施以及其他普通型温室就必须因地制宜地采取相应措施。

液温的调控技术主要有加温和降温两个方面,加温技术手段主要有:

(1)管道加温 采用热水锅炉,将热水通过贮液池中的不锈钢螺纹管加温,也可以用电热管加温。前者适用于大规模生产,后者适用于生产试验等,有条件的还可以利用地热资源。

(2)稳定液温 包括适当增加供液量,采用保温性能好的材料做种植槽,将贮液罐(池)建在温室内等。

(3)铺电热线 主要是在冬季持续低温时,将电热线铺于塑料薄膜之下来提高液温,或将电热线缠绕在一个木质或塑料框架上,放到营养液池中加温并用控温仪控制。

降温手段主要有:

(1)降低室温 通过排风、遮阳网以及开窗等方式,降低室温。

(2)地下贮液池 有条件的地方多是将贮液池(灌)建于地下,以减少地上部分空气高温的影响。

(3)冷水降温 方法很多,可以利用深井水或冷泉水,通过埋于种植槽中的螺纹管进行循环降温;也可以利用制冷机组产生的冷气强制降温。有条件的可以采取日本神内公司“季节蓄冰制冷系统”,更经济、环保和有效。

作物对养分和水分的吸收,受营养液温度的影响很大。通常情况下,适温为 18～22℃。如果高温超过 30℃或温度在 13℃以下时,作物对养分和水分的吸收就会偏离正常值,而发生很大变化,进而对作物的生长、产量、品质都会造成严重影响。因此,要综合考虑作物的种类、栽培时期、室内温度和日照量等因素来确定和调整适宜的营养液温度。

5. 营养液灭菌

在营养液栽培中,病原菌浸染到营养液时会给作物带来巨大的危害,这也是影响稳定生产和阻碍扩大生产规模的主要原因之一。目前,对病原菌的防治方法主要有两种,一是化学方法,如采用药物方法消除。二是物理方法,如采用紫外线、臭氧消毒等方法。但是,随着对食品安全与健康的要求越来越高,药物消毒已经受到越来越严格的限制,因此人们更倾向于在搞好设施内外环境卫生的同时,采用物理方法来灭菌。

物理灭菌技术主要包括:紫外线照射法,紫外线加臭氧消毒法,超声波杀菌法和热处理杀菌法等。

(1)紫外线照射法　众所周知,当紫外线波长为 $254\sim280$ nm 时对微生物的杀菌力很强。目前,使用的紫外线杀菌灯,其波长为 253.7 nm,这一指标接近生物核酸吸收高峰 260 nm,灭菌效果明显。同一波长的紫外线其杀菌效果与灭菌灯的照射能量呈比例增大,杀灭不同种类微生物所需要的灭菌灯的照射能量也不同。一般来讲,杀灭细菌需要的能量低,而杀灭线状菌需要的能量高。同样的细菌,要杀灭形成芽孢的细菌就需要高强度的照射能量。

为了灭杀营养液中的微生物,就要照射具有一定波长的紫外线,但是紫外线在水中穿透率比在空气中要弱。特别是营养液中盐分的浓度越高,液体越浑浊,穿透率就越低。所以,距离杀菌灯管壁越远,杀菌效果就越差。

紫外线照射法有三种形式,一是把灯安装在流动的营养液上部;二是在营养液中装有灯的防水设备。第一种方法是通过水面反射来杀菌,效果不明显,尤其是在营养液面较深的情况下效果较差。第二种方法是为了避免水面反射的杀菌效果差而采用石英管来保护灯不进水,这样做虽然可以达到目的,但缺点是成本太高。还有一种方法是采用"流水灭菌灯",这种灯安置在石英管保护下,它可以直接浸泡在营养液中,灯的功率有 13 W 和 6 W 两种,紫外线的功率有 0.7 W 和 1.7 W 两种。

上述方法对灭杀番茄的青枯病菌、黄瓜的蔓割病菌效果很好,不仅可以降低营养液中病原菌的密度,而且可以使营养液中的微生物总数明显减少。当然,为了维持菌的低浓度状态,就必须连续或间歇性照射,这样一来,成本也会相应地随之增加。

对于营养液用量少的 NFT 栽培,采用在营养液循环中照射的方法比较容易,紫外灯的杀菌效果更好。

(2)紫外线加臭氧消毒法　采用波长为 200 nm 以下的紫外线照射,可以把氧变成臭氧。臭氧可以增强氧化力,融入营养液中就会收到良好的杀菌效果。

紫外线加臭氧杀菌装置是用波长为 184.9 nm 线照射,把氧变成臭氧,再溶入到营养液中。营养液的处理量为 $0.8\sim1.6$ m³/h,臭氧浓度为 $0.3\sim0.03$ mg/L,在液温为 30℃ 的条件下,通过对黄瓜病菌的杀菌试验来看,灭菌效果明显。微生物总数降低到 1‰ 以下,黄瓜疫霉菌的分生孢子、游动孢子几乎全被杀灭干净。

(3)超声波杀菌法　超声波是一种振动频率高于声波的机械波,波频为 16 kHz 以上。利用这个声波可以杀死营养液中的微生物。下面是一个杀菌处理的试验,使用的仪器是索尼B-12 型,电压 100 V,电流 3.3 A,震动频率 20 kHz,功率 150 W。把病菌的培养菌片放进水中,让超声波发生作用,超声波功率为 60 W,处理时间在 $0.5\sim5$ min,可看到大部分被分散、少部分残留。$10\sim15$ min 后,菌丝的细胞膜被破坏,菌丝就被完全粉碎变为浑浊状态。由此可见,灭菌效果与处理时间以及被杀灭的菌种之间存在着十分密切的关系。

　　(4)热处理杀菌法　将营养液加热到一定的高温(超过病原微生物的致死温度),并滞留一段时间就可以将病原微生物杀死。通过对营养液加热灭菌,使这些营养液可循环使用,不仅可以节省成本,而且能够保护环境。Runia(1998)设计了一套营养液的热处理灭菌系统。该系统将营养液加热到高于 90℃,并滞留大约 10 s,完全控制了烟草花叶病毒的繁殖,系统中利用热交换器进行回收灭菌后营养液的余热,节省了能耗。利用该系统彻底消灭镰刀菌真菌则需要更长的滞留时间。Runia(2001)将原来的设备进行了改进,利用加热炉将营养液加热到85℃,滞留时间 3 min,就能完全消除营养液内的镰刀菌属真菌和烟草花叶病毒。在热处理试验研究中,Runia 通过改变加热温度和滞留时间达到消除病原菌的目的,找出最低的加热温度和最短的滞留时间达到节约能源的目的,其加热温度为 60℃,滞留时间为 2 min。热处理灭菌法能控制腐霉属、疫霉属等真菌性病原菌。日本曾做过一个试验,就是用加热杀菌的方法来处理排出的营养液,主要是通过这个试验检查一下加热之后番茄的青枯病菌、根腐病菌的杀菌效果。结果表明,加热处理对营养液养分组成的影响很小,但由于青枯病菌不耐热,加温到 50℃时就可杀菌,在 60℃状态下经过 10 min 处理就可以完全灭菌。虽然丝状菌,根腐枯萎病比较耐高温,可是在 70℃状态下经过 10 min 处理后也看不到这些病菌了。由此可见,在80～95℃的高温下,经过 10 min 的处理,是可以杀死营养液中的病菌并能够对处理后的营养液再利用的。可见,热处理灭菌法是有效的,但是不同的病原菌致死的温度不同,因此,为了节省能耗费用,致死温度和致死时间对不同病原菌的最佳结合点需要做广泛的研究。

　　(5)接种拮抗菌　加热、臭氧和紫外线消毒等方法是目前世界各国常用的营养液消毒的方法。然而,由于营养液栽培中需要进行消毒处理的营养液量较大,加之系统运转费用太高,这就促使人们进一步探求其他有效的灭菌方法。

　　20 世纪 90 年代以来,有人在接种拮抗菌控制土传病害上取得成功。受此启发,人们尝试在循环式水培系统营养液中接入拮抗菌预防根系病害。李国景等人(2001)通过试验证明接种拮抗菌 Trichoderma WP＋8656 能减轻病原菌对植株的感染,促进植物生长。并且营养液池接种效果好于育苗泥炭接种。应用拮抗菌有望成为营养液管理的重要方法之一。与其他方法相比,该方法具有投资少、方法简单、成本低、效果好等特点,应用前景良好。

第四节　植物工厂的环境调控装备简介

　　植物工厂是在高精度环境控制的封闭或半封闭空间内进行植物周年生产的系统,生产者可以对环境进行干预、控制和调节,从而为植物提供适宜光照、温度、湿度、CO_2 浓度等环境条件。对植物工厂进行环境优化控制,需要明确植物生理过程与环境因子的关系,综合考虑各种环境因子的复合作用效果,从而确定低耗、高效的调控手段和装备。因相关内容已在前面各有关章节中进行了叙述,此仅针对植物工厂情况,作补充性简介。

一、光环境调控技术与装备

　　光是作物进行生命活动的能量源泉,又是生命周期中发育阶段的重要调控者。在生产中,无论是弱光、强光、短光照和长光照都可能成为某些作物生长、发育的限制因子。因此,对植物工厂内的光照环境进行调节控制是十分必要的。

　　光环境的调控,主要是根据作物的种类及生育阶段,通过一定的措施,调节光照条件,创造良好的光照环境,以提高作物的光合效率。

1. 补光调节

人工补光的目的有两个:一是日长补光,用以满足作物光周期的需要,当黑夜过长而影响作物生长、发育时,应进行日长补光。二是为了抑制或促进花芽分化,调节开花期,也需要进行日长补光。这种补充光照的强度较低。

人工补光的另一目的是光合补光。在阴、雨、雪天,温室内的光照较弱,为促进生长和光合作用,进行适当的人工补光。补光量的多少应依据作物种类和生长发育阶段来确定。通常低强度光照时,光合强度较低,光能利用率却很高。所以在考虑人工补光的光照度和光照时间时,应通过试验以单位面积的经济效益最大时所需的光照度及光照时间为依据。生产中,采用适当降低光照度以提高光能利用率、适当延长光照时间以补偿光合产物不足的方法,可以获得较大的经济效益。

2. 遮光调节

遮光可以达到降低温室内的光照强度和温度,延长温室内的黑暗时间这两个目的。

在夏季高温强光季节,幼苗移植、苗木扦插以及一些喜阴植物的生长,都需要适当地降低光照和温度,其中最为经济有效的办法就是遮阳。目前生产上常用遮阳网、无纺布、玻璃面涂白、屋面流水的办法来达到遮光降温的效果。

延长温室内的黑暗时间的主要目的就是保证短日照作物对最低连续暗期的要求,这种方法多用于进行花期调控。延长暗期要保证光照强度低于光周期强度,通常采用黑布或黑色薄膜在作物顶部和四周严密覆盖。在遮光期间,应加强通风,防止黑膜下面出现高温高湿,危害植株。

3. 人工光源的布置

在设计一个有效的人工光照系统时,需考虑人工光源的选择、光源的控制、光源的布置等影响因素。光源的布置取决于作物、光照强度、温室高度、灯具的大小等。为使被照面的光照分布尽可能均匀,布置光源时,应充分考虑光源的光度分布特性及合理的安装位置。如 100 W 白炽灯,其光度分布特点是,除灯泡上方近 60° 内近于无光外,在其他各个方向的光度分布是比较均匀的。又如长弧氙灯,在灯两端 20° 内基本无光,其余方向光度分布基本是均匀的。在设置灯的位置时,灯的高度及灯的布局是影响种植区域和光分布的重要因素。温室中反映光照均匀程度的参数为照度均匀率,即室内最小照度与最大照度之比,为保证作物生长均匀,照度均匀率应大于 0.7。

二、温度调控技术与装备

温度是植物工厂栽培作物的首要环境条件,因为任何作物生长发育和维持生命活动都要求一定的温度范围,即所谓最适、最高、最低界限的"温度三基点"。当温度超过生长发育的最高、最低界限,则生育停止,如超过维持生命的最高最低界限,就会死亡。与其他环境因子比较,温度是植物工厂中相对容易调节控制的环境因素。

植物工厂内温度的控制是通过温度传感器及自动控制装置来实现的,加温或制冷的执行部分主要包括空调机、热风炉、暖气片、地热管道、制冷器等。目前在植物工厂内,运用较多、较先进的方法是利用半导体加温或制冷,具有运行成本低,安装使用方便等优点,可以因地制宜。加温或制冷是植物工厂中运行成本较高的一部分,在自然风能与太阳能丰富的地区可以用来进行节能化的加温与制冷,如太阳能空调、太阳能加温与发电、风能发电等。

1. 加温

冬季随着外界气温的下降,温室内的温度往往低于作物正常生长所需的温度,这时用人工加温的方法补充设施内的热量,使其维持一定的温度是保证植物工厂正常生产的重要措施。在能够保证植物正常生长的温度条件下,还要考虑节省能源、降低成本、提高经济效益,因此在设计加温系统时要考虑:①加温设备的容量,应能满足保持室内的设定温度(地温、气温)。②设备和加温费要尽量少,植物工厂所用的现代化温室的加温费可占生产运行费的50%~60%,相当可观。必须尽量节省加温费,否则难以保证经济效益。③温室内温度空间分布均匀,时间变化平稳,因此要求加热设备配置合理,调节能力强。④遮阳少,占地少,便于栽培作业。

从设备费用看,热风加温是最低的。按设备折旧计算的每年费用,大约只有水暖配管采暖费用的1/5,对于小型温室,其差额就更大,如果把热风炉设置在设施内,直接吹出热风,这种系统的热利用率一般可达70%~80%,国外的燃油热风机,有的可达90%。暖风炉设置在温室内时,要注意室内新鲜空气的补充,要确保供给热风炉燃烧用的空气量。对于需要较高采暖温度的作物,用热风加热时产量和品质不如热水采暖好。

根基部加热是对营养液或基质进行加热,目的是使作物根部保持正常生长温度。主要方法有:①水耕栽培时对营养液加温,即采用热水管道加温;②基质栽培时采用热水管道或电热线加温方式。热水加温是将热水管埋在栽培床或基质里,利用热水散热加热营养液。管内水温不宜超过60℃。为保证在基质中加热的稳定性及温度分布的均匀性,在热水管下铺一层隔热材料。电加热是利用电热线产生的热量加热基质。电热线的长度根据加热面积大小、电热线规格及电源等确定。其优点是设备简单,投资少,使用灵活方便。缺点是耗电多,运行费用高。

2. 降温

温室内最简单的降温途径是通风换气,但在温度过高,依靠自然通风不能满足作物生育要求时,必须进行人工降温。根据温室的热收支,降温措施可从以下3方面考虑:①减少进入温室中的太阳辐射能;②增大温室的潜热消耗;③增大温室的通风换气量。

最常见、经济的降温方式为遮阳降温。遮阳降温分外遮阳和内遮阳,前者在离温室屋脊40 cm高处挂透气性黑色或银灰色遮阳网,通过钢缆驱动系统,齿条副传动开启和闭合,遮光60%左右时,室温可降低4~6℃,降温效果显著。室内在顶部通风条件下张挂保温兼遮阳的通气性 XLS 遮阳保温幕,这是由高反射性铝箔和透光型的聚酯薄膜各4 mm宽的条带状通过聚酯纤维线以一定方式编织成,铝箔能反射90%以上太阳辐射,夏季内遮阳降温,冬季则有保温之效。此外,还有屋顶涂白遮光降温等。

另外,常见的降温方式还有湿帘-风机降温系统和喷雾降温系统。有时也能见到屋面流水降温系统。

三、湿度环境调控技术与装备

1. 除湿与降湿调节

在温室内空气湿度过高时进行除湿,主要是为了防止作物沾湿和降低空气湿度,达到抑制病害发生和调整植株生理状态的目的。

（1）通风换气除湿 温室内造成高湿的原因主要是由密闭所致。为了防止室温过高或湿度过大，在不加温的温室里进行通风，其降湿效果显著。为了节省能源，一般采用自然通风，从调节风口大小、时间和位置，达到降低室内湿度的目的，但通风量不易掌握，而且室内除湿不均匀。在有条件时，可采用强制通风，可由风机功率和通风时间计算通风量，而且便于控制。

（2）加温除湿 加温除湿是有效的措施之一。在一定的室外气象条件与室内蒸腾蒸发及换气率条件下，室内相对湿度与室内温度呈负相关。因此，冬季温室内适当加温既可以起到提高温室空气温度的作用，又可以降低湿度。

除了这两种常用的方法外，还可用除湿机除湿、热泵除湿等。

2.加湿

植物工厂在高温季节进行生产时，还会遇到干燥、空气湿度不够的问题，适当增加空气的湿度可以增大气孔开度，提高作物的光合速率，同时起到降低温度的效果。常用的加湿方式主要有喷雾加湿、湿帘加湿和温室内顶部安装喷雾系统等措施。

第五节 计算机在植物工厂综合管理中的应用

在实际生产中，植物工厂内众多的环境因子之间是相互作用，相互协调的，形成了综合的动态环境，对作物的生长发育产生影响。同时，作物自身也对环境产生重要的影响。因此，为了给作物生长发育创造一个最佳的生态环境，不能只考虑单一因子，而应该考虑多种环境因子的综合影响，因此就要对温室的环境进行综合管理。温室的综合环境管理不仅仅是综合环境调控，还要对环境状况和各种装置的运行状况进行实时监测，并要配置各种数据资料的采集、存储、分析、输出和异常情况的报警等，而这些环节单靠人工很难做得到。计算机信息技术出现和普及使得综合环境的科学调控成为可能。计算机在植物工厂中的智能化管理主要包括以下几个方面：

1.环境检测控制

目前对温室环境检测控制主要采取两种方式：单因子检测控制和多因子检测控制。单因子检测控制是相对简单的控制技术，在控制过程中只对某一环境要素进行控制，不考虑其他要素的影响和变化。例如，在控制温度时，控制过程只调节温度本身，而不管其他要素的影响和变化。其局限性是非常明显的。实际上影响作物生长的众多环境要素之间是相互制约、相互配合的，当某一要素发生变化时，相关的其他因素也要相应改变，才能达到环境要素的优化组合。环境监测控制系统要连续不断地测试、记录着植物工厂的环境变化，并把这些数据作为评价植物生长的重要基础，而使系统不断地完善发展。

2.生物体信息采集与处理

利用生物体信息系统可以对生长着的植物体进行非破坏性检测，并能及时处理信息、控制环境、诊断生长、判断收获等。目前，生物体信息系统采集与处理尚处于研究阶段，其进展程度并不一致。其中比较实用的是数字化视频技术，用计算机把采集获取的图像进行处理而得到植物体不同生长阶段的生物信息，并进行相应的调控。

3.生产规划与管理

植物工厂不仅是大规模连续生产的系统，而且还是集约化栽培生产体系。因此，如生产作业分配的合理与否，都会直接造成生产成本、劳动力的均衡化等方面的差异。所以，利用计算进行生产规划与管理是计算机在植物工厂中应用的发展趋势。

复习思考题

1. 简述植物工厂的分类。
2. 简述植物工厂的意义。
3. 植物工厂的基本组成包括哪几部分？
4. 植物工厂常用的栽培模式有哪几种？
5. 简述植物工厂栽培系统的组成。
6. 植物工厂栽培技术管理的核心是什么？
7. 简述营养液人工增氧的主要方法及意义。
8. 营养液液温的调控技术主要有哪两个方面？各方面采取的手段有哪些？
9. 营养液物理灭菌技术主要包括哪几个方面？
10. 简述人工补光和遮光的目的。
11. 简述人工光源布置时应考虑的因素。
12. 简述加温设计时需满足的要求。
13. 简述降温措施中需考虑的问题。
14. 试述计算机在植物工厂智能化管理中的作用。

参考文献

[1] 杨其长,等.植物工厂概论.北京:中国农业科学技术出版社,2005
[2] 别之龙,等.工厂化育苗原理与技术.北京:中国农业出版社,2008
[3] 郭世荣.无土栽培学.北京:中国农业出版社,2003
[4] 李式军.设施园艺学.北京:中国农业出版社,2002
[5] 张福墁.设施园艺学.北京:中国农业大学出版社,2001
[6] 宋亚英,陆生海.温室人工补光技术及光源特性与应用研究.农村实用工程技术:温室园艺,2005,1：28-29
[7] 周国泉,徐一清,付顺华,等.温室植物生产用人工光源研究进展.浙江林学院学报,2000,25(6)：798-802
[8] 秦文.园艺产品贮藏运销学(教案).四川农业大学工程技术学院食品科学系,2007

第十二章 设施农业中的人工智能及其他新技术

第一节 生物生长发育模拟与仿真

一、作物生长模拟模型的定义与特征

作物模拟研究是近 60 年来随着农业科学、系统科学和计算机技术的发展而兴起的一个新的研究领域。所谓作物模拟就是将作物及其气象和土壤等环境作为一个整体,应用系统分析的原理和方法,综合大量的作物生理学、生态学、农学、农业气象学、土壤肥料学等学科的理论和研究成果,对作物的生长发育加以理论概括和数量分析,建立相应的数学模型,然后在计算机上进行动态的定量化分析和作物生长过程的模拟研究。

作物生长模型是对作物生育过程的基本规律和环境因子关系的量化表达,因而具有基础性和一般性的意义。较理想的作物生长模型应具有以下 8 个特征:

(1)系统性 对作物生长发育过程进行系统的、全面的分析与描述。

(2)动态性 包括受环境因子和品种特性驱动的各个状态变量的时间过程变化及不同生育过程间的动态关系。

(3)机理性 在经验性或描述性的基础上,通过进行深入的支持性研究,模拟较为全面的系统等级水平,并将其进行有机结合,从而提供对主要生理过程的理解或解释。

(4)预测性 通过研究模型的主要驱动变量及其与作物状态变量的动态关系,对不同系统成分提供可靠的定量描述。

(5)通用性 适用于不同地点、时间和品种。

(6)便用性 可为非专家操作应用,可用一般的气候、土壤及作物资料。

(7)灵活性 可容易地进行修改和扩充。

(8)研究性 除了应用性以外,还可用于作物生理生态与栽培育种等学科的研究工作。利用作物生长模型进行研究,可以避免实物研究中干扰因素多,周期长,费用高等不足。这些基本特征中,动态性和预测性是作物模型最显著的特征。

所谓模拟(simulation)是利用模型来进行试验、分析和推演,以获得对被研究对象的认识。一般将模拟分为静态模拟和动态模拟。静态模拟没有时间变量的参与,动态模拟以一定的时间间隔对研究对象的变化进行详细的动态记录,故能反映模型状态变量随时间的变化而变化。

作物模型的机理性与经验性是两个重要的特征,任何一个模型都有一定的机理性和经验性,只是相对比例不同。应用型模型具有较强的经验性,研究型模型具有较高的机理性。经验模型容易理解、使用,但模型的解释性和广适性差。机理性模型可以动态的反应变化,具有较强的解释性和广适性。但难以理解和使用、输入多。较强的任何模型都有一定的经验性与机理性,只是偏重程度不同。随着资料的丰富可以深化对模型机理性的认识。图 12-1 给出了研究系统、数学模型及实验之间的相互联系。

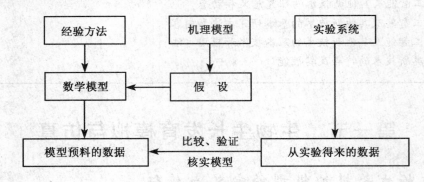

图 12-1　数学模型设计方法

二、国内外研究动态

(一)功能模型

1. 温室蔬菜生长模型

由光合作用驱动的作物生长模型一般包括叶面积的模拟、冠层辐射传输的模拟、光合作用的模拟、呼吸作用的模拟、干物质分配的模拟、产量形成的模拟等 6 个部分。

(1)叶面积的模拟　叶面积的动态变化模拟准确与否直接影响植物光合作用和干物质积累过程模拟的准确性。目前,模拟植物叶面积动态的方法概括起来主要有 4 种:①假设叶片的出生和最终大小由温度控制,用生育期或积温的函数描述叶面积的动态变化,可称为温度驱动模型。②假设叶面积的变化受到同化物供应的限制,利用光合作用驱动的生长模型模拟的叶干重和比叶面积(SLA)来预测叶面积。光合作用和同化物供应是由辐射决定的,因此可称为辐射驱动模型。③结合上述两种方法,在生长初期用温度的函数来描述叶面积发展,当叶面积指数达到 L_s(封行时的叶面积指数,特征值为 LAI=1)后,用叶干重和比叶面积来计算叶面积。④用辐热积(光合有效辐射与温度热效应的乘积)法模拟叶面积。其中第①种方法适用于在辐射与温度变化同步的大田条件下生长的各类作物叶面积动态的模拟。第②、第③和第④种方法适合大田和温室条件下生长的各类作物叶面积动态的模拟。第②种方法机理性相对较强,但只适用于肥水条件不受限制的作物生产。此外,模型参数 SLA 的测量目前只能靠破坏性取样获得,而作物生长模型对 SLA 高度敏感,微小的 SLA 测量误差会导致较大的叶面积指数的模拟误差,继而影响冠层光合作用和干物质生产模拟的准确性。因此,第②种方法在生产上的实用性较差。第③种方法结合了温度和同化物供应对叶面积发展的影响，既具有第①种和第②种方法的优点，也具有这两种方法的局限性。第④种方法针对温室内辐射和温度不同步（如冬季加热期间）的问题，采用综合的辐射和温度指标——辐热积，可以准确预测温室作物叶面积的动态变化。但是，采用这种方法建立的模型只适合预测与建模试验栽培管理方法（种植密度、整枝方式和肥、水管理）相同的温室作物叶面积的动态变化。

（2）冠层辐射传输的模拟　　冠层辐射传输的准确模拟是准确模拟作物冠层光合速率的前提。Monsi 和 Saeki 提出，辐射在作物冠层中的分布由冠层顶向下按指数规律递减，递减速率与冠层消光系数和叶面积指数（LAI）有关。但该模型只适用于叶片方位角和叶片倾斜角随机分布的作物冠层（如大多数封行的禾本科作物和叶菜类），对种植行距较宽的温室果菜类作物冠层的光分布预测误差较大。为了准确模拟辐射在冠层内的传输，De Wit 于 1965 年首次提出了作物冠层截获光能的几何模型；Goudriaan 在研究了作物冠层的辐射和几何特征之后，提出了更详细的叶倾角为随机分布冠层的辐射分布模型和行栽作物冠层的辐射分布模型；Monteith 和 Unsworth 提出的植物冠层辐射几何学为模拟各种不同类型几何结构的作物冠层（叶倾角为水平、随机、圆锥、水平圆柱、垂直圆柱等分布）光分布奠定了物理和数学基础；但这些模型的模拟过程与结果都是采用抽象的数字化表达。三维（3D）结构模型可以精确模拟和形象表达植株和冠层形态的 3D 结构，因此，植物冠层辐射传输几何数学模型与 3D 结构模型相结合，为进一步精确模拟作物冠层辐射传输动态提供了有力工具。

（3）光合作用的模拟　　作物光合作用的模拟一般是首先计算单叶的光合速率。Farquhar 等从生化角度描述了叶片的光合作用特性，很好地解释了光合作用对温度和 CO_2 的依赖，使叶片光合速率的计算由经验性向机理性迈出了一大步。关于冠层光合作用的模拟，一种方法是将冠层所截获辐射总量代入光合作用计算公式中，算出冠层总光合速率，这种模型称为"大叶模型（big leaf model）"。另一种更精确的方法是先计算单叶净光合速率，然后对单叶净光合速率在冠层叶面积范围内积分，得到群体净光合速率。这种模型称为"多层模型（multi-layer model）"。Goudriaan 提出了计算冠层净光合作用速率的多层模型，他采用 Gaussian 积分法计算冠层光合作用速率，从而在保证计算精度的同时大大简化了群体光合速率的计算过程。倪纪恒、李永秀、袁昌梅等分别采用该方法模拟温室番茄、黄瓜、网纹甜瓜的冠层光合作用，获得了较好的效果。

（4）呼吸作用的模拟　　呼吸作用的模拟是作物生长模型中最为薄弱的部分，模型以经验公式为主。在多数作物生长模型中，将呼吸作用分为生长呼吸和维持呼吸两个部分。维持呼吸与生物量大小有关，在作物生长模型中，常用维持呼吸系数与总干物量的乘积来计算。维持呼吸系数一般是作为温度和器官类型的函数进行计算的。Amthor 认为，由于新陈代谢的减弱，维持呼吸系数可能随作物年龄的增长和生长速率的下降而下降。Van Keulen 和 Seligman 认为，作物年龄对维持呼吸的影响可以通过维持呼吸系数与含氮量的关系来考虑。CO_2 对呼吸的影响目前还不太清楚，但维持呼吸系数很可能随 CO_2 浓度的增大而减小。

生长呼吸可以根据干物生长速率与生长呼吸系数来计算。生长呼吸系数大小主要与形成的最终干物质的化学成分有关。Penning de Vries 等提出了生长呼吸系数与植物体内 6 种化学成分的函数关系，为生长呼吸系数的计算提供了可行的途径。

（5）干物质分配的模拟　　Marcelis 总结了模拟干物分配的 6 种方法：①分配系数法和分配指数法：即首先确定各个器官之间的分配系数或分配指数，然后根据相应分配系数或分配指数随生育阶段的变化来模拟干物质分配。分配系数和分配指数模型是经验性模型,由于其参数少且容易确定,是目前最常用的模拟干物质分配的方法。但这种方法普适性差,只能应用于特定品种和特定环境。②功能平衡法:即认为干物质在地上和地下部分之间的分配主要取决于根活性和地上部分活性的对比。功能平衡理论能够很好地模拟根茎类蔬菜干物质分配,但对于许多蔬菜作物来说,收获的不是全部地上部分,而仅仅是果实,采用这种方法无法模拟干物质在地上部分各器官之间的分配。③流库调节法:即认为干物质在各个器官之间的分配取决于运输阻力和库对同化产物的利用能力。流库调节模型机理性很强,但运输阻力很难量化,有效碳浓度这个参数也很难测定,因此模型很难实际应用。④物理相似理论:即认为植物体干物质的运输与分配遵循电学上的电压电流理论,干物质的分配主要受渗透力和库强的影响。这种方法的局限性在于理论基础无法用植物生理学的观点来解释,器官的库强在目前这种生产水平下很难测定,渗透力参数很难量化,限制了模型的实际应用。⑤库强调节模型:此模型假定干物质在各个器官之间的分配主要由各个器官的库强决定的。该方法不仅可以模拟干物质在根和地上部分之间的分配,也可以模拟干物质在单个器官(例如单果、单叶、单枝、果节甚至于单个细胞)中的分配,特别适用于温室果菜类作物生长的模拟。⑥带有优先函数的库强调节模型:该方法假定干物质在各个器官之间的分配主要受器官潜在生长速率和基质特性的影响,不同的器官基质特性不同,干物质优先分配给基质浓度高的器官。这种模型的优点是普适性强,可以应用于多种生产条件。

虽然基于库强调控理论的干物质分配模型具有较强的机理性,但模型需要确定的参数很多,其中许多参数(如库强)很难通过试验获得。因此,基于源库调控理论的干物质分配模型的实用性受到很大的限制。特别是在中国现有的生产条件下,由于肥水管理和环境调控水平不高,作物不能达到最优生长,模型参数的测定在实际生产中难以获得。此外,库强调节型干物质分配模型中,器官的数量和收获时间对模拟结果有重大影响。在果菜作物中,果实的数目还受到化果率的影响,而影响化果率的因素很多。因此,实际上基于库强调控理论的模型对果菜类作物干物质分配模拟的准确性并不高。

(6)产量形成的模拟 蔬菜产品一般是以鲜重计产。而光合作用驱动的作物生长模型主要模拟干物质生产,因此必须将干重换算为鲜重。大多数蔬菜作物模型假定产品的干物质含量为一个固定值,但实际上果菜类作物的果实干物质含量受温度、同化物供应和需求、果实年龄等的影响很大。而且关于干重增长与鲜重增长之间的关系目前研究和了解很少。果菜作物的果实大小也是产品的重要品质和收获标准之一。袁昌梅等通过定量研究甜瓜果实直径与鲜重的关系,较好地预测了温室网纹甜瓜果实大小。但由于温室网纹甜瓜每株只留一个果实,因此通过果实总鲜重来预测果实直径比较容易实现;而对于番茄、黄瓜等多次收获的作物,因每株上同时有多个果实存在,且各个果实年龄、大小并不一致,对其果实大小的预测尤为困难。结构模型能够模拟植物的拓扑结构和几何形态及其变化规律,因而将温室蔬菜产量形成的模拟与形态结构模拟相结合,是解决上述问题的有效途径。

2. 温室蔬菜生育期预测模型

作物收获期的准确预测是进行蔬菜生产计划和制定市场策略的重要依据。作物发育速率的精确模拟是准确预测作物生育期和产品收获时间的基础。发育尺度的确定是模拟作物发育速率的关键。作物模型中常用的发育尺度主要有积温和生理发育时间两种。由于积温理论本身的局限性,基于积温的发育模型在应用到建模以外的地方和品种时,预测误差很大,而且不适合感光和感温(春化)作物发育的预测。生理发育时间,又称生理发育日。作物在发育最适宜的温光条件下生长一天定义为一个生理日。生理发育时间综合了光温对作物发育的影响,克服了积温的局限性。利用生理发育时间可以预测作物特定基因型品种在不同环境条件下的发育阶段。袁昌梅、倪纪恒等分别采用生理发育时间较好地预测了温室甜瓜和番茄的生育期和收获时间。

(二)结构模型

早期的形态结构模型很少涉及生理机制,仅仅是植物形态结构的重建。这种重建结构模型在进行植物冠层内器官空间分布的研究中有重要价值。此外,重建结构模型还可以协助进行计算机景观设计和植物品种展示。但重建结构模型只表达了单个植物样本的特征,不能代表同种类的其他植物,而且没有预测功能。20世纪90年代中期以来,结构模型逐渐向机理性方向发展,并出现了与功能模型相耦合的趋势。L-系统和AMAP是结构模型中运用较多的两种方法。其中L-系统是一种基于生长规则的多细胞发育数学理论,可以描述植物体的结构特征和生长过程;AMAP是由法国CIRAD植物建模机构开发的一种植物生长模拟方法,该方法综合了植物构筑学方面的定性知识,对植物芽的功能作用,如生长、死亡、分枝等过程进行定量的数学描述。

尽管结构模型的研究在大田作物和树木方面取得了可喜的发展,但在温室蔬菜方面的研究还很少。近年来,董乔雪等建立了温室番茄形态结构模型,该模型由结构模型、功能模型和它们的相互作用组成,兼具了结构模型与功能模型的优点,能够较好地描述温室内无限生长型番茄的3D结构及生物量生产、分配。尽管该模型的可靠性、实用性和普适性尚有待于进一步改善,但其建模思路为建立更完善的温室无限生长型蔬菜模型提供了参考。

三、作物模拟研究的意义和作用

作物模型最重要的意义是对整个作物生长发育的知识进行系统的综合,并量化简化生理生态过程及其相互关系。在这种知识合成的过程中,还能鉴定知识空缺,从而明确新的研究方向,同时在对作物生育规律由定性描述向定量分析的转化过程中,深化对作物生育过程的定量认识。

成功的作物模型之所以受到作物科学家的肯定和重视,是因为模拟模型具有其他研究手段不可替代的功能:理解、预测、调控。作物模型能够帮助人们理解和认识作物生育过程的基本规律和量化关系,并对作物生长系统的动态行为和最后产量进行预测,从而可指导对作物生长和生产系统的适时合理调控,实现高产、优质、高效和持续发展的目标。

第二节　生产与环境管理专家系统

一、专家系统

1. 专家系统的定义与特点

专家系统是近50年来人工智能走向实用化研究中最引人注目的一个分支。所谓专家系统实际上是一种以知识为基础,能够广泛地利用专门知识求解问题,达到人类专家水平结论的计算机程序系统。它应用人工智能技术,根据一个或多个专家提供的在特殊领域内用以分析和解决问题的知识、经验和方法,总结并形成规则,用软件的方式予以实现,然后存贮起来。这样计算机就能利用这个软件,通过系统与用户交互对话的方式,根据用户回答程序的询问所提供的数据、信息或事实,运用系统存贮的专家知识和经验,进行推理判断,模拟人类专家解决问题形成决策的过程,最后得出结论,给出建议,同时给出该结论的可信度,以供用户决策参考。它可以解决那些需要专家才能解决的复杂问题,提出专家水平的解决方案或决策,从而大大提高各类事物的管理和决策水平,向着人类期望的高水平的系统目标迈进。

专家是在某一特定领域具有专门知识的人,专家系统的知识或者是专门知识或者是来自于书籍、杂志及拥有知识的人。专家系统术语——基于知识的系统(knowledge based system)或基于知识的专家系统(knowledge based expert system)等通常用来表达同一概念。多数人简单地称之为专家系统(expert system)。

专家系统不同于一般的计算机系统,其主要特点是:

(1)启发性 即能运用专家知识和经验进行推理和判断。

(2)透明性 即系统能解释本身的推理过程,并能问答用户提出的问题。

(3)灵活性 即专家系统能不断地增长知识,修改和完善原有的知识。

(4)针对性 即一个特定的专家系统完成的任务领域比较窄,解决的问题也比较专业。

(5)实用性 即专家系统强调适用和管用,所研制的系统一定要解决人们在生产实践、科学研究及其他领域中的实际问题。

2. 专家系统结构

专家系统结构是指专家系统各组成部分的构造方法和组织形式。

由于每个专家系统所需要完成的任务和特点不同,其系统结构也不尽相同,一般只具有图12-2 中的部分模块。

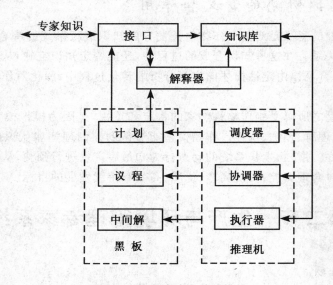

图 12-2 理想专家系统结构图

接口是人与系统进行信息交流的媒介,它为用户提供了直观方便的交互作用手段。接口的功能是识别与解释用户向系统提供的命令、问题和数据等信息,并把这些信息转化为系统的内部表示形式。另一方面,接口也将系统向用户提出的问题、得出的结果和做出的解释以用户易于理解的形式提供给用户。

黑板是用来记录系统推理过程中用到的控制信息、中间假设和中间结果的数据库。它包括计划、议程和中间解3部分。计划记录当前问题总的处理计划、目标、问题的当前状态和问题背景。议程记录一些待执行的动作，这些动作大多是由黑板中已有结果与知识库中的规则作用而得到的。中间解区域中存放当前系统已产生的结果和候选假设。

知识库包括两部分内容。一部分是已知的同当前问题有关的数据信息；另一部分是进行推理时要用到的一般知识和领域知识。这些知识大多以规则、网络和过程等形式表示。

调度器按照系统建造者所给的控制知识（通常使用优先权办法），从议程中选择一个项作为系统下一步要执行的动作。执行器应用知识库中及黑板中记录的信息，执行调度器所选定的动作。协调器的主要作用就是当得到新数据或新假设时，对已得到的结果进行修正，以保持结果前后的一致性。

解释器的功能是向用户解释系统的行为，包括解释结论的正确性及系统输出其他候选解的原因。为完成这一功能，常需利用黑板中记录的中间结果、中间假设和知识库中的知识。

一般应用程序与专家系统的区别在于：前者把问题求解的知识隐含地编入程序，而后者则把其应用领域的问题求解知识单独组成一个实体，即为知识库。知识库的处理是通过与知识库分开的控制策略进行的。更明确地说，一般应用程序把知识组织为两级：数据级和程序级；大多数专家系统则将知识组织成三级：数据级、知识库级和控制级。

数据级是已经解决了的特定问题的说明性知识以及需要求解问题的有关事件的当前状态。知识库级是专家系统的专门知识与经验。是否拥有大量知识是专家系统成功与否的关键，因而知识表示就成为设计专家系统的关键。在控制程序级，根据既定的控制策略和所求解问题的性质来决定应用知识库中的哪些知识。这里的控制策略是指推理方式，按照是否需要概率信息来决定采用非精确推理或精确推理。推理方式还取决于所需搜索的程度。

3. 专家系统的主要模块

（1）知识库　知识库（knowledge base）用于存储某领域专家系统的专门知识，包括事实、可行操作与规则等。为了建立知识库，要解决知识获取和知识表示问题。知识获取涉及知识工程师（knowledge engineer）如何从专家那里获得专门知识的问题，知识表示则要解决如何用计算机能够理解的形式表达和存储知识的问题。

（2）综合数据库　综合数据库（global database）又称全局数据库或总数据库，用于存储领域或问题的初始数据和推理过程中得到的中间数据（信息），即被处理对象的一些当前事实。

（3）推理机　推理机（reasoning machine）用于记忆所采用的规则和控制策略的程序，使整个专家系统能够以逻辑方式协调地工作。推理机能够根据知识进行推理和导出结论，而不是简单地搜索现成的答案。

（4）解释器　解释器（explanatory）能够向用户解释专家系统的行为，包括解释推理结论的正确性以及系统输出其他候选解的原因。

（5）接口　接口（interface）又称界面，它能够使系统与用户进行对话，使用户能够输入必要的数据、提出问题和了解推理过程及推理结果等。系统则通过接口，要求用户回答提问，并回答用户提出的问题，进行必要的解释。

二、国内外专家系统研究现状

1. 国外专家系统发展概况

国际上农业专家系统的研究是在 20 世纪 70 年代末期开始的,以美国最早。1983 年,MICCS 是日本千叶大学研制的一个番茄病害诊断专家系统,该系统可对两种病害进行诊断,并提能供防治方法。

到了 80 年代中期,随着专家系统技术的迅速发展,农业专家系统在国际上有了相当的发展,在数量和水平上均有了较大的提高。

在园艺方面,日本千叶大学利用原 MICCS 工具开发了花卉栽培管理支持系统、庭院景观评价系统。日本政府对专家系统这门高技术在农业上的应用给予高度重视,已取得了不少成绩,已开发出若干个专家系统,如东京大学开发的番茄栽培管理专家咨询系统、培养液管理专家系统;千叶大学利用原 MICCS 工具还开发了茄子等几个作物的病害诊断专家系统、花卉栽培管理专家系统;近年来日本又将专家系统应用于牛奶生产等农业工业,或"植物工厂"中。以上这些专家系统大部已投入实际应用,如放在农民协会普及,供农户咨询等,取得了良好效果。

目前国际上已正式公布的农业专家系统有近百个,广泛应用于作物生产管理、灌溉、施肥、品种选择、病虫害控制、温室管理、牛奶生产管理、牲畜环境控制、土壤保持、食品加工、粮食储存、环境污染控制、森林火灾控制、经济分析、财务分析、市场分析、农业机械选择、农业机械故障检测等众多方面,几乎无所不包。目前,许多系统已经得到应用,一部分已成为商品进入市场,发挥出高新技术的巨大优势。

2. 国内农业专家系统研究概况

我国农业专家系统的研究,早在 20 世纪 80 年代初期就已开始,是国际上开展此领域的研究与应用比较早的国家。在国家"八六三"计划、国家自然科学基金、国家科技攻关计划的资助中,在中科院、农业部、机电部和各地政府的支持下,许多科研院所、高等院校和各地有关部门开展了各种农业专家系统的研究、开发以及推广应用,取得了可喜的成就。在"七五"期间,各地高校、研究所也相继开发了不少农业专家系统:如河北省农业厅与廊坊市农林局应用 GU-RU 工具开发的冀北小麦专家系统,北京农业大学开发的作物病虫预测专家系统和农作制度专家系统,安徽省计算中心和安徽农学院合作研制的水稻病虫害专家系统等等。

在 20 世纪 90 年代,我国农业专家系统的发展在广度和深度方面均有了很大的进展,进一步将人工智能技术应用于农业领域,取得了若干重要的研究成果:如江苏省农科院、北京农业大学、南京农业大学、新疆农业大学等许多单位将作物生态生理过程模拟与农业专家系统技术相结合,取得了可喜进展。比较成功的还有小麦高产技术专家系统,基于农作物生长特征的农作物栽培专家系统,基于生长模型的小麦管理专家系统,水果果形判别人工神经网络专家系统等。

重庆大学开发了实用番茄栽培管理专家系统,山东省农业科学院研制了日光温室黄瓜栽培管理专家系统。由于上述几种蔬菜作物的生产管理专家系统未能与蔬菜作物的生长模型相结合,专家系统仅仅利用了作物生产系统表现的浅层知识,只能提供基本信息和决策,而不能表示系统成分之间的内在关系,缺少动态预测功能和机理性解释。单凭专家的知识和经验,难以完整客观地反映其动力学规律和不同生态地区的特征。经验性算法不能外推到条件不同的田块或地区中,难以正确理解和运用各种因素之间的复杂的交互作用,更难以估测环境因子的长期影响,因而在一定程度上限制了这些专家系统的应用。

进入新世纪以来,以农业专家系统为重要手段的智能化农业信息技术在我国迅速发展,并成为我国农业现代化的重要内容。目前已有多种大田作物生产管理专家系统正在我国广大地区应用,为我国农业现代化建设服务。

第三节　综合环境的数学模拟与调控

一、综合环境调节的意义

农业生产力的发展主要取决于遗传与环境两大因素。遗传决定农业生产的潜势,而环境则决定这种潜势可能兑现的程度。作物对环境因素的要求,涉及光、温、水、气、肥等众多的因子,并随着品种、生育阶段及昼夜生理活动的变化而不断变化。因此,作物对环境因子的需求,可以概括为:符合作物生命周期节律需要的、众多因子彼此关联共同作用的综合动态环境模型。

作物需要的综合动态环境模型是受作物生命周期制约的,温室设施提供的综合动态环境系统是受自然环境及工程设施限制的。二者统一,就可充分发挥作物遗传的潜力。在作物整个生育期中,温室设施的环境条件,往往不可能完全满足作物的需要。因此,必须根据作物需要的综合动态环境模型与外界气象条件,采取必要的综合环境调节措施,把多种环境因素,如光照、温度、湿度、CO_2 浓度、气流速度、土壤电导率等都维持在适于作物生育的水平,以期获得优质、高产、高效和低能耗的目的。

对温室进行综合环境调节时,为了获得最大的经济效益,不仅要考虑室内外各种环境因子和作物生长发育情况,而且还要从栽培者经营总体出发,考虑各种生产资料投入的成本、市场价格变化、资金周转和栽培管理作业等,以最大经济效益为目标进行环境控制与管理。所以,综合环境调节是以速生、优质、高产为目标进行监测、分析与调节控制的。综合环境管理是在综合环境调节的基础上,随时根据市场变化与效益分析,对目标环境指标进行修订,以期获得最大的经济效益。在市场变化与竞争日趋激烈的情况下,栽培者加强综合环境调节与管理是十分必要的。

二、综合环境调节与管理的方法

温室系统是一个复杂的物理和生物系统,包含许多非线性动态过程,如:动态传热过程、水分输运及平衡过程、作物光合作用和蒸腾作用等过程。在温室环境中既存在有物理现象,又存在着一些作物生理现象。所以,温室环境中涉及很多的环境因素,而且这些环境因素之间是相互作用的。因此,对温室环境的建模是复杂的,要建立全面的、完善的模型也是相当困难的。荷兰的 J. CBakker 研究发现,温室内的太阳辐射减弱、风速下降、空气温度和水蒸气分压力增加、无控制时 CO_2 浓度波动增强。这些变化在不同地点、不同季节对不同作物有不同的影响。

三、国内外设施农业环境的数学模拟与仿真研究现状

对温室小气候建模的研究在全世界已经进行几十年了,早在 1963 年 Businger 采用热平衡稳定状态方法,根据温室环境因素来确定温室内的空气温度,这是温室建模的一个里程碑。

大多数温室环境的物理模型都是以温室中的物质能量平衡为基础的。G. P. A. Bot 对温室的物理各过程进行了分析,并通过实验验证它们过程模型的合理性;Bot 和 Boulara 等依据温室能量和物质平衡建立了温室小气候的模型;Joniet 建立了温室的湿度模型;P. Froehlich 等人建立 T 预估玻璃温室热行为稳定期的数学模型;M. Kindelan 探讨了温室环境的动态模型,建立了基于能量和质量平衡的方程;G. A. Duncan 等人研究了温室能量流动的模拟问题,得出了温室能量分析的结果;G. P. A. Bot 对温室气候的物理模型进行研究,分析了短波辐射输送、通风空气交换、作物物理特性、能量和质量转换等几个子模型。还有更多的学者研究了温室环境的模拟与控制问题:如 H. J. Tantau 提出了温室气候的控制模拟,研究了加热系统、通风控制的模拟和温室能量消耗的建模等问题;I. seginer 等人又提出利用神经网络进行温室环境模拟的专家控制策略,并认为所提出的专家系统比传统的专家系统方法更有针对性;N. sigrimis 等人提出了一种温室控制的线性模型,并考虑了多输入多输出(MIMO)温室系统的行为和最优控制;最近,M. Trigul 等人在温室气候控制策略中,根据室内外环境状况和作物生长情况,不断地修改温室气候环境设定值的方法对温室内温度、相对湿度、CO_2 浓度和光照强度进行控制,达到温室控制的最大产值和最少耗能。总之,国外对温室环境(气候)和预测模型的研究正在不断发展,以模型为基础的综合控制方法已代表着未来研究发展的方向。

国内对智能化连栋温室环境模型的研究才刚开始,但对日光温室环境模型已有较深入的研究。从 20 世纪 70 年代开始,沈阳农业大学的李天来、须晖等研究了温室条件下不同时期昼间亚高温处理对番茄生长发育的影响,温室条件中不同番茄果实中糖分含量变化的研究,不同温室条件下番茄幼苗生育与畸形果发生的关系研究等,量化揭示了番茄生理生长发育指标和环境的相关关系。中国农业大学的陈端生、张福墁、陈青云等研究了日光温室中不同光温环境对黄瓜叶片光合速率的影响,对黄瓜光合产物运输和分配的影响,对内源激素水平和对幼瓜生长的影响等,建立了日光温室内基于植物模拟的空气热环境和湿度数学模型。中国科学研究院蔬菜所的张志斌、尚庆茂等研究了温室条件下,不同肥水条件,包括叶面肥和激素等对设施植物生理特性的影响,不同栽培基质对植物生理特性及产量的影响,并建立了相应的数学模型。

在连栋温室方面,中国农业大学的马承伟、李保明等进行了基于温室环境的结构设计和温室环境控制系统的研究,建立了连栋塑料温室环境模型和智能化控制法。南京农业大学的李世军、郭世荣和罗卫红等推出了温室黄瓜发育动态模拟模型,温室黄瓜光合生产与干物质积累模拟模型等。江苏大学的李萍萍、毛罕平等推出了生菜长势动态及生产潜力模拟模型,CO_2 补施对结球生菜光合作用影响模型等。还有李娟等根据有效积温原理对温室黄瓜的生长发育进行了动态模拟;孙忠富等在 TOMSIM 的基础上建立了温室番茄生长发育模拟模型,该模型具有较完善的模拟功能;谢祝捷等结合黄瓜的生长发育特性,建立上海自控温室黄瓜的干物质生产和分配模拟模型;山西农业大学的王双喜等建立了基于植物模拟的塑料连栋温室蔬菜栽培环境模型等,这里就不再一一列举了。

近年来,人工智能技术得到了迅猛的发展。很多研究者希望能利用人工智能技术来解决温室这样一个复杂系统的建模问题,其中神经网络在温室环境建模中的应用尤为突出。

神经网络能把复杂的系统通过有限的参数进行表达,通过定义系统的输入输出变量,确定神经网络的结构,基于采集的数据对网络进行训练,所得的模型可用于作为最优环境控制的模型。此外,通过组合不同的输入输出变量,可以分析各变量之间的相关性,为建立物理模型提供依据。神经网络方法需要大量的数据,否则在进行外推和演绎时可靠性明显降低。

第四节　环境智能化控制系统

一、温室系统环境因素的复杂性

温室系统是一个目标复杂、对象复杂、环境复杂的大系统。在温室内作物的各个生长时期,温度、湿度、光照、CO_2、土壤水分、土壤营养、有害气体浓度等,都是影响作物生长的参数。但温度、湿度、光照度以及 CO_2 浓度是作物生长、发育最基本的环境要素。它们之间存在相互耦合、相互协调的关系,要实现环境控制并非易事。温室检测控制系统必须能够实现对以上要素的数据采集与分析处理,并进行相应的管理和控制,以使温室为作物的生长提供一个良好的环境。

温室内的环境因子是互相联动变化,相互影响的。从自动控制学科角度看,温室环境控制既有易控的一面,又有复杂难控极具挑战的一面。一般来说,栽培专家给的温室环境控制因子的目标值,都是一个区间值,因此其控制精度要求较工业控制低。但温室控制也有其难控的一面:一是多因子、多目标控制问题,在任何情况下,都必须将温室内的温度、湿度、光照度、CO_2 浓度控制在所要求的范围内,任何一项指标超标的话,都会影响作物生长,甚至死亡;二是多因子耦合问题,实现温度、湿度、光照度、CO_2 浓度的控制目标的控制手段对被控目标因子的影响是相互耦合的,有些甚至是矛盾的,因而必须研究有效的多变量控制算法;三是部分目标因子有精确控制的要求,如冬天加热控制,控制精度越高,其节能效果越明显,运行成本降低;四是实现精确控制的问题,从被控对象来说,它是一个时变的、严重非线性的、大容量滞后的、多变量强耦合的对象,因而较难实现精确控制。

因而,要使温室产量最高,且具有最佳的经济效益,必须设计合理的温室检测与控制系统,将温室各环境因子控制在相对最佳的组合水平。

二、温室智能化环境监控系统总体结构及技术要求

温室计算机控制系统可分为温室气候检测和控制两个部分。温室的小气候是由温度、湿度、光照度、CO_2 浓度等环境因子构成的。温室控制就是在计算机的综合控制下,通过检测这些环境因子,提供不受季节或节令限制的适合作物生长的环境,以实现各种作物的优质、高产、高效、低耗的工厂化生产。

其主要包括 4 个模块:

(1)环境因子采集、转换与处理模块　其包括空气温湿度,土壤温湿度、光照、风速、风向、雨量、CO_2、pH 值等环境因子的检测,并将采集的信号转换为计算机和操作人员可识别的量,并由计算机进行相关处理。

(2)分析与决策模块　依据作物生长发育特点及对环境的要求,集成温室气候控制、灌溉控制等专家系统或模型,实现作物生长环境控制的智能化。

（3）执行模块　实现包括风机湿帘、遮阳网、天窗、侧窗、喷雾等系统的自动控制。

（4）界面与通信模块　利用现代无线通讯、网络技术等，进行温室和温室群的通讯和管理，实现温室的分布式网络控制和远程管理。

温室环境控制系统的主要工作流程如图 12-3 所示，根据温室内的传感器获取的室内温度、湿度、光照度、CO_2 浓度等信息，结合控制模型生成决策方案，通过控制指令，来驱动相关的执行机构（如温室天窗的电机、湿帘风机系统的电机、遮阳保温系统的电机、加热系统的电机与电磁阀、喷雾系统的电机与电磁阀等），从而对温室内的小气候环境进行调节控制，以达到作物生长发育的最佳环境的标准。目前我国正从粗放型的设施农业向着精细型的设施农业方向发展，因而要求测量控制系统向着精确化、智能化、产业化、网络化的方向发展。这就要求测控系统能满足下列要求。

准确性：作为在实际生产中被应用的温室智能化环境监控系统，必须能够正确地分析判断植物的生长状况，有效的检测和控制各个环境因素的变化，故障发生率很低。

经济性：对温室进行综合环境调节，其最终目的是为了获得最大的经济效益。因此，作为在实际生产中被应用的温室智能化环境调控系统的价格和运行机制必须合理而经济，否则无法大规模推广应用。

简便性：作为农业通用生产技术，温室智能化环境监控系统必须要保持操作简便，通用性强，容易被从事农业生产的人员掌握和利用。

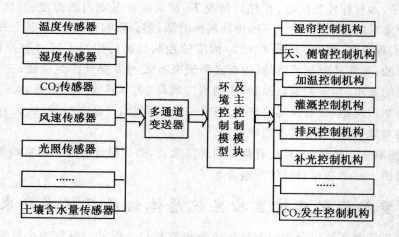

图 12-3　环境监控系统总体结构

三、综合环境调控

所谓综合环境调控，就是以实现作物的增产稳产为目标，把影响作物生长的多种环境参数（如光照、温度、湿度、CO_2 浓度等）都保持在适宜作物生长的状态，并尽可能使用最少量的环境调节装置（采光、遮光、通风、保温、加温、施用 CO_2 等），既省工又节能，还能使劳动者愉快地从事生产的一种环境控制方法。

四、动态的环境控制系统

当前,主要使用精确的计算机环境控制程序对温室中的环境进行调控,但研究发现,这并不能使园艺作物达到最佳产量。如作物的生长和发育并不取决于某一时刻某个特定温度,而主要取决于在一个时间段中的平均温度水平,这导致控制系统向"自由设置"系统的方向发展,如综合温度控制系统的研制。

在该系统中并不设置一个固定的温度值,温室中的温度在最高和最低温度范围内可进行变动,以求在一个较长的时间段内达到理想的平均温度。这样计算机可以根据室外的气候,在使用最低能耗、最佳利用温室中的现有的设备情况下自由进行调节。动态的环境控制系统目前主要侧重于温度、光照、相对湿度、CO_2 浓度等方面的调控研究,有些已成功地运用于实践。

五、蓝牙技术

蓝牙技术(bluetooth)是近年发展起来的新型低成本、短距离的无线网络传输技术。运用这种技术把温室环境自动检测与控制系统中的各个环境参数采集器和执行机构无线连接起来,以达到更便捷地对温室环境自动检测,更灵活地对温室环境自动控制,从长远来看是很有意义的。这些环境参数采集器的内部装有温度、湿度、光照等各种传感器,并嵌入了蓝牙芯片,因此,这种参数采集器具有无线通信功能,可以便捷地放置在温室内的不同位置。控制器中同样也嵌入了蓝牙芯片,它一方面与便携式环境参数采集器无线连接,另一方面通过 RS-485 通信总线与温室内的计算机控制装置相连接,以实现无线控制。

六、温室环境控制技术的发展趋势

1. 智能化

随着传感技术、计算机技术和自动控制技术的不断发展,温室计算机环境控制系统的应用将由简单地以数据采集处理和监测,逐步转向以知识处理和应用为主。因此软件系统的研制开发将不断深入完善,其中以专家系统为主的智能管理系统已取得了不少研究成果,而且应用前景非常广阔。因此近几年来神经网络、遗传算法、模糊推理等人工智能技术在温室生产中得到了不同程度的应用。

2. 网络化

目前,网络技术已成为最有活力,发展最快的高科技领域。网络通信技术的发展促进了信息传播,使设施农业的产业化程度的提高成为可能。我国幅员辽阔,气候复杂,劳动者整体素质低,可利用网络进行在线和离线服务,其基本结构如图 12-4 所示。

3. 分布式

分布式系统通常也是分为上、下两层,上层用作系统管理,其他各种功能(测量与控制任务)主要由下层完成。下层由许多各自独立的功能单元组成,每个单元只完成一部分工作。面向对象的分布式系统,即每一个功能单元针对一个对象,每一根进线、每一根出线、每个传感器、接触器等都可作为对象。

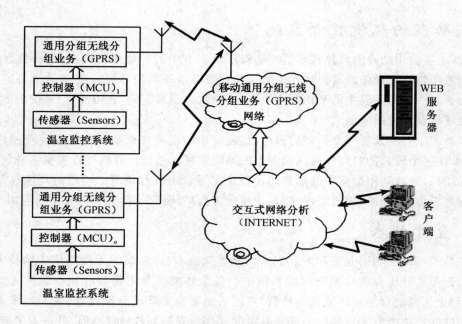

图 12-4　基于网络的分布式温室群环境监控系统结构

第五节　多位一体生态农业系统简介

所谓生态农业系统,就是以生态学理论为依据,在某一特定的区域范围内建立起来的多层次、多品种、相互链接、可循环、绿色化和节约化的农业生产系统。它由所有生长在该区域内的生物群落与其所有周围环境所组成,是进行生态农业建设和研究的基本单位。

生态农业系统就其实质来讲,是人们利用生物措施和工程措施不断提高太阳能的固定率和利用率、生物能的转化率以获取一系列社会必需的生活与生产资料的人工生态系统。它和自然生态系统一样,不断与环境交换能量与物质,并在内部流通转化,从而保持系统的功能和结构,同时在其内部形成复杂的反馈关系。但是在生态农业系统的能量流动和物质循环中,人是处于核心位置的,人类有着很大的主观能动性,在不超越生态系统客观规律的情况下,可以能动地利用和改造生态系统。

生态农业系统作为一种高效的人工生态系统,不仅有生物(动物、植物、微生物)组成和环境条件(光、热、水、气、土等)组成,还包括人类生产活动和社会经济条件,是这些复杂因素组成的统一体。也就是说,生态农业系统不仅将一个区域(这个区域大可至一个国家,小可至一个乡或自然村)内的全部农业、林业、畜牧业、渔业、工副业等都包括进去,而且还和社会经济系统密切结合起来,是一个综合性的生态系统。

我国生态农业在研究和实践中,依据各地的社会、自然环境和资源条件的不同,因地制宜地开发了体现生态农业基本原理和特点的一系列农业生态系统工程,"四位一体"生态模式和生态养殖工厂就是其中的两个典型模式。

一、"四位一体"生态农业系统

1."四位一体"生态农业系统简介

"四位一体"生态农业系统是沼气、太阳能利用与生态农业相结合的一种新的生产模式。它是将日光温室、沼气系统、猪舍和农舍的厕所进行有机结合，形成太阳能、沼气及其发酵后的残余物与种植、养殖相互依存、利用的整体。这种"模式"不仅解决了沼气池安全越冬的问题，使之常年产气，供农户生活之用；又可在冬季促进猪的生长发育，缩短育肥、出栏周期，节约饲料，提高养殖的产出效益；同时还能使日光温室的作物常年生产，并用沼气发酵后的残余物为猪提供食源，降低养殖成本；为作物提供充分的肥源及 CO_2 肥，以达到提高农作物的产量和品质，提高农民经济收入的目的。

2.主要技术

"四位一体"生态农业系统一般以一个农户为单元，建设面积视具体情况可大可小，目前以 1 000～1 500 m^2 为佳，下面介绍其具体技术参数。

（1）总体设计

①温室方位坐北朝南、东西延长，南偏西或南偏东的方向视当地情况而定，一般偏角为 5°～10°，如果条件受限，偏角不可大于 15°。

②生态温室面积依庭院大小而定，一般 400～500 m^2 为宜，在温室内的一端建一个 20～25 m^2 猪舍，一个 3～5 m^2 厕所，地下建一个 8～10 m^3 沼气池。

③温室后墙高 2～2.4 m，如为土墙，底宽 1～1.3 m，上宽 0.8～1 m，跨度 8～10 m，脊高 3.2～3.6 m，高跨比 2～2.2，温室东西长 50～60 m，一般选全钢架大跨度无立柱或复合材料大跨度无立柱日光温室。

④住房占地面积一般为 100～130 m^2，结构形式与布局视当地建房习惯和经济条件而定。

（2）沼气池设计技术

①建设时间依各自情况而定，但封冻之前沼气池必需启动使用。

②沼气池与农户灶房较近，一般不超过 25 m。

③沼气池一般采用曲流布料式或上流式，用双进料口，直管进料，进料管在池体中下部斜插，进料管与池壁夹角为 30°，进料口要装铁算子，水压间设在蔬菜温室内。

④沼气池主要几何尺寸：如为 8 m^3 沼气池，其内直径 2.7 m，池墙高 1 m，水压间深 2.18 m，直径 1 m。

二、工厂化生态农业系统

随着经济的发展、技术的提高、科学的进步，人们的环保意识逐步增强，养殖场对环境的污染将使其向生态养殖方向发展。西北农林科技大学旱地农业研究中心的生态养牛，就是生态养殖工厂化生态农业系统的一个典型模式。

1.技术路线和构造

生态养牛模式是以沼气池、太阳能牛圈（暖圈）、鸡室、卫生户厕（看护房及厕所）、集水系统（蓄水窖）、滴灌系统（节水设施）为特征的西北模式，如图 12-5 所示。它是以 0.33 hm^2（5 亩）左右的成龄果园为基本生产单元，在果园或农户住宅前后配套一口 8 m^3 的新型高效沼气池，一座 40 m^2 的太阳能牛舍，一个 8 m^2 的卫生户厕，一眼 60 m^3 的水窖及其配套的集雨场，一套果园节水滴灌设施。

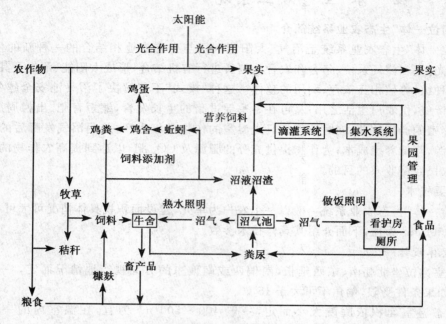

图 12-5　西北果园"五配套"生态养牛模式的技术路线图

2. 子系统功能

（1）**沼气发酵子系统**　沼气发酵子系统是西北模式的核心，起着联结养殖与种植、生活用能与生产用肥的纽带作用。可为农户提供高品位的清洁燃料，用于做饭、照明；为果园提供优质高效的有机肥料，用于叶面喷施或土壤根施；可实现燃料、肥料和饲料之间的相互转化，回收农牧业废弃物能量和物质，从而延长了生态链和增加了农民的收入；可避免森林植被的砍伐，减少秸秆焚烧、农药喷洒和化肥施用所造成的环境污染；解决人畜粪便随地排放所造成的各种病虫害的孳生，从而促进了农村生态环境的建设；可解放农村妇女劳动力，提高群众生活质量，促进农业增产、农民增收和农村经济的可持续发展。

（2）**太阳能牛舍子系统**　太阳能牛舍子系统可实现以牧促沼、以沼促果、果牧结合。采用太阳能暖圈养牛，解决了牛和沼气池的越冬问题，提高了牛的生长率和沼气池的产气率。

（3）**集水系统**　收集和贮蓄地表径流雨、雪等水资源的集水场、集水窖等设施，为果园配套集水系统。既可供沼气池、园内喷药及人畜生活用水，还可弥补关键时期果园滴灌，穴灌用水，以防关键时期缺水对果树生长发育和生产而造成影响。

（4）**滴灌子系统**　滴灌子系统是将水窖中蓄积的雨水通过水泵增压提出，经输水管道输送，滴灌滴头分配，最后以水滴或细小射流均匀而缓慢地滴入果树根部附近的系统。结合该系统可使沼液随灌水施入果树根部，从而使果树根部经常保持适宜的水分和养分。

（5）**卫生户厕子系统**　该系统包括看护房和厕所两部分，前者是人休息的地方，后者是人大小便的地方。看护房中用沼气灶来做饭、用沼气灯来照明、用沼气炉来取暖，厕所中用太阳能热水器或沼气淋浴器来洗澡。生活污水流经厕所时汇同粪便一起进入沼气池。

西北模式实行圈厕池上下连体、种养沼有机结合，能使生物种群互惠共生、物能良性循环，从而可取得"四省、三增、两减少、一净化"的综合效益，即：省煤、省电、省劳、省钱，增肥、增效、增产,病虫减少、水土流失减少,净化环境。农民高兴地称赞这种模式是"绿色小工厂"、"致富大车间",越来越多的群众依靠这种模式"盖上了新房、娶上了新娘、奔向了小康"。

复习思考题

1.作物生长模拟模型的定义与特征是什么?
2.专家系统的定义及主要的特点是什么?
3.简述理想专家系统的结构。
4.简述综合环境调节的意义。
5.简述温室环境控制技术的发展趋势。
6.生态农业系统的特征和性能是什么?

参考文献

[1]   张泽民.温室番茄生长发育与环境因子模拟模型关系的研究.山西农业大学硕士论文,2008

[2]   李永秀,罗卫红.温室蔬菜生长发育模型研究进展.农业工程学报,2008,24(1):307-311

[3]   蔡自兴,徐光祐.人工智能及其应用.3版.北京:清华大学出版社,2003

[4]   吕杨.温室设施选配专家系统的设计与实现.大连理工大学硕士论文,2005

[5]   陈教料.温室小气候的建模及其智能控制研究.浙江工业大学硕士论文,2004

[6]   李百军.智能化温室综合环境控制技术的研究.江苏大学硕士论文,2002

[7]   郭少方.智能化生态环境综合控制系统应用研究.山东大学硕士论文,2006

[8]   杨启耀.温室环境智能控制技术的研究.安徽农业大学硕士论文,2004

[9]   周丽娟.系列化华东型塑料连栋温室环境检测控制系统的研究.浙江大学硕士论文,2004